Preparation, Modification and Application of
Egg White Protein Powder

蛋清蛋白粉的
制备、修饰及其应用

刘丽莉　著

化学工业出版社

·北京·

内 容 简 介

《蛋清蛋白粉的制备、修饰及其应用》系统探讨了蛋清蛋白粉的干燥制备、修饰改性及其应用，分为四篇。第一篇分析了不同干燥技术（喷雾干燥、超声预处理联合喷雾干燥、微波冷冻干燥、喷雾冷冻干燥）对蛋清蛋白粉结构和功能特性的影响。第二篇和第三篇介绍了蛋清蛋白粉的改性修饰技术，并通过多光谱分析、热特性、理化特性等详细介绍了各种改性修饰后蛋白质特性的变化。第四篇介绍了改性蛋清蛋白粉和卵白蛋白粉在食品加工中的广泛应用，尤其是在烘焙食品、肉制品和3D打印食品领域的创新应用。

本书适合食品领域的研究人员和技术人员参考，旨在为相关行业的技术创新和产品优化提供理论基础和实践指导。

图书在版编目（CIP）数据

蛋清蛋白粉的制备、修饰及其应用 / 刘丽莉著.
北京：化学工业出版社，2025. 6. -- ISBN 978-7-122
-47840-5

Ⅰ. TS252.9

中国国家版本馆 CIP 数据核字第 20257LE677 号

责任编辑：邢　涛　　　　装帧设计：韩　飞
责任校对：王鹏飞

出版发行：化学工业出版社
　　　　　（北京市东城区青年湖南街 13 号　邮政编码 100011）
印　　装：北京天宇星印刷厂
710mm×1000mm　1/16　印张 23　字数 415 千字
2025 年 9 月北京第 1 版第 1 次印刷

购书咨询：010-64518888　　售后服务：010-64518899
网　　址：http://www.cip.com.cn
凡购买本书，如有缺损质量问题，本社销售中心负责调换。

定　　价：158.00 元　　　　　　　　版权所有　违者必究

前　言

　　蛋清蛋白粉作为一种优质的蛋白质来源，近年来在食品加工、制药、保健品等多个行业中得到了广泛应用。随着人们对食品品质、健康和安全要求的提高，蛋清蛋白粉的功能特性及其在食品加工中的应用价值也愈发引起关注。蛋清蛋白粉的制备不仅需要复杂的生产工艺，而且其质量直接受到加工方法、干燥技术和保存条件的影响。因此，对蛋清蛋白粉制备的研究，不仅是为了满足食品加工的需求，更是为了提升食品的营养价值和安全性。

　　本书旨在系统阐述蛋清蛋白粉的制备、修饰以及应用的全过程，内容涵盖从原料选择到最终产品的质量表征，并深入探讨了不同的制备技术对蛋清蛋白粉功能特性的影响。作为一部面向食品科学、食品加工和相关领域专业人士的学术著作，本书不仅为科研工作者提供了重要的理论基础，也为实际生产中的技术优化提供了具体的操作指南。

　　在食品工业中，蛋清蛋白粉因其出色的乳化性、发泡性和凝胶特性，被广泛应用于蛋糕、糖果、肉制品等食品的生产中。然而，在实际应用中，如何通过不同的加工方法提升蛋清蛋白粉的功能特性，成为科研人员和企业家们关心的核心问题。过去，许多研究集中于优化蛋清蛋白粉的喷雾干燥工艺，探讨了不同干燥条件对蛋清蛋白粉的物理和化学特性的影响，但这些研究往往限于实验室环境，缺乏系统性的工业化生产指导。本书不仅基于已有的研究成果，还结合了现代生产技术，探讨了从实验室研究到工业化应用的关键步骤。在第一篇中，重点介绍了蛋清蛋白粉的干燥制备技术，尤其是喷雾干燥工艺的优化。这一部分详细介绍了喷雾干燥的基础原理及其对蛋清蛋白粉功能特性的影响。喷雾干燥作为当前蛋清蛋白粉制备的主要方式，具有干燥速度快、热量利用效率高、产品复原性好等优势，因此被广泛应用于食品行业。然而，喷雾干燥过程中的温度控制、进料速度等参数，对蛋清蛋白粉的质量具有显著影响。本书通过大量实验数据，分析了喷雾干燥过程中不同温度和操作条件下，蛋清蛋白粉的出粉率、起泡性、乳化性等关键性能的变化。这些结果为实际生产中的工艺选择提供了重要参考，并为工业化生产中如何优化喷雾干燥条件提供了理论依据。第二篇重点探讨了蛋清蛋白质的改性修饰技术。通过对蛋清蛋白质的酶解、磷酸化、糖基化等修饰手段，蛋白质的功能特性得到了显著提升。这部分内容不仅详细描述了改性蛋清蛋白粉的制备方法，还深入分析了改性后蛋白质的功能性变化，如其乳化性、凝胶性、溶解性等。本书结合最新的实验结果，展示了不同修饰手段对蛋白质结构与功能的影响，并为后续的工业应用提供了新的方向。例如，磷酸化修饰的蛋清蛋白粉在发泡性和乳化性方面表现出更优异的性能，使其在食品工业中具有广阔的应用前景；糖基化改性则能够显著提升蛋白质的抗氧化能力，延长食品的保质期，这为食品防腐提供了新的思路。第三篇深入探讨了卵白蛋白粉的制备及改性修饰技术。卵白蛋白作为蛋清的主要成分之一，其功能特性在食品加工中尤为重要。本书详细介绍了卵白蛋白的提取工艺及改性手段，并通过多种表征方法，分析了改性卵白蛋白在功能特性上的显著变化。本书通过实验证明，改性后的卵白蛋白在提高打印食品的稳定性、质构和口感方面有着显著效果。第四篇专注于改性蛋清蛋白粉和卵白蛋白粉的应用技术。食品工业中，蛋清蛋白粉和卵白蛋白粉广泛用于各类食品的生产，尤其是在蛋糕、鱼糜制品、肉制品等领域。本书通过大量应用实例，展示了改性蛋清蛋白粉在烘焙、肉制品中的使用效果，并分析了不同产品在结构、质感、营养成分上的变化。例如，改性蛋清蛋白粉在鱼糜制品中的应用，显著提高了其凝胶强度和弹性，改善了产品的口感和质感，为水产加工企业提供了新的技术支持。此外，讨论了改性卵白蛋白在 3D 打印食品、凝胶食品中的应用。随着食品科技的发展，3D 打印技术逐渐进入食品制造领域，卵白蛋白因其优异的结构稳定性，成为 3D 打印食品中不可或缺的原料之一。

本书不仅从理论上系统地探讨了蛋清蛋白粉的制备和改性过程，还通过大量实验数据，详细分析了不同工艺对蛋白质功能特性的影响。同时，本书结合了食品工业中的实际需求，提出了多种改性蛋清蛋白粉的应用方案，为从业者提供了全方位的技术支持和参考。希望本书的出版，能够为食品科学领域的研究者、生产企业提供有价值的指导，推动蛋清蛋白粉和卵白蛋白粉的研究与应用迈上新的台阶。

感谢在本书编写过程中给予帮助的同事和科研人员，正是他们的支持和专业意见，使得本书内容更加全面和准确。

由于笔者知识和语言能力有限，本书内容的不当之处，恳请读者批评指正。

刘丽莉

2025 年 5 月

目　录

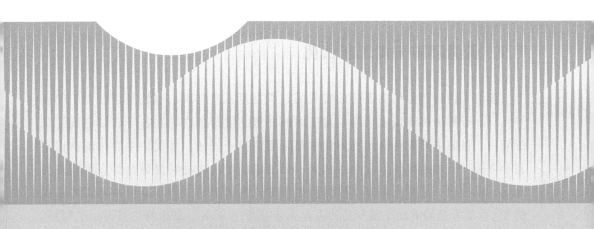

第一篇

蛋清蛋白粉的干燥制备技术

1　喷雾干燥制备

1.1　蛋清喷雾干燥工艺优化

蛋清蛋白粉作为鲜鸡蛋清的替代品，具有延长货架期、减轻重量、便于储藏等优点，可解决鲜鸡蛋成本高，易变质的缺点。蛋清蛋白粉在各个领域得到了广泛应用。目前中国蛋粉的加工方法主要采用喷雾干燥法。其优势主要体现在以下几个方面：干燥速度快。受热时间短。加工成的蛋清蛋白粉复原性好；可实现自动化、机械化、连续化生产。但据相关报道，中国深加工的蛋品仅占鲜鸡蛋总重的 2%，而发达国家加工蛋制品约占鲜鸡蛋总重的 40%。其中鲜鸡蛋深加工制品，广泛应用于食品、保健、美容等各个领域。目前已有较多关于蛋清蛋白粉干燥技术的研究。何伟明[1]研究了喷雾干燥条件对蛋清蛋白质的凝胶性和乳化性的影响。冉乐童等[2]研究了真空冷冻干燥技术对鸡蛋蛋清进行干燥处理并测定样品的功能特性及结构。陈珂等[3]以不同干燥入口温度（140℃、160℃、180℃）为研究对象，研究蛋清在不同入口温度干燥条件下蛋白质的功能特性、生化特性、结构特性和流变特性的变化，并采用 iTRAQ 技术筛选出指示蛋白。

中国市场上的鸡蛋加工率较低，仍以鲜蛋消费为主，且蛋鸡养殖高度分散、分布极不均衡，加上运输时间长、贮藏加工条件差，致使鲜鸡蛋在贮藏和加工期间品质劣化速度较快。所以需要采用适用于工业化生产的喷雾干燥的加工方式对鸡蛋清进行处理，以制备出功能性较好的蛋清蛋白粉，但目前针对喷雾干燥蛋清蛋白粉的相关文献研究多集中在干燥工艺条件的优化及干燥对某些单一蛋白质功能特性的探讨，而且缺乏针对工业常用的喷雾干燥法制备的蛋清蛋白粉功能性质及其结构变化的深入分析。本书拟利用喷雾干燥工艺制备蛋清蛋白粉，通过对蛋清蛋白粉的理化指标和结构表征分析，以期从机理上进一步解释喷雾干燥工艺对蛋清蛋白粉的结构和功能特性造成的影响，为蛋清蛋白粉的生产加工提供理论依据。

喷雾干燥通常以热空气为介质，使其与喷雾形成的雾状蛋清直接接触，将蛋清中的水分由液态转换成气态，达到干燥的目的；此方式被广泛应用于饮料和乳品等食品加工业。孙乐常等[4]发现经喷雾干燥的蛋清蛋白质的β-折叠结构较多，表面游离巯基含量和表面疏水性较高，具有较好的凝胶性。Katekhong等[5]研究了喷雾干燥温度对蛋清蛋白粉的物理性能、溶解度和胶凝性能的影响，并确定了样品的储存稳定性与温度和时间的关系，为蛋清蛋白粉的生产和储存提供了依据。喷雾干燥技术以其干燥速度快、复原性好和连续化生产等优势在食品行业中应用广泛。但有关蛋清蛋白粉喷雾干燥的应用研究中，人们关注的是对蛋清蛋白粉溶解度及冲调效果的影响等，对于改善蛋清蛋白粉的出粉率和起泡性的研究鲜有报道。因此，研究提高蛋清蛋白粉的出粉率和起泡性，不仅有利于食品行业大批量生产蛋制品，而且对功能特性提高有着重要作用。

本章通过5个影响因素，探讨喷雾干燥所制备的蛋清蛋白粉的出粉率和起泡性差异，分析不同干燥条件对制得蛋清蛋白粉的出粉率和起泡性的影响，以期探索蛋清蛋白粉生产的最佳工艺条件，为食品加工行业提供实验依据。

1.1.1 材料与设备

1.1.1.1 材料
新鲜鸡蛋。

1.1.1.2 仪器与设备
喷雾干燥机，B-19型，Büchi公司。

1.1.2 制备工艺

1.1.2.1 蛋清蛋白粉的制备
首先，把蛋白、蛋黄分开，然后，自然发酵；然后，再通过巴氏杀菌条件处理：60℃，杀菌4 min；最后，蛋清液进行喷雾干燥处理，干燥后在4℃保存备用。

1.1.2.2 出粉率的计算

$$PYR = m_2/m_1 \times 100\% \qquad (1-1)$$

式中，PYR 为蛋清蛋白粉出粉率；m_1 为干燥前鸡蛋清液质量；m_2 为干燥后的蛋清蛋白粉质量。

1.1.2.3　起泡性的测定

参考 Katekhong W 等人[6]的方法。将不同干燥温度样品溶解在蒸馏水中，固体含量为 12.2%，搅拌 1 h。使用混合器搅拌 150 g 样品溶液，以"10"（10000 r/min）的速度水平搅拌 5min，通过称量等量的溶液和泡沫来测量溢出量。

1.1.2.4　水分含量的测定

喷雾干燥制备好的蛋清蛋白粉采用直接干燥法，对其进行水分含量测定。

1.1.2.5　鸡蛋清喷雾干燥优化工艺

（1）脱糖时间的选择

固定进料液速度 450 mL/h，蛋清液质量浓度 25%，出口温度 75℃，入口温度 170℃，分别考察不同脱糖时间（0 h，12 h，24 h，36 h，48 h，60 h，72 h）对干燥工艺出粉率和起泡性的影响。

（2）进料液速度的选择

固定脱糖时间 72 h，蛋清液质量浓度 25%，出口温度 75℃，入口温度 170℃，分别考察不同喷雾流量（250 mL/h，300 mL/h，350 mL/h，400 mL/h，450 mL/h，500 mL/h，550 mL/h）对干燥工艺出粉率和起泡性的影响。

（3）蛋清液质量浓度的选择

固定脱糖时间 72 h，进料液速度 450 mL/h，出口温度 75℃，入口温度 170℃，分别考察不同蛋清液质量浓度（5%，10%，15%，20%，25%，30%，35%）对干燥工艺出粉率和起泡性的影响。

（4）出口温度的选择

固定脱糖时间 72 h，进料液速度 450 mL/h，蛋清液质量浓度 25%，入口温度 170℃，分别考察不同出口温度（65℃，70℃，75℃，80℃，85℃，90℃，95℃）对干燥工艺出粉率和起泡性的影响。

（5）入口温度的选择

固定脱糖时间 72 h，进料液速度 450 mL/h，蛋清液质量浓度 25%，出口温度 75℃，分别考察不同入口温度（155℃，160℃，165℃，170℃，175℃，180℃，185℃）对干燥工艺出粉率和起泡性的影响。

1.1.2.6　蛋清喷雾干燥工艺的响应面优化试验

根据单因素试验结果，以脱糖时间、进料液速度、蛋清液质量浓度、出口温度、入口温度作为自变量，利用 Design-Expert 8.0.5 软件，以出粉率和起泡性为响应值，进行五元二次通用旋转设计组合试验，确定最佳的干燥工艺条件，见表 1-1。

表 1-1 因素水平表

因素	编码	编码水平				
		−2	−1	0	1	2
脱糖时间/h	X_1	12.0	24.0	36.0	48.0	60.0
进料液速度/ (mL·h^{-1})	X_2	350.0	400.0	450.0	500.0	550.0
蛋清液质量浓度/%	X_3	15.0	20.0	25.0	30.0	35.0
出口温度/℃	X_5	45.0	50.0	55.0	60.0	65.0
入口温度/℃	X_4	140.0	150.0	160.0	170.0	180.0

1.1.3 工艺性能分析

1.1.3.1 单因素试验结果

（1）脱糖时间对蛋清蛋白粉出粉率和起泡性的影响

随着脱糖时间的延长，出粉率和起泡性先上升后下降；在 48 h 时，出粉率和起泡性达到最大值。原因是新鲜鸡蛋清若没有脱糖就开始进行喷雾干燥，喷头易被黏稠的蛋清液堵住，而且不易形成雾滴，从而不易干燥成型[7]。所以，脱糖时间选定为 48 h。见图 1-1。

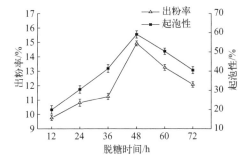

图 1-1 脱糖时间对蛋清蛋白粉
出粉率和起泡性的影响

（2）进料液速度对蛋清蛋白粉出粉率和起泡性的影响

当进料液速度＜400 mL/h 时，蛋清蛋白粉出粉率和起泡性随进料液速度的增加呈增加趋势，而进料液速度＞400 mL/h 时，蛋清蛋白粉的出粉率和起泡性随进料液速度的增加呈减小趋势。这是因为在一定的压力下，进料液速度过大，物料干燥不完全，导致蛋清蛋白液黏附在玻璃器皿上面[8]。因此，进料液速度选择400 mL/h。见图 1-2。

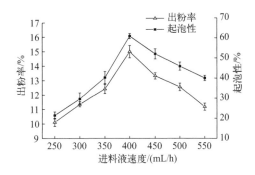

图 1-2 进料液速度对蛋清蛋白粉
出粉率和起泡性的影响

（3）蛋清液质量浓度对蛋清蛋白粉出粉率和起泡性的影响

如图 1-3 所示，蛋清蛋白粉出粉率和起泡性随着进料液浓度的增加，呈先上升后下降的趋势；当进料液浓度为 15％时，蛋清蛋白粉出粉率和起泡性出现最大值。原因可能是随着进料液浓度的增加，所得产品水分含量适宜，颗粒状态逐渐变得均匀和细腻，呈均匀粉末状。因此，进料液浓度选定为 15％。

（4）出口温度对蛋清蛋白粉出粉率和起泡性的影响

如图 1-4 所示，随着出口温度的升高，出粉率和起泡性先上升后下降；在 70℃时，出粉率和起泡性达到最大值。这是因为蛋清蛋白质与热空气接触后，蛋清蛋白质容易产生烧焦固体黏附在玻璃器皿上，同时由于温度过高，使蛋清蛋白质二次变性[8]。因此，出口温度选定为 70℃。

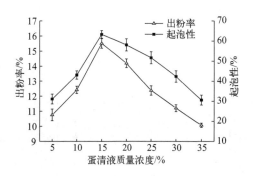

图 1-3 蛋清液质量浓度对蛋清
蛋白粉出粉率和起泡性的影响

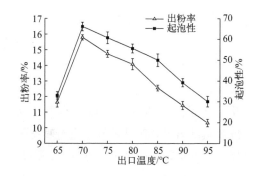

图 1-4 出口温度对蛋清蛋白粉
出粉率和起泡性的影响

（5）入口温度对蛋清蛋白粉出粉率和起泡性的影响

如图 1-5 所示，随着入口温度的升高，出粉率和起泡性先上升后下降；在 175℃时，出粉率和起泡性达到最大值。原因是达到 175℃时，蛋清液得到充分干燥，含水量低，颗粒变细，从而易干燥成型[9]。所以，入口温度选定为 175℃。

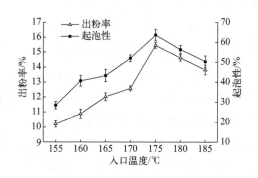

图 1-5 入口温度对蛋清蛋白粉
出粉率和起泡性的影响

1.1.3.2 响应面优化试验结果

根据 1.1.3.1 的单因素试验结果，

采用五元二次通用旋转试验对蛋清蛋白粉出粉率和起泡性进行响应面优化,其试验设计方案及结果见表1-2~表1-4。

由表1-3可知,Y_1回归模型的$R^2 = 96.34$,$P < 0.0001$,差异极显著,失拟项$P = 0.2302 > 0.05$,差异不显著,说明Y_1模型的拟合度较高;由表1-4可知,Y_2回归模型的$R^2 = 97.07$,$P < 0.0001$,差异极显著,失拟项$P = 0.2811 > 0.05$,差异不显著,说明Y_2模型的拟合度较高。

表1-2 设计方案及结果

试验号	X_1	X_2	X_3	X_4	X_5	出粉率/%	起泡性/%
1	1	1	1	1	1	14.92	50.66
2	1	1	1	−1	−1	15.93	64.68
3	1	1	−1	1	−1	15.16	53.88
4	1	1	−1	−1	1	15.91	63.77
5	1	−1	1	1	−1	14.74	49.22
6	1	−1	1	−1	1	16.52	69.92
7	1	−1	−1	1	1	16.27	67.39
8	1	−1	−1	−1	−1	14.53	45.95
9	−1	1	1	1	−1	15.01	52.37
10	−1	1	1	−1	1	16.4	69.85
11	−1	1	−1	1	1	15.14	51.49
12	−1	1	−1	−1	−1	14.68	47.09
13	−1	−1	1	1	1	15.11	53.67
14	−1	−1	1	−1	−1	14.72	49.79
15	−1	−1	−1	1	−1	14.45	44.92
16	−1	−1	−1	−1	1	14.58	41.06
17	−2	0	0	0	0	14.7	48.36
18	2	0	0	0	0	15.41	58.9
19	0	−2	0	0	0	15.25	54.96
20	0	2	0	0	0	15.69	59.87
21	0	0	−2	0	0	14.36	43.51
22	0	0	2	0	0	14.95	50.32
23	0	0	0	−2	0	15.74	62.34
24	0	0	0	2	0	14.83	49.99

续表

试验号	X_1	X_2	X_3	X_4	X_5	出粉率/%	起泡性/%
25	0	0	0	0	-2	15.33	57.69
26	0	0	0	0	2	16.32	68.45
27	0	0	0	0	0	16.22	66.09
28	0	0	0	0	0	16.3	68.45
29	0	0	0	0	0	16.24	65.78
30	0	0	0	0	0	16.57	70.06
31	0	0	0	0	0	16.12	65.12
32	0	0	0	0	0	16.56	70.12

表 1-3 出粉率的方差分析表

因素	平方和	自由度	均方	F 值	P
X_1	1.17	1	1.17	21.57	0.0007
X_2	0.40	1	0.40	7.40	0.0199
X_3	0.60	1	0.60	11.10	0.0067
X_4	0.77	1	0.77	14.08	0.0032
X_5	2.41	1	2.41	44.30	<0.0001
$X_1 X_2$	0.39	1	0.39	7.23	0.0211
$X_1 X_3$	0.29	1	0.29	5.30	0.0418
$X_1 X_4$	0.080	1	0.080	1.47	0.2515
$X_1 X_5$	0.050	1	0.050	0.91	0.3609
$X_2 X_3$	0.04	1	0.04	0.014	0.9083
$X_2 X_4$	0.53	1	0.53	9.72	0.0098
$X_2 X_5$	0.38	1	0.38	6.89	0.0236
$X_3 X_4$	1.63	1	1.63	29.96	0.0002
$X_3 X_5$	0.018	1	0.018	0.32	0.5816
$X_4 X_5$	0.14	1	0.14	2.48	0.1436
X_1^2	2.17	1	2.17	39.76	<0.0001
X_2^2	0.83	1	0.83	15.19	0.0025
X_3^2	4.05	1	4.05	74.41	<0.0001

续表

因素	平方和	自由度	均方	F 值	P
$X_4{}^2$	1.35	1	1.35	24.71	0.0004
$X_5{}^2$	0.18	1	0.18	3.38	0.0932
回归	15.78	20	1.17	14.48	<0.0001
剩余	0.60	11	0.054		
失拟	0.42	6	0.071	2.01	0.2302
误差	0.18	5	0.035		
总和	16.38	31			

注：$P<0.01$ 影响极显著；$P<0.05$ 影响显著。

表 1-4　起泡性的方差分析表

因素	平方和	自由度	均方	F 值	P
X_1	242.63	1	242.63	34.83	0.0001
X_2	72.42	1	72.42	10.40	0.0081
X_3	141.28	1	141.28	20.28	0.0009
X_4	117.97	1	117.97	16.94	0.0017
X_5	276.29	1	276.29	39.67	< 0.0001
X_1X_2	59.48	1	59.48	8.54	0.0139
X_1X_3	88.50	1	88.50	12.71	0.0044
X_1X_4	19.87	1	19.87	2.85	0.1193
X_1X_5	16.22	1	16.22	2.33	0.1552
X_2X_3	0.24	1	0.24	0.034	0.8568
X_2X_4	129.22	1	129.22	18.55	0.0012
X_2X_5	37.24	1	37.24	5.35	0.0411
X_3X_4	290.11	1	290.11	41.65	< 0.0001
X_3X_5	0.92	1	0.92	0.13	0.7236
X_4X_5	12.73	1	12.73	1.83	0.2036
$X_1{}^2$	276.28	1	276.28	39.66	< 0.0001
$X_2{}^2$	132.18	1	132.18	18.98	0.0011
$X_3{}^2$	661.20	1	661.20	94.93	< 0.0001

续表

因素	平方和	自由度	均方	F 值	P
$X_4{}^2$	173.96	1	173.96	24.97	0.0004
$X_5{}^2$	17.74	1	17.74	2.12	0.1736
回归	2535.50	20	126.78	18.20	＜0.0001
剩余	17.62	11	6.97		
失拟	51.75	6	8.63	1.73	0.2811
误差	24.87	5	4.97		
总和	2612.12	31			

注：$P<0.01$ 影响极显著；$P<0.05$ 影响显著。

对于出粉率 Y_1，一次性项 X_1（脱糖时间）、X_3（蛋清液质量浓度）、X_4（出口温度）、X_5（入口温度）均极显著，X_2（进料液速度）显著；交互项 X_2X_4、X_3X_4 极显著，X_1X_2、X_1X_3、X_2X_5 显著；除了二次项 $X_5{}^2$ 不显著，剩余的二次项都显著；剩余的交互项都不显著。根据表 1-3 中 F 值大小，可以得出对出粉率影响大小顺序为：入口温度＞脱糖时间＞出口温度＞蛋清液质量浓度＞进料液速度。对表 1-2 中数据进行拟合，得到出粉率的回归方程为：

$$Y_1 = 16.29 + 0.22X_1 + 0.13X_2 + 0.16X_3 - 0.18X_4 + 0.32X_5 - 0.16X_1X_2 -$$
$$0.13X_1X_3 - 0.071X_1X_4 + 0.056X_1X_5 - 0.03X_2X_3 - 0.18X_2X_4 - 0.15X_2X_5 -$$
$$0.32X_3X_4 - 0.033X_3X_5 - 0.092X_4X_5 - 0.27X_1{}^2 - 0.17X_2{}^2 - 0.37X_3{}^2 -$$
$$0.21X_4{}^2 - 0.079X_5{}^2$$

该出粉率模型在 $\alpha = 0.05$ 的显著水平下剔除不显著水平后的回归方程为：

$$Y_1 = 16.29 + 0.22X_1 + 0.13X_2 + 0.16X_3 - 0.18X_4 + 0.32X_5 - 0.16X_1X_2 -$$
$$0.13X_1X_3 - 0.18X_2X_4 - 0.15X_2X_5 - 0.32X_3X_4 - 0.27X_1{}^2 - 0.17X_2{}^2 -$$
$$0.37X_3{}^2 - 0.21X_4{}^2$$

对于起泡性 Y_2，一次性项、交互项和二次项的显著情况与出粉率一致。根据表 1-4 中 F 值大小，可以得出对起泡性影响大小顺序为：入口温度＞脱糖时间＞蛋清液质量浓度＞出口温度＞进料液速度。对表 1-2 中数据进行拟合，得到起泡性的回归方程为：

$$Y_2 = 67.18 + 3.18X_1 + 1.74X_2 + 2.43X_3 - 2.22X_4 + 3.39X_5 - 1.93X_1X_2 -$$
$$2.35X_1X_3 - 1.11X_1X_4 + 1.01X_1X_5 - 0.12X_2X_3 - 2.84X_2X_4 - 1.53X_2X_5 -$$
$$4.26X_3X_4 - 0.24X_3X_5 - 0.89X_4X_5 - 3.07X_1{}^2 - 2.12X_2{}^2 - 4.75X_3{}^2 -$$

$2.44X_4{}^2-0.71X_5{}^2$

该起泡性模型在 $\alpha=0.05$ 的显著水平下，剔除不显著水平后的回归方程为：

$Y_2=67.18+3.18X_1+1.74X_2+2.43X_3-2.22X_4+3.39X_5-1.93X_1X_2-$
$2.35X_1X_3-2.84X_2X_4-1.53X_2X_5-4.26X_3X_4-3.07X_1{}^2-2.12X_2{}^2-$
$4.75X_3{}^2-2.44X_4{}^2$

1.1.3.3 响应面交互作用分析

由图 1-6 可知入口温度与进料液速度对出粉率的影响，等高线显示为椭圆形，响应面显示为抛物线形，说明入口温度与进料液速度的交互作用对出粉率影响极显著。这与表 1-3 中显著性分析结果一致。由等高线的变化趋势可看出，当进料液速度低于 $455.5\sim461$ mL/h 某固定值、入口温度低于 $156\sim164℃$ 某固定值时，随着进料液速度与入口温度的增加，出粉率增加；当进料液速度高于 $455.5\sim461$ mL/h 某固定值、入口温度高于 $156\sim164℃$ 某固定值时，随着进料液速度与入口温度的增加，出粉率减小；当进料液速度为 455 mL/h、入口温度为 $164℃$ 时，出粉率为 16.12%。

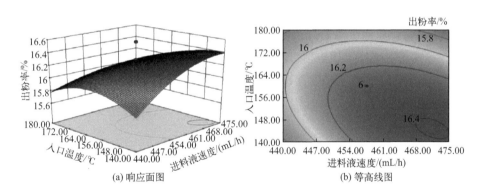

(a) 响应面图　　(b) 等高线图

图 1-6　进料液速度与入口温度交互作用对出粉率的影响

由图 1-7 可知，蛋清液质量浓度与入口温度的响应面呈抛物线形且比较陡峭，等高线呈明显的椭圆形，这说明蛋清液质量浓度与入口温度对出粉率有极显著的交互作用。通过等高线的变化趋势，我们可以得出，当蛋清液质量浓度低于 $24.5\%\sim26.5\%$ 某固定值、入口温度低于 $156\sim164℃$ 某固定值时，随着蛋清液质量浓度与入口温度的增加，出粉率增加；当蛋清液质量浓度高于 $24.5\%\sim26.5\%$ 某固定值、入口温度高于 $156\sim164℃$ 某固定值时，随着蛋清液质量浓度与入口温度的增加，出粉率减小。

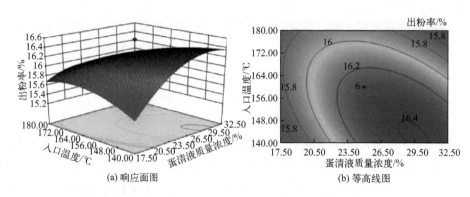

(a) 响应面图　　　　　　　　(b) 等高线图

图 1-7　蛋清液质量浓度与入口温度交互作用对出粉率的影响

由图 1-8 可知脱糖时间与蛋清液质量浓度对起泡性的交互影响，响应面呈抛物线形，等高线呈椭圆形，这说明脱糖时间与蛋清液质量浓度的交互作用对起泡性影响极显著。与蛋清液质量浓度方向比较，脱糖时间效应面较陡峭，说明对于起泡性的影响，脱糖时间比蛋清液质量浓度影响显著。由等高线的变化趋势可看出，当脱糖时间低于 26～30 h 之间某固定值、蛋清液质量浓度低于 23.5%～26.5% 之间某固定值时，起泡性随着脱糖时间与蛋清液质量浓度的增加而增加；当脱糖时间高于 26～30 h 之间某固定值、蛋清液质量浓度高于 23.5%～26.5% 之间某固定值时，起泡性随着脱糖时间与蛋清液质量浓度的增加而减小；当脱糖时间为 26 h、蛋清液质量浓度为 26% 时，起泡性为 64.27%。

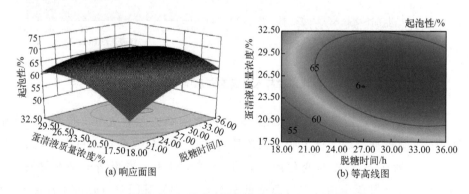

(a) 响应面图　　　　　　　　(b) 等高线图

图 1-8　脱糖时间与蛋清液质量浓度交互作用对起泡性影响

由图 1-9 可知，对于起泡性，进料液速度与入口温度的交互影响与出粉率一致。由等高线的变化趋势可看出，当进料液速度低于 455.5～461 mL/h 之间某固定值、入口温度低于 156～164℃ 之间某固定值时，出粉率随着进料液速度与入口温度的增加而增加；当进料液速度高于 455.5～461 mL/h 之间某固定值、入口温度高于 156～164℃ 之间某固定值时，出粉率随着进料液速度与入口温度的增加而减小。

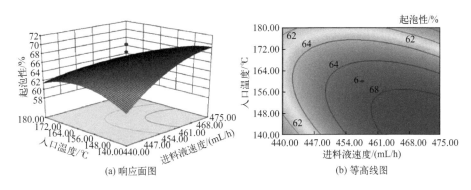

(a) 响应面图　　　　　　　　(b) 等高线图

图 1-9　进料液速度与入口温度交互作用对起泡性的影响

1.1.3.4　利用回归方程确定最佳作用参数

通过回归模型预测得到喷雾干燥蛋清的最佳工艺为：脱糖时间 31.55 h、进料液速度 465.75 mL/h、蛋清液质量浓度 29.11%、入口温度 140.00℃、出口温度 65.00℃，此时出粉率为 16.79%、起泡性为 74.36%。为了提高喷雾干燥制备蛋清蛋白粉试验的操作性和验证模型的准确性，把预测的最优工艺条件修改为：脱糖时间 32 h、进料液速度 466 mL/h、蛋清液质量浓度 29%、入口温度 140℃、出口温度 65℃。在此条件下做 3 次重复验证试验，实际测得出粉率和起泡性分别为 (16.17±0.21)%、(74.05±0.11)%；同时测定其水分含量为 (4.43±0.03)%。出粉率的实际值与预测值相差 1.04%、起泡性的实际值与预测值相差 1.02%，说明出粉率和起泡性的模型方程与实际结果拟合度良好，证明响应面优化喷雾干燥蛋清的工艺条件是可行的。

1.1.4　小结

本章以蛋清为原料，采用喷雾干燥技术制备蛋清蛋白粉，以出粉率和起泡性为指标，通过单因素试验得到影响喷雾干燥法制备蛋清蛋白粉的五个因素的最适条件为：脱糖时间为 48 h、进料液速度为 400 mL/h、进料液浓度为 15%、入口温度为 175℃ 和出口温度为 70℃。通过响应面得到蛋清蛋白粉最优工艺条件为：脱糖时间 32 h、进料液速度 466 mL/h、蛋清液质量浓度 29%、入口温度 140℃、出口温度65℃。在此条件下做3次重复验证试验，实际测得出粉率和起泡性分别为 (16.17±0.21)%、(74.05±0.11)%；同时测定其水分含量为 (4.43±0.03)%。出粉率的实际值与预测值相差1.04%、起泡性的实际值与预测值相差1.02%，说明出粉率和起泡性的模型方程与实际结果拟合度良好，证明响应面优化喷雾干燥蛋清的工艺条件是可行的。

1.2 喷雾干燥入口温度对蛋清蛋白粉性能及生化特性影响

目前，喷雾干燥是常用的干燥方法，具有干燥过程迅速、物料受热时间短、对有效成分破坏少和干燥面积大等优点，适于工业化生产。

国内外关于喷雾干燥加工蛋粉的研究有很多。Ma S 等[10]研究了喷雾干燥蛋清的最佳过程和质量特性。Rannou C 等[11]研究了喷雾干燥温度、储存温度和储存时间对蛋黄粉末物理和功能特性的影响。Katekhong W 等[12]研究了喷雾干燥入口温度和储存条件对蛋清蛋白粉的物理和功能特性的影响。迟玉杰等[13]探讨了喷雾干燥条件对蛋清蛋白粉特性的影响，解决蛋清蛋白粉易结块和稳定性差的问题。沈青等[14]通过喷雾和真空冷冻干燥两种干燥方式制备全蛋粉，并对干燥后得到的全蛋粉的理化性质和功能进行了对比。刘丽莉等[15]以蛋清蛋白粉为主要研究对象，比较了不同喷雾干燥入口温度（140℃、160℃和180℃）对蛋清蛋白粉功能特性和结构的影响。

现有研究已优化了蛋清蛋白粉的喷雾干燥工艺条件，分析了不同干燥方式对某些蛋白质功能特性的影响，但不同喷雾干燥温度对蛋清蛋白粉的功能特性及其结构的影响还少有报道。因此，本节对使用不同喷雾干燥入口温度（以下简称干燥温度）对鸡蛋清进行干燥处理，进而对蛋清蛋白粉功能和生化特性进行深入探讨，以期进一步解释不同干燥温度对蛋液蛋白质体系的作用机制，为蛋清蛋白粉的生产加工提供理论依据。

1.2.1 材料与设备

1.2.1.1 材料

表1-5 材料与试剂

材料与试剂	级别	购买公司
大豆油	市售	

续表

材料与试剂	级别	购买公司
溴酚蓝	AR（分析纯）	上海一研生物有限公司
二硫硝基苯	AR	Sigma-Aldrich

1.2.1.2 仪器与设备

表 1-6 仪器与设备

仪器与设备	型号	生产公司
台式离心机	8420 型	KUBTY
pH 计	692 型	JENCO
电子天平	AR214 型	Mettler Toledo
色差仪	Ci7×00 型	X-rite
水分活度计	LabMaster-Aw 型	Novasina

1.2.2 制备方法

1.2.2.1 蛋清蛋白粉的制备

喷雾干燥蛋清蛋白粉是由鸡蛋清先经过巴氏杀菌、脱糖，然后再直接喷雾干燥而得。巴氏杀菌条件：60℃，杀菌 4 min。蛋清蛋白液喷雾干燥前的脱糖处理：将经过前处理的蛋清蛋白液放于洁净器皿，在干净环境 25℃ 自然发酵 32 h 脱糖。喷雾干燥条件：入口温度分别为 140℃、160℃、180℃，蛋清液质量浓度为 29%，进料速度为 466 mL/h，出口温度 65℃。干燥后在 4℃ 保存备用。

1.2.2.2 乳化性的测定

参照 Liu L 等[16]的方法，测定不同干燥温度制备的蛋清蛋白粉的乳化性。

1.2.2.3 持油性的测定

参照李超楠等[17]的方法，测定不同喷雾干燥入口温度制备的蛋清蛋白粉的持油性。

1.2.2.4 溶解性的测定

采用 Gong K J 等[18]的方法，测定三种干燥温度制备的蛋清蛋白粉的溶解性。

1.2.2.5 水分活度的测定

利用 Novasina-Aw 计在 23℃±0.2℃ 下测量蛋清蛋白粉的水活度（Aw）。

1.2.2.6 持水性测定

根据刘丹等[19]的方法测定蛋清蛋白粉的持水性。

1.2.2.7　色泽的测定

参照 Uddin Z 等[20]的方法，测定蛋清蛋白粉的色差，利用色差分析仪，分别对三种喷雾干燥温度制备的蛋清蛋白粉进行色度测量。

1.2.2.8　浊度的测定

根据沙小梅等[21]的方法测定不同干燥温度制备的蛋清蛋白粉的浊度。

1.2.2.9　表面疏水性的测定

参照 Chelh I 等[22]的方法测定不同喷雾干燥入口温度制备的蛋清蛋白粉的表面疏水性。

1.2.2.10　总巯基和游离巯基的测定

根据李述刚[23]的方法测定不同喷雾干燥入口温度制备的蛋清蛋白粉的总巯基和游离巯基。

1.2.2.11　数据处理

采用 Origin 8.5 对试验数据进行分析；采用 DPS 7.05 对试验数据进行方差分析（显著水平 $P<0.05$）；每组试验平行进行 3 次。

1.2.3　性能与分析

1.2.3.1　蛋清蛋白标准曲线的绘制

采用 Origin 8.5 软件绘制牛血清白蛋白标准曲线，见图 1-10 所示。

图 1-10 中曲线是考马斯亮蓝标准曲线，它的回归方程为 $y=0.0023x+0.0634$，$R^2=0.9991$。

1.2.3.2　不同干燥温度对蛋清蛋白粉功能特性的影响

从表 1-7 中可以看出，乳化性反映乳化的程度，大小顺序依次为 160℃＞180℃＞140℃（$P<0.05$）；溶解度反映冲调性能的好坏，大小顺序依次为 160℃＞180℃＞140℃（$P<0.05$）。结果表明，140℃样品

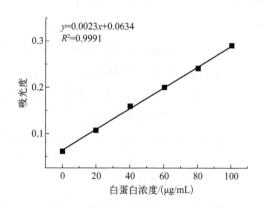

$y=0.0023x+0.0634$
$R^2=0.9991$

图 1-10　牛血清白蛋白标准曲线

和180℃的样品的乳化性和溶解度均显著低于160℃样品（$P<0.05$），这可能是干燥温度引起的较高水平的蛋白质展开所致；乳化性和溶解度有很大的下降，这可

能是由于美拉德反应的发生率较高。因此，蛋白质结构的丧失和美拉德反应的发生，导致蛋清蛋白质在干燥过程中乳化性和溶解度降低。

160℃持油性最高，主要由于疏水基团与油脂发生相互作用造成。随着入口温度的升高，蛋清蛋白粉水分活度由0.46降低至0.28，其水分活度都小于0.60，水分活度在温度范围140～180℃时显著变化（$P<0.05$），说明三者的水分活度的稳定性都很好，但干燥温度对喷雾干燥蛋清蛋白粉的水分活度还是具有一定影响，可能因为液滴传质速率快，含水率降低，从而导致水分活度降低[24]。160℃的持水性是140℃的1.71倍，并且其持水性是180℃的大约1.32倍，由此可知，160℃的持水性最高。主要因为140℃和180℃制备的蛋清蛋白粉中蛋白质分子间产生凝聚，构象发生变化[25]。持油性的大小顺序依次为160℃＞140℃＞180℃（$P<0.05$）。

表 1-7   不同干燥温度蛋清蛋白粉功能特性的变化

干燥温度 /℃	乳化性 / ($cm^2 \cdot mg^{-1}$)	持油性 / ($g \cdot g^{-1}$)	溶解性 /%	水分活度	持水性 / ($g \cdot g^{-1}$)
140	37.58 ± 0.69^a	4.55 ± 0.17^a	84.86 ± 0.42^b	0.46 ± 0.37^b	2.73 ± 0.25^c
160	48.74 ± 0.42^c	6.56 ± 0.33^c	89.18 ± 0.38^a	0.39 ± 0.21^c	4.66 ± 0.34^b
180	40.03 ± 0.52^b	4.06 ± 0.10^b	86.83 ± 0.58^c	0.25 ± 0.17^a	3.53 ± 0.19^a

注：同列不同字母表示有显著性差异（$P<0.05$）。

1.2.3.3   干燥温度对色差值的影响

由表1-8可知，不同干燥温度制备的蛋清蛋白粉的色差值有着明显的差异。从亮度 L^* 值来看，140℃和160℃喷雾干燥温度制备的蛋清蛋白粉分别为（85.20±0.09）和（85.65±1.14），显著低于180℃喷雾干燥制备的蛋清蛋白粉［（86.26±0.08）（$P<0.05$）］；从红度 a^* 值可以看出，喷雾干燥140℃和160℃制备的蛋清蛋白粉分别为（0.62±0.08）和（1.75±0.14），显著低于180℃喷雾干燥制备的蛋清蛋白粉［（2.03±0.09）（$P<0.05$）］；考虑到喷雾干燥过程对样品颜色变化的影响，180℃样品的颜色变化比140℃样品和160℃样品的颜色变化更大。这一结果可能是由于蛋白质分子的展开更多（与 ΔH 值的降低有关），因此，蛋白质分子中的氨基可能通过变性与还原糖发生相互作用，进而加速美拉德反应的过程。

分析黄度 b^* 值可知，喷雾干燥160℃和180℃制备的蛋清蛋白粉分别为（7.34±0.11）和（6.75±0.07），显著低于140℃喷雾干燥温度制备的蛋清蛋白粉［（8.16±0.12）（$P<0.05$）］。由于美拉德反应过程中释放的水分子诱导蛋白质构象的展开，使氨基更容易与还原糖相互作用[26]。蛋清蛋白粉的颜色在一定程度

上可以反映其含水率，从而导致三者的黄化程度显著差异。

表 1-8　不同干燥温度蛋清蛋白粉色泽的变化

干燥温度/℃	L^*	a^*	b^*
140	85.20±0.09^a	0.62±0.08^c	8.16±0.12^a
160	85.65±1.14^c	1.75±0.14^b	7.34±0.11^b
180	86.26±0.08^b	2.03±0.09^a	6.75±0.07^c

注：同列不同字母表示有显著性差异（$P<0.05$）。

1.2.3.4　不同干燥温度对蛋清蛋白粉生化特性的影响

由表 1-9 可知，当温度从 140℃上升到 160℃时，蛋清蛋白粉的浊度、表面疏水性、总巯基、游离巯基显著升高（$P<0.05$），原因可能是由于温度升高使解离的蛋清蛋白粉变性聚集，形成较大的悬浮颗粒，使光发生散射，并改变了蛋清蛋白粉分子的空间结构。当温度从 160℃上升到 180℃时，蛋清蛋白粉的浊度、表面疏水性、总巯基、游离巯基显著下降（$P<0.05$），干燥温度使展开的分子链间有接触和交联的机会，导致疏水聚集体重新包埋部分疏水区[27]。

表 1-9　不同干燥温度蛋清蛋白粉生化特性的变化

干燥温度/℃	浊度	表面疏水性/%	总巯基/（μmol/g）	游离巯基/（μmol/g）
140	0.44±0.08^c	74.26±0.93^b	38.60±0.93^c	15.56±0.90^b
160	0.93±0.08^a	86.42±0.64^a	55.43±1.26^a	19.41±1.20^a
180	0.65±0.07^b	38.58±0.92^c	48.38±1.23^b	12.25±1.07^a

注：同列不同字母表示有显著性差异（$P<0.05$）。

1.2.4　小结

本节研究了不同干燥温度对蛋清蛋白粉功能及生化特性的影响，通过对 140℃、160℃、180℃干燥的蛋清蛋白粉的功能及生化特性进行对比分析，得出以下结论。

① 从功能的角度研究可知，蛋清蛋白粉的乳化性和溶解度大小为 160℃＞180℃＞140℃（$P<0.05$）。160℃的持水性是 140℃的 1.71 倍，并且其持水性是 180℃的大约 1.32 倍。持油性的大小顺序依次为 160℃＞140℃＞180℃（$P<0.05$）。180℃制备的蛋清蛋白粉水分活度的稳定性最好。180℃制备的蛋清蛋白粉亮度（L^*）最高，140℃和 160℃制备的蛋清蛋白粉的红度（b^*）显著高于 180℃

的（$P<0.05$），140℃制备的蛋清蛋白粉的黄度（b^*）显著高于160℃和180℃的（$P<0.05$）。

②从生化的角度研究，通过对蛋清蛋白粉蛋白质浊度、表面疏水性、巯基含量及结构分析可知，140℃和160℃喷雾干燥制备的蛋清蛋白粉的浊度、表面疏水性、总巯基、游离巯基显著高于180℃的（$P<0.05$）。因此，140℃、160℃、180℃三种喷雾干燥温度条件对蛋清蛋白粉的结构和功能特性造成一定的影响。

1.3　喷雾干燥入口温度对蛋清蛋白粉结构及流变特性影响

目前，关于喷雾干燥加工蛋粉的研究受到了国内外学者的青睐。例如，吴红梅等[28]探究超声辅助喷雾干燥对蛋清蛋白粉的热聚集及凝胶品质的影响。王婷婷[29]探究了喷雾干燥降低蛋清蛋白粉复水性的原因以及改善蛋清蛋白粉复水性能的方法，并将其应用于高蛋白发酵蛋清饮料中。万敏惠等[30]通过喷雾干燥制得蛋清蛋白粉，以测定所得蛋清蛋白粉乳化活性指数（EAI）为实验指标，设计单因素实验和响应面实验，筛选乳化活性较高的喷雾干燥处理条件。Philip P等[31]研究结果表明，喷雾干燥鸡蛋作为营养补充剂的潜力很大。

目前国内外对于喷雾干燥制备蛋清蛋白粉的研究多集中于工艺优化和功能特性方面，而针对不同喷雾干燥温度对蛋清蛋白质流变和结构特性的影响研究却鲜有报道，因此开展该领域的研究具有十分重要的理论意义。本节探究喷雾干燥入口温度对蛋清蛋白质的流变特性、水分迁移、二级结构及微观结构的影响，并从蛋白质结构变化分析其作用机理，以期为指导和优化喷雾干燥工业化生产制备高品质蛋粉提供理论依据。

1.3.1　材料与设备

1.3.1.1　材料
溴化钾，光谱纯，上海一研生物有限公司。

1.3.1.2　仪器与设备

表1-10　试验仪器与设备

材料与试剂	级别	购买公司
红外光谱仪	M90型	Block
荧光光度计	VERTEX70型	Aglient

续表

材料与试剂	级别	购买公司
扫描电镜	S-4800 型	Hitachi
差示扫描量热仪	Q10 型	TA
流变仪	DHR-1 型	TA
核磁共振仪	MQC 型	Oxford Instruments

1.3.2 工艺方法

1.3.2.1 蛋清蛋白粉的制备

同 1.1.2.1 节。

1.3.2.2 荧光光谱的测定

参照 Sahin Z 等[32]的方法对不同喷雾干燥入口温度制备的蛋清蛋白粉进行荧光光谱测定。

1.3.2.3 差式扫描量热的测定

不同干燥温度下蛋清蛋白粉由一个装有热分析站的差示扫描量热仪测定。将制备好的样品放到仪器里，然后从室温冷却至 20℃，然后以 5℃/min 的速度从 20℃ 加热至 200℃[33]。

1.3.2.4 低场核磁共振的测定

根据周俊鹏等[34]的方法，对不同喷雾干燥入口温度制备的蛋清蛋白粉进行低场核磁共振测定。并且采用多脉冲回波序列测定样品的弛豫时间 T_2，重复测定 3 次以补充数据。

1.3.2.5 傅里叶红外光谱的测定

参考 Machida S 等[35]的方法，对不同干燥温度制备的蛋清蛋白粉进行傅里叶红外光谱测定。

1.3.2.6 扫描电镜的测定

根据 Shilpashree B G 等[36]的实验方法，对三个干燥温度制备的蛋清蛋白粉进行扫描电镜测定，用来分析干燥后蛋清蛋白粉的微观结构变化。在溅射电压 1.1～1.2 kV 下，选择有代表性的区域进行观察拍摄。

1.3.2.7 流变特性的测定

参考 Mis Solval 等[37]的方法，流动特性和黏弹性用流变仪测量蛋清蛋白粉配制成 7% 的蛋清液，剪切速率：0.01～1000 s^{-1}，允许单独平衡到 25℃。

1.3.2.8 数据处理

同 1.2.2.11 节。

1.3.3 性能分析

1.3.3.1 喷雾干燥入口温度对蛋清蛋白粉荧光光谱的影响

由图 1-11 可以看出，140℃、160℃、180℃喷雾干燥的蛋清蛋白粉发生荧光光谱峰位红移[38]，140℃、160℃、180℃喷雾干燥蛋清蛋白粉荧光强度大小顺序为：180℃＞160℃＞140℃，这与任健等[39]在热处理条件下蛋白质发生不同程度位移结果相一致。可能因为干燥过程使蛋白质荧光发生猝灭[40]，色氨酸残基暴露。

1.3.3.2 喷雾干燥入口温度对蛋清蛋白粉 DSC 的影响

如图 1-12 所示，比较三种温度条件的 DSC 曲线，发现干燥温度越高，其曲线越往下移动，并且发生红移现象，可能由于三种喷雾干燥入口温度导致蛋白质热稳定性降低[41]，发生了明显的变性，其会产生不可逆的变性。

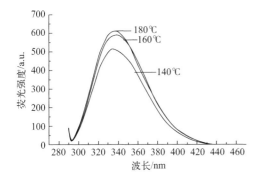

图 1-11　三种干燥温度制备的
蛋清蛋白粉的荧光光谱图

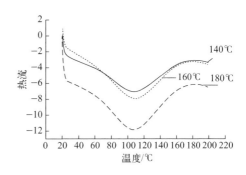

图 1-12　三种干燥温度制备的
蛋清蛋白粉的差示量热扫描图

由表 1-11 可知，三种干燥温度制备的蛋清蛋白粉表现出不同的变性温度和热焓值。140℃、160℃ 和 180℃ 制备的蛋清蛋白粉热变性温度分别为 105.91℃、108.04℃ 和 104.78℃，140℃、160℃ 蛋清蛋白粉的热变性温度较 180℃ 的分别提高了 1.13℃、3.26℃，表明了三种干燥温度的蛋清蛋白粉的热稳定性为：160℃＞140℃＞180℃；可能是蛋清蛋白粉经过不同喷雾干燥温度处理后，三者之间的非共价键数目产生了不同[42]。140℃、160℃ 和 180℃ 制备的蛋清蛋白粉的热焓值分别为：234.13 J/g、316.32 J/g 和 389.31 J/g，140℃、160℃ 蛋清蛋白粉的热焓值较 180℃ 的分别降低了 155.18 J/g 和 72.99 J/g，表明了聚集程度大小顺序为：

180℃＞160℃＞140℃；可能干燥温度使氢键结构发生变化，导致三种喷雾干燥入口温度的蛋清蛋白粉的热焓值不同。

表 1-11   三种干燥温度制备的蛋清蛋白粉的热力学性质

干燥温度/℃	$T_{始}$/℃	t_p/℃	$t_{终}$/℃	ΔH/（J/g）
140	20.57	105.91	166.15	234.13
160	44.77	108.04	159.54	316.32
180	22.39	104.78	166.60	389.31

1.3.3.3   喷雾干燥温度对蛋清蛋白粉 LF-NMR 的影响

如图 1-13 所示，三种不同干燥温度下制备的蛋清蛋白粉的图谱上均有 3 个峰，随着干燥温度的增加，信号幅值不断降低，水分逐渐被脱除。说明干燥热能为蛋清蛋白粉中的水提供能量，提高水分迁移能力。随着干燥温度的不断提高，自由水逐渐减少，且波峰逐渐往左偏移，表明蛋清蛋白粉在干燥过程中随着水分不断散

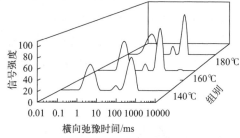

图 1-13   不同干燥温度的蛋清蛋白粉的横向弛豫时间瀑布图

失，内部自由水数量不断减少，自由水在蛋清蛋白粉内部流动性减弱，可迁移性降低。

由表 1-12 可知，在三种干燥温度条件下，结合水（T_{21}）和吸附水（T_{22}）峰比例显著增加（$P<0.05$），在 180℃下，T_{21} 和 T_{22} 峰比例比其他两个温度下都高，T_{21} 峰比例增加意味着结合水的比例增加，这可能是由总体上水分质量的减少引起的[43]，也可理解为随着干燥温度的升高，自由水被脱除后，吸附水开始逐渐减少[44]，结合水比例增大。干燥温度对自由水（T_{23}）峰比例有显著影响（表 1-12）。自由水（T_{23}）峰比例显著降低（$P<0.05$），在 180℃下 T_{23} 峰比例比其他两个温度下都低，可能由于水受热蒸发和干燥介质导致水分迁移。这与王雪媛等[45]的研究结果相一致。通过干燥过程中各组分水比例的变化，可以看出不同干燥温度对蛋清蛋白粉内部水分迁移的影响不同。此外，三个样品的 T_2 峰面积总和存在显著差异（$P<0.05$），可能是干燥损失、干燥温度及干燥后处理样品等因素所导致的。

表 1-12 不同干燥温度对蛋清蛋白粉弛豫时间（T_2）值变化的影响

干燥温度/℃	T_{21} 峰比例/%	T_{22} 峰比例/%	T_{23} 峰比例/%
140	46.29±0.005[c]	3.71±0.008[c]	49.99±0.001[a]
160	46.74±0.01[b]	4.03±0.005[b]	49.23±0.004[b]
180	49.00±0.003[a]	5.49±0.006[a]	45.50±0.007[c]

注：同列不同字母代表不同干燥温度间存在显著差异（$P<0.05$）。

1.3.3.4 喷雾干燥入口温度对蛋清蛋白粉的 FT-IR 的影响

由图 1-14 可知，三种喷雾干燥温度制备的蛋清蛋白粉的 FT-IR 谱图的谱型之间无较大差异。游离态 O—H 的特征吸收峰为 3500～3200 cm⁻¹，出现峰形变宽时，说明缔合程度较大[46]。酰胺 I 带信号较强主要由羰基（C=O）键伸缩振动引起[47]。从峰位变化分析，140℃的酰胺 I 带为 1650.90 cm⁻¹，160℃ 和 180℃喷雾干燥蛋清蛋白粉的酰胺 I 带向低波数方向分别红移约 0.91 cm⁻¹ 和

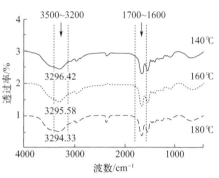

图 1-14 不同干燥温度条件下的蛋清蛋白粉的 FT-IR 谱图

1.36 cm⁻¹，即从 1650.90 cm⁻¹ 分别位移至 1649.99 cm⁻¹ 和 1649.54 cm⁻¹，可见干燥温度使蛋白质分子中的二级结构的单元组成峰发生位移变化[48]。

如表 1-13，随着喷雾干燥温度的升高，蛋清蛋白粉二级结构发生变化，β-折叠和 β-转角呈上升趋势，在 160℃时升到最高 27.38% 和 30.12%，主要因为 β-折叠结构含量增加与卵转铁蛋白热变性有关，所以当蛋清蛋白质中的卵转铁蛋白发生了热变性并促进分子间的聚集时，β-折叠和 β-转角含量增加；在 180℃时有所下降，可能是随着温度继续升高，热聚合物形成，易变成 β-转角结构。α-螺旋呈下降趋势，180℃的 α-螺旋比例为 17.62%，是三者间比例最低的。可能是因为干燥温度导致发生解螺旋现象，从而造成 α-螺旋结构比例降低[49]。无规卷曲随着干燥温度升高呈上升趋势，在 160℃时升到最高 21.51%，其结构的随机性增强。

表 1-13 蛋清蛋白粉的二级结构含量（红外光谱）

干燥温度/℃	β-转角/%	α-螺旋/%	无规则卷曲/%	β-折叠/%
140	28.91±0.011[b]	26.55±0.011[a]	17.22±0.012[c]	26.14±0.015[b]

干燥温度/℃	β-转角/%	α-螺旋/%	无规则卷曲/%	β-折叠/%
160	30.12±0.014[a]	21.81±0.01[b]	21.51±0.004[a]	27.38±0.012[a]
180	26.91±0.008[c]	17.62±0.01[c]	17.95±0.023[b]	24.52±0.007[c]

注：同列不同字母有显著性差异（$P<0.05$）。

1.3.3.5 喷雾干燥入口温度对蛋清蛋白粉 SEM 的影响

如图 1-15 所示。干燥温度 140℃下处理的蛋清蛋白粉的表面颗粒 [图 1-15 (a)] 呈现完整的球状圆形外部结构，孔径处圆滑凹陷，而将干燥温度提高到 160℃后 [图 1-15 (b)]，蛋清蛋白粉的表面出现许多孔隙，略微凹凸不平，但仍然保持完整的颗粒结构；当干燥温度达到 180℃时 [图 1-15 (c)]，蛋清蛋白粉表面完整性遭到破坏，边界不明显，呈破损状。三个干燥温度蛋清蛋白粉出现的微观结构不同可能与样品的水分含量、操作温度、进料速率有关[50]。有研究指出，蛋清蛋白粉的微观结构与其持水性关系密切，多孔洞球状结构更易于溶解。

 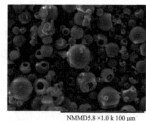 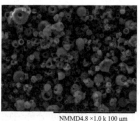

NMMD4.8 ×1.0 k 100 μm   NMMD5.8 ×1.0 k 100 μm   NMMD4.8 ×1.0 k 100 μm
(a) 140℃   (b) 160℃   (c) 180℃

图 1-15　三种干燥温度制备的蛋清蛋白粉的 SEM 图 （×1000）

1.3.3.6 不同干燥入口温度对蛋清蛋白粉静态流动扫描分析

（1）表观黏度分析

由图 1-16 可知，在曲线趋于平稳时，140℃制备的蛋清蛋白粉的表观黏度大于 180℃和 160℃的蛋清蛋白粉的表观黏度，其中，140℃制备的蛋清蛋白粉的表观黏度最高，160℃制备的蛋清蛋白粉的表观黏度最低，这可能是由 140℃时分子之间运动剧烈，不利于流

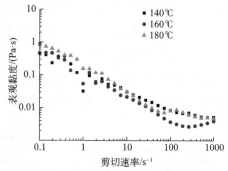

图 1-16　不同干燥温度对蛋清蛋白溶液表观黏度 （η_a） 的影响

动导致的[51]，从而表现出表观黏度高；而 160℃时分子链断裂，使得平均分子量最小，从而导致蛋清蛋白粉表观黏度低。

（2）剪切应力分析

图 1-17 和表 1-14 是不同干燥温度的蛋清蛋白粉的静态剪切流变曲线和拟合结果，不同干燥温度制备的蛋清蛋白粉的剪切速率增加，剪切应力也增加（见图 1-17）。各曲线对 Herrschel-Bulkey 模型的拟合结果，见表 1-14。根据 Herrschel-Bulkey 对流变数据点进行拟合，结果显示所有的曲线 R^2 均大于 0.99，拟合度较好；在不同干燥温度中，140℃蛋清蛋白粉的 n 值最小，流体表现出的假塑性最强。可能因为

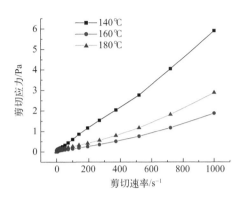

图 1-17 不同干燥温度的蛋清
蛋白粉静态剪切流变曲线

干燥温度使体系所需的剪切应力发生变化，发生剪切稀化现象。

表 1-14 不同干燥温度的蛋清蛋白粉静态剪切曲线的拟合结果

干燥温度/℃	n	k/(Pa·s^n)	R^2	σ/Pa
140	0.83±0.003^c	0.02±0.001^a	0.994	0.12±0.003^b
160	0.99±0.003^a	0.01±0.002^c	0.997	0.11±0.01^c
180	0.84±0.002^b	0.01±0.003^b	0.992	0.13±0.001^a

注：同列不同字母有显著性差异（$P<0.05$）。

1.3.3.7 对不同干燥入口温度蛋清蛋白粉动态频率扫描分析

在整个频率范围内，当角频率逐渐上升时，三种不同干燥温度的蛋清蛋白粉的储能模量（G'）和损耗模量（G''）也跟着上升（见图 1-18），三个样品的 G' 均高于 G''，这表明所有样品的弹性大于黏性，即样品中弹性成分更突出，表现出黏弹性固体的性质[52]。

如图 1-18 所示，在频率增大的过程中，三个样品在 0.8362～20 Hz 的低频率范围内，G' 和 G'' 急剧上升，达到 20 Hz 后上升的速度变慢。在频率增大的过程中，三个样品的 G'、G'' 的变化基本趋向一致。在高频区 G' 的稳定性大小：160℃＞140℃＞180℃。可能是因为干燥温度的变化，使蛋白质变成凝胶网络结构，产生切流变行为，进一步印证干燥温度影响弱凝胶结构的强韧度[53]。

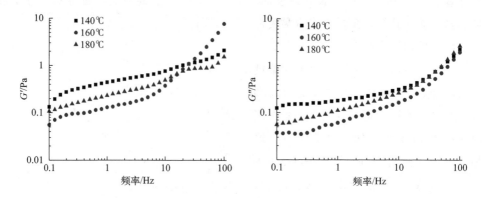

图 1-18 不同干燥温度的蛋清蛋白粉 G'、G'' 随频率变化关系

1.3.4 小结

本节研究了喷雾干燥温度对蛋清蛋白粉结构及流变特性的影响，通过对 140℃、160℃、180℃的蛋清蛋白粉结构及流变特性变化进行对比分析，得出以下结论：

① 荧光光谱显示，140℃、160℃、180℃喷雾干燥蛋清蛋白粉发生荧光光谱峰位红移，三者的荧光峰强度大小为 180℃＞160℃＞140℃。

② 热稳定结果显示，140℃、160℃的蛋清蛋白粉的热变性温度较 180℃的分别提高了 1.13℃、3.26℃，160℃的热稳定最好；140℃、160℃的蛋清蛋白粉的热焓值比 180℃的分别降低了 155.18 J/g 和 72.99 J/g，180℃的聚集程度最大。

③ 低场核磁结果显示，随着干燥温度的逐渐升高，蛋清蛋白粉在干燥过程中水分不断散失，蛋清蛋白粉内部自由水数量不断减少，尤其是 180℃的蛋清蛋白粉的弛豫峰谱最为显著；三种不同干燥温度的蛋清蛋白粉的结合水（T_{21}）和吸附水（T_{22}）峰比例大小为 180℃＞160℃＞140℃；自由水（T_{23}）峰比例大小为 140℃＞160℃＞180℃。

④ 傅里叶红外光谱结果显示，三种样品在二级结构中 180℃的蛋清蛋白粉蛋白质的酰胺Ⅰ带向低波数方向发生红移显著差异（$P<0.05$），160℃的 β-折叠和 β-卷曲含量最高。

⑤ 扫描电镜结果显示，随着干燥温度的升高，蛋清蛋白粉的球状结构由相对完整变得破碎、凹凸不平、松散。

⑥ 流变特性结果显示，蛋清蛋白粉经干燥处理后可使表观黏度下降，且表观

黏度随喷雾干燥温度的增加而降低，表观黏度由高到低分别为：140℃＞180℃＞160℃，不同干燥温度的蛋清蛋白粉的剪切应力随剪切速率的增加而增加，喷雾干燥温度越高，G'和G''越小。

1.4　不同喷雾干燥入口温度的差异蛋白质组学分析

iTRAQ技术具有重复性高，较好的定量等优势，能够揭示不同干燥入口温度状态下蛋清蛋白质的动态变化过程。在禽蛋蛋清蛋黄贮藏期、鸡胚蛋清低丰度蛋白质贮藏期等方面的研究发展迅速，但尚缺乏对蛋清蛋白粉干燥过程的分子机制的探讨。因此，本节以干燥入口温度140℃、160℃、180℃的蛋清蛋白粉为研究对象，采用iTRAQ技术，构建出蛋清蛋白质在干燥过程中的表达图谱，分析三者间的差异蛋白质组学变化[54]，旨在更好地了解并筛选出鸡蛋清不同温度干燥过程中影响较大的功能蛋白，例如卵白蛋白、卵黏蛋白等，为解释喷雾干燥加工鸡蛋清的加工方式和生物功能性质等提供参考依据。

1.4.1　材料与设备

1.4.1.1　材料与试剂

表 1-15　材料与试剂

材料与试剂	级别	供应商
氨水	AR	Sigma
IAM 碘乙酰胺	AR	Sigma
iTRAQ 8PLEX	AR	AB SCIEX
Modified Trypsin 蛋白酶，质谱级	AR	PROMEGA
Pierce™ BCA Protein Assay Kit	AR	ThermoFisher Scientific
NUPAGE 10% BT GEL 1.0MM 12W	AR	ThermoFisher Scientific
Protein Ladder（预染）	AR	ThermoFisher Scientific
Protease Inhibitor Cocktail	AR	ThermoFisher Scientific
Bond-Breaker™ TCEP Solution（TCEP）	AR	ThermoFisher Scientific
Water LC/MS	AR	ThermoFisher Scientific
乙腈 LC/MS	AR	ThermoFisher Scientific
甲醇 LC/MS	AR	ThermoFisher Scientific
甲酸 LC/MS	AR	ThermoFisher Scientific
异丙醇 LC/MS	AR	ThermoFisher Scientific

1.4.1.2 仪器与设备

表 1-16 仪器与设备

仪器与设备	型号	生产厂家
恒温混匀仪	TMR	ABSON
手动单道移液器	(20-200) μL	Eppendorf
酶标仪	Varioskan LUX	Thermo Scientific
液相色谱-质谱联用仪	Q-Exactive HF-X	ThermoFisher Scientific
色谱柱	IMAC	Bio-Rad
电泳仪	1645052	Bio-Rad

1.4.2 制备工艺

1.4.2.1 蛋清蛋白粉的制备

喷雾干燥蛋清蛋白粉是由鸡蛋清先经过巴氏杀菌、脱糖，然后再直接喷雾干燥而得。巴氏杀菌条件：60℃，杀菌 4 min。蛋清蛋白液喷雾干燥前的脱糖处理：将经过前处理的蛋清蛋白液放于洁净器皿，在干净环境 25℃自然发酵 32 h 脱糖。喷雾干燥条件：入口温度分别为 140℃、160℃、180℃，蛋清液质量浓度为 29％，进料速度为 466 mL/h，出口温度 65℃。干燥后在 4℃保存备用。

1.4.2.2 凝胶电泳的测定

参照 Katekhong W 等[55]的方法对不同干燥温度的蛋清蛋白粉进行凝胶电泳的测定。将样品用缓冲液混合。煮沸 4 min 后，在 2700g 下离心样品溶液 10 min，然后将含有 20 μg 蛋白质的每个样品溶液（10 μL）装入单独的孔中。用电泳仪在恒定电压（150 V）下进行 45 min 电泳。最后将其降解 2.5 h。

1.4.2.3 iTRAQ 技术测定

① 样品处理。将制备好的蛋清样品通过混合每个样品的 4 μL（总共 12 μL 蛋清）进行混合。然后将混合样品稀释至 12 μL PBS 中，并用 112 μL 98％乙醇沉淀，并用胰蛋白酶（即 1/50，胰蛋白酶/蛋白质）处理，在 37℃下过夜。

② 质谱分析[56]。用纳米反相柱洗脱肽阳离子。通过电喷雾电离将洗脱的肽阳离子转化为气相离子，并在热轨道聚变质谱仪上进行分析。在 120 k 分辨率（200 m/z）下，用 5×10^{5} 离子计数靶对 $400 \sim 1600$ m/z 的肽前体进行测量扫描。串联 MS/MS 在第 1.5 天与四极杆分离。动态排斥持续时间设置为 45 s。开启单同

位素前体选择，仪器以最高速度运行，循环时间为 2 s。

③ 蛋白质组数据分析。所有数据均采用 MaxQuantSoftwareReversion 1.5.3.8 进行收集和量化。对于蛋白质分类，使用在线 PANTHER 库。为了在蛋清蛋白质中发现过度表达的基因本体论（GOs），启动了 PANTHER 过度表达试验，用 Bonferroni 校正对 G. gallus（数据库中的所有基因）参考列表和注释数据集进行了多次试验，完成 GO 分子功能和 GO 生物过程。

④ 统计分析。在分析之前，我们使用自然对数转换 $[y \sim \lg (x+1)]$ 转换蛋白质组数据[57]。首先，我们对蛋白质组数据集进行了组间成分分析（BGA）。BGA 通过对组均值进行主成分分析来关注组间变异性。组间差异的重要性由组间惯性与总惯性之比来评估。使用蒙特卡罗排列试验检查组间差异的统计显著性。信噪比的计算是因为它明确地考虑了不等方差，用蒙特卡罗排列试验评价统计学意义。CIA 可以应用于变量数量远远超过样本数量的数据集。

1.4.3 性能分析

1.4.3.1 喷雾干燥入口温度对蛋清蛋白质 SDS-PAGE 的影响

如图 1-19 所示，可以看出蛋清经过不同喷雾干燥温度制得的蛋清蛋白粉之间的蛋白质条带分布大体相似，而且蛋白质组分变化都不大。分析可知，25～30 kDa 分子量范围内，在 25 kDa 处对应的是卵类黏蛋白，但条带 A、B、C 均没有卵类黏蛋白条带，主要原因可能是蛋清液在喷雾干燥前加水稀释处理或在喷雾干燥过程中，卵黏蛋白等聚集物被除去，所以在电泳图上并没有卵类黏蛋白的特征条带。从图中可知条带 A、B、C 中，并没有新的分子量的蛋白质生成，说明蛋白质的一级结构没有因为干燥温度的变化发生改变。通过采用 SDS-PAGE 对蛋清蛋白质进行质检，结果显示蛋清蛋白质条带清晰、无杂质，符合进行下一步试验要求。

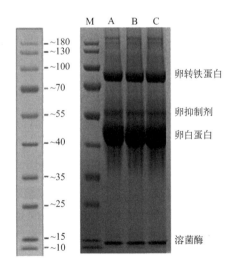

图 1-19　3 种蛋清蛋白粉的 SDS-PAGE 图

M—参照样；A—140℃；B—160℃；C—180℃

1.4.3.2　差异表达蛋白质的鉴定及统计分析结果

利用 iTRAQ 技术对 160℃vs140℃ 和 180℃vs140℃ 蛋清蛋白粉样品进行蛋白质组的鉴定。在数据集中时，我们在所有的研究中发现了 62 种蛋白质被定量（表 1-17），每一对之间差异表达的蛋白质组显示重叠（图 1-20），如 25 个蛋白质在 160℃vs140℃ 和 180℃vs140℃ 之间重叠的。160℃ 与 140℃ 的倍数变化阈值分别为 >1.2 或 <0.83，其中 8 个蛋白质被指定为显著上调，而 33 个蛋白质在 160℃ 后显著下调。

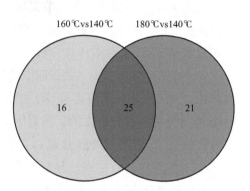

图 1-20　160℃vs140℃ 和 180℃vs140℃ 的蛋清蛋白粉韦恩图

同样的标准（折叠变化阈值 >1.2 或 <0.83）用于选择显著变化（$P<0.05$）的差异蛋白质。因此，18 个差异蛋白质被认为显著上调，而 28 个差异蛋白质在 180℃ 后显著下调。

表 1-17　差异蛋白质分析结果统计

比较组	上调蛋白质数量	下调蛋白质数量	差异表达蛋白质数量
160℃vs140℃	8	33	41
180℃vs140℃	18	28	46

1.4.3.3　差异表达蛋白质聚类分析

通过对 140℃、160℃ 和 180℃ 组的 62 个差异蛋白质进行层次聚类分析，揭示了蛋白质变化的模式。如图 1-21 所示，这 3 组得到了 9 个对应于不同蛋白质变化模式的簇。B、E 簇和 H 簇由在干燥温度 140℃ 到 180℃ 前后差异显著的蛋白质组成。具体来说，在干燥 180℃ 后，B、E 簇显示出 10 种蛋白质的明显下降，而 H 簇 13 种蛋白质增加。F 簇和 G、C 簇更有趣。与 140℃ 组相比，F 簇共有 5 种蛋白质在 160℃ 组中的表达量过

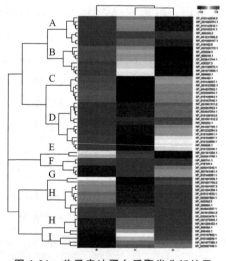

图 1-21　差异表达蛋白质聚类分析结果

高，但在干燥温度上升到180℃时，这些蛋白质显著降低，与观察到的水平相当，表明这些蛋白质的高丰度可被视为低干燥出粉率的信号。G、C 簇共有 9 个与 F 簇相反的蛋白质组成，这些蛋白质可能对预测蛋清干燥过程有积极作用。最后，I 和 A、D 簇在 140℃组和 180℃组之间表现出较大的差异，但干燥温度在 160℃ 和 180℃之间的蛋白质丰度差异不大。蛋白质的差异模式有助于筛选与干燥和胚胎发育等相关的蛋白质。

1.4.3.4 差异表达蛋清蛋白粉的 GO 功能注释分析

通过上述统计分析可知，160℃ vs140℃ 和 180℃ vs140℃ 两组蛋清蛋白粉共鉴定 62 个差异蛋白质，采用生物信息学软件对已经鉴定到的 62 个差异表达蛋清蛋白质进行分析。我们使用 PANTHER 分析在蛋清中检测到的蛋白质进行分类，并确定在我们的样本中存在过多的蛋白质类别。在 21 个生物过程和 7 个分子功能中发现显著的过表达。有趣的是，大部分的差别丰富的蛋白质与生物过程有关，例如细胞过程的 GO-term 反应（GO：0009987）、生物调节的 GO-term 反应（GO：0065007）和结合作用的 GO-term 反应（GO：0005488）等的富集度最高[58]，见图 1-22，表明参与细胞调节和免疫及催化反应调节的蛋白质数量较多[59]。大多数差异丰度蛋白质与亲本 GO-terms 对细胞外区（GO：0005576）、细胞部分（GO：

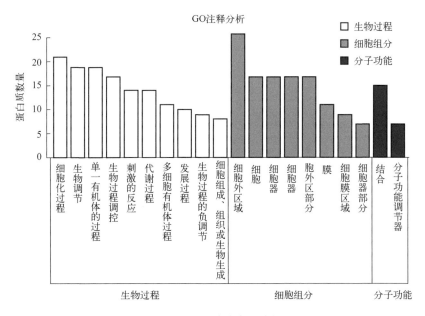

图 1-22　GO 功能富集分析

0044464）和细胞（GO：0005623）等有关，其参与的蛋白质数量较多显著过度表达也支持蛋清对细胞的保护作用[60]。查阅相关文献可知，其差异表达蛋白质的某些注释功能与蛋清液是相似的，从而可以为我们提供一些与免疫等相关的蛋白，也更好地提供了理论支撑。见表 1-18。

表 1-18　差异蛋白的 GO 术语和途径

GO ID	GO Term	Differential EWP number ratio
细胞过程	GO：0009987	21/62
代谢过程	GO：0008152	14/62
生物过程负调控	GO：0048519	9/62
多细胞有机体过程	GO：0032501	11/62
发育过程	GO：0032502	10/62
生物调控	GO：0065007	19/62
细胞组分组织或生物发生	GO：0071840	8/62
对刺激的反应	GO：0050896	14/62
单一生物体过程	GO：0044699	19/62
胞外区域部分	GO：0044421	17/62
细胞部分	GO：0044464	17/62
胞外区域	GO：0005576	26/62
细胞	GO：0005623	17/62
细胞器部分	GO：0044422	7/62
膜结构	GO：0016020	11/62
膜部分	GO：0044425	9/62
细胞器	GO：0043226	17/62
分子结合功能	GO：0005488	15/62
分子功能调控因子	GO：0098772	7/62

1.4.3.5　差异表达蛋清蛋白粉的 KEGG 代谢通路分析

从 140℃ vs 160℃后差异蛋白质显著变化与神经活性配体-受体相互作用（gga04080）、剪接体（gga03040）和 mRNA 监测途径（gga03015）三条 KEGG 途径有关。见图 1-23。从 140℃ vs 180℃后差异蛋白质显著变化与肌动蛋白细胞骨架的调节（gga04810）、烟酸和烟酰胺代谢（gga00760）和脂肪细胞因子信号途径（gga04920）三条 KEGG 途径有关。6 个显著变化的蛋白质被归类为代谢途径，而显著变化的差异蛋白质则在溶酶体途径（gga04142）中富集。大部分的差别丰富的蛋白质与 KEGG 途径（gga04080 和 gga04142）等有关，其参与的蛋白质间接表达了参与途径，对进一步分析蛋清蛋白粉品质有较好的帮助[61]。

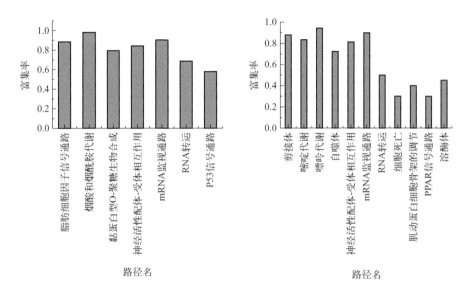

图 1-23　160℃ vs140℃ 和 180℃ vs140℃ 蛋清蛋白粉的差异蛋白的 KEGG 通路图

1.4.3.6　蛋白质相互作用网络分析（PPI）

160℃ vs140℃ 和 180℃ vs140℃ 总共 62 个差异蛋白质进行蛋白质相互作用网络分析，对不同喷雾干燥温度（160℃、180℃ 与 140℃）探索蛋白质发挥功能的分子机制具有重要意义。筛选标准为蛋白质相互作用得分大于 0.9，共有 18 种差异表达蛋白（表 1-19）的 68 种相互作用（图 1-24）。大部分蛋白质被消除了，因为他们之间没有任何联系，其中，NP _ 989936.1，NP _ 001161204.1，NP _ 001026172.1，NP _ 990483.1，XP _ 025006934.1，NP _ 001077389.1 和 XP _ 015148067.1，连接度较高，具有 7～11 个相互作用蛋白，主要连接的通路有 GO：0009987、GO：0065007、GO：0005488、GO：0005576、GO：0044464、GO：0005623、gga04080、gga03040、gga03015 等[62]。

表 1-19　网络相互作用显著变化的蛋白质

序号	蛋白质对应 ID 号	蛋白质名称
1	NP_989936.1	凝血酶原
2	NP_001001750.2	β-2-微球蛋白前体

续表

序号	蛋白质对应 ID 号	蛋白质名称
3	NP_001026172.1	卵清蛋白相关蛋白 Y
4	XP_420392.3	羧肽酶 E
5	NP_990018.1	阿片结合蛋白/细胞黏附分子同源前体
6	XP_015156064.1	恶性脑肿瘤中缺失-1 蛋白亚型 X1
7	NP_990804.1	前神经肽 Y 前体
8	XP_025003476.1	低质量蛋白质：动力蛋白重链 5,轴丝体
9	NP_990483.1	卵清蛋白前体
10	NP_990263.1	角蛋白，Ⅱ型细胞骨架耳蜗
11	NP_001161481.1	组织蛋白酶 L1 前体
12	XP_025006934.1	血浆蛋白酶 C1 抑制剂亚型 X1
13	NP_001077389.1	胶质细胞衍生的神经素前体
14	XP_015148067.1	钙黏蛋白-1 亚型 X1
15	NP_990340.2	角蛋白，Ⅰ型细胞骨架 19
16	NP_001012582.1	上皮细胞黏附分子前体
17	NP_001001195.1	角蛋白，Ⅱ型细胞骨架 5
18	NP_001001312.2	角蛋白，Ⅰ型细胞骨架 15

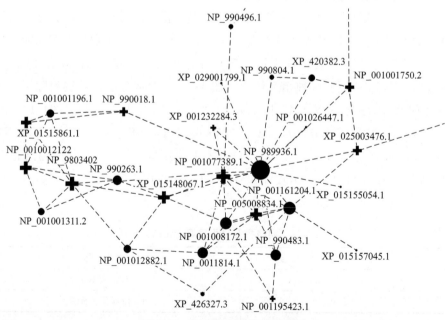

图 1-24　蛋白质相互作用网络图

1.4.3.7 指示蛋白的筛选

为了探究蛋清液在喷雾干燥过程中（140℃、160℃、180℃）出现的蛋清蛋白质降解机制，采用 iTRAQ 技术研究蛋清液在喷雾干燥过程中（140℃、160℃、180℃）蛋清蛋白质组学的差异。查阅相关文献，再结合分析代谢通路，发现 160℃ vs140℃、180℃ vs140℃ 两组间共有 62 个差异表达蛋白，然后从差异蛋白筛选出与蛋清蛋白质密切相关的指示蛋白。结果表明，有 4 种蛋白质在喷雾干燥过程中丰度变化显著，分别是卵白蛋白相关蛋白 Y、卵白蛋白前体、卵类黏蛋白亚型 X2 及卵类黏蛋白亚型 1 前体。出现丰度变化显著的原因可能是入口干燥温度或样品处理时发生的物理变化。如图 1-25～图 1-28 所示。

（1）卵白蛋白相关蛋白 Y 和卵白蛋白前体

卵白蛋白相关蛋白 Y 和卵白蛋白前体都属于卵白蛋白中的一种，虽然它们各自的蛋白氨基酸序列高度同源并且同属于一个家族，可是它们发挥的作用各不相

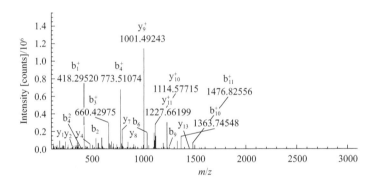

图 1-25 卵白蛋白相关蛋白 Y（NP_001026172.1）二级质谱图

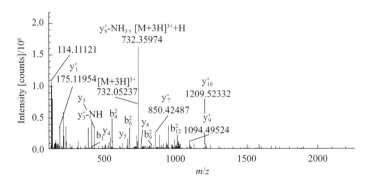

图 1-26 卵白蛋白前体（NP_990483.1）二级质谱图

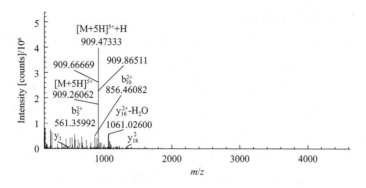

图 1-27　卵类黏蛋白亚型 X2（XP_015149250.1）二级质谱图

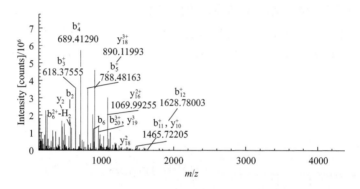

图 1-28　卵类黏蛋白亚型 1 前体（NP_001295423.1）二级质谱图

同，而这些不同与其特殊的生理生化功能有关[63]。本书中，鸡蛋清在喷雾干燥过程中，卵白蛋白相关蛋白 Y 和蛋白前体的丰度发生显著变化，很可能是随着干燥温度的升高，白蛋白发生加速降解或卵白蛋白和碱性蛋白在干燥过程中发生结合造成的，而出现这种现象的原因，我们需要进一步的实验验证。

（2）卵类黏蛋白亚型 X2 和卵类黏蛋白亚型 1 前体

卵类黏蛋白亚型 X2 和卵类黏蛋白亚型 1 前体都属于卵类黏蛋白中的一种。卵类黏蛋白是鸡蛋清中的主要抗原蛋白之一，同时也是一种蛋白酶抑制剂和多功能的糖蛋白，其占蛋清蛋白质的 10% 左右，并且有着高度同源的氨基酸序列，等电点在 4.0~4.6，蛋白分子量[64]约为（28±1.5）kDa。本书利用 iTRAQ 技术对蛋清蛋白粉进行鉴定，通过分析发现在蛋清蛋白粉中并没有鉴定到卵类黏蛋白，但鉴定出了卵类黏蛋白亚型 X2 和卵类黏蛋白亚型 1 前体，可能在干燥过程中，卵类黏蛋白受温度的影响，导致变性或者降解使这两种蛋白质形成了结合物或者发生了其他变化，而这些猜想需要进一步研究。

1.4.4 小结

本节探讨了运用蛋白质组学技术（iTRAQ）研究筛选不同入口温度的蛋清蛋白粉中的指示蛋白可行性，结果如下：

① 三种蛋清蛋白粉的蛋白质条带分布相似。显示差异蛋白质组：在 160℃ vs140℃中，8 个蛋白质被指定为显著上调，而 33 个蛋白质在 160℃ 后显著下调；在 180℃ vs140℃ 这对比较组中，18 个差异蛋白质被认为显著上调，而 28 个差异蛋白质在 180℃ 后显著下调。160℃ vs140℃ 和 180℃ vs140℃ 两组中总共有 62 种差异蛋白质，其中共同拥有的差异蛋白质有 25 个。

② 通过对 160℃ vs140℃ 和 180℃ vs140℃ 两对比较组中的蛋清蛋白粉分析，发现大部分差别丰富的蛋白质与 GO：0009987、GO：0065007、GO：0005488 和 GO：0005576 等 GO-term 有关。

③ 通过对 160℃ vs140℃ 比较组分析，发现差异蛋白质显著参与 gga04080、gga03040 和 gga03015 等 KEGG 途径；而在 180℃ vs140℃ 中，发现差异蛋白质主要参与 gga04810、gga00760、gga04920 和 gga04142 等 KEGG 途径。

④ 在不同入口干燥温度的蛋清蛋白粉差异蛋白质组中发现有 4 个蛋白质变化较为明显，分别为卵白蛋白相关蛋白 Y、卵白蛋白前体、卵类黏蛋白亚型 X2、卵类黏蛋白亚型 1 前体，在功能注释、信号通路和蛋白质相互作用中变化显著，这 4 个差异蛋白质均有望作为蛋清蛋白粉干燥过程中的指示蛋白。

◆ 参考文献 ◆

［1］ 何伟明. 谷氨酰胺转氨酶及喷雾干燥条件对蛋清蛋白粉凝胶硬度和乳化性的影响[D]. 雅安：四川农业大学，2019.

［2］ 冉乐童，郭丹郡，胥伟，等. 喷雾干燥与冷冻干燥对蛋清蛋白粉功能特性的影响[J]. 食品科技，2021，46（11）：69-73.

［3］ 陈珂. 蛋清蛋白粉在喷雾干燥过程中特性变化及差异蛋白质组学研究[D]. 洛阳：河南科技大学，2020.

［4］ 孙乐常，曾添，林端权，等. 干燥方式对蛋清蛋白理化性质和功能特性的影响[J]. 食品工业科技，2022，43（24）：102-111.

［5］ Katekhong W, Charoenrein S. Influence of spray drying temperatures and storage conditions on physical and functional properties of dried egg white[J]. Drying technology, 2017, 36（2）：169-177.

［6］ Katekhong W, Bhandari, et al. Effect of carbonation of fresh egg white prior to spray drying on physical and functional properties of powder[J]. Drying Technology An International Journal, 2018, 36（10）：1224-1235.

［7］赵希荣，赵立，叶华. 鸭蛋粉离心喷雾干燥工艺研究[J]. 食品与机械，2009，25（4）：144-148.

［8］赵媛，苏宇杰，杨严俊. 全蛋粉喷雾干燥工艺研究[J]. 安徽农业科学，2015，21（15）：243-246.

［9］方园，张丁洁，吴娜娜，等. 草莓速溶粉喷雾干燥工艺的研究[J]. 食品研究与开发，2020，41（10）：161-166.

［10］Ma S, Zhao S N, Zhang Y, et al. Quality characteristic of spray-drying egg white powders[J]. Molecular biology reports, 2013, 40（10）：5677-5683.

［11］Rannou C, Queveau D, Beaumal V, et al. Effect of spray-drying and storage conditions on the physical and functional properties of standard and n-3 enriched egg yolk powders[J]. Journal of food engineering, 2015, 154: 58-68.

［12］Katekhong W, Charoenrein S. Influence of spray drying temperatures and storage conditions on physical and functional properties of dried egg white[J]. Drying technology, 2017, 36（2）：169-177.

［13］迟玉杰，沈青，赵英，等. 提高全蛋粉速溶性的研究[J]. 中国家禽，2016，38（12）：1-3.

［14］沈青，赵英，迟玉杰，等. 真空冷冻与喷雾干燥对鸡蛋全蛋粉理化性质及超微结构的影响[J]. 现代食品科技，2015，31（1）：147-152.

［15］刘丽莉，陈珂，李媛媛，等. 喷雾干燥入口温度对蛋清蛋白粉功能特性和结构的影响[J]. 河南科技大学学报（自然科学版），2020，41（06）：65-72+ 7-8.

［16］Liu L, Li Y, Prakash S, et al. Enzymolysis and glycosylation synergistic modified ovalbumin: functional and structural characteristics[J]. International Journal of Food Properties, 2018, 21（1）：395-406.

［17］李超楠，鹿保鑫，冯玉超，等. 超声波辅助提取碎米蛋白及其功能特性研究[J]. 食品研究与开发，2017，38（15）：58-63.

［18］Gong K J, Shi A M, Liu H Z, et al. Emulsifying properties and structure changes of spray and freeze-dried peanut protein isolate[J]. Journal of Food Engineering, 2016, 170（16）：33-40.

［19］刘丹，刘剑利，王帅，等. 高粱醇溶蛋白提取工艺及其功能特性研究[J]. 食品与机械，2017，33（11）：173-178.

［20］Uddin Z, Suppakul P, Boonsupthip W, et al. Effect of air temperature and velocity on moisture diffusivity in relation to physical and sensory quality of dried pumpkin seeds[J]. Drying Technology, 2016, 34（12）：1423-1433.

［21］沙小梅，涂宗财，王辉，等. 提取 pH 对鳙鱼鱼鳞明胶功能性质的影响[J]. 食品与机械，2016，32（12）：12-16+ 132.

［22］Chelh I, Gatellier P, Santelhoutellier, V. Technical note: a simplified procedure for myofibril hydrophobicity determination[J]. Meat Science, 2006, 74（4）：681-683.

［23］李述刚. 新疆扁桃核仁蛋白质及其加工功能特性研究[D]. 武汉：华中农业大学，2017.

［24］刘文超. 小麦淀粉基调理食品冻干过程中品质劣变机制与调控研究[D]. 无锡：江南大学，2022.

［25］王婷婷. 高复水性蛋清蛋白粉的制备及在发酵蛋清饮料中的应用研究[D]. 无锡：江南大学，2023.

［26］张盼盼. 咸鸭蛋清与鸡蛋液复合蛋肠加工工艺与品质调控研究[D]. 武汉：华中农业大学，2023.

［27］Wang W, Nema S, Teagarden D. Protein aggregation-pathways and influencing factors[J]. International Journal of Pharmaceutics, 2010, 390（2）：89-99.

［28］吴红梅，郭净芳，刘丽莉，等 . 超声辅助喷雾干燥对蛋清蛋白热聚集及凝胶特性的影响[J]. 食品研究与开发，2023，44（12）：11-16.

［29］王婷婷 . 高复水性蛋清蛋白粉的制备及在发酵蛋清饮料中的应用研究[D]. 无锡：江南大学，2023.

［30］万敏惠，叶劲松，何伟明，等 . 喷雾干燥条件对经 TGase 处理后蛋清蛋白粉乳化活性的影响[J]. 基因组学与应用生物学，2021，40（Z1）：2136-2143.

［31］Philip P, Silke G, Andreas D, et al. Evaluation of spray-dried eggs as a micronutrient-rich nutritional supplement[J]. Frontiers in Nutrition, 2022, 9: 984715.

［32］Sahin Z, Akkoc S, Neeleman R, et al. Nile red fluorescence spectrum decomposition enables rapid screening of large protein aggregates in complex biopharmaceutical formulations like influenza vaccines[J]. Vaccine, 2017, 35（23）: 3026-3032.

［33］Gülşah CK, Safiye ND. Spray drying of spinach juice: characterization, chemical composition, and Storage[J]. Journal of Food Science, 2017, 82（12）: 2873-2884.

［34］周俊鹏，朱萌，章蔚，等 . 不同冷冻方式对淡水鱼品质的影响[J]. 食品科学，2019，40（17）：247-254.

［35］Machida S, Idota N, Sugahara Y. Interlayer grafting of kaolinite using triethylphosphate[J]. Dalton Transactions, 2019, 48（31）: 11663-11673.

［36］Shilpashree B G, Arora S, Chawla P, et al. Effect of succinylation on physicochemical and functional properties of milk protein concentrate[J]. Food Research International, 2015, 72（7）: 223-230.

［37］Mis Solval K, Bankston JD, Bechtel PJ. et al. Physicochemical properties of microencapsulated ω-3 salmon oil with egg white powder[J]. Journal of Food Science, 2016, 81（3）: E600-E609.

［38］Ruffin E, Schmit T, Lafitte G, et al. The impact of whey protein preheating on the properties of emulsion gel bead[J]. Food Chemistry, 2014, 151（4）: 324-332.

［39］任健，李爽 . 热处理对葵花籽分离蛋白结构及表面疏水性的影响[J]. 中国油脂，2016，41（9）：24-27.

［40］Huang YC, Yi G, Li F, et al. Effects of high pressure in combination with thermal treatment on lipid hydrolysis and oxidation in pork[J]. LWT-Food Science and Technology, 2015, 63（1）: 136-143.

［41］张根生，李婷婷，丁健，等 . 巴氏杀菌鸡蛋清液磷酸化改性及性质研究[J]. 食品与机械，2017，033（001）：11-15.

［42］刘丽莉，王浩阳，郝威铭，等 . 喷雾冷冻干燥对卵白蛋白和卵黏蛋白互作的影响[J]. 河南科技大学学报（自然科学版），2022，43（02）：70-76+ 8-9.

［43］Yang S l, Liu X Y, Zhang M D, et al. Moisture-absorption and water dynamics in the powder of egg albumen peptide, Met-Pro-Asp-Ala-His-Leu[J]. Journal of Food Science, 2016, 82（1）: 53-60.

［44］Krishnamurthy K, Khurana H K, Soojin J, et al. Infrared heating in food processing: an overview [J]. Comprehensive Reviews in Food Science and Food Safety, 2008, 7（1）: 2-13.

［45］王雪媛，高琨，陈芹芹，等 . 苹果片中短波红外干燥过程中水分扩散特性[J]. 农业工程学报，2015，31（12）：275-281.

［46］秦洋，邱超，曹金苗，等 . 干热处理对稻米复配粉及米蛋白性质的影响[J]. 现代食品科技，2015，31

（9）：180-184.

［47］Morand M, Guyomarch F, Pezennec S, et al. On how κ-casein affects the interactions between the heat-induced whey protein/κ-casein complexes and the casein micelles during the acid gelation of skim milk[J]. International Dairy Journal, 2011, 21（9）：670-678.

［48］张同刚, 罗瑞明, 李亚蕾, 等. 拉曼光谱分析牛肉贮藏过程中肌红蛋白结构的变化[J]. 食品科学, 2019, 40（7）：15-19.

［49］吴黎明, 周群, 周骁, 等. 蜂王浆不同贮存条件下蛋白质二级结构的 Fourier 变换红外光谱研究[J]. 光谱学与光谱分析, 2009, 29（1）：82-87.

［50］毛莹, 李漫, 李佳, 等. 基于内源乳化法和喷雾干燥优化制备花色苷微胶囊及其稳定性分析[J]. 食品科学, 2020, 41（02）：267-275.

［51］江竑宇. 盐诱导蛋清蛋白聚集行为对凝胶结构形成及稳定机制研究[D]. 长春：吉林大学, 2023.

［52］Zhang B, Wei B, Hu X, et al. Preparation and characterization of carboxymethyl starch microgel with different crosslinking densities[J]. Carbohydrate Polymers, 2015, 124: 245-253.

［53］Kang Z L , Li B , Ma H J , et al. Effect of different processing methods and salt content on the physicochemical and rheological properties of meat batters[J]. International Journal of Food Properties, 2016, 19 (5-8)：1604-1615.

［54］董艳, 张正海, 王宁, 等. 基于 Label-free 技术的汉麻籽不同发芽时期蛋白质组学分析[J]. 食品科学, 2020, 41（14）：190-194.

［55］Katekhong W, Charoenrein S. Color and gelling properties of dried egg white: effect of drying methods and storage conditions[J]. International Journal of Food Properties, 2017, 20（9-12）：2157-2168.

［56］Cerna M, Kuntova B, Talacko P, et al. Differential regulation of vaginal lipocalins（OBP, MUP）during the estrous cycle of the house mouse[J]. Scientific Reports, 2017, 7（1）：11674-11681.

［57］Bílková B, Swiderská Z, Zita L, et al. Domestic fowl breed variation in egg white protein expression: application of proteomics and transcriptomics[J]. Journal of Agricultural and Food Chemistry, 2018, 66（44）：11854-11863.

［58］Wang X Q, Xu G, Yang N, et al. Differential proteomic analysis revealed crucial egg white proteins for hatchability of chickens[J]. Poultry Science, 2019, 98（12）：7076-7089.

［59］Dombre C, Guyot N, Moreau T, et al. Egg serpins: the chicken and/or the egg dilemma[J]. Seminars in Cell and Developmental Biology, 2016, 62（1）：120-132.

［60］闫海亚. 普通牛和瘤牛肝脏和脾脏组织的比较蛋白质组学研究[D]. 昆明：云南大学, 2019.

［61］Ding X M, Du J M, Zhang K Y. Tandem mass tag-based quantitative proteomics analysis and gelling properties in egg albumen of laying hens feeding tea polyphenols[J]. Poultry Science, 2020, 99（1）：430-440.

［62］Xu L, Jia F, Luo C, et al. Unravelling proteome changes of chicken egg whites under carbon dioxide modified atmosphere packaging[J]. Food Chemistry, 2018, 239（8）：657-663.

［63］杨燃, 宋洪波, 黄群, 等. 鸡蛋清磷酸化蛋白组鉴定与分析[J]. 食品科学, 2019, 40（11）：30-35.

［64］刘怡君. 鸡胚蛋清低丰度蛋白质孵化期间比较蛋白质组学研究[D]. 武汉：华中农业大学, 2014.

2 超声预处理联合喷雾干燥制备

2.1 超声预处理蛋清液工艺条件的优化

超声作为一种改善蛋白质功能特性的绿色技术，在蛋白质的预处理中发挥着重要作用。目前，已有很多研究表明，超声的空化作用可以改善蛋清蛋白质的某些功能特性，如通过研究超声处理对蛋清蛋白质结构和凝胶特性的影响，发现超声可以改善其凝胶特性。然而，超声作用对蛋清蛋白质聚集行为的影响缺乏系统研究，大多集中在其他蛋白质，如：大豆蛋白、肌原纤维蛋白、乳清蛋白等[1-4]。所以采用适当的超声加工条件对蛋清液的预处理及后续生产具有指导意义。因此，本章旨在考察超声功率、超声时间、料液厚度对蛋清液的剪切黏度及凝胶硬度的影响，并采用 Box-Behnken 法优化出超声预处理蛋清液的最佳工艺条件，以期为蛋清蛋白粉这一混合蛋白源聚集行为的调节及其凝胶制品的生产提供理论依据。

2.1.1 材料与设备

2.1.1.1 材料与试剂

表 2-1 材料与试剂

材料与试剂	规格	生产厂家
新鲜鸡蛋	市售	
柠檬酸	AR	天津市大茂化学试剂厂
磷酸氢二钠	AR	天津市大茂化学试剂厂
磷酸二氢钠	AR	天津市大茂化学试剂厂

2.1.1.2　仪器与设备

表 2-2　仪器与设备

仪器与设备	型号	生产厂家
数控超声波清洗器	KQ-500DE 型	昆山市超声仪器有限公司
流变仪	DHR-2 型	美国 TA 公司
食品物性分析仪	SMSTA. XT Epress Enhanced	英国 SMS 公司

2.1.2　制备工艺

2.1.2.1　蛋清液的制备

新鲜鸡蛋经过清洗破碎后，将蛋清与蛋黄分离，并用双层纱布将蛋清中系带等杂物过滤，收集到的蛋清于磁力搅拌器上低速搅拌。自然发酵 24 h 后，调节 pH 值至 7.5，之后缓慢加入蒸馏水稀释蛋清液，至质量浓度为 30%。

2.1.2.2　蛋清液的超声处理

使用数控超声波清洗器对上述蛋清液进行超声处理，每次超声蛋清液样品的体积固定为 300 mL。整个超声过程中盛放蛋清液的烧杯应处于冰水浴中以消除超声过程中产生的热效应。

2.1.2.3　超声预处理蛋清液的单因素试验

（1）超声时间的选择

固定超声功率为 200 W，料液厚度为 3 cm，设置超声时间分别为 0 min、10 min、20 min、30 min、40 min 对蛋清液进行超声处理，测定其黏度和凝胶硬度，并筛选出最佳超声时间。

（2）超声功率的选择

选择固定超声时间 20 min，料液厚度为 3 cm，设置超声功率为 0 W、100 W、200 W、300 W、400 W 进行超声处理，测定其黏度和凝胶硬度，并筛选最佳超声功率。

（3）蛋清液厚度的选择

在超声时间为 20 min，超声功率为 200 W 的条件下对料液厚度分别为 1 cm、2 cm、3 cm、4 cm、5 cm 的蛋清液进行超声处理，测定其黏度和凝胶硬度，并筛选出最佳料液厚度。

2.1.2.4　超声预处理蛋清液的响应面优化试验

采用 Box-Behnken 试验设计，参考单因素试验的结果，将超声时间、超声功率和蛋清液厚度作为自变量，蛋清黏度和凝胶硬度为响应值，设立了17组处理组，试验因素水平见表2-3。并进行回归方程的拟合，优化出最佳超声预处理蛋清液的工艺条件。

表 2-3　试验因素水平编码表

因素	编码	编码水平		
		−1	0	1
超声时间/min	X_1	10	20	30
超声功率/W	X_2	100	200	300
蛋清液厚度/cm	X_3	2	3	4

2.1.2.5　优化指标的测定

（1）黏度的测定

根据白喜婷等[5]的方法并稍作修改，测定蛋清液的复合表观黏度。设置剪切速率范围为$0\sim300\ \mathrm{s^{-1}}$，20℃下，测量样品溶液的表观黏度变化。

（2）凝胶硬度的测定

取 50 mL 鸡蛋清溶液放于 100 mL 烧杯中，用保鲜膜将烧杯密封紧，置于80℃水浴锅中加热 45 min，然后立即用冷水冲洗烧杯外壁，冷却至室温后的凝胶样品放于 4℃冰箱中冷藏 12 h 即得凝胶[6]。

将制备的凝胶取出，在室温下放置 20 min 后，采用 TPA 模式，$P/0.5$ 的探头测定凝胶硬度（g）。测试速度设为：测前 5 mm/s，测中 2 mm/s，测后 2 mm/s；触发力设为：3 g；距离：15 mm；指标：硬度（Hardness），单位：g。

2.1.3　性能分析

2.1.3.1　单因素试验结果

（1）超声时间对蛋清液黏度和凝胶硬度的影响

超声时间对蛋清液黏度和凝胶硬度的影响，如图2-1所示。蛋清液的黏度和凝胶硬度随超声时间的增加，呈现先升高后下降的趋势；当超声时间为 20 min 时，黏度和凝胶硬度出现最大值。这可能是因为短时间的超声促进蛋清液内部分子剧烈运动，使分子间作用力增强，促进蛋清液内部胶团结构的产生，溶液流动性增加，黏度升高，蛋清蛋白质发生去折叠及聚集，导致溶液中聚集体颗粒较大，使其相互之间的作用加剧，其蛋白质凝胶硬度也随之增强；而随着超声时间的增加，超声在液体中传播时空化作用结合其机械效应产生的剪切力随之增强，破坏了蛋清液内部分子结构及分子间的键和作用，使黏度降低，其蛋白质凝胶硬度也随之减小。

（2）超声功率对蛋清液黏度和凝胶硬度的影响

超声功率对蛋清液黏度和凝胶硬度的影响，如图 2-2 所示。

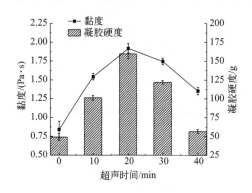

图 2-1　超声时间对蛋清液黏度和
凝胶硬度的影响

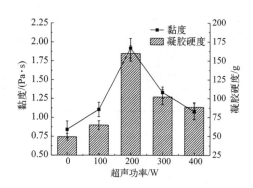

图 2-2　超声功率对蛋清液黏度和
凝胶硬度的影响

由图 2-2 可知，当超声功率小于 200 W 时，随着功率的增加，蛋清液黏度和凝胶硬度均呈升高趋势；当功率大于 200 W 时，随着功率的增加，黏度和凝胶硬度均下降；当功率为 200 W 时，黏度和凝胶硬度均达到最大值。原因可能是大功率的超声作用使蛋白质分子之间作用逐渐加剧，先前产生的微弱的交联作用被破坏，使蛋白质结构逐渐展开，可溶性聚集体发生了一定的降解，因而溶液黏度和凝胶硬度随之降低。

（3）料液厚度对蛋清液黏度和凝胶硬度的影响

料液厚度对蛋清液黏度和凝胶硬度的影响，如图 2-3 所示。

由图 2-3 可知，随着料液厚度的增加，蛋清液的黏度和凝胶硬度先升高后降低；在料液为 3 cm 厚度时，黏度和凝胶硬度达到最大值。这可能是因为相同质量和体积下，料液厚度的大小直接影响着超声对蛋清液空化作用的剧烈程

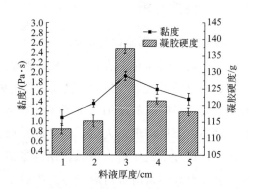

图 2-3　料液厚度对蛋清液黏度和
凝胶硬度的影响

度，料液厚度越高，超声作用的扩散路径越长，蛋清液受到阻力越大，空化作用的扩散速度越慢，超声作用对蛋清蛋白质的影响越小。而当厚度低时，超声作用影响较大，空化与机械效应的结合作用对蛋清蛋白质内部分子结构产生破坏，导致溶液黏度低。

2.1.3.2 响应面优化试验结果分析

根据 2.1.3.1 的单因素试验结果，进行 Box-Behnken 试验设计，对超声预处理蛋清液的工艺进行响应面优化，其试验设计方案及结果如表 2-4 所示。

表 2-4 Box-Behnken 试验设计方案及结果

试验组	超声时间 /min	超声功率 /W	料液厚度 /cm	黏度 /（Pa·s）	凝胶硬度 /g
1	10	100	3	1.06435	45.5462
2	30	100	3	1.13435	55.1835
3	10	300	3	1.12535	51.3419
4	30	300	3	1.22255	67.28549
5	10	200	2	1.45043	84.65997
6	30	200	2	1.43255	67.42978
7	10	200	4	1.35372	56.5362
8	30	200	4	1.33683	72.1171
9	20	100	2	1.12435	62.0392
10	20	300	2	1.45152	88.9045
11	20	100	4	1.32995	65.31358
12	20	300	4	1.63112	91.359
13	20	200	3	1.90609	100.8321
14	20	200	3	1.89633	112.6395
15	20	200	3	1.78324	99.0246
16	20	200	3	1.75328	114.197
17	20	200	3	1.85587	137.094

采用 Design Expert. 8.0.5 统计分析软件对表的数据进行多元回归拟合，得到自变量超声时间（X_1）、超声功率（X_2）、料液厚度（X_3）对凝胶硬度（Y_1）和黏度（Y_2）的回归方程方差分析结果，见表 2-5、表 2-6。

由表 2-5 可知，Y_1 回归模型的 $R^2 = 0.9305$，$P < 0.01$，差异极显著，失拟项 $P = 0.0678 > 0.05$，差异不显著，说明 Y_1 模型的拟合度较高；由表 2-6 可知 Y_2

回归模型的 $R^2=0.8796$，$P<0.05$，差异显著，失拟项 $P=0.6979>0.05$，差异不显著，说明 Y_2 模型的拟合度高。因此两个回归模型可以较好地反映各自变量与两个响应值之间的变化关系。

表 2-5 黏度的方差分析表

方差来源	平方和	自由度	均方	F 值	P 值	显著性
X_1	2.192×10^{-3}	1	2.192×10^{-3}	0.16	0.6983	
X_2	0.076	1	0.076	5.63	0.0495	
X_3	4.645×10^{-3}	1	4.645×10^{-3}	0.35	0.5750	
X_1X_2	1.850×10^{-4}	1	1.85×10^{-4}	0.014	0.9099	
X_1X_3	2.450×10^{-7}	1	2.45×10^{-7}	1.824×10^{-5}	0.9967	
X_2X_3	1.690×10^{-4}	1	1.690×10^{-4}	0.013	0.9138	
X_1^2	0.51	1	0.51	37.65	0.0005	
X_2^2	0.53	1	0.53	39.66	0.0004	
X_3^2	0.041	1	0.041	3.07	0.1231	
回归	1.26	9	0.14	10.42	0.0027	显著
残差	0.094	7	0.013			
失拟项	0.076	3	0.025	5.43	0.0678	不显著
纯误差	0.019	4	4.632×10^{-3}			
总和	1.35	16				
R^2	0.9305					
R_{Adj}^2	0.8412					

注：$P<0.01$ 表示影响极显著；$P<0.05$ 表示影响显著。

对于黏度 Y_1，一次性项 X_2（超声功率）显著，其余一次性项与交互项不显著；二次项 X_3^2 不显著，其余二次项均极显著。根据表 2-5 中 F 值的大小，可以得出对黏度影响大小的顺序为：超声功率＞料液厚度＞超声时间。对表 2-4 中黏度的试验数据进行拟合，得到黏度的回归方程为

$$Y_1 = 1.84 + 0.017X_1 + 0.097X_2 + 0.024X_3 + 0.0068X_1X_2 + 0.0002475X_1X_3 - 0.0065X_2X_3 - 0.35X_1^2 - 0.36X_2^2 - 0.099X_3^2$$

该黏度模型在 $\alpha=0.05$ 的显著水平下剔除不显著项后的方程如下：

$$Y_1 = 1.84 + 0.097X_2 + 0.35X_1^2 - 0.36X_2^2$$

表 2-6　凝胶硬度的方差分析表

方差来源	平方和	自由度	均方	F 值	P 值	显著性
X_1	71.59	1	71.59	0.39	0.5510	
X_2	626.73	1	626.73	3.43	0.1063	
X_3	39.19	1	39.19	0.21	0.6571	
X_1X_2	9.94	1	9.94	0.054	0.8221	
X_1X_3	269.14	1	269.14	1.47	0.2640	
X_2X_3	0.17	1	0.17	9.209×10^{-4}	0.9766	
X_1^2	4397.76	1	4397.76	24.10	0.0017	
X_2^2	2759.39	1	2759.39	15.12	0.0060	
X_3^2	442.66	1	442.66	2.43	0.1633	
回归	9330.09	9	1036.68	5.68	0.0160	显著
残差	1277.41	7	182.49			
失拟项	352.25	3	117.42	0.51	0.6979	不显著
纯误差	925.16	4	231.29			
总和	10607.50	16				
R^2	0.8796					
R_{Adj}^2	0.7247					

注：$P < 0.01$ 表示影响极显著；$P < 0.05$ 表示影响显著。

对于凝胶硬度 Y_2，一次性项与交互项均不显著；二次项 X_1^2 和 X_2^2 显著，其余二次项不显著。根据表 2-6 中 F 值的大小，可以得出对凝胶硬度影响大小的顺序为：超声功率＞超声时间＞料液厚度。对表 2-5 中黏度的试验数据进行拟合，得到黏度的回归方程为

$$Y_2 = 112.76 + 2.99X_1 + 8.85X_2 - 2.21X_3 + 1.58X_1X_2 + 8.20X_1X_3 - 0.20X_2X_3 - 32.32X_1^2 - 25.60X_2^2 - 10.25X_3^2$$

该黏度模型在 $\alpha = 0.05$ 的显著水平下剔除不显著项后的方程如下：

$$Y_2 = 112.76 - 32.32X_1^2 - 25.60X_2^2$$

2.1.3.3　响应面交互作用分析

从图 2-4 中的等高线变化趋势可以看出，当超声时间低于 20～25 min 之间某固定值、超声功率低于 200～250 W 之间某固定值时，溶液黏度随超声时间和超声功率的增加逐渐增加；当超声时间高于 20～25 min 之间某固定值、超声功率高于

200～250 W 之间某固定值时，溶液黏度随超声时间和超声功率的增加逐渐降低。

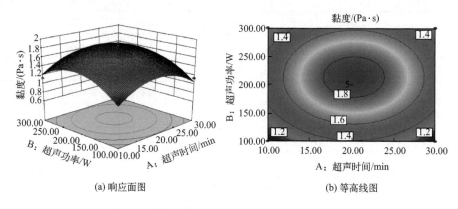

(a) 响应面图　　　　　　　　(b) 等高线图

图 2-4　超声时间与超声功率对溶液黏度的影响

从图 2-5 中的等高线变化趋势可以看出，当超声时间低于 20～25 min 之间某固定值、料液厚度低于 3～3.5 cm 之间某固定值时，溶液黏度随超声时间和料液厚度的增加逐渐增加；当超声时间高于 20～25 min 之间某固定值、料液厚度高于3～3.5 cm 之间某固定值时，溶液黏度随超声时间和料液厚度的增加逐渐降低。

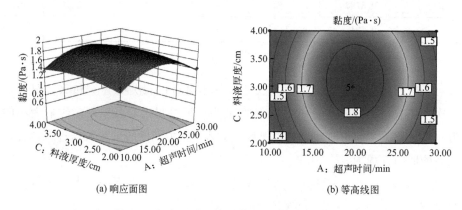

(a) 响应面图　　　　　　　　(b) 等高线图

图 2-5　超声时间与料液厚度对溶液黏度的影响

从图 2-6 中的等高线变化趋势可以看出，当超声功率低于 200～250 W 之间某固定值、料液厚度低于 3～3.5 cm 之间某固定值时，溶液黏度随超声功率和料液厚度的增加逐渐增加；当超声功率高于 200～250 W 之间某固定值、料液厚度高于 3～3.5 cm 之间某固定值时，溶液黏度随超声功率和料液厚度的增加逐渐降低。

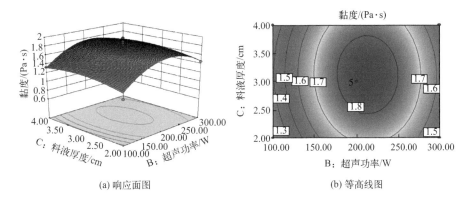

| (a) 响应面图 | (b) 等高线图 |

图 2-6　超声功率与料液厚度对溶液黏度的影响

从图 2-7 中的等高线变化趋势可以看出，当超声时间低于 20～25 min 之间某固定值、超声功率低于 200～250 W 之间某固定值时，凝胶硬度随超声时间和超声功率的增加逐渐增加；当超声时间高于 20～25 min 之间某固定值、超声功率高于 200～250 W 之间某固定值时，凝胶硬度随超声时间和超声功率的增加逐渐降低。

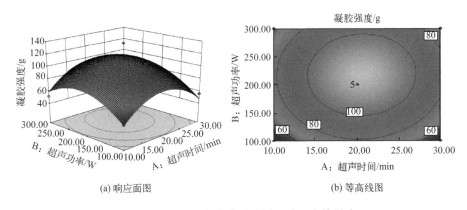

| (a) 响应面图 | (b) 等高线图 |

图 2-7　超声时间与超声功率对凝胶硬度的影响

2.1.3.4　最佳工艺条件的确定与验证

通过响应面分析得到超声预处理条件为：超声时间 20.38 min、超声功率 215.30 W、料液厚度 3 cm，此条件下蛋清液黏度为 1.846Pa·s，凝胶硬度为 113.585 g。为进一步检验回归方程预测超声预处理蛋清液工艺的准确性和可靠性，对优化后的条件进行了 3 次验证，在最佳超声条件下（由于设备原因取超声时间 21 min、超声功率 200 W、料液厚度 3 cm）处理蛋清液，测得超声后蛋清液的黏

度为（1.793±0.085）Pa·s，凝胶硬度为（112.672±5.364）g。黏度的实际值
与预测值相差 2.87%，凝胶硬度的实际值与预测值相差 0.80%，说明优化后的超
声预处理蛋清液的工艺模型可以较好地预测蛋清液的黏度和凝胶硬度，应用价值
较高。

2.1.4　小结

① 本节以新鲜鸡蛋清为原料，采用数控超声波清洗器处理蛋清液，来研究超
声时间、超声功率和料液厚度对超声后的蛋清液黏度和凝胶硬度的影响。以蛋清
液的黏度和凝胶硬度为指标，通过单因素试验结果得到三个因素的最佳条件为：
超声时间 20 min、超声功率 200 W、料液厚度 3 cm。

② 在单因素结果的基础上，以蛋清液黏度和凝胶硬度为响应值，超声时间、
超声功率、料液厚度为相应因素，进行 Box-Behnken 旋转试验，得出在超声时间
21 min、超声功率 200 W、料液厚度 3 cm 的条件下得到蛋清液的黏度最佳值是
（1.793±0.085）Pa·s，凝胶硬度的最佳值是（112.672±5.364）g，与拟合模型
符合。

2.2　超声对蛋清液聚集状态及凝胶特性的影响

蛋白凝胶是一种规则的网状结构，其特性受蛋白质分子变性聚集的影响[1]，
而聚集是蛋白质的特征行为之一[2]。目前，通过改变外界条件，如离子强度、热
处理方式、温度等，对蛋清蛋白质聚集的途径或机制进行调控，使其发生不同程
度的聚集进而影响蛋白质凝胶的结构和特性的相关研究成为热点：Panozzo 等[3]研
究发现高压均化条件下可通过诱导蛋白的非折叠、聚集现象和蛋白质结构改变调
节蛋清的表观黏度和蛋清凝胶的硬度。刘西海[4]通过研究发现酸洗过程中添加的
不同类型的金属离子可以加剧蛋白质的 β-折叠，进而促进其聚集，以及影响蛋清
凝胶内部结构的密度和分子力，从而改变凝胶的理化和消化特性。研究表明，外
界条件的改变可以使蛋清蛋白质发生不同程度的聚集行为，从而影响蛋白质凝胶
的形成。

然而，超声作为一种食品加工常用的绿色技术，对蛋清蛋白质聚集行为的影
响缺乏系统研究。本书采用不同超声功率处理蛋清液，分析蛋清蛋白质的流变学、
蛋白质结构及其凝胶特性的变化，系统地探究超声功率对蛋清蛋白质聚集程度的影
响从而改变其凝胶特性，为进一步调节蛋清蛋白质的聚集行为提供一定的理论依据。

2.2.1　材料与设备

2.2.1.1　材料与试剂

表 2-7　材料与试剂

材料与试剂	规格	生产厂家
新鲜鸡蛋	市售	
脲	AR	苏州安必诺化工有限公司
溴化钾	AR	天津光复经济化工研究所
ANS	AR	国药控股（上海）化学试剂有限公司
TRIS	AR	国药控股（上海）化学试剂有限公司
EDTA-二钠	AR	国药控股（上海）化学试剂有限公司

2.2.1.2　仪器与设备

表 2-8　仪器与设备

仪器与设备	型号	生产厂家
数控超声波清洗器	KQ-500DE 型	昆山市超声仪器有限公司
流变仪	DHR-2 型	美国 TA 公司
紫外分光光度仪	UV2600 型	日本日立公司
食品物性分析仪	SMSTA. XT Epress Enhanced	英国 SMS 公司
荧光分光光度计	Cary eclpise 型	美国 Aglient Cary elipse 公司
傅里叶红外光谱仪（FT-IR）	VERTEX70 型	德国 Bruker 公司
电子扫描显微镜（SEM）	TM3030Plus 型	日本岛津公司
真空冷冻干燥机	TF-FD-27S 型	上海田枫实业有限公司

2.2.2　测定流程

2.2.2.1　超声处理蛋清液

蛋清液的制备：新鲜鸡蛋经过清洗破碎后，将蛋清与蛋黄分离，并用双层纱布将蛋清中系带等杂物过滤，收集到的蛋清于磁力搅拌器上低速搅拌。自然发酵24 h 后，调节 pH 值至 7.5，之后缓慢加入蒸馏水稀释蛋清液，至质量浓度为30%。设计试验组：30% 质量分数的蛋清溶液，固定超声时间为 20 min，改变超声功率（100 W、200 W、300 W、400 W）。设置对照组为相同浓度的蛋清溶液，在其他条件不变的情况下，得到超声处理前后的一系列样品。

2.2.2.2 流变学分析

根据白喜婷等[5]的方法相结合并稍作修改，测定蛋清液的流变特性。在 $1.0\sim$ 100 rad/s 的振动频率范围内，0.3% 的振荡应变，进行样品的动态频率扫描，测量超声处理前后的蛋清液的储能模量（G'）、损耗模量（G''）的变化；设置剪切速率范围为 $0\sim300\ \mathrm{s}^{-1}$，20℃下，测量样品溶液的表观黏度变化；设置振荡频率为 0.1 Hz，应变为 1%，以 5℃/min 的速率，测量样品从 30℃ 升温至 90℃ 的黏度变化。

2.2.2.3 浊度的测定

参照陈楠楠[6]的方法，并用公式计算浊度：

$$\tau = A \times \ln 10 / I$$

式中，I 为比色皿的光程。

2.2.2.4 表面疏水性的测定

采用常翠华[7]的试验方法，稍作修改。稀释蛋清溶液浓度至体积分数为 0.08%，取 4 mL 蛋清溶液，以 ANS 作为荧光探针，加入 20 μL PBS 缓冲液（pH=7.4），旋涡振荡，避光静置，在其他条件相同的情况下，设置与参考方法相同的参数，进行荧光光谱测试，所得的最大荧光强度表征疏水性的强弱。

2.2.2.5 巯基含量的测定

根据孙卓[8]的试验方法，结合样品并稍作修改，测定不同超声功率下蛋清样品的总巯基及游离巯基含量。游离巯基含量测定：用 Tris-Gly 缓冲液（pH=7.4）稀释样品，在蛋清溶液（5 mg/mL）中加入 Ellman 试剂 50 μL，避光 1 h，测得离心上清液在 412 nm 处的吸光值 A_{412}；总巯基含量测定：将样品用缓冲液（8 mol/L 尿素、Tris-Gly 缓冲液、pH=7.4）稀释蛋清溶液（1 mg/mL），加入 50 μL 的 Ellman 试剂，避光，在 412 nm 处测得离心上清液的 A_{412}。巯基含量的计算公式为：

$$\text{巯基含量} /(\mu \mathrm{mol/g}) = 73.35 \times A_{412} \times D / \rho$$

式中，D 为稀释倍数；ρ 为样品溶液的最终质量浓度，mg/mL。

2.2.2.6 傅里叶红外光谱（FT-IR）分析

对冻干后的蛋清蛋白粉进行红外扫描分析。

2.2.2.7 凝胶特性测定

（1）凝胶硬度的测定

同 2.1.2.5 测定方法。

（2）凝胶失水率分析

将一定质量且大小均等的凝胶，离心 10 min 后取出，水分吸干后，称重，计算公式为：

$$凝胶的持水性 = (W_0 - W_1)/W_0 \times 100\%$$

式中，W_0 为离心前凝胶质量，g；W_1 为离心后凝胶质量，g。

（3）SEM 观察

将制得的凝胶切成大小规则的薄片，参考郭健[9]的方法，用扫描电镜观察凝胶样品。

2.2.2.8 数据统计

试验所涉及的测试均做 3 次重复试验，用 origin 2018 软件作图、SPSS 软件进行显著性分析。

2.2.3 性能分析

2.2.3.1 蛋清液动态频率变化

如图 2-8（a）、（b）所示，样品的 G' 均高于 G''，这表明所有样品的弹性大于黏性，即样品中弹性成分更突出，表现出黏弹性固体的性质[6-8]。高的 G' 值代表蛋白质具有更好的凝胶化能力，随着动态扫描频率的增加，超声样品的 G' 和 G'' 值均高于对照组。表明超声处理下的蛋清蛋白质种类和组成发生了变化，因此会影响蛋清液的流变性。超声还增加了蛋清液的凝胶化能力，这可能是因为蛋清液在超声的过程中，由于空化作用，促进了蛋清蛋白质聚集行为的发生，降低了蛋白质的流动性[9]。此外，由图 2-8（c）可知，随着扫描频率的增加，试验组样品的相位角正切（tan δ）值均先低于对照组后逐渐升高，说明当扫描频率达到高频区时，超声样品更偏向于黏性流体。

如图 2-8（a）、（b）所示，4 个样品在低扫描频率范围内，G' 和 G'' 急剧上升，达到 25 rad/s 后上升的趋势变慢。当频率达到 40 rad/s 之后，200 W 时 G' 及 G'' 值均高于其他试验组，表明在其他条件相同的情况下，当超声功率为 200 W 时对蛋清液的凝胶化能力的增强效果最佳。

2.2.3.2 蛋清液黏度分析

蛋清液黏度的大小是蛋白质在外力作用下的内部摩擦力大小的表征[10]。由图 2-9（a）可知，随着剪切速率的增大，蛋清液黏度逐渐降低，呈剪切稀化现象；随着剪切速率的增大，分子之间结构重新排列后趋于相同，黏度逐渐稳定。当剪切速率为 1 s⁻¹，对照组的初始黏度为 0.841 Pa·s，而超声样品的黏度均高于对照

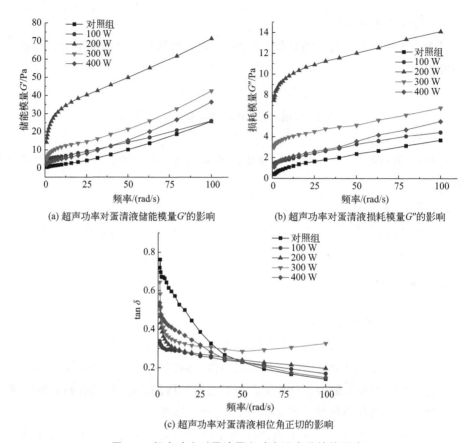

(a) 超声功率对蛋清液储能模量 G' 的影响

(b) 超声功率对蛋清液损耗模量 G'' 的影响

(c) 超声功率对蛋清液相位角正切的影响

图 2-8　超声功率对蛋清蛋白动态流变特性的影响

组，由此可以看出，超声组溶液有较高的黏度。其中 200 W 超声组的初始黏度最大，相比对照组增大了 1.075 Pa·s。这可能是由于超声的空化作用，使蛋白质在溶液中去折叠并且聚集，形成较大的聚集颗粒，增强了它们之间的相互作用，增加了黏度。此外，随着剪切速率的增大，黏度出现连续下降的趋势，说明超声并没有改变蛋白液的非牛顿流体特性。

如图 2-9（b）所示，在升温过程中，蛋清液的黏度会出现指数增长区，其中对照组仅在 80～85℃时开始变性，而超声处理后的蛋清液在 60～65℃发生变性，并表现出两个变性区。结果表明，超声作用可以明显增加蛋清凝胶形成的速度。这可能是因为，超声可使蛋清液内部发生聚集行为，而蛋白质聚集状态是决定蛋白凝胶弹性弱强的主要原因之一，从而加快其凝胶化过程。

2.2.3.3　超声功率对蛋清液聚集行为的浊度分析

浊度因蛋白质分子的聚集会增加光密度而被用来监测加工过程中的蛋清蛋白

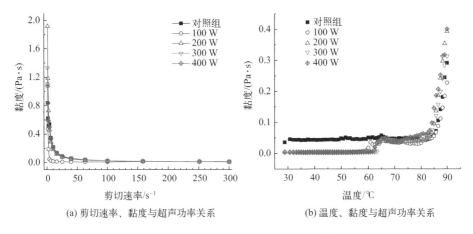

(a) 剪切速率、黏度与超声功率关系　　(b) 温度、黏度与超声功率关系

图 2-9　超声功率对蛋清液黏度的影响

质聚集程度[11]。超声功率对蛋清液浊度
的影响见图 2-10。由图 2-10 可知，随着
超声功率的升高，各样品的浊度相对于
对照组先增后降，分别增加了 61.03%、
29.27%、27.12%、13.56%。超声功率
小于 200 W 时，蛋白液的浊度变化呈增
长趋势，而当功率超过 200 W 时，溶液
的浊度随功率的增加而发生不同程度的
降低，这可能是因为蛋白质容易复性而
导致其溶液体系不稳定，说明超声在一
定功率范围内，会使蛋清蛋白质发生不
同程度的聚集，导致光发生散射，溶液

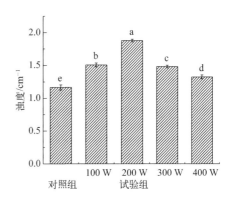

图 2-10　超声功率对蛋清液浊度的影响

小写字母不同表示差异性显著（$P<0.05$），下同

浊度升高。当超声功率为 200 W 时，溶液浊度为 1.876 cm^{-1}，较其他试验组显著
增加（$P<0.05$），表明此功率作用下，蛋清蛋白质发生的聚集程度最大，蛋白凝
胶化能力最强，与图 2-8（a）、（b）所示结果一致。

2.2.3.4　超声功率对蛋清液聚集行为的结构分析

（1）表面疏水性及巯基含量的变化

由图 2-11（a）所示，超声处理对蛋清蛋白质荧光光谱的整体形态无明显影
响，但光谱位移和荧光强度有不同程度的变化。在排除其他外界因素后，与对照
组相比，超声处理后样品的荧光光谱峰值发生左移，且最高荧光强度均有所降低。

这表明超声破坏了蛋清蛋白质的分子结构,使发色基团暴露在溶剂中,荧光强度降低,表面疏水性下降。这可能是因为超声使溶液内部发生聚集,聚集体的形成使疏水基团被包埋所引起的。

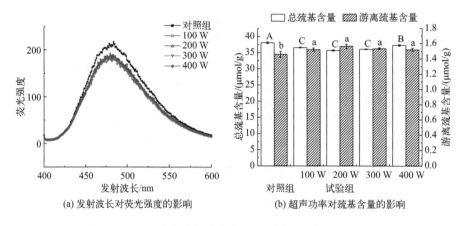

(a) 发射波长对荧光强度的影响   (b) 超声功率对巯基含量的影响

图 2-11 超声功率对蛋清液表面疏水性及巯基含量的影响

大、小写字母不同均表示差异性显著 ($P<0.05$),下同

图 2-11 (b) 所示的蛋清蛋白质巯基含量的变化,代表其分子结构的改变。蛋清蛋白质的总巯基含量为:对照组>400 W>100 W>300 W>200 W ($P<0.05$),游离巯基含量为:对照组<400 W<100 W<300 W<200 W ($P<0.05$)。由图 2-11 (a)、(b) 可知,超声样品的荧光强度、总疏水基团显著降低 ($P<0.05$),游离巯基显著增加 ($P<0.05$),这可能是因为蛋白质聚集过程中,分子间发生去折叠,使疏水基团暴露到表面。表明超声作用引起的蛋清蛋白质发生的疏水聚集,影响暴露巯基的含量和形成二硫键的能力,从而改变分子的二级结构[11]。

(2) FT-IR 分析

蛋清蛋白质聚集行为不仅改变了表面疏水性和巯基含量,也改变了蛋白质的二级结构。超声前后蛋清蛋白质的红外图谱如图 2-12 所示。

不同超声功率处理的蛋清蛋白质在 3500~3100 cm^{-1} 位置的峰强度存在很大差异 (400 W>200 W>300 W>100 W>对照组),但峰的位置没有明显变化,此处的化学结构表征为结合水中 O—H 基团与氨基酸中 C=O 所形成的分子内和分子间氢键,这表明不同的超声功率会影响蛋白质的水合能力。1700~1600 cm^{-1} 的波长范围为酰胺 I 带 (C=O 伸缩振动),其不仅与氢键作用力紧密相关,而且影响蛋清蛋白质的二级结构。超声前后的蛋清蛋白质均在酰胺 I 带出现了特征吸收现象,因此将不同超声功率的样品中蛋清蛋白质的酰胺Ⅰ带的红外谱图做二阶导数，采用 Gauss 面积法拟合，通过峰位判断二级结构种类并确定其含量[12]，结果见表 2-9。

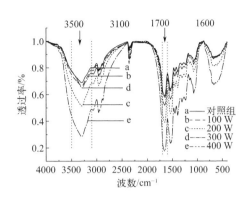

图 2-12　不同超声功率下蛋清
蛋白质 FT-IR 光谱图

蛋清蛋白质二级结构的组分随超声处理功率的变化而变化，结合表 2-9 可知，对比对照组蛋白质，4 种超声处理蛋清液中蛋清蛋白质二级结构发生如下变化：①对照组蛋清蛋白质二级结构最主要的组成成分是 α-螺旋结构，占总量的 34.36%。α-螺旋是蛋白质二级结构

中最稳定的，随着超声功率的增大，α-螺旋含量显著降低（$P<0.05$）；②随着超声功率的增大，无规则卷曲含量先升后降，200 W 时的蛋清蛋白质中的含量为 21.20%，明显高于对照组蛋清蛋白质中的 18.77%（$P<0.05$），表明超声使蛋白质二级结构部分被破坏，结构的随机性增强；③相比于对照组的蛋清蛋白质，超声处理的蛋清蛋白质中的 β-折叠和 β-转角含量在超声过程中分别呈先增加后降低和先降低后增加的趋势。这种变化趋势与蛋清蛋白质的变性及形成聚集体有关。因而可以推断不同超声功率处理过程中 β-折叠、β-转角结构对蛋清蛋白质的聚集行为具有重要作用。

表 2-9　不同超声功率蛋清蛋白质酰胺Ⅰ带二级结构相对含量

超声功率/W	α-螺旋/%	β-折叠/%	β-转角/%	无规则卷曲/%
对照组	34.36±0.02[a]	24.44±0.01[d]	22.43±0.04[e]	18.77±0.06[b]
100	18.21±0.03[b]	23.81±0.03[e]	39.37±0.05[b]	18.60±0.03[c]
200	16.90±0.01[c]	35.36±0.02[a]	26.54±0.02[d]	21.20±0.13[a]
300	16.24±0.03[d]	33.40±0.05[b]	33.27±0.11[c]	17.09±0.07[d]
400	12.08±0.01[e]	32.95±0.01[c]	42.46±0.07[a]	12.51±0.09[e]

注：同列肩标字母不同表示差异显著（$P<0.05$）。

当超声频率为 200 W 时，α-螺旋结构含量明显下降（$P<0.05$），且随着超声功率的增加，该变化更加明显，这种变化趋势与蛋白质的聚集程度有关；在 400 W

时，无规则卷曲含量明显下降（$P<0.05$），这与在 400 W 功率时蛋清蛋白质中不同聚集体之间的平衡性变化有关。根据蔡燕萍等[13]关于蛋白 α-螺旋含量与凝胶硬度之间呈负相关的报道，表明随着超声功率的增加，α-螺旋含量降低，其氢键作用减弱，使蛋清蛋白质分子结构展开。

2.2.3.5　蛋清蛋白凝胶特性的分析

影响蛋清蛋白凝胶特性的主要因素是蛋白质变性和聚集程度。由图 2-13 中可知，相比对照组，超声样品的凝胶硬度均有明显提高（$P<0.05$），其值大小为：200 W＞300 W＞400 W＞100 W＞对照组，这与图 2-8（a）、（b）和图 2-10 所示结果一致，可能是因为超声作用使蛋白质变性，发生分子间聚集有利于形成规则的蛋白质网络结构，从而有助于蛋清凝胶性能的提高。随着超声功率的增加，蛋清蛋白质的凝胶硬度呈先增加再降低的趋势；当超声功率达到 200 W 时蛋清蛋白凝胶硬度达到最高为 140.85 g，相较对照组增加了 132.54％，且与其他功率的相比有明显的增大（$P<0.05$）。这可能是大于 200 W 功率的超声处理使蛋清液的蛋白质分子逐渐展开，发生了降解。

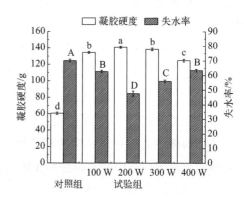

图 2-13　超声功率对蛋清蛋白凝胶特性的影响

大、小写字母不同均表示差异性显著（$P<0.05$），下同

图 2-13 中可以看出，失水率为 200 W＜300 W＜400 W＜100 W＜对照组，当功率为 200 W 时，失水率为 47.61％，相较对照组降低了 32.02％，且明显低于其他试验组（$P<0.05$），这可能是由于超声波的空化作用，导致蛋白质分子的去折叠和聚集，使蛋清蛋白凝胶的空间网络结构更加均匀稳定，与水分子的结合更加牢固。凝胶硬度越大，失水率越小，可能是因为当超声功率为 200 W 时，蛋白质变性程度增大，分子间相互结合，形成相对紧密的三维网状结构，孔隙变小，导致凝胶与水的结合能力最强，失水率最低。

2.2.3.6　蛋清蛋白凝胶微观结构分析

一定程度的蛋白质聚集行为影响着其凝胶化的网络结构，如图 2-14 所示，可以反映出凝胶内部的表面微观结构。在相同放大倍数（×3000）下，蛋清蛋白质在不同超声功率下所形成的凝胶，其微观结构具有较大差异。在超声功率 100 W 时，凝胶表面蛋白质有小范围的聚集，且随着超声功率的增加聚集逐渐聚拢，表面颗粒也在超声处理后由明显的带状逐渐形成块状聚集。这表明由于疏水性相互作用和超声波产生的冲击力，蛋白质形成聚集体，且蛋白质聚集体颗粒逐渐增大，并影响着凝胶的网络结构[14]。而 200 W 时凝胶具有相对较为致密的表观结构，颗粒分布相对均匀，这与本文流变特性及凝胶硬度分析结构相吻合。

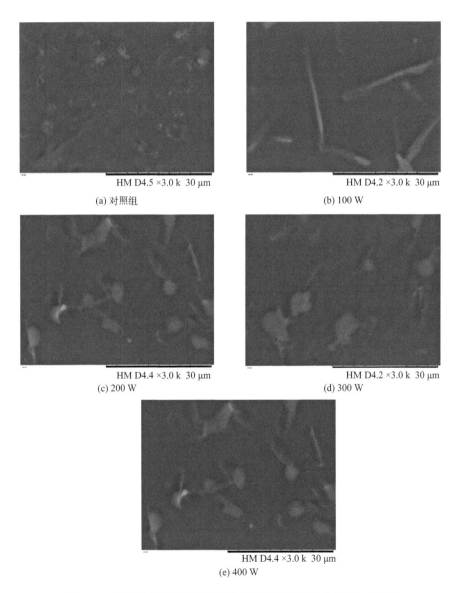

图 2-14　不同超声功率下蛋清蛋白凝胶的微观结构分析（×3000）

2.2.4　小结

采用不同超声功率处理蛋清液，研究超声技术对蛋清蛋白质流变特性、结构以及其凝胶特性的影响对其聚集行为的变化。结果表明：当超声功率达到 200 W 时，蛋清蛋白质发生的聚集使其凝胶性能表现最佳，此时蛋清液动态流变 G' 及 G'' 值增大，黏度和浊度增高，游离巯基含量增加，表面疏水性降低，α-螺旋结构含量减少，β-折叠含量增加。这表明超声可以使蛋清蛋白质分子发生去折叠，聚集程度增加，凝胶特性得到改善。然而，当超声功率逐渐增大，蛋清蛋白质分子展开到一定程度时，蛋白质结构稳定性逐渐下降，部分聚集体发生降解，使蛋清蛋白凝胶特性受到影响。因此，超声是通过增加蛋清蛋白质暴露的巯基含量，改变其二级结构，减弱分子间的氢键作用，使蛋清蛋白质分子展开程度增加，发生去折叠及聚集行为，从而促进蛋白凝胶的形成，改善凝胶结构。这为蛋清蛋白质的聚集行为调控其凝胶制品的应用提供了一定的理论依据。

2.3　超声预处理联合喷雾干燥蛋清蛋白粉工艺条件的优化

对于蛋制品行业来说，蛋清蛋白粉比新鲜鸡蛋或液体蛋清更适合生产应用，因其在方便性、保质期和微生物安全性方面具有明显优势。而在蛋清蛋白粉生产加工过程中，干燥处理方式是影响蛋清蛋白粉功能特性的重要因素之一。因此采用适当的超声预处理联合干燥蛋清蛋白粉，对生产较高保水性和凝胶特性的蛋清蛋白凝胶具有重要意义，对拓宽蛋清应用领域具有重要的市场价值。因此，本节旨在考察喷雾干燥的物料流量、进风温度、料液浓度以及进样温度对蛋清蛋白粉的出粉率及凝胶硬度的影响，并采用四元二次回归旋转优化出喷雾干燥蛋清蛋白粉的最佳工艺条件，以期为蛋清蛋白粉中蛋清蛋白质聚集行为的调节及其凝胶制品的生产提供理论依据。

2.3.1　材料与设备

2.3.1.1　材料与试剂

表 2-10　材料与试剂

材料与试剂	规格	生产厂家
新鲜鸡蛋	市售	

续表

材料与试剂	规格	生产厂家
磷酸氢二钠	AR	天津市大茂化学试剂厂
磷酸二氢钠	AR	天津市大茂化学试剂厂

2.3.1.2 仪器与设备

表 2-11 仪器与设备

仪器与设备	型号	生产厂家
数控超声波清洗器	KQ-500DE 型	昆山市超声仪器有限公司
喷雾干燥机	SP-1500 型	上海顺仪实验设备有限公司
流变仪	DHR-2 型	美国 TA 公司
食品物性分析仪	SMSTA. XT Epress Enhanced	英国 SMS 公司

2.3.2 处理方法与制备工艺

2.3.2.1 蛋清液的预处理

新鲜鸡蛋经过清洗破碎后，将蛋清与蛋黄分离，并用双层纱布将蛋清中系带等杂物过滤，收集到的蛋清于磁力搅拌器上低速搅拌。自然发酵 24 h 后，调节 pH 值至 7.5，之后缓慢加入蒸馏水稀释蛋清，至质量浓度为 30%，即得蛋清液。然后按照 2.1 节优化的最佳工艺条件，将得到的蛋清液进行超声预处理，所得蛋清液置于 4℃冰箱冷藏备用。

2.3.2.2 蛋清蛋白粉的制备

使用喷雾干燥机对经过超声预处理的蛋清液进行干燥处理，得到的蛋清蛋白粉置于干燥环境中 4℃保存。

2.3.2.3 喷雾干燥蛋清蛋白粉的单因素试验

（1）物料流量的选择

固定蛋清液质量浓度 30%，进风温度 170℃，进样温度为 30℃，考察物料流量（300 mL/h，400 mL/h，500 mL/h，600 mL/h，700 mL/h）对干燥后蛋清蛋白粉出粉率及凝胶硬度的影响。

（2）进风温度的选择

固定物料流量 500 mL/h，料液质量浓度 30%，进样温度为 30℃，考察进风温度（150℃，160℃，170℃，180℃，190℃）对干燥后蛋清蛋白粉出粉率及凝胶硬度的影响。

（3）料液浓度的选择

固定物料流量 500 mL/h，进风温度 170℃，进样温度为 30℃，考察料液质量浓度（20％，25％，30％，35％，40％）对干燥后蛋清蛋白粉出粉率及凝胶硬度的影响。

（4）进样温度的选择

固定物料流量 500 mL/h，料液浓度 30％，进风温度 170℃，考察进样温度（10℃，20℃，30℃，40℃，50℃）对干燥后蛋清蛋白粉出粉率及凝胶硬度的影响。

2.3.2.4 喷雾干燥蛋清蛋白粉的响应面优化试验

在探讨了影响喷雾干燥蛋清蛋白粉的四因素：物料流量、进风温度、料液浓度及进样温度等单因素条件的基础上，利用 Dedign-Expert 8.0.5 软件进行四元二次回归旋转组合设计。以这四个因素为自变量，以出粉率和凝胶硬度为响应值，设立了 31 个处理组。因素水平设计见表 2-12。

表 2-12　试验因素水平编码表

编码水平	因素			
	X_1 〔物料流量/（mL/h）〕	X_2 （进风温度/℃）	X_3 （料液浓度/％）	X_4 （进样温度/℃）
2	400	160	25	20
1	450	165	27.5	25
0	500	170	30	30
−1	550	175	32.5	35
−2	600	180	35	40

2.3.2.5　优化指标的测定

（1）出粉率

出粉率（Powder yield rate，PYR）的计算

$$PYR = (m_2/m_1) \times 100\%$$

式中，PYR 为蛋清蛋白粉出粉率，％；m_1 为干燥前蛋清液质量，g；m_2 为干燥后蛋清质量，g。

（2）凝胶硬度测定

在孙卓[8]的试验方法基础上，结合样品稍作修改，测定不同超声功率下蛋清样品的总巯基及游离巯基含量。游离巯基含量测定：用 Tris-Gly 缓冲液（pH ＝

7.4）稀释样品，在蛋白溶液（5 mg/mL）中加入 Ellman 试剂 50 μL，避光 1 h，测得离心上清液在 412 nm 处的吸光值 A_{412}；总巯基含量测定：将样品用缓冲液（8 mol/L 尿素、Tris-Gly 缓冲液、pH=7.4）稀释蛋清液（1 mg/mL），加入 50 μL 的 Ellman 试剂，避光，在 412 nm 处测得离心上清液的 A_{412}。巯基含量的计算公式为：

$$巯基含量/(\mu mol/g)=73.35\times A_{412}\times D/\rho$$

式中，D 为稀释倍数；ρ 为样品溶液的最终质量浓度，mg/mL。

2.3.3 性能分析

2.3.3.1 单因素试验结果

（1）物料流量对蛋清蛋白粉出粉率及其凝胶硬度的影响

由图 2-15 可知，当物料流量小于 500 mL/h 时，随着物料流量的增加，蛋清蛋白粉的出粉率和凝胶硬度呈升高趋势；当物料流量大于 500 mL/h 时，随着物料流量的增加，蛋清蛋白粉的出粉率和凝胶硬度呈下降趋势；当物料流量为 500 mL/h 时，黏度和凝胶硬度均达到最大值。原因可能是物料流量的增加避免了单位面积的蛋清液因受热过度而造成蛋清蛋白粉品质下降，并提高了干燥效率。但随着物料流量的增加，蛋清蛋白粉的出粉率和凝胶硬度开始下降，这可能是因为速度过大时，物料累积过多，导致干燥不完全，粘壁严重，使蛋清蛋白粉成品的品质受到了影响。因此物料流量选择 500 mL/h。

（2）进风温度对蛋清蛋白粉出粉率及其凝胶硬度的影响

由图 2-16 可知，随着进风温度的升高，蛋清蛋白粉的出粉率和凝胶硬度

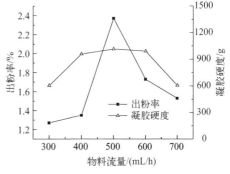

图 2-15 物料流量对蛋清蛋白粉出粉率及其凝胶硬度的影响

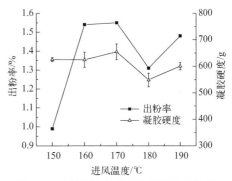

图 2-16 进风温度对蛋清蛋白粉出粉率及其凝胶硬度的影响

整体呈现先增加后降低的趋势，出粉率和凝胶硬度均在 190℃ 时的数值大于 180℃ 时数值，这可能是因为 190℃ 时蛋清发生了再聚集，产生大分子聚集，且聚合物不稳定。然而，蛋清蛋白粉出粉率和凝胶特性均在 170℃ 时出现最大值，且考虑到温度过高对蛋白质的影响，故进风温度选择 170℃。

（3）料液浓度对蛋清蛋白粉出粉率及其凝胶硬度的影响

由图 2-17 可知，随着料液浓度的增加，出粉率呈明显上升趋势，而凝胶硬度则呈现先上升后下降的趋势，在料液浓度为 30% 时凝胶硬度达到最大值。在浓度为 35% 时凝胶硬度骤减，这可能是试验误差不可避免导致的。因此，综合考虑蛋清蛋白粉的凝胶特性，选择料液浓度为 30%。

（4）进样温度对蛋清蛋白粉出粉率及其凝胶硬度的影响

由图 2-18 可知，随着进样温度的升高，蛋清蛋白粉的出粉率呈明显上升趋势，而凝胶硬度则呈先上升后下降的趋势，在进样温度为 30℃ 时达到最大值。综合考虑蛋清蛋白粉的凝胶硬度和实际生产应用中的可操作性，因此选择进样温度为 30℃。

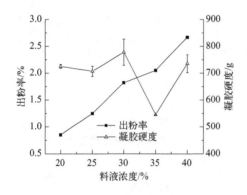

图 2-17　料液浓度对蛋清蛋白粉出粉率及其凝胶硬度的影响

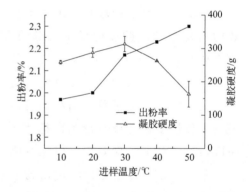

图 2-18　进样温度对蛋清蛋白粉出粉率及其凝胶硬度的影响

2.3.3.2　响应面优化结果分析

根据 2.1.3.1 的单因素试验结果，通过四元二次通用旋转组合试验对蛋清蛋白粉的喷雾干燥工艺进行响应面优化，其试验设计方案结果见表 2-13。

采用 Design Expert. 8.0.5 统计分析软件对表的数据进行多元回归拟合，得到自变量物料流量（X_1）、进风温度（X_2）、料液浓度（X_3）、进样温度（X_4）对出粉率（Y_1）和凝胶硬度（Y_2）的回归方程方差分析结果，见表 2-14 和表 2-15。

由表 2-14 可知，Y_1 回归模型的 $R^2=0.8070$，$P<0.01$，差异极显著，失拟项 $P=0.16>0.05$，差异不显著，说明 Y_1 模型的拟合度较高。由表 2-15 可知 Y_2 回归模型的 $R_2=0.7628$，$P<0.01$，差异极显著，失拟项 $P=0.1016>0.05$，差异不显著，说明 Y_2 模型的拟合度高。因此两个回归模型可以较好地反映各自变量与两个响应值之间的变化关系。

表 2-13　四元二次通用旋转组合试验设计方案及结果

试剂	X_1	X_2	X_3	X_4	出粉率/%	凝胶硬度/g
1	450	165	25	27.5	1.38	248.671
2	550	165	25	27.5	1.63	371.804
3	450	175	25	27.5	1.38	318.572
4	550	175	25	27.5	1.45	347.854
5	450	165	25	32.5	1.57	425.345
6	550	165	25	32.5	2.21	406.746
7	450	175	25	32.5	1.58	323.984
8	550	175	25	32.5	1.82	271.707
9	450	165	35	27.5	1.3	246.282
10	550	165	35	27.5	1.45	252.864
11	450	175	35	27.5	1.33	267.233
12	550	175	35	27.5	1.45	254.693
13	450	165	35	32.5	1.85	244.790
14	550	165	35	32.5	1.92	320.454
15	450	175	35	32.5	2.05	312.234
16	550	175	35	32.5	1.95	286.741
17	400	170	30	30	1.35	303.989
18	600	170	30	30	1.73	391.030
19	500	160	30	30	1.55	324.438
20	500	180	30	30	1.54	348.678
21	500	170	30	25	1.25	406.852
22	500	170	30	35	2.05	345.388
23	500	170	20	30	1.8	287.220
24	500	170	40	30	2.23	262.456
25	500	170	30	30	1.97	413.222
26	500	170	30	30	1.54	445.258

续表

试剂	X_1	X_2	X_3	X_4	出粉率/%	凝胶硬度/g
27	500	170	30	30	2.3	454.522
28	500	170	30	30	2.05	414.040
29	500	170	30	30	1.82	457.800
30	500	170	30	30	2.17	377.740
31	500	170	30	30	2.37	396.030

注：$P < 0.01$ 表示影响极显著；$P < 0.05$ 表示影响显著。

表 2-14　出粉率的方差分析表

方差来源	平方和	自由度	均方	F 值	P 值	显著性
X_1	0.20	1	0.20	5.14	0.0375	
X_2	4.267×10^{-3}	1	4.267×10^{-3}	0.11	0.7458	
X_3	1.12	1	1.12	28.51	< 0.0001	
X_4	0.054	1	0.054	1.38	0.2571	
$X_1 X_2$	0.038	1	0.038	0.97	0.3394	
$X_1 X_3$	4.225×10^{-3}	1	4.225×10^{-3}	0.11	0.7470	
$X_1 X_4$	0.058	1	0.058	1.47	0.2431	
$X_2 X_3$	0.000	1	0.000	0.000	1.0000	
$X_2 X_4$	0.042	1	0.042	1.07	0.3160	
$X_3 X_4$	0.051	1	0.051	1.29	0.2726	
X_1^2	0.48	1	0.48	12.31	0.0029	
X_2^2	0.47	1	0.47	12.08	0.0031	
X_3^2	0.30	1	0.30	7.65	0.0138	
X_4^2	3.581×10^{-3}	1	3.581×10^{-3}	0.091	0.7664	
回归	2.62	14	0.19	4.78	0.0019	显著
残差	0.63	16	0.039			
失拟项	0.13	10	0.013	0.16	0.9943	不显著
纯误差	0.50	6	0.083			
总和	3.25	30				
R^2	0.8070					
R_{Adj}^2	0.6381					

注：$P < 0.01$ 表示影响极显著；$P < 0.05$ 表示影响显著。

表 2-15　凝胶硬度的方差分析表

方差来源	平方和	自由度	均方	F 值	P 值	显著性
X_1	3745.85	1	3745.85	1.81	0.1971	
X_2	304.29	1	304.29	0.15	0.7063	
X_3	1081.38	1	1081.38	0.52	0.4800	
X_4	13964.52	1	13964.52	6.75	0.0194	
$X_1 X_2$	3838.05	1	3838.05	1.86	0.1920	
$X_1 X_3$	1746.45	1	1746.45	0.84	0.3718	
$X_1 X_4$	87.08	1	87.08	0.042	0.8400	
$X_2 X_3$	4603.62	1	4603.62	2.23	0.1552	
$X_2 X_4$	3811.83	1	3811.83	1.84	0.1934	
$X_3 X_4$	0.32	1	0.32	1.552×10^{-4}	0.9902	
$X_1{}^2$	15620.44	1	15620.44	7.55	0.0143	
$X_2{}^2$	19494.46	1	19494.46	9.43	0.0073	
$X_3{}^2$	7522.63	1	7522.63	3.64	0.0746	
$X_4{}^2$	49343.72	1	49343.72	23.86	0.0002	
回归	1.064×10^5	14	7602.55	3.68	0.0074	显著
残差	33089.05	16	2068.07			
失拟项	27438.03	10	2743.80	2.91	0.1016	不显著
纯误差	5651.02	6	941.84			
总和	1.395×10^5	30				
R^2	0.7628					
R_{Adj}^2	0.5553					

注：$P < 0.01$ 表示影响极显著；$P < 0.05$ 表示影响显著。

对于出粉率 Y_1，一次性项 X_1（物料流量）和 X_3（料液浓度）显著，其余一次性项与交互项不显著；二次项 $X_4{}^2$ 不显著，其余二次项均显著。根据表 2-14 中 F 值的大小，可以得出对出粉率的影响大小顺序为：料液浓度＞物料流量＞进样温度＞进风温度。对表 2-14 中出粉率的试验数据进行拟合，得到出粉率的回归方程为

$$Y_1 = 2.03 + 0.092X_1 - 0.013X_2 + 0.22X_3 + 0.047X_4 - 0.049X_1 X_2 + 0.016X_1 X_3 - 0.060X_1 X_4 + 0.051X_2 X_4 + 0.056X_3 X_4 - 0.13X_1{}^2 - 0.13X_2{}^2 - 0.10X_3{}^2 - 0.011X_4{}^2$$

该出粉率模型在 $\alpha = 0.05$ 的显著水平下剔除不显著项后的方程如下：

$$Y_1 = 2.03 + 0.22X_3 + 0.13X_1^2 - 0.13X_2^2 - 0.10X_3^2$$

对于凝胶硬度 Y_2，一次性项 X_4（进样温度）显著其余一次性项与交互项均不显著；二次项 X_1^2、X_2^2、X_4^2 显著，X_3^2 不显著。根据表 2-15 中 F 值的大小，可以得出对凝胶硬度影响大小的顺序为：进样温度＞物料流量＞料液浓度＞进风温度。对表 2-15 中黏度的试验数据进行拟合，得到黏度的回归方程为

$$Y_2 = 422.66 + 12.49X_1 - 3.56X_2 + 6.71X_3 - 24.12X_4 - 15.49X_1X_2 - 10.45X_1X_3 - 2.33X_1X_4 - 16.96\ X_2X_3 + 15.44X_2X_4 + 0.14X_3X_4 - 23.37X_1^2 - 26.11X_2^2 - 16.22X_3^2 - 41.54X_4^2$$

该黏度模型在 $\alpha = 0.05$ 的显著水平下剔除不显著项后的方程如下：

$$Y_2 = 422.66 - 24.12X_4 - 23.37X_1^2 - 26.11X_2^2 - 41.54X_4^2$$

2.3.3.3 响应面交互作用分析

由图 2-19 所示，响应面呈抛物线状，等高线呈现出椭圆形以及等高线变化趋势可以看出，当物料流量低于 475～525 mL/h 之间某固定值、进风温度低于 167～173℃之间某固定值时，蛋清蛋白粉出粉率随物料流量和进风温度的增加逐渐增加；当物料流量超出 475～525 mL/h 之间某固定值、进风温度超出 167～173℃之间某固定值时，蛋清蛋白粉出粉率随物料流量和进风温度的增加逐渐降低。

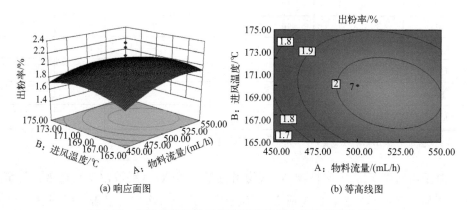

图 2-19 物料流量与进风温度对蛋清蛋白粉出粉率的影响

由图 2-20 所示，响应面呈抛物线状，等高线呈现出椭圆形以及等高线变化趋势可以看出，当物料流量低于 475～525 mL/h 之间某固定值、料液浓度低于 29.50%～32.50% 之间某固定值时，蛋清蛋白粉出粉率随物料流量和料液浓度的增加逐渐增加；当物料流量超出 475～525 mL/h 之间某固定值、料液浓度低于

29.50％～32.50％之间某固定值时，蛋清蛋白粉出粉率随物料流量和料液浓度的
增加逐渐降低。

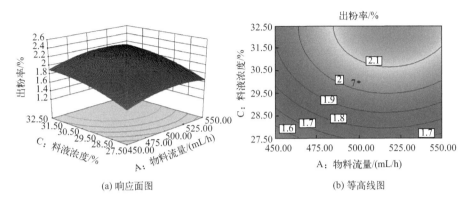

(a) 响应面图　　　　　　　　　　(b) 等高线图

图 2-20　物料流量与料液浓度对蛋清蛋白粉出粉率的影响

从图 2-21 物料流量与进样温度对蛋清蛋白粉凝胶硬度的影响的响应面可以看
到，响应面呈抛物线状，等高线呈现出椭圆形。由等高线变化趋势可以看出，当
物料流量低于 475～550 mL/h 之间某固定值、进样温度低于 25～31℃之间某固定
值时，蛋清蛋白粉凝胶硬度随物料流量和进样温度的增加逐渐增加；当物料流量
超出 475～550 mL/h 之间某固定值、进样温度超出 25～31℃之间某固定值时，蛋
清蛋白粉凝胶硬度随物料流量和进样温度的增加逐渐降低。

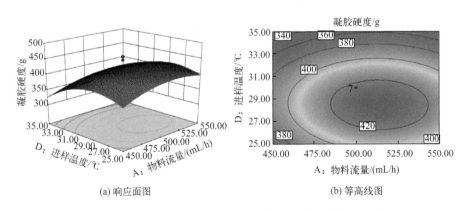

(a) 响应面图　　　　　　　　　　(b) 等高线图

图 2-21　物料流量与进样温度对蛋清蛋白粉凝胶硬度的影响

图 2-22 为物料浓度与进样温度对蛋清蛋白粉凝胶硬度的影响的响应面。从响
应面呈抛物线状，等高线呈现出椭圆形以及等高线变化趋势可以看出，当物料浓

度低于 28.50%～32.50% 之间某固定值、进样温度低于 29～31℃ 之间某固定值时，蛋清蛋白粉凝胶硬度随物料流量和进样温度的增加逐渐增加；当物料浓度超出 28.50%～32.50% 之间某固定值、进样温度超出 29～31℃ 之间某固定值时，蛋清蛋白粉凝胶硬度随物料浓度和进样温度的增加逐渐降低。

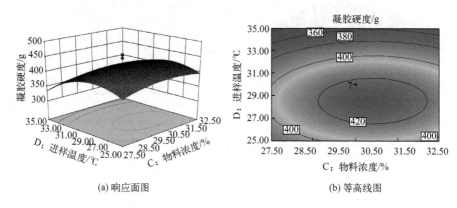

|(a) 响应面图|(b) 等高线图|

图 2-22　物料浓度与进样温度对蛋清蛋白粉凝胶硬度的影响

2.3.3.4　最佳工艺条件的确定与验证

通过响应面分析得到喷雾干燥的条件为：物料流量 518.95 mL/h、进风温度 168.40℃、物料浓度 31.72%、进样温度 28.85℃，此条件下蛋清蛋白粉的出粉率为 2.14%、凝胶硬度为 427.02 g。为进一步检验回归方程预测喷雾干燥蛋清蛋白粉工艺的准确性和可靠性，对优化后的条件进行了 3 次验证，在最佳喷雾干燥条件下（由于设备原因取物料流量为 520 mL/h、进风温度 168℃、物料浓度 32%、进样温度 29℃）处理蛋清液，测得干燥后蛋清蛋白粉的出粉率为 2.08%±0.14%、凝胶硬度为 446.231 g±8.962 g。黏度的实际值与预测值相差 2.80%，凝胶硬度的实际值与预测值相差 4.50%，说明优化后的超声预处理蛋清液的工艺模型可以较好地预测蛋清液的黏度和凝胶硬度，应用价值较高。

2.3.4　小结

① 本节以超声预处理后的蛋清液为原料，采用喷雾干燥机处理蛋清液，研究物料流量、进风温度、物料浓度、进样温度对喷雾干燥后蛋清蛋白粉的出粉率和凝胶硬度的影响。以蛋清蛋白粉的出粉率和凝胶硬度为指标，通过单因素试验结果得到四个因素的最佳条件为：物料流量 500 mL/h、进风温度 170℃、物料浓度 30%、进样温度 30℃。

② 在单因素结果的基础上，以蛋清蛋白粉的出粉率和凝胶硬度为响应值，物料流量、进风温度、物料浓度、进样温度为相应因素，进行四元二次旋转试验，得出在物料流量为 520 mL/h、进风温度 168℃、物料浓度 32%、进样温度 29℃的条件下得到的蛋清蛋白粉出粉率最佳值为 2.08%±0.14%，凝胶硬度最佳值为 446.231 g±8.962 g，与拟合模型符合。

2.4 超声预处理联合喷雾干燥对蛋清蛋白粉热聚集及凝胶特性影响

蛋清蛋白粉因其良好的凝胶硬度和持水能力而被广泛应用于食品工业，并赋予食品独特的质地[15]。一般来说，天然蛋白质需要通过热处理等进行部分变性和结构改变，形成热诱导聚集体，并通过平衡蛋白质与蛋白质溶剂之间的相互作用，进一步形成三维凝胶网络[16]。而凝胶性质可能受到与凝胶制备工艺过程、操作和条件等相关因素影响。

对于蛋制品来说，为了方便装卸与运输，延长货架期，蛋清蛋白粉在食品行业的需求日渐增加，且比新鲜鸡蛋或液体蛋清更适合生产应用，其在方便性、保质期和微生物安全性方面具有明显优势。而在蛋清蛋白粉生产加工过程中，干燥处理方式是影响蛋清蛋白粉功能特性的重要因素之一。因此采用适当的超声预处理联合喷雾干燥蛋清蛋白粉，对生产较高保水性和凝胶特性的蛋清凝胶具有重要意义。

蛋白质凝胶化受到微观结构的影响，如组成凝胶网络框架的蛋白质链的大小、形状和排列，包括链内和链间的交联以及分子间的聚集[17]。水分也在其中起着重要作用，保持水分的能力，是蛋白质凝胶有价值的一个功能特性。因此，本章采用超声预处理联合喷雾干燥对鸡蛋清进行干燥处理，探究超声预处理对喷雾干燥蛋清蛋白粉的热聚集行为及蛋白质凝胶结构中水分的理化性质的影响，以评估其在蛋清蛋白粉深加工中的潜在用途。

2.4.1 材料与设备

2.4.1.1 材料与试剂

表 2-16 材料与试剂

材料与试剂	规格	生产厂家
新鲜鸡蛋	市售	

蛋清蛋白粉的制备、修饰及其应用

续表

材料与试剂	规格	生产厂家
ANS	AR	国药控股（上海）化学试剂有限公司
溴化钾	AR	天津光复经济化工研究所
耐尔蓝 A	AR	上海源叶生物科技有限公司
戊二醛	AR	天津市德恩化学试剂有限公司

2.4.1.2 仪器与设备

表 2-17 仪器与设备

仪器与设备	型号	生产厂家
数控超声波清洗器	KQ-500DE 型	昆山市超声仪器有限公司
真空冷冻干燥机	TF-FD-27S 型	上海田枫实业有限公司
喷雾干燥机	SP-1500 型	上海顺仪实验设备有限公司
流变仪	DHR-2 型	美国 TA 公司
食品物性分析仪	SMSTA. XT Epress Enhanced	英国 SMS 公司
荧光分光光度计	Cary eclpise 型	美国 Aglient Cary elipse 公司
傅里叶红外光谱仪	VERTEX70 型	德国 Bruker 公司
电子扫描显微镜（SEM）	TM3030Plus 型	日本岛津公司
紫外分光光度仪	UV2600 型	日本日立公司
差示扫描量热仪	HP DSCI	费尔伯恩实业发展有限公司
粒度分析仪	Nano ZS90	英国马尔文仪器有限公司
Zeta 电位分析仪	Nano ZS90	英国马尔文仪器有限公司
荧光正置显微镜	Leica DM2500	徕卡显微系统贸易有限公司
低场核磁共振成像分析仪	MINI20-015V-I 型	上海纽迈电子科技有限公司

2.4.2 处理方法与制备

2.4.2.1 超声预处理蛋清液

新鲜鸡蛋经过清洗破碎后，将蛋清与蛋黄分离，并用双层纱布将蛋清中系带等杂物过滤，收集到的蛋清于磁力搅拌器上低速搅拌。自然发酵 24 h 后，调节 pH 值至 7.5，之后缓慢加入蒸馏水稀释蛋清，至质量浓度为 30%，即得蛋清液。然后按照 2.1 节优化的最佳工艺条件，将得到的蛋清液进行超声预处理，所得蛋清液置于 4℃冰箱冷藏备用。

72

2.4.2.2 蛋清蛋白粉的制备

根据是否超声预处理蛋清液以及干燥方式的不同，按照处理方式将蛋清蛋白粉分为三组。设置超声预处理联合喷雾干燥（U-SD）以及喷雾干燥（SD）处理组，并以真空冷冻干燥（FD）处理的蛋清蛋白粉作为对照组，超声预处理联合喷雾干燥工艺流程如下：

超声预处理蛋清液→喷雾干燥→过筛→置于干燥环境中 4℃保存。

2.4.2.3 溶解度的测定

参考孙卓[8]的方法，对蛋清蛋白粉样品的溶解度进行测定计算。

2.4.2.4 浊度的测定

将蛋清蛋白粉配置成质量浓度为 8% 的蛋清溶液，参照陈楠楠[6]的方法，并用公式计算浊度：

$$\tau = A \times \ln 10 / I$$

式中，I 为比色皿的光程。

2.4.2.5 表面疏水性的测定

采用常翠华[7]的试验方法，并稍作修改。取 4 mL 质量浓度为 8% 的蛋清溶液，以 ANS 作为荧光探针，加入 20 μL PBS 缓冲液（pH 值 7.4），旋涡振荡，避光静置，在其他条件相同的情况下，设置与参考方法相同的参数，进行荧光光谱测试，所得的最大荧光强度表征疏水性的强弱。

2.4.2.6 FT-IR 分析

对冻干后的蛋清蛋白粉进行红外扫描分析。

2.4.2.7 流变学分析

将蛋清蛋白粉配置成质量浓度为 8% 的蛋清溶液，根据白喜婷等[5]的方法并稍作修改，测定蛋清溶液的流变特性。在 1.0～100 rad/s 的振动频率范围内，0.3% 的振荡应变，进行样品的动态频率扫描，测量超声处理前后的蛋清溶液的储能模量（G'）、损耗模量（G''）的变化；设置剪切速率范围为 0～300 s^{-1}，20℃下，测量样品溶液的表观黏度变化；设置振荡频率为 0.1 Hz，应变为 1%，以 5℃/min 的速率，测量样品从 30℃程序升温至 90℃的黏度变化。

（1）动态温度黏弹性分析

样品以 10℃/min 的速度从 25℃加热到 90℃，在 90℃恒温 15 min，最后以 10℃/min 冷却到 25℃。

（2）动态频率黏弹性分析

在线性黏弹性响应条件下（恒应变幅值为 0.01%），在 0.05～100 rad/s 范围内，记录了储能模量（G'）和损耗模量（G''）关于振荡频率的变化。

2.4.2.8 荧光显微镜观察

使用正置荧光显微镜在荧光下观察蛋清溶液的液滴形态。将 0.01% 的耐尔蓝 A 染色液与溶液混合，于正置荧光显微镜荧光蓝光下观察拍照。

2.4.2.9 蛋清蛋白凝胶特性分析

（1）蛋清凝胶的制备

用蒸馏水将蛋清蛋白粉配置成质量浓度为 10% 的蛋清溶液，于 25 mL 的烧杯中磁力搅拌均匀后，用保鲜膜将烧杯密封紧，置于 80℃ 水浴锅中加热 45 min，然后立即用冷水冲洗烧杯外壁，冷却至室温后的凝胶样品放于 4℃ 冰箱中冷藏 12 h 即得凝胶[19]。

（2）凝胶硬度的测定

根据孙卓[8]的试验方法基础上，结合样品稍作修改，测定不同超声功率下蛋清样品的总巯基及游离巯基含量。游离巯基含量测定：用 Tris-Gly 缓冲液（pH 值 7.4）稀释样品，在蛋白溶液（5 mg/mL）中加入 Ellman 试剂 50 μL，避光 1 h，测得离心上清液在 412 nm 处的吸光值 A_{412}。总巯基含量测定：将样品用缓冲液（8 mol/L 尿素、Tris-Gly 缓冲液、pH 值 7.4）稀释蛋白溶液（1 mg/mL），加入 50 μL 的 Ellman 试剂，避光，在 412 nm 处测得离心上清液的 A_{412}。巯基含量的计算公式为：

$$巯基含量 /(\mu mol/g) = 73.35 \times A_{412} \times D/\rho$$

式中，D 为稀释倍数；ρ 为样品溶液的最终质量浓度，mg/mL。

（3）失水率的测定

将一定质量且大小均等的凝胶，离心 10 min 后取出，水分吸干后，称重，计算公式为：

$$凝胶的持水性 = (W_0 - W_1)/W_0 \times 100\%$$

式中，W_0 为离心前凝胶质量，g；W_1 为离心后凝胶质量，g。

（4）SEM 观察

将制得的凝胶切成大小规则的薄片，参考代晓凝等[1]的方法，用扫描电镜观察凝胶样品。

（5）低场核磁共振分析

将制备的凝胶规则切割，根据刘鑫硕[19]的方法进行检测。

（6）核磁共振成像

将制备的凝胶规则切割，采用自旋回波脉冲序列获得蛋白凝胶的质子密度图。

2.4.2.10　数据统计与分析

试验所涉及的测试均做 3 次重复试验,用 origin 2018 软件作图,SPSS 软件进行显著性分析。

2.4.3　性能分析

2.4.3.1　蛋清蛋白热聚集行为溶解度与浊度分析

由图 2-23 可知,SD 蛋清蛋白粉的溶解度较 FD 蛋清蛋白粉提高了 58.33%(P<0.05),而超声的加入使得蛋清蛋白粉溶解度较 SD 蛋清蛋白粉降低了 2.63%。这可能是因为超声的作用造成蛋白质的再聚集,疏水性增加,溶解度下降。超声预处理联合喷雾干燥对蛋清蛋白粉浊度的影响见图 2-23。浊度因蛋白质分子的聚集会增加光密度而被用来监测加工过程中的蛋清蛋白质聚集程度。蛋清蛋白粉的浊度大小为 FD>U-SD>SD(P<0.05),这表明相

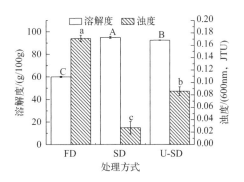

图 2-23　干燥方式对蛋清蛋白粉溶解度与浊度的影响

大、小写字母不同均表示差异性显著(P<0.05),下同

对于 FD 蛋清蛋白粉,SD 使蛋清蛋白粉的浊度降低了 84.21%,这可能是因为喷雾干燥作用导致蛋白质变性,使其复合物解离分散从而使得更多可溶性蛋白质分散到溶液里,导致溶液溶解度升高,浊度降低,体系不稳定;而超声的加入,使得对外力的作用变化敏感的蛋清蛋白质,发生不同程度的聚集,导致光发生散射,溶液溶解度降低,浊度升高。

2.4.3.2　蛋清蛋白粉热聚集行为结构分析

(1) 表面疏水性分析

已知蛋清蛋白粉的最大荧光强度表征疏水性的强弱。如图 2-24 所示,相较于对照组 FD 蛋清蛋白粉,SD 蛋清蛋白粉的表面疏水性发生了明显的变化,这主要是因为喷雾的高温处理会使蛋白质结构发生变化,一部分疏水基团被包裹,疏水性降低,喷雾干燥蛋清蛋白粉的颗粒大小均一、疏松多孔,大大增加了其表面与水的接触面积。而 U-SD 相较于 SD 蛋清蛋白粉,荧光强度最大值发生了明显的右移,这可能是因为超声空化作用的加入,改变了蛋清蛋白粉的分子结构,使发色基团暴露在溶剂中,荧光强度减弱,表面疏水性降低。这说明超声与喷雾干燥的

前后处理，使蛋清蛋白质分子内部发生了聚集，聚集体的形成使疏水基团被包埋，从而相对于对照组的表面疏水性明显降低。

（2）FT-IR 分析

超声预处理联合喷雾干燥引发的蛋清蛋白质聚集行为不仅改变了表面疏水性，也改变了其蛋白质的二级结构。其蛋清蛋白质的红外图谱如图 2-25 所示。

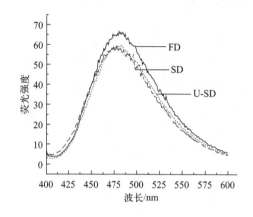

图 2-24　干燥方式对蛋清蛋白粉
表面疏水性的影响

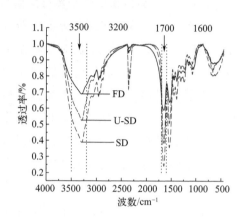

图 2-25　不同干燥方式下蛋清
蛋白粉的红外光谱图

如图 2-25 所示，游离态 O—H 的特征吸收峰为 3500～3200 cm^{-1}，当它与分子内或分子间氢键缔合时，羟基的吸收峰将向低波数方向发生移动[18]。而相较于 FD，SD 和 U-SD 都使蛋清蛋白在酰胺 I 带（C=O 伸缩振动）出现了特征吸收现象，因此将三种干燥方式下的蛋清蛋白质的酰胺 I 带红外谱图做二阶导数，采用 Gauss 面积法拟合，结果见表 2-18。

表 2-18　不同干燥方式下蛋清蛋白质酰胺 I 带二级结构含量

干燥方式	α-螺旋	β-折叠	β-转角	无规则卷曲
FD	17.92±0.06[c]	17.94±0.04[a]	28.42±0.04[c]	17.94±0.01[b]
SD	23.34±0.02[b]	16.18±0.05[c]	38.36±0.03[a]	16.18±0.03[c]
U-SD	23.45±0.04[a]	16.80±0.01[b]	37.46±0.07[b]	22.29±0.06[a]

注：同列肩标字母不同表示差异显著（$P<0.05$）。

如表 2-18 所示，SD 蛋清蛋白粉与对照组的 FD 蛋清蛋白粉相比，α-螺旋含量增加了30.25%（$P<0.05$），这可能是因为干燥温度的增加使α-螺旋结构的氢键作用增强，促进蛋清蛋白质内部疏水作用，使暴露的疏水基团被包于蛋白质分子内部，蛋白质分子发生热聚集，进而造成蛋白凝胶硬度增大。而U-SD蛋清蛋白粉较SD组，α-螺旋与β-折叠含量均有增加，分别增加了0.47%、3.83%。这可能是因为α-螺旋和β-折叠结构中氢键较多，超声作用和喷雾干燥的高温高压会导致蛋白质不同程度的氢键重排，这与蛋清蛋白质的变性和形成聚集体有关[19]。

2.4.3.3 蛋清蛋白粉热聚集行为的流变学分析

（1）蛋清蛋白粉动态温度黏弹性分析

通过动态温度扫描测试，来分析对比FD、SD和U-SD所得蛋清蛋白粉在加热和冷却过程中储能模量（G'）和损耗模量（G''）的变化以探究加热过程对凝胶结构的影响。因为三个处理组中蛋清蛋白粉的G'和G''行为相似，而蛋清蛋白粉主要表现为黏弹性流体性质，因此主要讨论G'随温度的变化。图2-26表示了三种处理组在加热过程中G'的变化，且G'在90℃保温

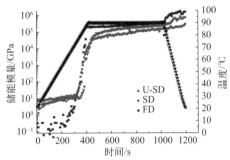

图2-26 不同干燥方式下蛋清蛋白粉动态温度黏弹性流变学分析

过程中均呈缓慢增加趋势，在冷却过程中进一步增加，表明凝胶网络结构在这两个过程中结构逐渐坚固，这是蛋白质氢键和离子间的相互作用导致的。在整个加温冷却过程中，三组处理组蛋清蛋白粉均表现出逐步凝胶化，即60～70℃时G'明显大幅增加对应于蛋清蛋白质的变性，该过程影响着凝胶结构的形成，这表明蛋清蛋白质由于形成了共价二硫键而使其凝胶硬度增强[20]。在升温过程中，U-SD蛋清蛋白粉表现出比SD蛋清蛋白粉更高的弹性，且在变性温度高时变化幅度更大，这可能是因为超声处理后的疏水作用促使蛋白质形成更强的聚集。

（2）蛋清蛋白粉动态频率黏弹性分析

如图2-27所示，在整个频率范围内，三种不同处理组蛋清蛋白粉的G'和G''随角频率均呈规律性的逐渐增加，三种处理组的蛋清蛋白粉G'均高于G''，这表明所有样品的弹性大于黏性，即样品中弹性成分更突出。图2-27（a）中所有组的G'均表现出低频依赖性，这表明蛋清蛋白粉的流变学相应地受应力影响较小。低频区时SD蛋清蛋白粉G'最大，而高频区时FD的G'最大，这可能与两种干燥方式对热诱导凝胶的影响不同有关。而U-SD蛋清蛋白粉的G'、G''在0.1～100 rad/s的

角频率增大过程中显著高于 FD 和 SD 的，这表明超声作用影响凝胶结构的强韧性。随着频率增加，三组的 G' 出现陡增趋势，表明高频区各样品结构容易被破坏，产生切流变行为[21]。在高频区 G'' 的稳定性大小：FD＞U-SD＞SD，这是由超声与喷雾干燥引起蛋白质聚集、交联，使黏性胶体转变为有弹性的凝胶网络结构所致。

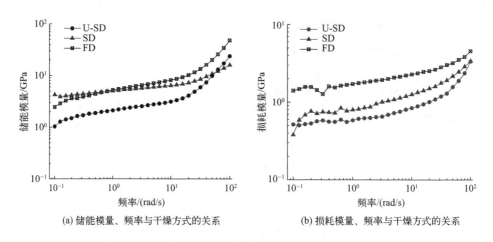

(a) 储能模量、频率与干燥方式的关系　　(b) 损耗模量、频率与干燥方式的关系

图 2-27　不同干燥方式下蛋清蛋白粉动态频率流变学分析

2.4.3.4　荧光显微镜分析

用正置荧光显微镜对蛋清蛋白粉溶液显微组织进行成像。如图 2-28 所示，FD、SD、U-SD 处理后的蛋清蛋白粉的溶液的微观结构由均匀分布逐渐变为聚集

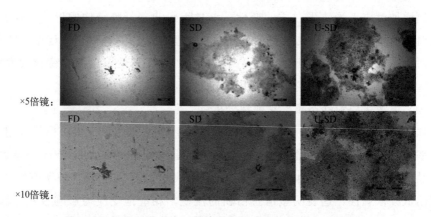

图 2-28　不同干燥方式下蛋清蛋白粉溶液液滴荧光显微照片

分布，且聚集程度逐渐剧烈。这证实了 U-SD 促进蛋清蛋白粉溶液发生了强烈的聚集。说明虽然喷雾干燥作用后蛋清蛋白粉发生了聚集，然而超声的加入，其空化作用使蛋清蛋白质的疏水性增加，加速了热聚集行为，导致形成更大的聚集体。

2.4.3.5 蛋清凝胶质构特性及失水率分析

蛋清蛋白粉的变性程度以及多孔结构影响其凝胶的质构特性及其失水率[22]。表 2-19 说明了三种处理方式对蛋清凝胶的质构特性及失水率的影响。蛋清凝胶的硬度、弹性、咀嚼性和回弹性的大小均为 U-SD＞SD＞FD（$P<0.05$），其中 U-SD 与 SD 凝胶硬度相较于 FD 分别增加了 106.67%、99.48%。这说明喷雾干燥可使蛋白质凝胶功能特性得到改善，而超声的加入促进了其改善作用。凝胶性能的改善可能归因于在超声和喷雾加热过程中，变性程度增大，聚集体相互连接，形成规则的蛋白质多孔凝胶，从而有助于蛋清蛋白粉凝胶性能的增强。

表 2-19　不同干燥方式下蛋清凝胶特性及失水率的分析

干燥方式	凝胶硬度/g	弹性	咀嚼性	回弹性	失水率/%
U-SD	514.044±2.245[a]	1.161±0.036[a]	225.184±4.478[a]	0.073±0.001[a]	14.95±1.09[c]
SD	496.176±18.510[b]	0.994±0.001[b]	209.317±3.309[b]	0.063±0.016[b]	16.88±1.75[b]
FD	248.730±3.930[c]	0.846±0.018[c]	85.321±5.896[c]	0.035±0.005[c]	33.35±3.27[a]

注：同列肩标字母不同表示差异显著（$P<0.05$）。

蛋清凝胶失水率表示蛋白质失去自由水的能力，一般来说，凝胶硬度越大，失水率越小。如表 2-19 所示，三种处理组的失水率大小为 U-SD＜SD＜FD（$P>0.05$），U-SD 与 SD 分别比对照组 FD 失水率降低了 55.17%、49.39%。这结果与蛋清凝胶硬度吻合，说明蛋白质的规则网络结构更有利于水的物理截留。因为具有均匀和精细结构的蛋白凝胶的微孔结构可以更牢固地保留水分子从而具有更高的持水性。

2.4.3.6 蛋清凝胶微观结构分析

不同干燥方式下蛋清凝胶的微观结构如图 2-29 所示。相较 FD 蛋清蛋白粉凝胶表面具有不均匀、孔隙较大且不规则的凝胶网格，SD 蛋清蛋白粉形成的凝胶微观结构更致密，孔洞分布较细密均匀，这可能是因为干燥温度高增强了凝胶基质的密度以及消除部分孔洞，形成了更加光滑均匀的凝胶。而 U-SD 蛋清蛋白粉凝胶的密度更大，凝胶网络更紧凑，具有均匀的孔隙结构，这可能是因为总巯基含量的降低和疏水基团暴露在蛋白质表面，促进了分子间键合作用形成质地更紧凑均匀的网络凝胶，从而束缚更多的游离水。因此，U-SD 蛋清蛋白粉凝胶结构密度最大，凝胶网格最均匀，具有良好的凝胶特性和持水性。

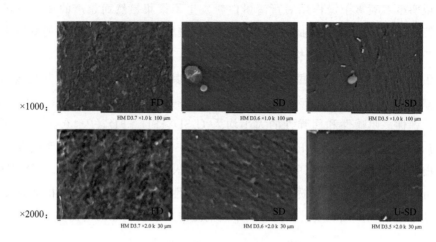

图 2-29　不同干燥方式下蛋清凝胶的微观结构

2.4.3.7　蛋清凝胶水分分布

（1）蛋清凝胶 NMR 分析

低场核磁共振可以检测蛋白质凝胶中的水的流动性和分布变化，因此可以比传统的失水率测试方法提供更多的信息。通过使用 NMR 质子自旋-自旋弛豫时间（T_2），研究了水在食物系统中的迁移率和分布。同样，我们推断凝胶系统的水分子分布也可以用核磁共振 T_2 来表征。弛豫时间的信息是基于弛豫时间和相关时间之间的关系。自由水的 T_{22} 大于束缚水 T_{21}，而结合水的 T_{2b} 则小于前两者。由图 2-30 所示，SD 处理后的凝胶弛豫时间较长的水与大分子的结合相较于 FD 的更松散，流动性较强；而 U-SD 处理后的凝胶中水与大分子的结合较其他两组更紧密，流动性较低。这表明，超声后凝胶的自由水有较低的流动性，形成更紧密的网络结构。而三种处理组凝胶的 T_{21} 变化最小，意味着三种处理方式蛋清凝胶的束缚水与大分子的结合十分稳定，干燥方式对其影响不明显。

（2）蛋清凝胶 MRI 分析

MRI 技术具有无创、无损、准确和高分辨率等优点，在食品研究中具有巨大的潜力。图 2-31 为不同处理组

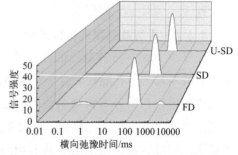

图 2-30　不同干燥方式下蛋清凝胶横向弛豫时间 T_2 变化的三维瀑布图

蛋清凝胶的质子密度图像，MRI 图像的红度值表征了质子密度的分布状态，在不同的加权成像图像中，MRI 可以突出组织中不同阶段的水的信号。通过对蛋清凝胶的 MRI 图像可以了解三种干燥方式下其凝胶水分分布状况变化，如果给定区域内有较多的氢质子，那么质子密度图就会更亮，质子密度图像也会更红。如图 2-31 所示，图片代表了水分子在样品表面和中心层的分布情况，从质子密度图可以观察出每个样品的表面和中央部分水分分布的微弱差异。可以看出 SD 的样品表面的红度值与中心层相似，表明样品表面和中间部分的含水量差异不大；而 U-SD 的样品表面的红度值比中心层低，表面样品中间部分的含水量要高于表层的含水量，也说明样品的持水能力相对较强。U-SD 的蛋清凝胶两层的红度值分别低于 SD 和 FD 的，这说明超声作用降低了蛋清凝胶的失水率，这些结论与前文结果一致，再次验证了超声预处理干燥蛋清蛋白粉显著提高了蛋清凝胶的持水性。

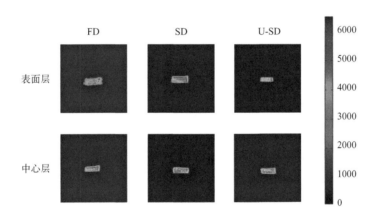

图 2-31　不同干燥方式下蛋清凝胶的质子密度图像

2.4.4　小结

本节研究了超声预处理联合喷雾干燥蛋清蛋白粉的热聚集行为及蛋白凝胶特性的影响，通过对真空冷冻干燥（FD）、喷雾干燥（SD）以及超声预处理联合喷雾干燥（U-SD）蛋清蛋白粉的热聚集表征以及凝胶性质进行对比分析，得出以下结论：

① 相较于 FD，SD 导致蛋白质变性，使其复合物解离分散从而使得更多可溶性蛋白质分散到溶液里，导致溶液体系不稳定，溶解度显著提高（$P<0.05$），浊度和表面疏水性明显降低（$P<0.05$）；干燥温度的增加使 α-螺旋结构的氢键作用

增强，使暴露的疏水基团被包裹于蛋白质分子内部，蛋白质发生热聚集。而蛋清凝胶特性比较中，SD 的蛋清凝胶相较于 FD 的在其硬度、弹性、咀嚼性和回弹性等得到了改善，失水率明显降低（$P<0.05$），SD 的蛋清蛋白粉形成的凝胶微观结构更致密，孔洞分布较细密均匀。

② 与此同时，相较于 SD 处理，超声的加入使得 U-SD 的蛋清蛋白粉溶解度降低，浊度升高（$P<0.05$），荧光强度峰值发生了明显的右移；二级结构含量中 α-螺旋与 β-折叠含量均稍有增加；流变动态升温过程中，U-SD 的表现出更高的弹性；并且荧光显微镜从视觉上直接证实了 U-SD 促进蛋清蛋白质发生了强烈的聚集。而相较于 SD，U-SD 的蛋清凝胶的凝胶硬度更大，失水率更低（$P<0.05$），通过磁共振成像和扫描电镜观察发现，U-SD 的蛋清凝胶具有更高的保水性和更致密的微观结构，凝胶密度更高，凝胶网络更紧凑，具有更加均匀的孔隙结构，具有较好的凝胶特性和持水性。

◆ 参考文献 ◆

[1] 代晓凝, 刘丽莉, 陈珂, 等. 不同干燥方式对蛋清蛋白质凝胶特性及结构的影响[J]. 食品与发酵工业, 2019, 45（19）: 112-118.

[2] 邵瑶瑶, 赵燕, 徐明生, 等. 金属离子对蛋白质凝胶化行为的影响研究进展[J]. 食品科学, 2017, 38（5）: 299-304.

[3] Panozzo A, Manzocco L, Calligaris S, et al. Effect of high pressure homogenisation on microbial inactivation, protein structure and functionality of egg white[J]. Food Research International, 2014, 62718-725.

[4] 刘西海. 金属离子对蛋清蛋白质结构的影响研究[J]. 中国家禽, 2012, 34（01）: 27-31.

[5] 白喜婷, 朱文学, 马怡童, 等. 超声波处理对全蛋液流变特性的影响[J]. 食品与机械, 2019, 35（07）: 51-57.

[6] 陈楠楠. 大豆蛋白聚集与凝胶机理的研究[D]. 广州: 华南理工大学, 2016.

[7] 常翠华. 蛋清蛋白界面吸附、聚集行为及应用特性研究[D]. 无锡: 江南大学, 2018.

[8] 孙卓. 超声波处理制备速溶性蛋清蛋白粉工艺及溶解性变化规律研究[D]. 武汉: 华中农业大学, 2018.

[9] 郭健. 加工方式对酪蛋白/蛋清蛋白基高内相乳液的稳定与应用特征研究[D]. 长春: 吉林大学, 2023.

[10] 严文莉. 改性魔芋葡甘聚糖对鲢鱼糜凝胶特性的影响及增强机制[D]. 武汉: 华中农业大学, 2022.

[11] 畅鹏, 杜鑫, 杨东晴, 等. 蛋白质热聚集行为机理及其对蛋白质功能特性影响的研究进展[J]. 食品工业科技, 2018, 39（24）: 318-325.

[12] 许焱芬. 离子迁移谱及其联用技术快速检测鱼制品中的生物胺[D]. 湘潭: 湘潭大学, 2022.

[13] 蔡燕萍, 游寅寅, 刘建华, 等. 大豆蛋白凝胶性及其改良方法的研究进展[J]. 食品与发酵工业, 2021, 47（15）: 298-306.

［14］江竑宇．盐诱导蛋清蛋白聚集行为对凝胶结构形成及稳定机制研究[D]．长春：吉林大学，2023.

［15］吴红梅，郭净芳，刘丽莉，等．超声辅助喷雾干燥对蛋清蛋白热聚集及凝胶特性的影响[J]．食品研究与开发，2023，44（12）：11-16.

［16］帅希祥．澳洲坚果油组成、营养及其油凝胶体系构建和应用[D]．南昌：南昌大学，2023.

［17］邢金金，张霞，母梦羽，等．不同筋力小麦面筋聚集特性及结构特性分析[J]．食品研究与开发，2024，45（02）：72-79.

［18］陈珂，刘丽莉，郝威铭，等．喷雾干燥入口温度对蛋清蛋白流变和结构特性的影响[J]．食品与发酵工业，2021，47（02）：15-21.

［19］刘鑫硕．超声处理马铃薯蛋白和蛋清蛋白混合凝胶性质研究[D]．北京：中国农业科学院，2021.

［20］黄永平，陈良辉，聂莹，等．热诱导下蛋清蛋白凝胶特性及其影响因素的研究进展[J]．现代食品，2023，29（05）：39-42+49.

［21］孙乐常，王瑜，翁凌，等．谷氨酰胺转氨酶对荞麦分离蛋白凝胶特性的影响[J]．食品工业科技，2022，43（24）：112-122.

［22］张根生，徐旖梦，刘欣慈，等．湿法糖基化改性对蛋清蛋白凝胶特性及微观结构的影响[J]．食品工业科技，2023，44（06）：105-112.

3　微波冷冻干燥技术

3.1　MFD 干燥蛋清蛋白粉工艺优化

微波真空冷冻干燥作为近几年来的新兴技术，主要用于蔬菜干、水果干等食品领域；邢晓凡等[1]采用真空冷冻干燥-微波真空干燥技术（FM）得到的黄桃果干感官评价总分为 91.60，色差值为 18.97，同时质构特性和微观结构与 FD 组差异较小，FM 组黄桃果干的营养成分保留显著高于其余联合干燥组（$P<0.05$）。段柳柳等[2]采用 MFD 对怀山药进行干燥，并利用核磁共振成像等方法研究过程中水分变化，结果表明，干燥过程中水分自由度由高变低；在一定微波频率内，水分扩散的系数及速度随微波功率的增加而增加，确定了拟合度最高的模型，为实时监测物料水分，进行精准干燥提供了参考。Ren 等[3]采用 MFD 处理洋白菜，结果表明，MFD 与 FD 所产产品的品质相似，然而前者所用时间减少了 50%。另外，由于 MFD 中微波加热的杀菌作用使产品微生物含量更低、更安全。Cao 等为减少明日叶中的微生物并使抗氧化物质得以保存，采用不同条件对其进行了微波冷冻干燥，结果表明，干燥后叶片内叶绿素和类黄酮的最高含量分别保持在 14.62 $\mu g/kg$ 和 15.75 $\mu g/kg$ 左右；产品口味也得到了改善。此外，在海产干品的生产方面，微波冷冻干燥与冷冻干燥同样具有较大优势，因此研究也较为广泛。

微波真空冷冻干燥各加工条件对蛋清凝胶的凝胶特性尤其是凝胶硬度影响显著，因此本章旨在考察微波功率、真空度、装载量对蛋清凝胶硬度的影响，并采用 Box-Behnken 法优化出微波真空冷冻干燥蛋清蛋白粉的最佳工艺条件，为高凝胶性蛋清蛋白粉的生产提供了技术理论。

3.1.1　材料与设备

3.1.1.1　材料与试剂

表 3-1　材料与试剂

材料与试剂	级别	购买公司
新鲜鸡蛋	市售	
磷酸氢二钠	AR	天津市大茂化学试剂厂
磷酸二氢钠	AR	天津市大茂化学试剂厂

3.1.1.2　仪器与设备

表 3-2　仪器与设备

仪器与设备	型号	生产公司
微波真空冷冻干燥机	段续等设计	南京亚泰微波能研究所
电子搅拌器	SH-Ⅱ-7C 型	广东佛衡仪器有限公司
食品物性分析仪	SMS TA. XT Epress Enhanced	英国 SMS 公司
恒温水浴锅	HH-S4	郑州紫拓仪器设备有限公司

3.1.2　处理方法与制备工艺

3.1.2.1　蛋清液预处理

选鲜鸡蛋后刷洗，带壳消毒，晾蛋后打蛋分离出蛋清，搅拌器设定速度 500 r/min、时间 15 min 搅拌蛋清液，滤出系带等杂质后 25℃自然发酵 48 h 脱糖，采用巴氏杀菌法（45℃，30 min）杀菌后，放入冷冻室预冻 3 h 备用。

3.1.2.2　MFD 蛋清蛋白粉的单因素试验

（1）微波功率的选择

启动微波真空冷冻干燥机，当冷阱温度降到−40℃后，开启真空泵，将预冻好的蛋清液进行干燥，干燥选用微波功率 250 W、300 W、350 W、400 W、500 W、600 W、700 W，真空度 160 Pa，装载量 200 g，进行干燥得到蛋清蛋白粉。

（2）真空度的选择

启动微波真空冷冻干燥机之后，将预冻好的蛋清液进行干燥，干燥选用微波功率 500 W，真空度 90 Pa、100 Pa、110 Pa、120 Pa、140 Pa、160 Pa、180 Pa，装载量 200 g，进行干燥得到蛋清蛋白粉。

（3）装载量的选择

启动微波真空冷冻干燥机之后，将预冻好的蛋清液进行干燥，干燥选用微波功率 500 W，真空度 160 Pa，装载量 50 g、100 g、150 g、200 g、250 g、300 g，进行干燥得到蛋清蛋白粉。

3.1.2.3　MFD 蛋清蛋白粉的响应面优化试验

采用 Box-Behnken 试验设计，参考单因素试验的结果，将微波功率、真空度、装载量作为自变量，蛋清蛋白粉的凝胶硬度为响应值，设立了 17 个处理组，试验因素水平见表 3-3，并进行回归方程的拟合，优化出最佳微波真空冷冻干燥工艺参数。

表 3-3　试验因素水平编码表

因素	编码	水平		
		1	0	−1
微波功率/W	X_1	400	500	600
真空度/Pa	X_2	120	140	160
装载量/g	X_3	150	200	250

3.1.2.4　蛋清蛋白粉凝胶硬度测定

用 pH 值 7.4 的磷酸缓冲液将蛋清蛋白粉稀释成质量浓度 10% 的溶液，搅匀后，倒入 25 mL 的烧杯中于 80℃加热 45 min，取出后在 4℃的冰箱中冷藏过夜后即得凝胶。将制备的凝胶取出，于室温下放置 20 min 后，采用质构仪在 TPA 模式下，使用 $P/0.5$ 的探头测定凝胶强度（g）。测试速度设为：测前 5 mm/s，测中 2 mm/s，测后 2 mm/s，触发力设为：3 g。

3.1.3　性能分析

3.1.3.1　单因素试验结果

（1）微波功率对蛋清蛋白粉凝胶硬度的影响

由图 3-1 可知，随着微波功率的增加，凝胶硬度呈现增长趋势，并在 500 W 时凝胶硬度达到最大值，而后蛋清蛋白粉的凝胶硬度随着微波功率的增加逐渐下降。因此选择 500 W 的

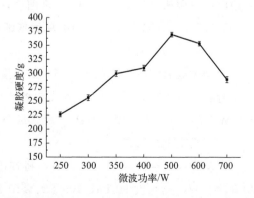

图 3-1　微波功率对蛋清蛋白粉凝胶硬度的影响

功率对蛋清进行干燥。

（2）真空度对蛋清蛋白粉凝胶硬度的影响

由图 3-2 可知，受真空度的影响，蛋清蛋白粉凝胶硬度随真空度的增加先上升后下降；当真空度达到 140 Pa 时，蛋清蛋白粉的凝胶硬度最大；因此，选择真空度为 140 Pa 对蛋清进行干燥处理。

（3）装载量对蛋清蛋白粉凝胶硬度的影响

由图 3-3 可知，当装载量较低时，蛋清蛋白粉的凝胶硬度随着装载量的增加而增长；当装载量达到 200 g 时，蛋清蛋白粉的凝胶硬度达到最高；而后蛋清蛋白粉的凝胶硬度随着装载量的增加逐渐下降。因此，选择装载量 200 g 对蛋清进行干燥处理。

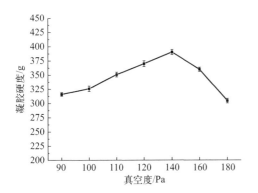

图 3-2 真空度对蛋清蛋白粉凝胶硬度的影响

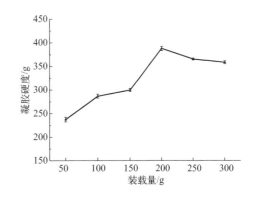

图 3-3 装载量对蛋清蛋白粉凝胶硬度的影响

3.1.3.2 响应面优化试验结果

根据 3.1.3.1 的单因素试验结果，进行 Box-Behnken 试验设计，对微波真空冷冻干燥蛋清蛋白粉的干燥工艺进行响应面优化，其试验设计方案及结果如表 3-4 所示。

表 3-4 Box-Behnken 试验设计方案及结果

试验号	X_1	X_2	X_3	凝胶硬度/g
1	−1	−1	0	234.759
2	1	−1	0	374.072
3	−1	1	0	342.247
4	1	1	0	333.215
5	−1	0	−1	299.442

续表

试验号	X_1	X_2	X_3	凝胶硬度/g
6	1	0	−1	290.923
7	−1	0	1	222.438
8	1	0	1	311.92
9	0	−1	−1	304.582
10	0	1	−1	336.02
11	0	−1	1	299.523
12	0	1	1	321.236
13	0	0	0	374.085
14	0	0	0	390.898
15	0	0	0	374.44
16	0	0	0	370.898
17	0	0	0	389.998

据表 3-4 的实验结果，计算各项回归系数，拟合，得到自变量微波功率（X_1）、真空度（X_2）、装载量（X_3）对蛋清蛋白粉凝胶硬度（Y）的二次回归模型：

$$Y = 380.06 + 26.41X_1 + 14.97X_2 - 9.48X_3 - 37.09X_1X_2 + 24.50X_1X_3 - 2.43X_2X_3 - 46.58X_1^2 - 12.42X_2^2 - 52.31X_3^2$$

试验结果方差分析如表 3-5 所示。

表 3-5　方差分析表

方差来源	平方和	自由度	均方	F 值	P 值	显著性
X_1	5578.00	1	5578.00	45.53	0.0003	
X_2	1793.47	1	1793.47	14.64	0.0065	
X_3	719.15	1	719.15	5.87	0.0459	
X_1X_2	5501.56	1	5501.56	44.90	0.0003	
X_1X_3	2401.05	1	2401.05	19.60	0.0031	
X_2X_3	23.64	1	23.64	0.19	0.6737	
X_1^2	9133.61	1	9133.61	74.54	< 0.0001	
X_2^2	649.03	1	649.03	5.30	0.0549	
X_3^2	11520.55	1	11520.55	94.03	< 0.0001	

续表

方差来源	平方和	自由度	均方	F 值	P 值	显著性
回归	39169.58	9	4352.18	35.52	<0.0001	极显著
残差	857.68	7	122.53			
失拟	490.23	3	163.41	1.78	0.2920	不显著
误差	367.45	4	91.86			
总和	40027.26	16				

注：$P<0.01$ 表示影响极显著；$P<0.05$ 表示影响显著。

从表 3-5 中各因素的 F 值差异明显，说明各因素对蛋清蛋白粉凝胶硬度有不同程度的影响，顺序为微波功率＞装载量＞真空度。从表 3-5 中各因素之间的交互作用的 F 值可以看出，微波功率与真空度之间和微波功率与装载量之间交互作用对凝胶硬度表现出极显著的影响。方差分析结果显示，以蛋清蛋白粉凝胶硬度为响应值时，模型回归系数小于 0.0001，表明拟合模型极显著，可以用于 MFD 干燥蛋清后蛋清蛋白粉凝胶硬度的理论预测；失拟项 $P=0.2920>0.05$，表明所得模型不失拟；并且该模型的 $R^2=0.9786$ 说明 97.86％的数据结果可以用此拟合模型解释，另外回归方程的 F 值小于 0.01 同样说明模拟与实际结果拟合较好。剔除不显著项后的方程如下：

$$Y=380.06+26.41X_1+14.97X_2-9.48X_3-37.09X_1X_2+24.50X_1X_3-46.58X_1^2-52.31X_3^2$$

3.1.3.3 响应面交互作用分析

从图 3-4 可以看到，响应面呈抛物线状，表明交互作用的影响显著，与方差分

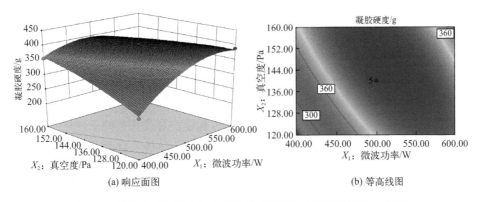

(a) 响应面图 (b) 等高线图

图 3-4 微波功率与真空度交互作用对蛋清蛋白粉凝胶硬度的影响

析表的显著性分析一致。由等高线图可以看出，与真空度方向相比，微波功率效应面更加陡峭，说明对蛋清蛋白粉凝胶硬度的影响来说，微波功率比真空度影响更加显著。当微波功率低于 500～550 W 之间某固定值、真空度低于 136～144 Pa 之间某固定值时，凝胶硬度随微波功率和真空度的增加逐渐增加；当微波功率高于 500～550 W 之间某固定值、真空度高于 136～144 Pa 之间某固定值时，凝胶硬度随微波功率和真空度的增加逐渐降低。

从图 3-5 可以看到，响应面呈抛物线状，等高线同样呈现出椭圆状，表明两因素之间交互作用的影响显著，与方差分析表的显著性分析一致。由等高线图可以看出，与装载量相比，微波功率效应面更加陡峭，说明对蛋清蛋白粉凝胶硬度的影响来说，微波功率比装载量影响更加显著。当微波功率低于 500～550 W 之间某固定值、装载低于 175～200 g 之间某固定值时，凝胶硬度随微波功率和装载量的增加逐渐增加；当微波功率高于 500～550 W 之间某固定值、装载量高于 175～200 g 之间某固定值时，凝胶硬度随微波功率和装载量的增加逐渐降低。

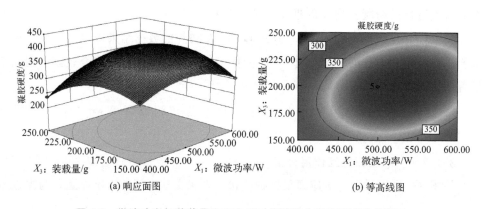

(a) 响应面图　　　　　　　　　　(b) 等高线图

图 3-5　微波功率与装载量交互作用对蛋清蛋白粉凝胶硬度的影响

3.1.3.4　最佳工艺条件的确定与验证

通过响应面分析得到最佳干燥条件为：微波功率 503.5 W、真空度 151.2 Pa、装载量 195.2 g，此条件下蛋清蛋白粉凝胶硬度的预测值为 399.172 g。为进一步检验回归方程预测蛋清干燥工艺的准确性和可靠性，对优化后的条件进行了 3 次验证，在最佳干燥条件下（由于设备原因取微波功率 503 W、真空度 150 Pa、装载量 195.2 g）干燥鸡蛋清，测得干燥后蛋清蛋白粉凝胶硬度为 393.159 g±5.23 g，与预测值相对误差为 1.51%，说明优化后的微波真空冷冻蛋清蛋白粉的工艺模型可以较好预测蛋清蛋白粉的凝胶硬度，应用价值较高。

3.1.4 小结

① 本节以鲜蛋清为原料，采用微波真空冷冻设备干燥蛋清，研究微波功率、真空度和装载量对干燥后蛋清蛋白粉凝胶硬度的影响。以蛋清蛋白粉凝胶硬度为指标，通过单因素试验结果得到三个因素的最佳条件为：微波功率 500 W、真空度140 Pa、装载量 200 g。

② 在单因素结果的基础上，以蛋清蛋白粉的凝胶硬度为响应值，微波功率、真空度、装载量为相应因素，进行 Box-Behnken 旋转试验，得出在微波功率503 W、真空度 150 Pa、装载量 195.2 g 的条件下得到蛋清蛋白粉凝胶硬度最佳值是 393.159 g±5.23 g，与拟合模型符合。

3.2 MFD 干燥条件对蛋清蛋白粉凝胶特性及结构的影响

近年来，微波真空冷冻干燥技术已引起了国内外食品研究人员的广泛关注。微波真空冷冻干燥的原理是通过微波辐射使物料中的自由水和弱结合水以升华方式在真空中去除。Zhou 等[4]采用冷冻干燥和微波真空干燥处理新鲜鸭蛋蛋白粉比单独使用冷冻干燥得到的粉颜色更好。汤梦情等[5]研究结果表明，微波干燥后再进行冷冻干燥可大大提高芦笋的脱水率，但微波处理后再冷冻干燥处理的芦笋，其蛋白质和总糖的保留量低于真空冷冻干燥。任广跃等研究发现，对怀山药采用微波处理，并结合真空冷冻干燥技术，可以得到的更高品质的干燥制品。Ahmet 等[6]发现苹果采用间歇式微波真空干燥技术干燥，得到的干制品中蛋白质、矿物质含量较高。但目前微波真空冷冻干燥技术在蛋清蛋白粉干燥中未见报道。

微波真空冷冻干燥作为近几年来新兴的技术，在提升产品品质的同时，还能减小能耗，缩短周期。已有研究证明微波处理可以在短时间内促进蛋白质分子展开使其表面疏水性增强进而提高其凝胶特性。但是目前微波真空冷冻还未应用于鸡蛋粉等蛋白干制品领域。本章分别考察了微波功率、真空度、装载量对蛋清蛋白粉的凝胶特性影响，对干燥条件影响蛋清蛋白粉凝胶特性及结构的原因进行了深入探讨。

3.2.1 材料与设备

3.2.1.1 材料与试剂

表 3-6 材料与试剂

材料与试剂	规格	生产厂家
新鲜鸡蛋	市售	
溴化钾	AR	天津市光复经济化工研究所
十二烷基苯磺酸钠（SDS）	AR	郑州鑫科化工产品有限公司
三羟甲基氨基甲烷（Tris）	AR	天津市鼎盛鑫化工有限公司
丙烯酰胺（Acr）	AR	苏州安必诺化工有限公司
四甲基乙二胺（TEMED）	AR	苏州安必诺化工有限公司
过硫酸铵（AP）	AR	苏州安必诺化工有限公司

3.2.1.2 仪器与设备

表 3-7 仪器与设备

仪器与设备	型号	生产厂家
微波真空冷冻干燥机	段续等设计	南京亚泰微波能研究所（见图 3-6）
电泳仪	DYCZ-24DN 型	浙江纳德科学仪器有限公司
差示扫描量热仪	Q200 型	瑞士 Mettler-Toledo 公司
恒温水浴锅	HH-S4	郑州紫拓仪器设备有限公司
食品物性分析仪	SMS TA. XT Epress Enhanced	英国 SMS 公司
傅里叶红外光谱仪	VERTEX70	德国 Bruker 公司

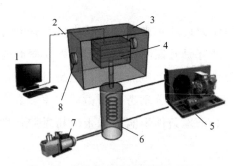

图 3-6 微波真空冷冻干燥机结构图

1—控制系统；2—光纤温度传感器；3—微波谐振腔；4—干燥腔与物料盘；

5—制冷组件；6—冷阱；7—真空泵；8—微波输入区

3.2.2 制备工艺

3.2.2.1 蛋清蛋白粉的制备

（1）物料预处理

选鲜鸡蛋后刷洗，带壳消毒，晾蛋后打蛋分离出蛋清，搅拌器设定速度 500 r/min、时间为 15 min 搅拌蛋清液，滤出系带等杂质后 25℃ 自然发酵 48 h 脱糖，采用巴氏杀菌法（45℃，30 min）杀菌后备用。

（2）实验设计

将蛋清液平铺于物料盘内，放入冰箱冷冻室预冻 3 h 备用，按鼓风机、制冷机的顺序启动设备，待冷阱温度降至 −40℃ 后，开启真空泵，设计 3 组试验：

① 固定真空度为 160 Pa，装载量 200 g，改变微波功率（250 W，350 W，500 W，600 W，700 W）。

② 固定微波密度为 500 W，装载量 200 g，改变真空度（90 Pa，110 Pa，150 Pa，160 Pa，180 Pa）。

③ 固定微波密度为 500 W，真空度 140 Pa，改变装载量（50 g，100 g，200 g，250 g，300 g），干燥至绝干。

3.2.2.2 鸡蛋清凝胶的制备

用 pH 值 7.4 的磷酸缓冲液将蛋清蛋白粉稀释成质量浓度 10% 的溶液，搅匀后，倒入 25 mL 烧杯中于 80℃ 加热 45 min，取出后在 4℃ 的冰箱中冷藏过夜后即得凝胶。

3.2.2.3 微波功率对蛋清凝胶特性及结构的影响

（1）凝胶特性分析

将制备的凝胶取出，在室温下放置 20 min 后，采用 TPA 模式，$P/0.5$ 的探头测定凝胶质构。测试速度设为：测前 5 mm/s，测中 2 mm/s，测后 2 mm/s，下压距离 75%，触发力设为：3 g。凝胶硬度为首次压缩时力的最大值；回弹性为二次压缩用时与首次压缩用时间比；黏结力为二次压缩峰面积与首次压缩峰面积的比。

（2）凝胶失水率分析

取一定质量（W_0，g）的凝胶，切成均一的小正方形，10000 r/min 离心 10 min，取出并用滤纸吸干表面水分后称重（W_1，g），凝胶失水率按照公式（3-1）计算。

$$凝胶的持水性 = (W_0 - W_1)/W_0 \times 100\% \qquad (3\text{-}1)$$

式中，W_0 为待测凝胶质量，g；W_1 为离心后凝胶质量，g。

（3）傅里叶红外光谱（FT-IR）分析

将处理后的蛋清蛋白粉样品与溴化钾混匀后，进行手动压片，放入 FT-IR 仪进行扫描。分辨率设为 4 cm^{-1}，在 4000～400 cm^{-1} 波数段范围进行扫描，用 Peak Fit v4.12 软件对红外光谱的酰胺I带进行去卷积处理，再进行二阶导数拟合。

（4）差示扫描热量（DSC）分析

使用 DSC 法测定干燥处理后的蛋清蛋白质变性温度。称取 6～8 mg 蛋清蛋白粉样品于坩埚中，以空坩埚作为对照，测试参数：氮气流速设定 20 mL/min，升温速率设定 10℃/min，并在 20～150℃温度范围内扫描得到曲线。

（5）SDS-PAGE 凝胶电泳分析

蛋清蛋白粉配制成 4% 的溶液，分离胶浓度 15%，浓缩胶浓度 5%；上样量为 20 μL，电泳开始时用 90 V 电压，溴酚蓝浓缩到浓缩胶底部时加大至 110 V，结束后染色 2 h，再脱色至透明。

3.2.2.4　真空度对蛋清蛋白粉凝胶特性及结构的影响

（1）凝胶特性分析

测定方法参考 3.2.2.3（1）。

（2）凝胶失水率分析

测定方法参考 3.2.2.3（2）。

（3）傅里叶红外光谱分析

测定方法参考 3.2.2.3（3）。

（4）差示扫描热量分析

测定方法参考 3.2.2.3（4）。

（5）SDS-PAGE 凝胶电泳分析

测定方法参考 3.2.2.3（5）。

3.2.3　性能分析

3.2.3.1　微波功率对蛋清蛋白粉凝胶特性的影响

微波功率对蛋清蛋白粉热凝胶硬度、黏结力、咀嚼性和回弹性的影响如表 3-8 所示。

表 3-8　微波功率对蛋清蛋白粉凝胶特性的影响

微波功率/W	凝胶硬度/g	黏结力/Pa	咀嚼性	回弹性	失水率/%
250	226.57±4.44[e]	0.733±0.03[ab]	157.334±2.15[c]	0.077±0.001[a]	36.43±0.08[a]

续表

微波功率/W	凝胶硬度/g	黏结力/Pa	咀嚼性	回弹性	失水率/%
350	299.77±5.01^c	0.751±0.02^a	176.342±5.44^b	0.067±0.003^c	31.07±0.10^c
500	369.62±4.19^a	0.764±0.03^a	220.737±3.31^a	0.064±0.002^c	29.14±0.09^e
600	353.55±3.92^b	0.7±0.02^{bc}	152.583±4.13^d	0.069±0.001^c	29.67±0.11^d
700	289.46±5.34^d	0.675±0.01^c	114.847±2.51^e	0.072±0.002^b	33.92±0.07^b

注：结果以平均值±标准差表示，同列肩标字母不同表示差异显著（$P<0.05$），下同。

由表 3-8 可以看出，随着微波功率的增加，蛋清蛋白粉凝胶硬度先增加后降低，当微波功率增加到 500 W 时蛋清蛋白粉凝胶硬度达到最高值 369.62 g±4.19 g，且与其他功率相比有明显差异（$P<0.05$）。微波功率 600 W 和 700 W 时蛋清蛋白粉的凝胶硬度分别为 353.55 g±3.92 g 和 289.46 g±5.34 g，明显低于 500 W 时；随着功率的增加，黏结力与咀嚼性均呈现先增大后减小的趋势但是黏结力变化不显著，咀嚼性变化显著（$P<0.05$）；回弹性随功率的增加先降低后升高，但在 300～500 W 之间变化不显著。非共价键之间的相互作用是维持蛋白质分子空间结构的关键，微波功率增加，干燥结束时的温度也会随之增加，分子展开程度越大，分子间的聚集反应越易发生，利于形成规则的蛋白质网络结构，从而有助于蛋清蛋白粉凝胶硬度的增加，黏结力、咀嚼性也更好。陆毅等[7]发现若微波功率过大，干燥时间降低，受热时间变短，蛋清蛋白粉的凝胶硬度逐渐下降。陶汝青等[8]对蛋白粉进行热处理时发现蛋白质凝胶硬度随受热温度的上升而得到改善，与本研究结果一致。另外，由表可以看出蛋清蛋白粉凝胶失水率与凝胶硬度成反比，这可能是因为，凝胶硬度越大说明形成的凝胶结构越规则且紧密，因此失水率越小。

3.2.3.2 装载量对蛋清蛋白粉凝胶特性及结构的影响

（1）凝胶特性分析

测定方法参考 3.2.2.3（1）。

（2）凝胶失水率分析

测定方法参考 3.2.2.3（2）。

（3）傅里叶红外光谱分析

测定方法参考 3.2.2.3（3）。

（4）差示扫描热量分析

测定方法参考 3.2.2.3（4）。

（5）SDS-PAGE 凝胶电泳分析

测定方法参考 3.2.2.3（5）。

3.2.3.3　微波功率对蛋清蛋白粉结构的影响

（1）傅里叶红外光谱分析

蛋白质的凝胶特性与蛋白质的结构特性密切相关，FT-IR 可分析蛋白质分子间和分子内部氢键以及 N—H、O—H 键的伸缩振动强度等变化规律。干燥后蛋清蛋白粉酰胺 I 带二级结构组成比例分别如表 3-9 所示。二级结构的峰位的划分为：β-折叠 $1610\sim1640$ cm^{-1}；无规则卷曲 $1640\sim1650$ cm^{-1}；α-螺旋 $1650\sim1660$ cm^{-1}；β-转角 $1660\sim1690$ cm^{-1}。

表 3-9　不同微波功率蛋清蛋白粉酰胺 I 带二级结构组成比例

微波功率/W	β-折叠/%	无规则卷曲/%	α-螺旋/%	β-转角/%
250	29.05 ± 0.02^{c}	22.00 ± 0.06^{b}	21.66 ± 0.01^{b}	27.29 ± 0.04^{b}
350	29.52 ± 0.03^{b}	22.49 ± 0.03^{c}	20.94 ± 0.03^{c}	27.05 ± 0.05^{c}
500	28.09 ± 0.01^{d}	22.39 ± 0.13^{b}	20.29 ± 0.02^{c}	29.23 ± 0.02^{a}
600	30.83 ± 0.01^{a}	21.89 ± 0.07^{a}	20.76 ± 0.05^{d}	26.52 ± 0.1^{d}
700	22.60 ± 0.03^{e}	30.10 ± 0.09^{b}	28.04 ± 0.01^{a}	19.27 ± 0.07^{e}

由表 3-9 可以看出，微波功率对蛋白二级结构影响显著；前人研究表明蛋清蛋白粉中 α-螺旋含量最多约为 40%[9]，α-螺旋结构是蛋白质分子内的有序排列，通过分子内氢键维持。在 500 W 时 α-螺旋比例最小为 20.29%±0.02%，且在 $600\sim$ 700 W 之间加速增长最快。导致此现象的原因可能是微波干燥过程中功率增加使干燥室内的温度升高，分子结构展开，破坏了 α-螺旋结构的稳定，导致其比例降低；Hemung 等[10]报道了蛋白 α-螺旋结构比例与凝胶硬度之间呈负相关，因此在 500 W 时凝胶硬度最大；而 α-螺旋结构比例下降原因可能是功率大使干燥速度高，侧链基团展开程度低，另一原因可能是干燥过程温度过高使蛋白分子间发生聚合，其他结构转换为 α-螺旋，使其比例回升。β-转角结构随着功率的增加呈现先增加后降低的趋势且差异明显（$P<0.05$），说明微波功率对蛋清蛋白质分子间氢键的影响较大；另外 β-转角有利于蛋白质热聚集体的形成，这也是凝胶硬度增加的原因。β-转角结构与 α-螺旋结构比例成反比，说明其增加可能是由 α-螺旋结构转化而来；在 700 W 时无规则卷曲比例最大，为 30.10%±0.09%，说明蛋白质变性明显。

（2）差示扫描热量分析

DSC 常用于蛋白质热变性过程的热力学研究。蛋白质受热吸收能量，氢键断裂，蛋白质分子展开变为无序结构，即为热变性过程。峰值温度（T_p）代表蛋白质热稳定性与聚集程度。热焓值（ΔH）的大小通常能够反映蛋白质结构的变化，热焓值越小蛋白质结构展开就越彻底。

如图 3-7 所示，蛋清蛋白粉的峰值温度随功率的增加先升高后降低，在 250～500 W 之间变化不明显，600～700 W 之间峰值温度降低说明蛋白质分子对热更加敏感。蛋清蛋白质的焓值随功率的增加先降低后增

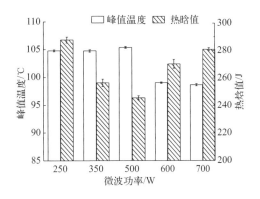

图 3-7　微波功率对蛋清蛋白粉
热力学性质的影响

加，焓值的降低，表明功率增加，蛋白质变性程度增加，蛋白质结构侧链展开，凝胶硬度增加[11]，在 500 W 时蛋清蛋白质焓值最低为 245.70 J/g，表明此时蛋白质分子展开最彻底，α-螺旋结构被破坏，分子内部的巯基基团暴露，表面疏水性增加导致蛋清蛋白粉凝胶特性增强。600～700 W 时热焓值增加可能是由于干燥效率高、时间短，蛋白质分子展开不明显，结构稳定需要更多的能量。

（3）SDS-PAGE 凝胶电泳分析

图 3-8 为不同微波功率制得的蛋清蛋白粉的电泳图。蛋清中的主要蛋白质为卵清蛋白（45 kDa）、卵转铁蛋白（72～90 kDa）、溶菌酶（11～17 kDa），由图 3-8 可知，各泳道大部分条带出现在 75 kDa、43 kDa 和 16 kDa 处，说明蛋清经微波真空冷冻干燥后蛋清蛋白质的一级结构在蛋白质数量上未发现明显变化，其原因可能是 MFD 处理不能破坏蛋清蛋白质的多肽结构。不同频率干燥的蛋清蛋白粉（图 3-8）之间对比发现在 250 W 和 700 W 时蛋清蛋白溶菌酶的含量相对较低，其原因可能是低功率时受热时间长，

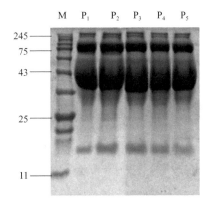

图 3-8　不同微波功率蛋清蛋白粉
SDS-PAGE 图

M—标准蛋白；P_1～P_5 分别表示 250 W、350 W、500 W、600 W、700 W 微波功率下的蛋清蛋白粉

而高功率时蛋白受热温度高导致蛋清蛋白溶菌酶变性聚集，这也是导致蛋清蛋白粉凝胶性降低的原因。

3.2.3.4 真空度对蛋清蛋白粉凝胶特性的影响

由表 3-10 可以看出，随着真空度的增加，蛋清蛋白粉的凝胶硬度呈先增加后降低的趋势，当真空度达到 150 Pa 时蛋清蛋白粉凝胶硬度达到最高为 387.90 g，且与其他真空度相比有明显差异（$P < 0.05$）。随着真空度的增加，黏结力与咀嚼性均呈现先增大后减小的趋势但是变化不显著，在 160 Pa 时黏结力和咀嚼性最大为 0.764 Pa 和 151.737 Pa，其他真空度下黏结力变化不显著；回弹性与凝胶硬度的变化趋势相反先下降后上升，并在 150 Pa 时达到最低；研究表明，适当的真空度能使蛋白质展开与释放出更多的游离基团，并氧化形成二硫键[12]，有利于各蛋白质分子之间更紧密地聚合，凝胶硬度也就更大，失水率降低；然而当真空度大于 150 Pa 后，氧气浓度过低不利于巯基氧化形成二硫键和蛋白质的聚合体，因此凝胶硬度变小，失水率增加。

表 3-10 真空度对蛋清蛋白粉凝胶特性的影响

真空度/Pa	凝胶硬度/g	黏结力/Pa	咀嚼性	回弹性	失水率/%
90	315.99±3.12^e	0.622±0.005^b	105.973±2.36^d	0.078±0.002^a	34.03±0.10^a
110	350.89±4.23^d	0.652±0.009^b	126.377±3.88^b	0.075±0.003^b	32.77±0.08^b
150	387.90±4.49^a	0.671±0.007^b	132.475±2.43^b	0.066±0.004^b	28.91±0.14^e
160	359.62±3.81^b	0.764±0.003^a	151.737±4.02^a	0.064±0.002^b	29.14±0.13^d
180	304.45±4.09^c	0.63±0.005^b	114.654±2.45^c	0.074±0.002^a	30.92±0.07^c

3.2.3.5 真空度对蛋清蛋白粉结构的影响

（1）傅里叶红外光谱分析

真空度对蛋清蛋白粉酰胺 I 带二级结构的影响如表 3-11 所示。真空度对蛋白质中 α-螺旋结构及 β-转角结构含量影响显著（$P < 0.05$），从表中可以看出，α-螺旋结构的比例随着真空度的增加先降低后升高，并在真空度为 150 Pa 达到最低，为 19.96%；而 β-转角结构则变化相反，同时在真空度为 150 Pa 比例达到最高为 29.24%，表明其增加的结构可能是由 α-螺旋结构转化而来。另外 α-螺旋结构的减少和 β-转角结构的增加有利于蛋白凝胶的形成且凝胶硬度也更大，Liu 等[13]发现适度的真空度对面团中蛋白质的聚合度有促进作用，与前文的蛋清蛋白粉凝胶变化规律相符；在真空度为 90 Pa 和 160 Pa 时蛋清蛋白质无规则卷曲的比例比较大，

分别为 21.73％和 22.39％，说明蛋清蛋白质在此条件下的变性较为明显，其原因可能是，真空度过高导致蛋白质变性过大，而真空度小，干燥效率低，受热时间长，蛋白过度变性，不利于凝胶的形成，凝胶硬度变小。

表 3-11　不同真空度蛋清蛋白粉酰胺Ⅰ带二级结构组成比例

真空度/Pa	β-折叠/%	无规则卷曲/%	α-螺旋/%	β-转角/%
90	30.41±0.01[a]	21.73±0.03[b]	20.43±0.02[b]	27.43±0.01[d]
110	29.98±0.03[b]	21.38±0.02[d]	19.96±0.03[d]	28.68±0.03[b]
150	29.36±0.03[d]	21.55±0.01[c]	19.86±0.01[e]	29.24±0.04[a]
160	28.09±0.01[e]	22.39±0.04[a]	20.29±0.03[c]	29.23±0.04[a]
180	29.81±0.01[c]	21.60±0.01[c]	20.56±0.05[a]	28.03±0.05[c]

（2）差示扫描热量分析

如图 3-9 所示，在真空度为 180 Pa 时变性温度最高达到 105.66℃对热最不敏感，随着真空度的增加峰值温度逐渐降低，且在 180～160 Pa 间变化明显，其原因可能是随着真空度的增加蛋白质分子变性展开，对温度变化更加敏感。其热焓值随着真空度的增加呈现先降低后升高的变化趋势，在真空度为 150 Pa 达到最低，为 227.99 J/g，其原因可能是低真空度时，真空度增

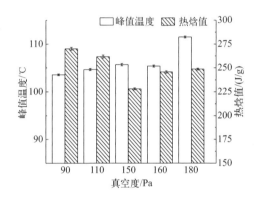

图 3-9　真空度对蛋清蛋白质热力学性质的影响

加将导致蛋白质变性分子展开，α-螺旋向 β-转角转变，整体结构变得无序，所需能量降低，这也是凝胶特性改善的原因之一；高真空度时，蛋白质变性发生聚集，所需热量增加，因此热焓值增加，但是蛋白变性聚集，表面疏水性降低不利于凝胶的形成。

（3）SDS-PAGE 凝胶电泳分析

由图 3-10 可以看出，真空度在 110～180 Pa 之间蛋清蛋白粉蛋白质分子量变化不明显且没有新条带产生，说明真空度并没有破坏蛋白质分子的肽链结构；当真空度达到 90 Pa 时，溶菌酶的含量明显降低，说明溶菌酶发生了聚集，其原因可能是真空度过高使蛋白质分子间发生聚集反应。

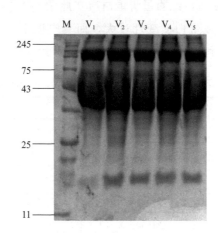

图 3-10　不同真空度蛋清蛋白粉 SDS-PAGE 图

M 表示标准蛋白；$V_1 \sim V_5$ 分别表示 90 Pa、110 Pa、150 Pa、160 Pa、180 Pa 真空度下的蛋清蛋白粉

3.2.3.6　装载量对蛋清蛋白粉凝胶特性的影响

由表 3-12 可以看出，随着装载量的增加，蛋清蛋白粉的凝胶硬度呈先增加后降低的趋势，当装载量达到 200 g 时蛋清凝胶硬度达到最高，为 387.90 g，且与其他功率相比有明显差异（$P<0.05$）。黏结力与咀嚼性均随着装载量的增加先增大后减小，但在装载量为 100 g 和 200 g 时咀嚼性无明显差异；其原因主要是装载量小时，干燥速度快，受热时间短；物料增加，干燥速度慢，受热时间长，温度高，蛋白质空间结构展开，巯基基团暴露出来，分子间和分子内的相互作用增强，蛋清蛋白粉凝胶性能得到提高，失水率降低；物料过多则会导致上层蛋白质变性严重，发生过度聚集溶解性较差，且蛋白质分子间不易发生相互作用，导致凝胶硬度降低，失水率增加。

表 3-12　装载量对蛋清蛋白粉凝胶特性的影响

装载量/g	凝胶硬度/g	黏结力/Pa	咀嚼性	回弹性	失水率/%
50	237.43±5.01[e]	0.583±0.02[a]	90.537±3.08[c]	0.071±0.001[a]	35.92±0.04[a]
100	286.68±4.11[b]	0.649±0.01[a]	134.037±4.03[b]	0.069±0.003[b]	32.67±0.05[c]
200	387.90±4.49[a]	0.671±0.02[a]	132.475±2.43[b]	0.072±0.004[a]	28.91±0.14[e]
250	365.57±2.12[c]	0.687±0.01[a]	157.833±4.09[a]	0.073±0.003[a]	30.67±0.11[d]
300	358.57±3.09[d]	0.548±0.02[a]	87.469±5.01[c]	0.065±0.001[c]	35.40±0.66[b]

3.2.3.7 装载量对蛋清蛋白粉结构的影响

（1）傅里叶红外光谱分析

装载量对蛋清蛋白粉酰胺Ⅰ带二级结构的影响如表 3-13 所示。如表所示，随着物料装载量的增加，α-螺旋结构同样呈现先降低后增加的变化规律；当装载量达到 200 g 时 α-螺旋结构比例达到最小为 19.11%，其原因可能是当功率和真空度一定时，增加装载量的同时，干燥时间也会延长，导致蛋清受热温度和时间也都会相应增加，导致 R 基基团暴露，分子间作用力增强，α-螺旋结构的稳定性减弱而含量减少，有利于凝胶硬度的改善；由于微波真空冷冻干燥本质是物料由外向内干燥，而物料过厚时，使上层物料受热温度和时间过长，导致 R 基基团发生聚集，α-螺旋结构增加。在 50 g 和 250 g 时，蛋清蛋白质无规卷曲比例较大，说明装载量过少或者过多都会导致蛋白质过度变性，从而不利于凝胶的形成。

表 3-13　不同装载量蛋清蛋白粉酰胺Ⅰ带二级结构组成比例

装载量/g	β-折叠/%	无规则卷曲/%	α-螺旋/%	β-转角/%
50	29.67 ± 0.02^c	21.22 ± 0.0^a	19.70 ± 0.01^b	29.41 ± 0.01^c
100	29.58 ± 0.04^d	21.13 ± 0.02^a	19.52 ± 0.03^c	29.77 ± 0.03^b
200	30.62 ± 0.04^b	20.38 ± 0.01^c	19.11 ± 0.03^d	29.89 ± 0.04^a
250	30.76 ± 0.01^a	21.28 ± 0.04^a	19.57 ± 0.01^c	28.383 ± 0.04^a
300	30.79 ± 0.03^a	20.60 ± 0.01^b	19.96 ± 0.04^a	28.65 ± 0.05^d

（2）差示扫描热量分析

如图 3-11 所示，蛋清蛋白粉的峰值温度随装载量的增加逐渐降低，最高为 105.59℃，最低为 102.56℃。其原因可能是装载量增加，导致干燥终点温度升高，蛋白质分子逐渐展开，结构变得不稳定，导致热敏感增加[14]。热焓值随装载量的增加先降低后增加，并在 200 g 时达到最低值，227.99 J/g。其原因可能是随着装载量增加，干燥所需时间延长，终点温

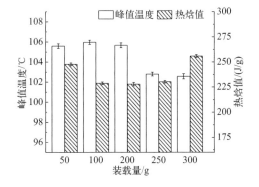

图 3-11　装载量对蛋清蛋白质热力学性质的影响

度升高，导致蛋清蛋白质分子变性程度增加，分子展开所需能量降低；由于 MFD

由外向内逐渐干燥的特性，高装载量时蛋清较厚，干燥时间相对延长，导致外层蛋白质的受热温度高、时间长，分子间发生过度聚集，所需能量增加。

（3）SDS-PAGE 凝胶电泳分析

由图 3-12 可以看出，随着装载量的变化蛋清蛋白粉条带基本没有变化，说明装载量并没有影响蛋清蛋白粉的肽链结构。但是当装载量为 300 g 时，出现大分子条带，其原因可能是，由于 MFD 干燥是从外层到内层逐渐干燥，导致物料过厚时上层受热时间长，蛋白质发生聚集。

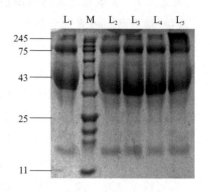

图 3-12 不同装载量蛋清
蛋白粉的 SDS-PAGE 图

M 表示标准蛋白；$L_1 \sim L_5$ 分别表示 50 g、
100 g、200 g、250 g、300 g 装载量的蛋清蛋白粉

3.2.4 小结

本节研究了微波真空冷冻干燥各条件对蛋清蛋白粉凝胶特性及结构的影响，并得出以下结论：

① 随着微波功率的增加，凝胶硬度和咀嚼性先升高后下降，并在 500 W 时达到最大值，369.62 g；600 W 和 700 W 时凝胶硬度分别为 353.55 g 和 289.46 g，明显低于 500 W 时；α-螺旋结构比例的变化趋势与凝胶硬度相反，在 700 W 时无规则卷曲比例最大，为 30.10%，此时溶菌酶蛋白发生聚集。蛋清蛋白质的焓值随功率的增加先降低后增加，并在 500 W 时最低，为 245.70 J/g。

② 随着真空度的增加，蛋清蛋白粉的凝胶硬度呈先增加后降低的趋势，当真空度达到 150 Pa 时凝胶硬度最高为 387.90 g，回弹性和失水率与凝胶硬度成反比；在 160 Pa 时黏结力和咀嚼性最大为 0.76 Pa 和 151.74 Pa；α-螺旋结构的比例随着真空度的增加先下降后上升；90 Pa 时无规则卷曲的比例为 21.73%，部分蛋白质发生了聚集；在 180 Pa 时变性温度最高为 105.66℃，热焓值在 150 Pa 达到最低，为 227.99 J/g。

③ 随着装载量的增加，凝胶硬度先增加后降低，并 200 g 时达到最大值，387.449 g；黏结力和咀嚼性与硬度的变化趋势一致；α-螺旋结构随着装载量的增加先降低后升高（$P < 0.05$）并在 200 g 时降到最低，19.11%。蛋清蛋白粉的峰值温度呈下降趋势，最高值为 105.59℃，最低值为 102.56℃。然而装载量为 300 g 时，蛋清蛋白粉受热过长，大分子条带颜色加深说明蛋白质发生了聚集反应。

3.3 MFD 干燥蛋清过程中水分迁移与凝胶特性的变化

前两节已对微波冷冻干燥蛋清蛋白粉的各影响因素对蛋清蛋白粉凝胶特性及结构进行了研究,并拟合出数学模型对微波真空冷冻干燥蛋清蛋白粉的凝胶特性进行准确预测。MFD 结合了微波与 FD 的优点,使蛋清中的水分在真空中快速升华除去,成功解决了 FD 干燥耗时的缺点,同时还能改善蛋清蛋白粉凝胶特性。然而干燥过程中,蛋清中水分的分布状态的变化直接影响干燥速率及品质[15],并且有研究发现[16],当物料内水分与蛋白质发生反应后,将使水分流动性降低。因此对蛋清干燥过程中水分迁移特性及结构进行分析,对蛋清蛋白粉的品质控制意义重大。本节在上一节的基础上对蛋清干燥过程中的水分特性及蛋白结构变化进行测定,以期对提高 MFD 干燥蛋清蛋白粉的品质提供理论依据。

3.3.1 材料与设备

3.3.1.1 材料与试剂

表 3-14　材料与试剂

材料与试剂	级别	购买公司
二硫代硝基苯甲酸	AR	深圳市东测科技有限公司
尿素	AR	天津市光复经济化工研究所
叔丁醇	AR	盛翔实验设备有限公司
乙醇	AR	天津市光复经济化工研究所
十二烷基苯磺酸钠（SDS）	AR	郑州鑫科化工产品有限公司

3.3.1.2 仪器与设备

表 3-15　仪器与设备

仪器与设备	型号	生产厂家
核磁共振成像分析仪	Ml20.015V-1-I 型	上海纽迈电子科技有限公司
电热恒温干燥箱	KM1-WHL-45B 型	北京海富达科技有限公司
真空冷冻干燥机	TF-FD-27S 型	上海田枫实业有限公司
电子扫描显微镜	TM3030Plus 型	日本岛津公司

3.3.2 制备工艺

3.3.2.1 蛋清蛋白粉的制备

蛋清液的预处理：参考 3.1.2.1（1）。将处理好的蛋清液平铺于物料盘内，放入冰箱冷冻室预冻 3 h 备用，将设备启动，采用最佳工艺条件（微波功率 503 W、真空度 150 Pa、装载量 195.2 g）对蛋清进行干燥。干燥过程中，每隔一小时将物料取出，一小部分用于水分测定，另一部分在同一条件下进行真空冷冻干燥后保存备用。

3.3.2.2 蛋清蛋白粉凝胶的制备

制备方法参考 3.2.2.2。

3.3.2.3 蛋清干燥过程中的水分测定

（1）蛋清水分含量的测定

参考《食品安全国家标准　食品中水分的测定》中的测定步骤，在大气压下每隔半小时将鸡蛋清取出放入 105℃的恒温干燥箱内，干燥至绝干，并进行 3 次平行实验取平均值，湿基含水率（X_t）的计算见式（3-2）。

$$X_t = \frac{m_t - m_0}{m_t} \times 100\%$$ (3-2)

式中，m_t 为 t 时刻试样的质量/g；m_0 为试样干燥后的质量/g。

（2）蛋清中水分分布测定

参考李娜[17]的方法测定蛋清干燥过程中水分分布变化并稍作修改，称取 1 g 干燥过程中取出的蛋清放入核磁管中，利用多脉冲回波序列测量样品的自旋-自旋弛豫时间（T_2）；测定参数为：温度为 32℃，主频 22 MHz，偏移频率 303.886 kHz，累加次数 4 次，采样间隔时间 1500 s。

3.3.2.4 凝胶特性分析

测定方法参考 3.2.2.3（1）。

3.3.2.5 傅里叶红外光谱分析

测定方法参考 3.2.2.3（3）。

3.3.2.6 巯基含量分析

参考 Liu 等[18]的试验方法测定蛋清蛋白粉凝胶样品的总巯基及表面巯基含量，并稍作修改。总巯基测定：将制备好的蛋清蛋白粉用 PBS 缓冲液配制成溶液，浓度为 2 mg/mL，取 0.5 mL 加入 2 mL 缓冲液（8% SDS、8 mol/L 尿素、0.1 mol/L PBS，pH 值 7.4）中，并加入 50 μL 10 mmol/L Ellman 试剂（pH 值 7.4），充分混匀后静置 20 min，在 412 nm 处测得吸光度 A_{412}。表面巯基测定：取 50 μL 的 Ellman 试剂加入溶解完全的蛋清蛋白粉溶液（0.5 mg/mL，2.5 mL）中震荡至混合完全后静置 25 min，于 412 nm 处测定吸光度。巯基含量按式（3-3）计算。

$$巯基含量/（\mu mol/g）= \frac{73.53 A_{412} D}{\rho} \quad (3-3)$$

式中，D 为稀释倍数；ρ 为溶液最终质量浓度，mg/mL。

3.3.2.7 SDS-PAGE 凝胶电泳分析

测定方法同 3.2.2.3（5）。

3.3.2.8 扫描电子显微镜分析

采用 3.2.2.2 的方法制作蛋清蛋白粉凝胶，将制备好的凝胶切成薄片状，用戊二醛（2.5%）固定 5 h 以上，并用 pH 值 7.4 的磷酸缓冲液洗涤 3 次，单次 15 min。然后用体积分数 60%（2 次）、70%、80%（2 次）、90%、100%乙醇梯度脱水，单次 15 min。样品用叔丁醇浸泡置换乙醇，采用真空冷冻干燥对凝胶样品进行干燥处理。喷金后，用扫描电镜观察凝胶样品。

3.3.3 性能分析

3.3.3.1 干燥过程中水分含量的变化

由图 3-13 可以看出，蛋清初始含水量在 98.83%左右，4.5 h 左右蛋清干燥基本完成，5~6 h 时含水量基本维持在 4.75%左右，MFD 干燥前期蛋清中水分变化呈指数型降低，并随着干燥时间的延长，干燥后期的脱水速率逐渐降低，其原因可能是热量传递方向是从蛋清表面到蛋清内部，而干燥后期蛋清表面的含水量减少，水分需要从蛋清内部逐渐扩散到表面后再汽化排出，导致质量传递与热量传递方向相反，蛋清干燥速率下降。

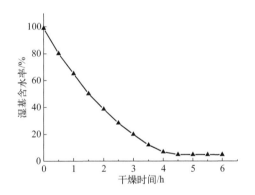

图 3-13　干燥过程对蛋清水分含量的影响

3.3.3.2 干燥过程中水分状态的变化

低场核磁共振技术通常可以用来测定材料中水与其他组分结合的紧密程度[19]。横向弛豫时间在一定程度上代表氢质子受束缚的程度，时间短则表明水分子的自由度高，时间长则表明自由度低；反演谱中的各波峰表示不同自由度的水分子，可依据弛豫时间分为三类：结合水 T_{21}（<10 ms）、弱结合水 T_{22}（$10\sim100$ ms）和自由水 T_{23}（>100 ms）[20]，且自由度越大越容易脱除。

从图 3-14 可以看出，自由水在微波真空冷冻干燥过程中被最先升华排出；观察不同水分的分布状态可以发现，自由水 T_{23} 的幅值随着干燥时间的延长总体向左移动且峰面积持续下降，其原因可能是自由水中的大部分通过升华脱去，另外一小部分自由水向弱结合水方向转化[20]；另外蛋白质结构受热展开与水的结合能力增加，自由水与弱结合向结合水方向转化导致结合水（T_{21}）含量增多。另外随着干燥时间的延长，大量自由水首先通

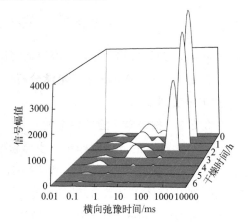

图 3-14　MFD 干燥蛋清过程的 T_2 反演谱

过吸收能量升华排出，蛋清中剩余的大部分水分则以弱结合水和结合水的形式存在，此时 T_{21} 与 T_{22} 的弛豫时间开始缩短、峰面积也随之降低，其原因可能是干燥室内温度升高，且真空作用时间长导致蛋清蛋白质变性，H^+ 与蛋白质等大分子物质结合紧密度变弱，导致结合水含量下降，这也是凝胶性能提高的原因。

3.3.3.3　干燥过程中蛋清蛋白粉凝胶特性的变化

不同干燥时间对蛋清蛋白粉凝胶硬度、黏结力、咀嚼性和回弹性的影响如表 3-16 所示。

表 3-16　微波功率对蛋清蛋白粉凝胶特性的影响

干燥时间/h	凝胶硬度/g	黏结力/Pa	咀嚼性	回弹性
0	244.53±3.24[g]	0.520±0.03[a]	141.334±2.32[f]	0.077±0.002[a]
1	261.97±5.31[f]	0.543±0.02[a]	146.342±4.09[f]	0.067±0.006[b]
2	302.86±3.19[d]	0.560±0.04[a]	181.737±3.02[e]	0.064±0.003[b]
3	359.29±5.42[c]	0.619±0.05[a]	238.583±4.55[d]	0.069±0.002[ab]
4	394.63±5.10[b]	0.599±0.03[a]	258.847±4.30[c]	0.072±0.003[b]
5	402.11±4.11[a]	0.55±0.05[a]	322.18±5.01[a]	0.064±0.003[b]
6	289.09±4.54[e]	0.615±0.02[a]	307.03±3.98[b]	0.064±0.001[b]

如表 3-16 所示，蛋清蛋白粉的凝胶硬度随着干燥时间的延长，呈现增长趋势，并在 5 h 时达到最大，为 399.11 g±4.11 g，其原因可能是随着干燥的进行，干燥室由于微波辐射作用内部温度逐渐上升，蛋清蛋白质受温度影响逐渐变性展开，使包埋在内部的巯基基团暴露出来，导致分子间和分子内的相互作用增强，蛋清蛋白粉的凝胶性能提高[21]；从图 3-15 可知，虽然在 4.5 h 左右 MFD 蛋清水分趋于平衡，但在 5 h 时凝胶硬度依旧有所增加，其原因可能是干热处理使蛋白质进一步展开，有利于蛋清凝胶的形成[22]。但干热时间过长将导致蛋清蛋白质过度变性聚集，巯基基团重新包埋于内部，导致分子间和分子内的相互作用减弱，凝胶硬度降低。蛋清凝胶黏结力在干燥过程中先增加后降低，并在 3 h 时达到最大值 0.619 Pa±0.05 Pa，2~6 h 内黏结力变化差异显著；干燥时间对凝胶回弹性没有明显影响；蛋清凝胶的咀嚼性随干燥时间的延长，先升高后降低，在 5 h 时达到最大为 322.18±5.01，与硬度变化趋势相似，其原因可能是凝胶硬度增加，导致咀嚼性增加。

3.3.3.4　干燥过程中蛋清蛋白质巯基含量的变化

蛋白质中的巯基基团直接影响蛋白质功能特性的发挥，是蛋白质中重要的功能性基团[23]。巯基作为蛋白质分子中重要的基团，具有稳定蛋白质构象的作用，进而影响蛋白质的凝胶特性[24]。MFD 干燥蛋清过程中蛋清蛋白质巯基含量的变化，如图 3-15 所示。

由图 3-15 可知，随着干燥时间的延长，与未干燥蛋白质相比，蛋清蛋白质总巯基和表面巯基含量呈现先降低后升高的趋势，并在 5 h 时达到最

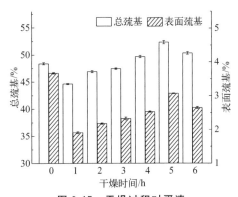

图 3-15　干燥过程对蛋清蛋白质巯基含量的影响

大，分别为 52.31% 和 3.07%，且变化趋势与蛋清蛋白粉凝胶硬度的变化趋势基本一致，同样在 5 h 时凝胶硬度达到最大；然而在蛋清水分升华结束后，蛋清受到干热处理，但干热处理时间过长，蛋清蛋白粉巯基含量降低。以上结果说明，蛋清在微波真空冷冻过程中蛋白质分子的构象发生了明显改变，且凝胶硬度与巯基含量的变化呈正相关，在 1~5 h 时分子发生去折叠，蛋白质分子内部发生剧烈的活动，二硫键断裂被还原成巯基[25]，导致总巯基和表面巯基含量增加，有利于蛋清蛋白粉凝胶的形成；在 6 h 时由于干热时间过长使蛋白质分子变性聚集，暴露在外

的巯基重新包埋于分子内部，导致蛋清蛋白粉凝胶硬度减小。

3.3.3.5　干燥过程中的 FT-IR 分析

干燥过程中蛋清蛋白粉酰胺Ⅰ带二级结构组成比例，如表 3-17 所示。干燥前期，α-螺旋结构的含量在干燥过程中不断降低，并在 5 h 时达到最低 18.76％±0.05％，而 β-折叠比例不断增加，这表明微波真空冷冻干燥可以在一定程度上破坏蛋清蛋白质的结构，使刚性结构减少，柔性结构增加[21]。蛋清在进行微波真空冷冻干燥时，蛋清蛋白质受微波辐射、真空度和温度的共同影响，使用于维持 α-螺旋结构的氢键断裂，分子展开，表面巯基含量增多有利于凝胶的形成，凝胶硬度也因此得到改善；干燥结束后，继续加热使蛋白质受到干热处理，而加热处理时间过长将导致展开的蛋白质分子重新聚集，导致 β-折叠结构向 α-螺旋结构转变，α-螺旋结构比例增加，且与蛋清蛋白粉凝胶硬度的变化趋势保持一致，Su 等[26]同样发现 α-螺旋结构的比例与凝胶强度和持水性呈正相关。

表 3-17　干燥过程中蛋清蛋白粉酰胺Ⅰ带二级结构组成比例

干燥时间/h	β-折叠/％	无规则卷曲/％	α-螺旋/％	β-转角/％
0	33.20±0.02[a]	21.23±0.15[c]	20.52±0.01[a]	25.05±0.05[c]
1	31.24±0.01[d]	21.44±0.06[b]	19.87±0.03[b]	27.46±0.03[b]
2	31.14±0.03[e]	21.45±0.12[b]	19.51±0.01[c]	27.90±0.07[a]
3	31.80±0.03[b]	20.75±0.04[d]	19.41±0.04[d]	28.04±0.07[a]
4	32.04±0.04[a]	21.72±0.13[a]	18.80±0.02[e]	27.43±0.05[b]
5	32.03±0.02[b]	21.76±0.07[a]	18.76±0.05[e]	27.45±0.07[b]
6	31.78±0.03[c]	20.89±0.09[d]	19.41±0.02[d]	27.92±0.09[a]

3.3.3.6　干燥过程中的 SDS-PAGE 凝胶分析

由图 3-16 可知，各样品泳道大部分条带出现在 75 kDa、43 kDa 和 16 kDa 处，说明蛋清经微波真空冷冻干燥处理后蛋清蛋白质的一级结构在蛋白质数量上未发生明显变化，其原因可能是 MFD 处理不能破坏蛋清蛋白质的多肽结构。但

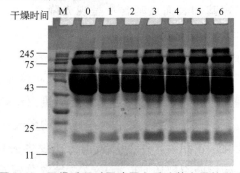

图 3-16　干燥过程对蛋清蛋白质巯基含量的影响

M 表示标准蛋白；0～6 表示不同干燥时间的蛋清凝胶，参见表 3-16

随着干燥的进行，浓缩胶内残留的聚集体逐渐增多，颜色也逐渐加深，且在 6 h 时大分子蛋白质最多，这可能是因为随着干燥的进行微波辐射导致温度升高，蛋白受热时间长，最终导致蛋清蛋白质分子变性程度过大并发生聚集。

3.3.3.7　干燥过程中的扫描电镜分析

扫描电镜可以用来观察 MFD 处理对蛋清蛋白凝胶三维网络结构的影响。凝胶网络结构对凝胶硬度以及失水率有着明显影响。干燥过程对蛋清凝胶微观结构的影响如图 3-17 所示。

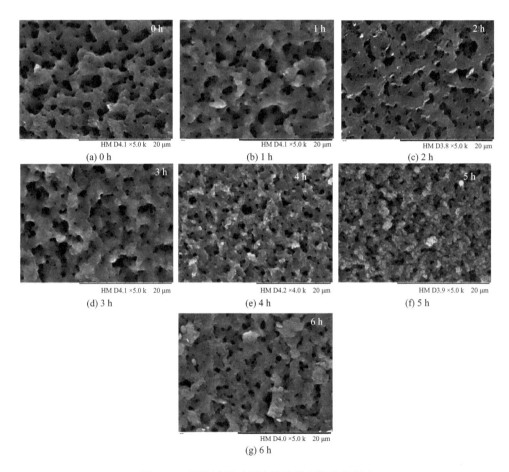

图 3-17　干燥过程对蛋清凝胶微观结构的影响

由图 3-17 可知，与未经干燥处理的蛋清相比，经过 MFD 处理的蛋清形成的凝胶网络孔洞相对较小，孔洞分布也较均匀，说明 MFD 处理能够改善蛋清凝胶的网络结构。Ji 等[27]发现经过微波处理后，鳕鱼鱼糜与魔芋胶混合形成的凝胶结构更为致密、均匀，由此也可得出微波能够改善蛋清凝胶的微观结构。随着加热时间的延长，干燥前期的蛋清蛋白粉的凝胶三维网络结构逐渐变得致密、平滑，并在5 h时孔径达到最小。其原因可能是MFD使蛋白质的变性分子展开，二硫键断裂成巯基[28]，巯基含量增加，更利于凝胶的形成。

3.3.4　小结

本节研究了MFD干燥过程中蛋清蛋白粉水分迁移规律及蛋白质结构变化，并得出以下结论：

① MFD干燥过程中各样品的水分分析结果显示，MFD干燥前期蛋清中水分变化呈指数型降低，在4.5 h左右蛋清中的水分趋于平衡，并且在干燥前期蛋清干燥速率快，自由水最先被脱除，而干燥后期自由水含量降低，蛋清中的水多以弱结合水和结合水的形式存在，因此干燥速率减慢。

② 蛋清蛋白粉的凝胶特性的分析结果显示，蛋清蛋白粉的凝胶硬度随着干燥的进行呈现增长趋势，并在5 h时达到最大，为399.11 g±4.11 g，但在6 h时有所下降；随着干燥时间的延长，蛋清蛋白粉凝胶的黏结力和咀嚼性呈先增加后降低的趋势，但是干燥时间对凝胶回弹性没有明显影响。

③ 蛋清蛋白粉巯基含量分析结果显示，随着干燥时间的延长，与未干燥蛋清相比，蛋清蛋白粉总巯基和表面巯基含量呈现先降低后升高的趋势，并在5 h时达到最大，分别为52.31%和3.07%；但在6 h时由于干热时间过长使蛋白质分子变性聚集，巯基含量下降。

④ 傅里叶红外分析结果显示，干燥前期，随着干燥的进行，蛋清蛋白质受微波辐射、真空度和温度的共同影响，蛋清蛋白质的空间结构被破坏，用于维持α-螺旋结构的氢键断裂，导致α-螺旋结构的含量呈不断下降的趋势，并在5 h时达到最低，18.76%±0.05%，而β-折叠结构呈不断上升的趋势。

⑤ SDS-PAGE凝胶分析结果显示，蛋清经微波真空冷冻干燥处理后蛋清蛋白质的一级结构在蛋白质数量上未发生明显变化；但随着干燥的进行，浓缩胶内残留的聚集体逐渐增多，且在6 h时大分子蛋白质含量最多，这可能是因为微波辐射导致蛋白质分子间发生聚集。

⑥ 扫描电镜分析结果显示，与未经干燥处理的蛋清相比，经过MFD处理的蛋清形成的凝胶网络孔洞相对较小，孔洞分布也较均匀；干燥前期的蛋清蛋白粉凝胶的三维网络结构随时间的延长逐渐变得致密、平滑，并在5 h时孔径达到最小。

3.4 MFD 对蛋清蛋白粉干燥特性和乳化特性的影响

蛋清蛋白粉的品质会受到生产加工过程中诸多因素的影响，如不同的干燥方式及加工条件都会使其功能特性发生改变，因此采用合适的加工方式处理鸡蛋清对于获得高品质的蛋清蛋白粉有重要的意义。微波真空冷冻作为一种新型干燥技术因其干燥时间短、耗能低、能较大程度保留物料的品质等优点被广泛关注。目前，已有较多研究使用微波真空冷冻干燥物料，并且对于蛋清蛋白粉的乳化性研究主要集中在对蛋白质的修饰及改性方面，关于干燥条件对蛋清蛋白粉乳化性的影响缺乏系统研究，因此，本节通过探究微波功率、真空度、装载量三个不同干燥条件对蛋清蛋白粉干燥速率、水分比、乳化活性和乳化稳定性的影响，以期为干燥高品质的蛋清蛋白粉应用于食品加工业提供理论依据。

3.4.1 材料与设备

3.4.1.1 材料与试剂

表 3-18　材料与试剂

材料与试剂	规格	生产厂家
新鲜鸡蛋	市售	
溴化钾	AR	天津市光复经济化工研究所
十二烷基硫酸钠（SDS）	AR	郑州鑫科化工产品有限公司
磷酸氢二钠	AR	国药集团化学试剂有限公司
磷酸二氢钠	AR	国药集团化学试剂有限公司

3.4.1.2 仪器与设备

表 3-19　仪器与设备

仪器与设备	型号	生产厂家
粒径及 Zeta 电位分析仪	Nano-ZS90 型	英国马尔文仪器有限公司
光学显微镜	Leica DM2500 型	徕卡显微系统贸易有限公司
数显高速分散均质机	FJ200-SH 型	上海标本模型厂
数控超声波清洗器	KQ-500DE 型	昆山市超声仪器有限公司

3.4.2 处理方法与制备工艺

3.4.2.1 鸡蛋预处理

将鲜鸡蛋表面的污渍清洗干净，带壳消毒，晾干后分离蛋清、蛋黄，搅拌蛋清液在室温下自然发酵48 h进行脱糖，巴氏杀菌后开始干燥处理。

3.4.2.2 MFD制备蛋清蛋白粉

本书所采用的微波真空冷冻干燥机设备原理参照段柳柳等[2]的研究。将蛋清液平铺于物料盘内，放在低温环境下预冻5 h，待鸡蛋清完全冰冻结实后再开始干燥。打开设备的制冷系统，等待片刻，当设备上的冷阱温度显示为－40℃后放入预冻好的鸡蛋清，开启微波开关和真空泵开关，按表3-20所示的干燥条件进行干燥，每隔0.5 h从干燥箱中拿出鸡蛋清称重，记录重量数值，直至重量不再变化时结束干燥，进行指标的测量。

表3-20 试验设计

组号	干燥条件			
	试验号	微波功率/W	真空度/Pa	装载量/g
一	1	100	300	120
	2	200	300	120
	3	300	300	120
	4	400	300	120
	5	500	300	120
二	1	400	100	120
	2	400	200	120
	3	400	300	120
	4	400	400	120
	5	400	500	120
三	1	400	300	40
	2	400	300	80
	3	400	300	120
	4	400	300	160
	5	400	300	200

3.4.2.3 干燥条件对蛋清干燥特性的影响

（1）湿基含水率的测定

湿基含水率的计算公式为：

$$X_t = \frac{m_t - m_\mathrm{g}}{m_t} \times 100\%$$ （3-4）

式中，X_t 为物料湿基含水率，%；m_t 为 t 时刻试样的质量，g；m_g 为试样干燥后的质量，g。

（2）干燥速率的测定

干燥速率的计算公式为：

$$DR = \frac{X_t - X_{t+\Delta t}}{\Delta t}$$ （3-5）

式中，DR 为干燥速率；X_t 为 t 时刻物料湿基含水率，%；Δt 为干燥时间，min。

（3）水分比的测定

水分比的计算公式可简化为：

$$MR = \frac{X_t}{X_0}$$ （3-6）

式中，MR 为蛋清的水分比；X_t 为 t 时刻物料湿基含水率，%；X_0 为物料初始湿基含水率，%。

3.4.2.4 干燥条件对蛋清蛋白粉乳化特性的影响

（1）EAI 和 ESI 测定

参考史胜娟[29]的方法稍作改进。称取 MFD 蛋清蛋白粉 0.2 g，溶于 100 mL 蒸馏水中，设定搅拌机参数，在室温下搅拌 1 h。接着，将 15 mL 搅拌好的蛋白液和 5 mL 大豆油在高速乳化均质机中以 13500 r/min 的速度进行乳化均质 2 min，获得乳液。立即从容器中取出 20 μL 蛋清蛋白粉乳液，与 5 mL 0.1% SDS 溶液充分混合，用 SDS 溶液作空白对照，于 0、10min 在 500 nm 处测定 A_0、A_{10}。

EAI 和 ESI 的计算公式为：

$$EAI = 2T \frac{A_0 \times N}{C \times \varphi \times 10000}$$ （3-7）

$$ESI = \frac{A_0}{A_0 - A_{10}} \times 10$$ （3-8）

式中，EAI 为乳化活性指数，$\mathrm{m^2/g}$；ESI 为乳化稳定性指数，min；T 为固定常数，取 2.303；N 为稀释倍数，取 250；C 为乳液形成前蛋白质水溶液中蛋白质的质量浓度，g/mL；φ 为乳液中油相体积分数，$\varphi=0.25$；A_0 为混合 0 min 的吸光度值；A_{10} 为混合 10 min 的吸光度值。

（2）粒径测定

将 100 μL 的乳液用蒸馏水稀释 50 倍，在室温下平衡 2 min 后利用激光粒度仪重复测量 3 次。

（3）Zeta 电位测定

用 10 mmol/L 磷酸盐缓冲液（pH 值 7.0）将样品稀释 50 倍，设置乳液的相对折射率为 1.450，采用 Zeta 电位分析仪在室温下测定 3 次。

3.4.3 性能分析

3.4.3.1 MFD 条件对蛋清干燥特性的影响

（1）MFD 功率对蛋清干燥特性的影响

在干燥真空度为 300 Pa，装载量为 120 g 时，研究不同干燥功率对蛋清 MFD 的影响，干燥曲线如图 3-18 所示。由图 3-18 可知，蛋清在干燥前期其干燥速率随功率的增加而逐渐加快，蛋清中水分流失的速度较快，30 min 之后蛋清的干燥速率开始下降，这是由于干燥前期蛋清中的自由水含量高，容易迁移至物料表面升华除去。在干燥后期蛋清中的自由水流失严重，剩下的主要为不易流动水与结合水，较难流动至表面，导致干燥速率下降。并且发现，干燥功率为 500 W 时，物料的水分比下降速率最高，干燥速率最快，这说明微波功率较高时单位面积的物料吸收较多的微波能，从而导致干燥环境中的温度升高，水分子运动更加剧烈，

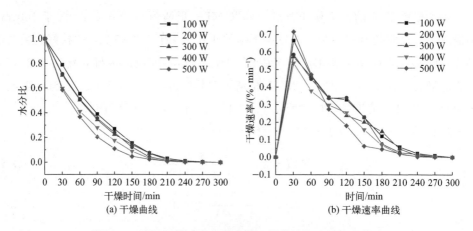

图 3-18　不同干燥功率下蛋清的干燥曲线和干燥速率曲线

产生较多的热能，使物料中的水分迁移至表面增多[30]，并能及时排除，增加了物料的干燥速率。

（2）MFD真空度对蛋清干燥特性的影响

在干燥功率为400 W，装载量为120 g时，研究不同干燥真空度对蛋清MFD的影响，干燥曲线如图3-19所示。

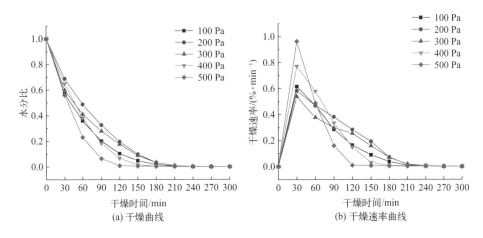

图3-19　不同真空度蛋清的干燥曲线和干燥速率曲线

由图3-19可知，蛋清的干燥速率曲线随干燥设备真空度的增加先升高后降低（$P<0.05$），这可能是因为在高真空度下能够降低水蒸气气流阻力，有利于蛋清中冻结冰的升华，干燥速度较快。并且在干燥前期蛋清中存在大量的自由水，干燥速率上升，之后因为蛋清中自由水含量下降，干燥速率也开始降低。通过观察干燥曲线变化可知，随着真空度的提高，会增加物料内部压力，导致沸点温度下降，水分扩散速度加快，物料干燥效率提高[31]。

（3）MFD装载量对蛋清干燥特性的影响

在干燥功率为400 W，真空度为300 Pa时，研究不同干燥装载量对蛋清MFD的影响，干燥曲线如图3-20所示。

由图3-20可以明显地看出，不同装载量之间的蛋清干燥速率曲线差别较小，这是因为MFD属于辐射干燥，微波的穿透性可以使蛋清内部和外部同时受热，对干燥中的蛋清整体加热，达到较优的干燥效果。由图3-20可知，当物料装载量较小时，物料整体较薄，微波能快速地穿透物料提供热量，增加了物料的干燥速率，促进物料中的水分散失。当装载量增大后，物料厚度增加，内部水分需要更长的时间迁移至物料表面，导致干燥过程中水分比下降，干燥速率减慢。

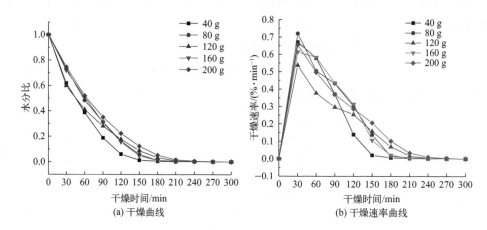

(a) 干燥曲线　　　　　　　　　　(b) 干燥速率曲线

图 3-20　不同装载量蛋清的干燥曲线和干燥速率曲线

3.4.3.2　MFD 条件对蛋清蛋白粉乳化特性的影响

（1）不同干燥功率对蛋清蛋白粉乳化特性的影响

不同干燥功率对蛋清蛋白粉乳化特性的影响如表 3-21 所示。

表 3-21　不同干燥功率对蛋清蛋白粉乳化特性影响

微波功率/W	EAI/（m²/g）	ESI/min	乳液粒径/nm	乳液 Zeta 电位/mV
100	34.40±0.31[e]	26.92±1.14[c]	1619.01±16.52[c]	−34.53±1.33[b]
200	52.19±0.59[c]	30.01±1.13[b]	1494.11±38.65[d]	−37.93±0.99[c]
300	62.35±0.58[a]	33.53±0.62[a]	1203.66±13.66[e]	−41.35±1.61[e]
400	60.88±0.86[b]	23.17±0.95[d]	1668.33±28.82[b]	−39.37±1.38[d]
500	50.17±0.25[d]	20.09±0.88[e]	1923.67±16.49[a]	−29.57±0.33[a]

注：同列肩标字母不同表示差异显著（$P<0.05$）。

蛋清蛋白粉的 EAI 和 ESI 均随微波功率的增高呈先升高后降低的变化趋势（$P<0.05$），当微波功率为 100 W 时，蛋清蛋白粉 EAI 和 ESI 分别为 34.40 m²/g±0.31 m²/g 和 26.92 min±1.14 min；在微波功率为 300 W 时，蛋清蛋白粉 EAI 和 ESI 均达到最大值，分别为 62.35 m²/g±0.58 m²/g 和 33.53 min±0.62 min；之后随着微波功率的增加开始下降。这是因为适度的微波作用导致蛋清蛋白粉之间的氢键和范德瓦尔斯力受到破坏，蛋清蛋白质结构打开变得更加舒展，显露出更多内部基团，有利于提高蛋清蛋白粉对水油界面的乳化能力。Yalcin 等[32]研究发现，微波处理小麦面筋蛋白粉的乳化活性得到了提高，

这与本研究结果相一致。蛋清蛋白粉乳液的平均粒径在微波功率为 300 W 时值最小，Zeta 电位绝对值最大为 41.35 mV±1.61 mV，当增加微波功率后，蛋清蛋白粉乳液的平均粒径显著增加，Zeta 电位绝对值降低，这可能是过高的微波功率使蛋白质聚集形成聚集体，蛋白质分子粒径变大[33]，不利于乳液的稳定。

（2）不同真空度对蛋清蛋白粉乳化特性的影响

不同真空度对蛋清蛋白粉乳化特性的影响如表 3-22 所示。

表 3-22　不同真空度对蛋清蛋白粉乳化特性影响

真空度/Pa	EAI/（m²/g）	ESI/min	乳液粒径/nm	乳液 Zeta 电位/mV
100	67.09±4.27^e	26.49±2.86^d	2633.33±163.46^a	−22.34±0.47^a
200	74.01±2.19^d	31.51±1.89^c	1832.67±290.96^b	−26.93±2.17^b
300	95.65±3.04^c	59.08±2.71^b	1298.33±51.15^{cd}	−32.80±0.55^d
400	107.86±1.31^b	33.55±1.08^c	1596.00±201.50^{bc}	−30.10±0.88^c
500	123.44±3.25^a	72.12±1.82^a	1094.67±76.78^d	−36.73±0.96^e

注：同列肩标字母不同表示差异显著（$P<0.05$）。

随着真空度的增加，蛋清蛋白粉的 EAI 逐渐增大，在真空度为 500 Pa 时达到最高，为 123.44 m²/g±3.25 m²/g，蛋清蛋白粉的 ESI 在 500 Pa 时也最高，为 72.12 min±1.82 min。这可能是因为较高的真空度使得蛋清蛋白粉结构得到较好的舒展，增加了蛋白质的界面性质和疏水性质[34]，导致 EAI 和 ESI 的值升高。真空度 300 Pa 之后的蛋清蛋白粉乳液的平均粒径均小于 300 Pa 之前的，有关研究表明通过控制干燥过程中的真空度可以增加蛋白质的聚合度[35]，进而增加蛋清蛋白粉乳液的平均粒径。随着真空度的增加，聚集的蛋清蛋白质分子得到舒展，乳液的粒径下降。当真空度为 500 Pa 时，蛋清蛋白粉乳液 Zeta 电位绝对值最高，为 36.73 mV±0.96 mV，乳液的稳定性较好。这可能是因为随着真空度的增加水的沸点降低，水分脱除较快，提高了蛋清蛋白粉乳液的稳定性。

（3）不同装载量对蛋清蛋白粉乳化特性的影响

不同装载量对蛋清蛋白粉乳化特性的影响如表 3-23 所示。

表 3-23　不同装载量对蛋清蛋白粉乳化特性影响

装载量/g	EAI/（m²/g）	ESI/min	乳液粒径/nm	乳液 Zeta 电位/mV
40	74.46±1.35^c	30.54±1.16^c	1452.36±273.21^c	−26.87±3.29^c
80	83.52±0.48^b	33.53±1.55^b	1164.66±190.73^d	−35.43±3.15^d

续表

装载量/g	$EAI/$（m²/g）	$ESI/$min	乳液粒径/nm	乳液 Zeta 电位/mV
120	108.39±1.41ᵃ	71.32±1.18ᵃ	857.33±74.34ᵉ	−43.70±4.15ᵉ
160	72.31±1.28ᵈ	26.31±0.62ᵈ	1965.20±35.28ᵇ	−20.20±0.95ᵇ
200	62.03±0.58ᵉ	23.61±1.47ᵉ	2665.00±280.32ᵃ	−13.66±5.03ᵃ

注：同列肩标字母不同表示差异显著（$P<0.05$）。

蛋清蛋白粉的 EAI 和 ESI 都随装载量的增加先升高后降低（$P<0.05$）。在装载量为 120 g 时 EAI 和 ESI 的值最高，分别为 108.39 m²/g±1.41 m²/g 和 71.32 min±1.18 min，这可能是因为适度的装载量使物料受热均匀，提高了分子间和分子内的相互作用影响。当装载量较大时会使上层蛋白质受热时间长，产生聚集，影响其 EAI 和 ESI。不同装载量对蛋清蛋白粉乳液的平均粒径影响显著（$P<0.05$），随装载量的增加呈现先下降后上升的变化趋势，在装载量为 120 g 时，平均粒径最小，为 875.33 nm±74.34 nm，这可能是因为适度的装载量可以避免分子之间发生聚集现象，从而降低了蛋清蛋白粉乳液的平均粒径。不同装载量会显著影响蛋清蛋白粉乳液 Zeta 电位绝对值（$P<0.05$），当装载量为 120 g 时 Zeta 电位绝对值最高，为 43.70 mV±4.15 mV，装载量为 200 g 时，其值则下降至 13.66 mV±5.03 mV。这可能是因为适度的装载量使蛋白质受热均匀，未发生聚集，但当物料过厚时，会影响干燥速度，上层蛋白质变性严重，蛋白质发生聚集，乳液的稳定性下降。

3.4.4　小结

本节采用 MFD 干燥蛋清，研究不同的干燥条件对蛋清干燥特性和乳化特性的影响，并得出以下结论：

① 干燥特性结果表明，增加微波功率和真空度都能一定程度上加快水分蒸发，提高蛋清的干燥速率。不同装载量之间蛋清干燥速率差别不明显，这是因为 MFD 属于辐射干燥，能穿透物料的内部，使物料表面和内部同时受热，物料内外温度差较低。

② 乳化性结果表明，当微波功率条件为 300 W、真空度条件为 500 Pa、装载量条件为 120 g 时，蛋清蛋白粉乳液的 EAI 和 ESI 均达到最大值，Zeta 电位绝对值最大，平均粒径最小，蛋清蛋白粉分布最为均匀，蛋清蛋白质结构得到较好的舒展，增强了蛋白粉的乳化能力，从而提高其 EAI 和 ESI。

3.5　基于 iTRAQ 技术蛋清蛋白粉三种干燥方式差异蛋白质组分析

　　近年来，蛋白质组学得到了快速的发展，其研究方法主要是通过不同的组学技术分离蛋白质，然后进行蛋白质的质谱鉴定，从而研究蛋白质在不同处理方式下的差异情况。然而目前未见基于组学技术的方法探究不同干燥方式下蛋白质变化情况的研究报道。因此，本书以 FD、SD 和 MFD 三种干燥方式处理后的蛋清蛋白粉为研究对象，利用 iTRAQ 定量分析技术对比三种干燥方式下蛋清蛋白质的变化，并对不同干燥方式下得到的差异蛋白粉进行筛选，旨在更好地了解不同干燥方式下蛋清蛋白质的差异变化，为之后开发高品质的功能性蛋清蛋白粉提供参考依据。

3.5.1　材料与设备

3.5.1.1　材料与试剂

表 3-24　材料与试剂

材料与试剂	规格	生产厂家
新鲜鸡蛋	市售	
IAM 碘乙酰胺	AR	Sigma 公司
丙酮	AR	上海国药公司
蛋白酶	AR	PROMEGA 公司
异丙醇	AR	Thermo Fisher Scientific 公司

3.5.1.2　仪器与设备

表 3-25　仪器与设备

仪器与设备	型号	生产厂家
超声波细胞破碎仪	Xo-1800D 型	上海般诺生物科技有限公司
高效液相色谱仪	UltiMate 3000 型	Thermo Fisher Scientific 公司
喷雾干燥机	SP-1500 型	上海顺仪实验设备有限公司
酶标仪	Tecan Infinite F50 型	北京博宇腾辉科贸有限公司
冷冻离心浓缩干燥器	LNG-T98B 型	太仓市华利达设备有限公司

3.5.2 处理方法

3.5.2.1 样品处理

清洗鲜鸡蛋表面的污渍并进行消毒，晾干后分离蛋清、蛋黄，搅拌蛋清液后室温下自然发酵48 h进行脱糖，巴氏杀菌后分别采用SD、FD、MFD三种方式进行干燥。

3.5.2.2 总蛋白质的提取

冷冻状态下取出适量样品放在冰上，加入已制备好的蛋白质裂解液（8 mol/L尿素，1% SDS，含蛋白酶抑制剂）超声作用2 min，然后在裂解20 min，12000 g 4℃离心0.5 h，分离出蛋白质上清液。

3.5.2.3 蛋清蛋白质酶解和肽段iTRAQ标记

取蛋白质样品100 μg，加入适量的胰蛋白酶使得质量比为1∶50（酶∶蛋白），在37℃条件下反应10 h。使用真空泵将酶解得到的肽段抽干，之后用0.5 mol/L三乙胺-碳酸缓冲溶液再次溶解肽段。从冰箱取出iTRAQ试剂盒，等待片刻当其恢复至25℃时开始标记肽段。为了使实验结果更加清晰，用不同的iTRAQ标签对肽段进行标记，在25℃下放置1 h。充分混合均匀，开始高效液相色谱分离，流速为200 μL/min，梯度为47 min。

3.5.2.4 蛋白质组数据分析

所有数据均采用Max Quant Software Reversion 1.5.3.8进行分析。在Uniprot数据库对质谱鉴定的所有蛋白质和蛋白质序列进行比较，以获得数据库中蛋白质的定量信息。利用在线BLAST2GO分析软件完成GO功能分析，利用在线KOBA分析软件完成KEGG富集分析。

3.5.3 性能分析

3.5.3.1 三种干燥方式蛋清蛋白粉中蛋白质鉴定结果及统计分析

通过对所获得的蛋白质信息和数据库结果进行对比，试验所得到的差异蛋白质的结果如表3-26、图3-21所示。

表3-26 差异蛋白质筛选结果统计

试验组	上调蛋白质数/个	下调蛋白质数/个	差异蛋白质数/个
SD vs FD	23	9	32
MFD vs FD	46	22	68
MFD vs SD	34	32	66

在三种干燥方式过程中共鉴定出 157 个蛋白质，经分析得出这些蛋白质的肽段长度主要在 7～24 个氨基酸之间，属于正常范围可用于后续的试验分析。对获得的蛋白质进行相对分子量分析，结果表明有 89% 的蛋白质相对分子量处于 1～120 kDa 范围内。将得到的蛋清蛋白质按照其表达倍数变化的高低进行筛选，当表达倍数变化＞1.2 倍时为上调蛋白质，表达倍数变化＜0.83 倍为下调蛋白质。因此，最终获得的差异蛋白质

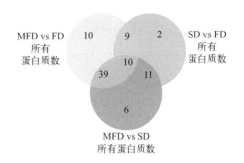

图 3-21　SD vs FD、MFD vs FD 和 MFD vs SD 蛋清蛋白质分布图

总数为 87 个，其中 MFD vs FD 组上调蛋白质数量为 46 个，下调蛋白质数量为 22 个。

3.5.3.2　差异表达蛋白质聚类分析

通过对 SD vs FD，MFD vs FD 和 MFD vs SD 三个试验组的 87 个差异蛋白质进行分析，以得到蛋白质在三种干燥方式下的变化情况[36]，如图 3-22 所示。

在这些不同干燥方式处理的蛋清差异蛋白质中，角蛋白，Ⅱ型细胞骨架（ID 号：NP_990263.1）、角蛋白，Ⅰ型细胞骨架（ID 号：NP_990340.2）、谷氨肽酶（ID 号：XP_426327.3）均在喷雾干燥处理中表现出高表达水平。角蛋白中含有胱氨酸，会产生较多的二硫键，它会使蛋白质之间的肽段发生交联作用，用来维持多肽和蛋白质的空间立体结构。此外，角蛋白中含有的鲜味氨基酸，可以作为辅料应用到香精香料加工业中。胰岛素样生长因子结合蛋白 7（ID 号：XP_420577.4）、黏蛋白-6（ID 号：XP_015142236.2）、可溶性钙活化核苷酸酶 1 亚型（ID 号：XP_015150907.1）均在真空冷冻干燥处理中表现出高表达水平。胰岛素样生长因子结合蛋白是一种与生长发育相关的多肽类物质。跨膜蛋白酶丝氨酸 9 亚型（ID 号：XP_425880.4）、载脂蛋白 D 前体（ID 号：NP_001011692.1）、低品质蛋白：动力蛋白重链 5（ID 号：XP_025003476.1）、前神经肽 Y 前体（ID 号：NP_990804.1）、二-N-乙酰壳多糖酶（ID 号：XP_422372.1）均在微波真空冷冻干燥处理中表现出高表达水平。跨膜蛋白酶丝氨酸可以破坏大分子蛋白质的空间结构，并将其变成小分子蛋白质，从而参与蛋白质的分解代谢。蛋清中这些高表达量蛋白质的发现能够为选择合适的方式干燥出高品质的功能性蛋清蛋白粉提供重要信息。此外，在 MFD vs FD 组中差异蛋白质数量较多，可能是因为蛋清蛋白质

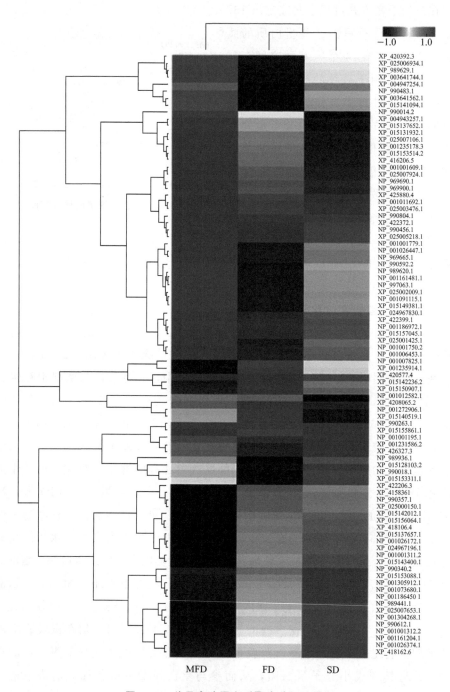

图 3-22　差异表达蛋白质聚类分析结果

经微波辐照后结构和理化性质改变，进而引起其功能性质改变。前期研究表明，微波真空冷冻干燥处理会改变蛋清蛋白粉的结构和功能特性[37]。

3.5.3.3 差异表达蛋白质 GO 功能富集分析

为进一步了解蛋清蛋白质在不干燥方式下差异蛋白质的生物学功能，对三个试验组的差异蛋白质进行基因本体（Gene Ontology，GO）注释分析。它分别从分子功能（Molecular Function，MF）、生物过程（Biological Process，BP）、细胞组成（Cellular Component，CC）三个方面对蛋白质功能进行分类[38]。

SD vs FD、MFD vs FD 和 MFD vs SD 三组蛋清蛋白质共鉴定 87 个差异蛋白，结果如图 3-23、表 3-27 所示，三组比较组中，参与的 BP 主要涉及单体细胞过程、生物调节、代谢过程、生物过程调节，说明不同的干燥方式对鸡蛋清细胞内蛋白质的代谢影响很大。CC 主要分布在胞外区、细胞、细胞器、细胞部分、胞外区部分。差异倍数最高的为黏蛋白（蛋白 ID：XP_025007106.1），差异倍数为 2.619。黏蛋白是一种复合蛋白，其主要成分是黏多糖和蛋白质，是一组高度糖基化的大分子，可以形成黏液屏障，与蛋清的凝胶性质密切相关[39]，是蛋清凝胶状结构的重要成分[40]。MF 主要包括结合和催化活性。由此表明三种干燥方式会造成生物过程、细胞组成及分子功能等方面的基因功能发生变化。郭长明等利用蛋白组学技术对鱼源株与人源株的蛋白质进行分析研究，找出差异表达蛋白质参与的生物学功能。Liao 等[41]通过对人乳中乳清蛋白质进行富集分析，了解不同泌乳期差异蛋白质的生物学过程。通过对蛋白集中的蛋白质进行富集分析，获得这些蛋白质主要具有哪些功能或主要参与哪些代谢通路，对试验结果分析有重要的指导意义。

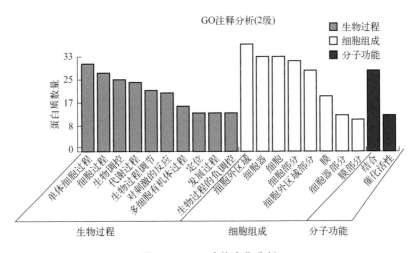

图 3-23 GO 功能富集分析

表 3-27　差异蛋白质筛选结果统计

二级分类名称	注释到的 GO ID	差异蛋白质数目比例
细胞死亡	GO：0001906	2/87
细胞过程	GO：0009987	24/87
代谢过程	GO：0008152	21/87
生物过程负调控	GO：0048519	12/87
生物过程调节	GO：0050789	19/87
多细胞有机体过程	GO：0032501	14/87
多生物过程	GO：0051704	8/87
发展过程	GO：0032502	12/87
生物黏附	GO：0022610	3/87
生物调节	GO：0065007	22/87
生物过程正调控	GO：0048518	6/87
刺激反应	GO：0050896	18/87
生殖过程	GO：0022414	1/87
免疫系统过程	GO：0002376	6/87
单细胞过程	GO：0044699	27/87
细胞外区域部分	GO：0044421	25/87
细胞连接	GO：0030054	5/87
细胞部分	GO：0044464	28/87
细胞外区域	GO：0005576	33/87
细胞	GO：0005623	29/87
大分子复合体	GO：0032991	4/87
细胞器部分	GO：0044422	11/87
膜部分	GO：0044425	10/87
转运活性	GO：0005215	4/87
营养储存活性	GO：0045735	1/87
催化活性	GO：0003824	11/87
结合	GO：0005488	25/87

3.5.3.4　差异表达蛋白 KEGG 通路富集分析

KEGG 是常用的代谢和信号转导通路研究数据库之一[42]。利用 Python 软件生成 Pathway 富集分析柱形图，如图 3-24～图 3-26 所示。

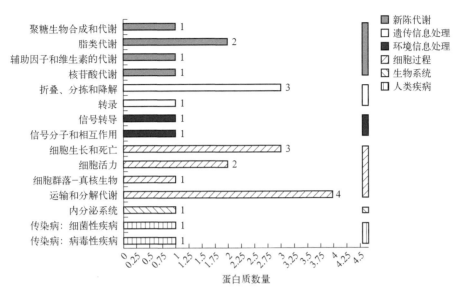

图 3-24　MFD vs FD 差异蛋白的 KEGG 通路图

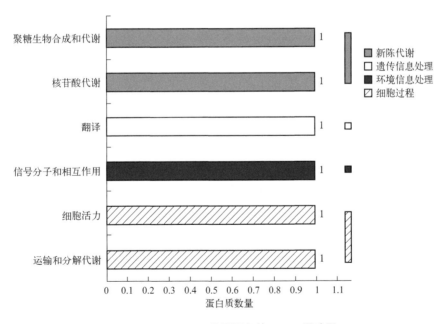

图 3-25　SD vs FD 差异蛋白的 KEGG 通路图

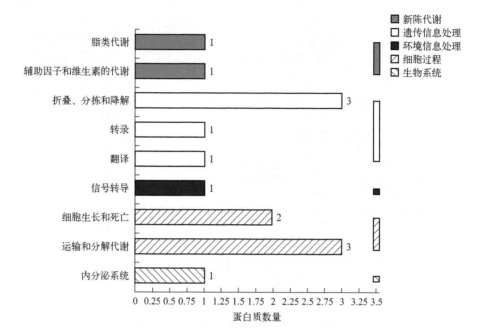

图 3-26　MFD vs SD 差异蛋白的 KEGG 通路图

利用 KEGG 数据库对 MFD vs FD 组差异表达蛋白进行注释，结果显示，富集最为显著的是折叠和降解、运输和分解代谢、细胞生长和死亡。利用 KEGG 数据库对 SD vs FD 组差异表达蛋白进行注释，结果显示，富集通路为聚糖的生物合成和代谢、细胞活性、运输和分解代谢、核苷酸代谢。利用 KEGG 数据库对 MFD vs SD 组差异表达蛋白进行注释，结果显示，富集最为显著的为折叠和降解、运输和分解代谢。彭梦玲等[43]和马聪聪等[44]同样利用 KEGG 数据库对差异蛋白进行注释，在功能水平上阐明蛋白所参与 Pathway 通路或行使的功能分类。

3.5.3.5　差异表达蛋白质网络互作分析

蛋白质互作网络是通过分析蛋白质之间的相互联系，获取其可能发挥的功能特性。将 MFD vs FD，SD vs FD 和 MFD vs SD 三种不同干燥方式处理下的差异蛋白进行网络互作分析，结果如图 3-27 所示。

与蛋白质交织的线条数量越多，表明该蛋白质在互作中具有重要作用。其中具有高连接度的为血清白蛋白前体、凝血酶原前体、组织蛋白酶 L_1 前体。血清白蛋白分子量较低，溶于水，易结晶，通过加热的方式可以使其凝结成固体，具有较好的黏性，属于胶质性物质，在现代食品加工业中常作为防腐剂和保健剂。这些高连接度的鸡蛋清差异蛋白质可能对蛋白质的功能性和结构性具有非常重要的作用。

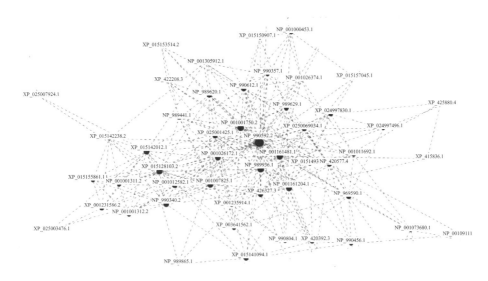

图 3-27　蛋白质互作网络图

3.5.3.6　指示蛋白的筛选

MFD vs FD，SD vs FD，MFD vs SD 三组间共有的 87 个差异表达蛋白质，其中有些蛋白质在不同干燥方式中出现显著的差异变化。由图 3-28 可知，有 4 种蛋白质差异明显，分别是黏蛋白（XP_025007106.1）、血清白蛋白（NP_990592.2）、卵清蛋白相关蛋白 Y 亚型 X_1（XP_015137657.1）和卵白蛋白相关蛋白 Y（NP_001026172.1）。丰度变化显著的原因可能是不同的干燥方式对蛋清蛋白质功能特性有不同程度的影响，从而造成蛋白质之间的差异，这与前期研究发现的结果一致。

（1）黏蛋白

黏蛋白在鸡蛋蛋白质中变性原性较强[45]，其结构紧密有耐热、耐酸碱等特性。黏蛋白是形成凝胶的关键蛋白，其含量与蛋清凝胶黏弹性呈正相关，对蛋清凝胶结构影响显著。并且黏蛋白耐蛋白水解，具有维持重要黏膜障碍的功能[46]。

（2）血清白蛋白

血清白蛋白是一种溶解度大，亲水性强，功能较多的蛋白质。它可以和一些难溶的物质相互作用后形成易溶性的物质。因运输类固醇胆色素、氨基酸等物质具有运输作用，它是反映肝脏合成功能的重要指标，能够维持人体血液中正常的渗透压水平。

（3）卵清蛋白相关蛋白 Y 亚型 X_1

卵清蛋白相关蛋白 Y 亚型 X_1 是卵清蛋白质中的一种，是蛋清中的主要蛋白

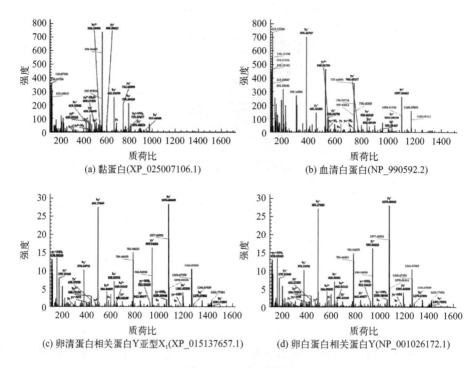

图 3-28 二级质谱图

质，其结构与性质发生变化会引起功能性质的改变，采用不同干燥技术和手段能在一定程度上影响其抗氧化性、持水性、乳化性等功能性质。Liu 等[47]探究了 SD 和 MFD 对水解/糖基化卵清蛋白制备的影响，研究发现经 MFD 的水解/糖基化卵清蛋白在起泡性、乳化稳定性等方面均优于 SD 的。因此探究蛋清经干燥处理后是否会引起蛋清蛋白质在加工过程中功能性质的改变可为实际生产提供重要的参考依据。

（4）卵白蛋白相关蛋白 Y

卵白蛋白相关蛋白 Y 属于卵白蛋白中的一种，对蛋清液的起泡性和乳化性有很大影响，因此，制备蛋清蛋白粉时，加工方式的选择对卵白蛋白的品质尤为重要。李俐鑫等[48]有关研究表明卵白蛋白的某些功能特性如凝胶性、黏性等易受外部因素的影响，因此，在食品加工过程中要注意调整因素的水平以确保达到理想的加工条件。此外，还有相关研究表明卵白蛋白与多糖结合后可以提高它的凝胶性能[49]。

蛋清在三种不同的干燥方式处理下，以上 4 种蛋白质变化情况显著，很可能是在不同的干燥方式下，加热温度的高低和加热时间的长短影响蛋白质结构，导致其功能特性产生差异。其发生变化的具体原因有待进一步研究。

3.5.4　小结

本节采用 iTRAQ 蛋白质组学技术，对 SD、FD、MFD 的蛋清蛋白粉的组成及变化情况进行了研究和分析，得出以下结论：

① 在不同干燥方式下得到的 157 个蛋清蛋白质中，发现了 87 个差异丰度蛋清蛋白质。不同的干燥方式相比，MFD vs FD 组比 SD vs FD 组差异蛋白质数目多 52.94%，说明干燥方式会对蛋清蛋白质丰度差异造成较大影响。通过对干燥方式中获得的差异蛋白质进行生物功能注释，反映了不同干燥方式下的差异蛋白质主要参与的 BP 为单体细胞过程，主要参与的 MF 为蛋白结合，主要参与的 CC 为胞外区。

② 通过对不同干燥方式下的差异蛋白质进行分析，观察其变化差异情况，发现了 4 个蛋白质在不同干燥方式影响下变化差异较大，分别为黏蛋白、血清白蛋白、卵清蛋白相关蛋白 Y 亚型 X_1 和卵白蛋白相关蛋白 Y，这 4 个差异蛋白质可以作为不同干燥方式下的重点研究对象。

◆ 参考文献 ◆

[1] 邢晓凡，刘浩楠，姚飞，等 . 不同干燥方式对黄桃果干品质的影响[J]. 食品工业科技，2023，44（24）：327-333.

[2] 段柳柳，段续，任广跃 . 怀山药微波冻干过程的水分扩散特性及干燥模型[J]. 食品科学，2019，40（1）：23-30.

[3] Ren G Y, Zeng F L, Duan X, et al. The effect of glass transition temperature onthe procedure of microwave‐freeze drying of mushrooms（agaricus bisporus）[J]. Drying Technology, 2015, 33（2）：169-175.

[4] Zhou B, Zhang M, Fang Z X, et al. A combination of freeze drying and microwave vacuum drying of duck egg white protein powders [J]. Drying Technology, 2014, 32（15）：1840-1847.

[5] 汤梦情，陈宏伟，朱蕴兰，等 . 微波真空与真空冷冻组合干燥对芦笋营养与品质的影响[J]. 食品研究与开发，2019，40（5）：76-81.

[6] Ahmet P, Onur T, Nazmi I, et al. Continuous and intermittent microwave-vacuum drying of apple: Drying kinetics, protein, mineral content, and color [J]. Journal of Food Process Engeneering, 2019, 42（3）：e13 012.

[7] 陆毅，穆冬冬，罗水忠，等 . 微波预处理对热诱导小麦面筋蛋白凝胶性质和微观结构的影响[J]. 中国粮

油学报, 2018, 33（11）：22-27.

［8］ 陶汝青, 夏宁, 滕建文. 热处理对大豆分离蛋白结构和凝胶性的影响[J]. 食品科学, 2018, 574（09）：67-73.

［9］ 王晶. 鸡蛋贮藏期间三种蛋白质结构与功能性质的变化研究[D]. 武汉：华中农业大学, 2014.

［10］ Hemung B O, Eunice C Y, Chan L, et al. Thermal stability of fish natural actomyosin affects reactivity to cross-linking by microbial and fish transglutaminases［J］. Food Chemistry, 2008, 111（2）：439-446.

［11］ 王朝欣. 乳清蛋白微凝胶制备及功能特性的研究[D]. 济南：齐鲁工业大学, 2023.

［12］ 代晓凝. 微波真空冷冻干燥对蛋清蛋白粉凝胶特性的影响[D]. 洛阳：河南科技大学, 2020.

［13］ Liu R, Zhang Y, Wu L, et al. Impact of vacuum mixing on protein composition and secondary structure of noodle dough[J]. LWT-Food Science and Technology, 2017, 58：197-203.

［14］ 王玉莹. 去折叠态大豆蛋白包封姜黄素的效果及机制研究[D]. 长春：吉林大学, 2023.

［15］ 申秋云. 玉米醇溶蛋白的氧化脱色及其在鸭蛋涂膜保鲜中应用研究[D]. 镇江：江苏大学, 2023.

［16］ 李瑞玲. 脂质对蛋清乳液凝胶理化性质的影响及应用机理研究[D]. 南昌：南昌大学, 2022.

［17］ 李娜. 冬瓜干燥特性及其贮藏稳定性研究[D]. 郑州：河南农业大学, 2016.

［18］ Liu R, Zhao S Xie B J, et al. Contribution of protein conformation and intermolecular bonds to fish and pork gelation properties[J]. Food Hydrocolloids, 2011, 25（5）：898-906.

［19］ 邵小龙, 汪楠, 时小转, 等. 水稻生长过程中籽粒水分状态和横向弛豫特性分析[J]. 中国农业科学, 2017, 50（2）：240-249.

［20］ 孙红霞, 黄峰, 丁振江, 等. 不同加热条件下牛肉嫩度和保水性的变化及机理[J]. 食品科学, 2018, 39（1）：2-7.

［21］ 周绪霞, 陈婷, 吕飞, 等. 茶多酚改性对蛋清蛋白凝胶特性的影响及机理[J]. 食品科学, 2018（1）：13-18.

［22］ Alan K S, Subbiah J, Schmidt K A, et al. Application of a dry heat treatment to enhance the functionality of low-heat nonfat dry milk[J]. Journal of Dairy Science, 2018, 102（2）：1096-1107.

［23］ Li J J, Wang C Y, Guang L P, et al. Gel properties of salty liquid whole egg as affected by preheat treatment[J]. Journal of food science and technology, 2020, 57（3）：877-885.

［24］ 周绪霞, 陈婷, 吕飞, 等. 茶多酚改性对蛋清蛋白凝胶特性的影响及机理[J]. 食品科学, 2018（1）：13-18.

［25］ 黎鹏. 动态超高压微射流技术对花生球蛋白功能性质的影响及其机理研究[D]. 南昌：南昌大学, 2008：34-56.

［26］ Su Y, Dong Y, Niu F, et al. Study on the gel properties and secondary structure of soybean protein isolate/egg white composite gels[J]. European Food Research and Technology, 2015, 240（2）：367-378.

［27］ Ji L, Xue Y, Zhang T, et al. The effects of microwave processing on the structure and various quality parameters of Alaska pollock surimi protein-polysaccharide gels[J]. Food Hydrocolloids, 2017, 63：77-84.

［28］ 刘旺, 冯美琴, 孙健, 等. 超高压条件下亚麻籽胶对猪肉肌原纤维蛋白凝胶特性的影响[J]. 食品科学, 2019, 40（7）：109-115.

［29］ 史胜娟. 微波真空冷冻干燥对蛋清蛋白乳化性影响及差异蛋白质组分析[D]. 洛阳：河南科技大

学，2022.

［30］张吉军. 粳高粱微波干燥机理与参数优化试验研究[D]. 大庆：黑龙江八一农垦大学，2023.

［31］张倩. 海参微波真空干燥及对品质的影响机制研究[D]. 武汉：华中农业大学，2023.

［32］Yalcin E, Sakiyan O, Sumnu G, et al. Functional properties of microwave-treated wheat gluten [J]. European Food Research and Technology, 2008, 227（5）: 1411-1417.

［33］路丽娟，沈辉，齐文慧，等. 肌原纤维蛋白稳定的 Pickering 乳液研究进展[J]. 肉类研究，2024, 38（04）: 51-61.

［34］Molina E, Papadopoulou A, Ledwa D A. Emulsifying properties of high pressure treated soy protein isolate and 7S and 11S globulins[J]. Food Hydrocolloids, 2001, 15（3）: 263-269.

［35］Liu R, Zhang Y, Wu L, et al. Impact of vacuum mixing on protein composition and secondary structure of noodle dough[J]. LWT-Food Science and Technology, 2017, 85: 197-203.

［36］Liu M Y, Tang D D, Zhang Q F, et al. iTRAQ-based proteomic analysis provides insights into the biological mechanism of ammonium metabolism in tea plant（Camellia sinensis L.）[J]. Acta Physiologia Plantarum, 2020, 42（4）: 1-11.

［37］史胜娟，刘丽莉，张孟军，等. 微波真空冷冻干燥功率对鸡蛋清水分迁移及凝胶微观结构的影响[J]. 食品与发酵工业，2020, 46（20）: 15-20.

［38］白波，王春梅. 利用 RNA-Sequencing 鉴定大鼠脑缺血-再灌注损伤模型中差异表达的基因[J]. 济宁医学院学报，2016, 39（01）: 1-5+11.

［39］Brooks J, Hale H P. The mechanical properties of the thick white of the hen's egg. [J]. Biochimica Et Biophysica Acta, 1959, 32（1）: 237-250.

［40］Offengenden M, Wu J. Egg white ovomucin gels: structured fluids with weak polyelectrolyte properties [J]. RSC Adv, 2013, 3（3）: 910-913.

［41］Liao Y, Alvarado R, Phinney B, et al. Proteomic Characterization of Human Milk Whey Proteins during a Twelve-Month Lactation Period [J]. Journal of Proteome Research, 2011, 10（4）: 1746-1754.

［42］董艳，张正海，王宁，等. 基于 Label-free 技术的汉麻籽不同发芽时期蛋白质组学分析[J]. 食品科学，2020, 41（14）: 190-194.

［43］彭梦玲，胡文业，李乃馨，等. 组学技术分析肉鸡胚胎发育过程中肝脏蛋白表达的变化[J]. 畜牧兽医学报，2020, 51（02）: 252-259.

［44］马聪聪，张九凯，韩建勋，等. 基于 iTRAQ 定量蛋白质组学的三文鱼新鲜度分析[J]. 食品科学，2020, 41（21）: 44-51.

［45］Kato I, Kohr W J, Laskowski M J. Evolution of avian ovomucoids[J]. Proc FEBS Meet, 1978, 47: 197-206.

［46］左思敏. 卵黏蛋白胶凝性质及其在蛋清凝胶中的作用[D]. 武汉：华中农业大学，2013.

［47］Liu L L, Dai X N, Kang H B, et al. Structural and functional properties of hydrolyzed/glycosylated ovalbumin under spray drying and microwave freeze drying. [J] Food Science and Human Wellness, 2020, 9（1）: 80-87.

［48］李俐鑫，迟玉杰，于滨. 蛋清蛋白凝胶特性影响因素的研究[J]. 食品科学，2008, 29（3）: 46-49.

［49］王素娟，文声扬，李斌. 蛋清卵白蛋白的应用研究[J]. 中国家禽，2011, 33（16）: 37-40.

4　喷雾冷冻干燥技术

4.1　喷雾冷冻干燥对蛋清蛋白粉结构和特性的影响

目前，关于鲜蛋清干燥方面的研究多集中于喷雾干燥、冷冻干燥及热风干燥。研究表明，真空冷冻干燥全蛋粉的溶解度、起泡性及乳化性明显优于喷雾干燥全蛋粉，但干燥时间长、能耗大、效益低；喷雾干燥蛋清蛋白粉凝胶硬度较大，随进口温度的升高逐渐增强。孙乐常等[1]为探究干燥方式对蛋清蛋白质功能特性的影响及其内在机理，分别通过喷雾干燥与真空冷冻干燥制备蛋清蛋白粉，并对其蛋白结构、理化性质与功能特性进行研究。Shen Q 等[2]研究发现干燥方法和储存条件对蛋清蛋白粉颜色与凝胶性质的影响显著，热风干燥的蛋清蛋白粉在高温下储存，会引起样品颜色和蛋白质构象的变化，从而影响其凝胶特性，且样品需二次破碎，溶解度低。

喷雾冷冻干燥（Spray freeze drying，SFD）作为近几年新兴的干燥技术，综合了喷雾干燥和真空冷冻干燥的优点，降低能耗，符合低碳要求。SFD 所产样品呈颗粒状，流动性好，几乎不改变产品的生物活性，应用范围更广。研究表明喷雾冷冻干燥对葛仙米藻胆蛋白抗氧化特性的影响更小，在产品结构、质量、挥发物和生物活性化合物的保留方面比常用干燥方式效果更好。Katekhong 等[3]研究表明相比于喷雾冷冻干燥微胶囊，喷雾冷冻干燥微胶囊呈多孔结构，具有良好的溶解性和高生物利用率。目前还未见将喷雾冷冻干燥应用于蛋清蛋白粉的报道。

4.1.1 材料与设备

4.1.1.1 材料与试剂

表 4-1 试验材料与试剂

材料与试剂	规格	生产厂家
鲜鸡蛋	市售	
溴化钾	分析纯	天津市光复经济化工研究所
DTNB	分析纯	洛阳试剂厂

4.1.1.2 仪器与设备

表 4-2 试验仪器与设备

仪器与设备	型号	生产厂家
喷雾干燥机	YC-015 型	上海雅程仪器设备有限公司
喷雾冷冻干燥机	YC-3000 实验型	上海雅程仪器设备有限公司
食品物性分析仪	TA. XT Epress Enhanced 型	英国 SMS 公司
核磁共振成像分析仪	Ml20.015V-1-I 型	上海纽迈电子科技有限公司
紫外分光光度仪	UV2600 型	日本日立公司
差示扫描量热仪	Q200 型	瑞士 Mettler-Toledo 公司
电子扫描显微镜	TM3030Plus 型	日本岛津公司
傅里叶红外光谱仪	VERTEX70 型	德国 Bruker 公司

4.1.2 制备工艺

4.1.2.1 蛋清蛋白粉的制备

① 喷雾干燥蛋清蛋白粉的制备：鲜鸡蛋刷洗后带壳消毒，晾干后分离出蛋清，采用 500 r/min 的转速搅拌 15 min，滤出系带等杂质后 25℃自然发酵 48 h 脱糖，经 45℃巴氏杀菌 30 min 后，进行喷雾干燥（进口温度 170℃，出风温度 80℃），过筛后得到喷雾干燥蛋清蛋白粉。

② 喷雾冷冻干燥蛋清蛋白粉的制备（图 4-1 为喷雾冷冻干燥装置）：鲜鸡蛋刷洗后带壳消毒，晾干后分离出蛋清，采用 500 r/min 的转速搅拌 150 min，滤出系带等杂质后 25℃自然发酵 48 h 脱糖，经 45℃巴氏杀菌 30 min 后，进行喷雾冷冻干燥（冷浸温度-80℃、进料量 15 mL/min、加热温度 60℃），过筛后得到喷雾冷

冻干燥蛋清蛋白粉。

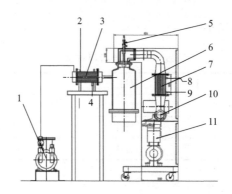

图 4-1　喷雾冷冻干燥装置

1—真空泵；2—冷却液进口；3—冷凝器；4—冷却液出口；5—二流体喷雾器；6—喷雾冷冻干燥室；

7—热转换器；8—冷却液出口；9—冷却液进口；10—风机；11—空压机

4.1.2.2　蛋清蛋白粉功能特性的测定方法

① 溶解度、乳化特性、起泡特性的测定：参照文献 [4]。

② 凝胶特性：用蒸馏水将蛋清稀释成质量浓度 10% 的溶液，搅匀后，倒入 25 mL 的烧杯中于 80℃加热 45 min，取出后在 4℃ 的冰箱中冷藏过夜。凝胶取出后在室温下放置 20 min，采用 TPA 模式，探头 P/0.5，测前 5 mm/s，测中 2 mm/s，测后 2 mm/s，触发力 3 g[5]。

③ 水分子弛豫特性（LF-NMR）：称取凝胶 1g 放入核磁管中，利用多脉冲回波序列测量样品的自旋-自旋弛豫时间：测量温度 32℃，主频 22 MHz，偏移频率 303.886 kHz，累加次数 4 次，采样间隔时间 1500 s。

4.1.2.3　蛋清蛋白粉结构特性测定

① 巯基含量：根据文献 [6] 试验方法测定蛋清蛋白粉凝胶样品的总巯基及表面巯基含量。

② 傅里叶红外光谱（FT-IR）分析：将蛋清蛋白粉样品与溴化钾混匀压片，并用 FT-IR 仪进行扫描。用 Peak Fit v4.12 软件对红外光谱的酰胺 I 带进行卷积处理，再进行二阶导数拟合[7]。

③ 差式扫描热量（DSC）分析：使用 DSC 法测定干燥处理后的蛋清蛋白质变性温度。氮气流速设定 20 mL/min，在 20～150℃ 范围内扫描，升温速率设定 10 ℃/min 得到曲线。

④ 凝胶电泳（SDS-PAGE）分析：蛋清蛋白粉配制成 4％的溶液，分离胶浓度 15％，浓缩胶 5％；上样量为 20 μL，电泳开始时用 90V 电压，溴酚蓝溶液到浓缩胶底部时加大至 110 V，结束后染色 2 h，并脱色至透明。

⑤ 扫描电子显微镜（SEM）分析：取微量蛋清蛋白粉于导电胶上，并粘于样品台，喷金后在扫描电子显微镜下观察样品的显微结构。

4.1.2.4　考马斯亮蓝标准曲线的绘制

以牛血清蛋白为标准蛋白，配制浓度分别为 0.1 mg/mL，0.2 mg/mL，0.3 mg/mL，0.4 mg/mL，0.5 mg/mL，0.6 mg/mL 的溶液，各取 0.1 mL，分别向其中加入 5 mL 考马斯亮蓝试剂，混匀，10 min 后在 595 nm 处测得吸光值，并以蛋白质含量为横坐标，吸光值为纵坐标绘制标准曲线。如图 4-2 所示，考马斯亮蓝标准曲线的回归方程为 $y = 1.8311x + 0.04379$，

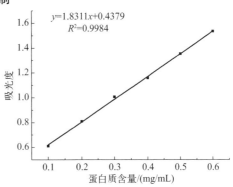

图 4-2　考马斯亮蓝标准曲线

R^2=0.9984。依据标准曲线计算出样品蛋白质含量，该方程线性较好，可用于下一步试验。

4.1.2.5　**数据处理**

试验所涉及的测定结果均做 3 次重复，试验数据用 Origin 9.0 软件作图，用 SPSS 软件进行显著性分析。

4.1.3　性能分析

4.1.3.1　**蛋清蛋白粉蛋白质结构分析**

（1）蛋清蛋白粉巯基含量分析

巯基含量影响蛋白质的功能特性；在凝胶的形成过程中，巯基可通过氧化形成二硫键，对凝胶结构和硬度产生影响[8]。图 4-3 为干燥方式对蛋清蛋白粉巯基含量的影响。

图 4-3 表明，与 SD 蛋清蛋白粉样品相比，SFD 蛋清蛋白粉样品的总巯基和

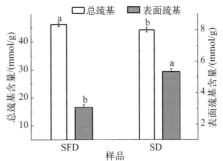

图 4-3　干燥方式对蛋清蛋白粉巯基含量的影响

字母不同表示差异显著（$P < 0.05$）

表面巯基含量均发生了显著变化（$P<0.05$）。SFD 比 SD 蛋清蛋白粉的总巯基含量高 4.45%（$P<0.05$）；SFD 比 SD 蛋清蛋白粉的表面巯基含量低 42.4%（$P<0.05$）。说明干燥方式不同对蛋清蛋白粉巯基含量的影响也不同。干燥时冷冻或高温都可能会破坏蛋白质分子构象（分子伸展、氢键破坏等），导致巯基和二硫键暴露，发生巯基氧化和二硫键交换反应[9]。另外 SFD 蛋清蛋白粉总巯基含量比 SD 高而表面巯基含量比 SD 低，是因为 SD 为瞬间高温干燥，相对于 SFD 的低温干燥，蛋白质变性程度更大；也说明了喷雾干燥时蛋清蛋白粉中蛋白质部分亚基解离，二硫键发生交换反应，结构展开内部巯基暴露，暴露于表面的巯基数量增多，分子间和分子内的相互作用增强，有利于蛋白质凝胶性能的提高[10]。

（2）DSC 分析

应用 DSC 法测定干燥方式对蛋清蛋白粉蛋白质变性的影响，主要通过峰值温度（T_p）和热焓值（ΔH）两个指标进行判定。由表 4-3 可知，两种干燥方式对蛋清蛋白粉蛋白质影响显著。SFD 蛋清蛋白粉的 T_p 值比 SD 的低 15.70℃，而热焓值又比 SD 的高 89.60 J/g，且差异均显著（$P<0.05$），Liu L L 等[11]的研究发现，蛋清蛋白粉焓值的降低，表明蛋白质结构展开，有利于凝胶特性的改善。出现上述结果的原因可能是喷雾干燥时蛋清蛋白质受高温影响，结构部分被破坏，埋藏在内部的疏水基团在此过程中部分外露，蛋白质亚基组分解离之后又重新折叠形成具有更高 T_p、更稳定的热聚集体，且疏水性氨基酸所占比例越高，蛋白质的热稳定性越好。

表 4-3　干燥后蛋清蛋白质的热变性温度及热焓值

干燥方式	峰值温度/℃	热焓值/（J/g）
SFD	94.66 ± 0.02^b	218.68 ± 0.50^a
SD	110.36 ± 0.05^a	128.88 ± 0.41^b

注：同列肩标字母不同表示差异显著（$P<0.05$）。

（3）FT-IR 分析

蛋白质的结构特性与蛋白质的功能特性密切相关；$3600\sim3300$ cm^{-1} 处的峰强通常可以表示蛋白质分子氢键（内部和外部）及 O—H、N—H 键的伸缩振动强度[12]。由图 4-4 可知，在 $3600\sim3300$ cm^{-1} 处，两种蛋清蛋白粉的峰强有明显差别，表明干燥方式会影响并改变蛋清蛋白粉蛋白质的水合能力，这可能是蛋白质分子中 N—H 伸缩振动与氢键形成了缔合体所致。$1700\sim1600$ cm^{-1} 的波数范围为酰胺Ⅰ带，对于研究蛋白质的二级结构最有价值，与氢键作用力紧密相关。SD 蛋清蛋白粉在酰胺Ⅰ带处的峰位相比 SFD 的 1651.44 cm^{-1} 红移到 1650.48 cm^{-1} 处，且峰强更大，峰宽也更宽，说明喷雾干燥能使 N—H 与 C＝O 形成的氢键总量增加。如表 4-4 所示，SD 蛋清蛋白粉蛋白质二级结构中 α-螺旋结构比例较 SFD 降低了 17.68%。α-螺旋时蛋清蛋白质二级结构中主要的有序结构，通过分子内氢键维持，约占总结构的 40%，凝胶硬度与 α-螺旋

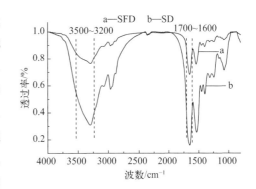

图 4-4　蛋清蛋白粉红外光谱图

含量之间呈负相关。SD 蛋清蛋白粉中 β-折叠含量比 SFD 的降低了 21.96%；其原因可能是喷雾干燥温度较高致使氢键断裂，蛋白质分子空间构象改变，β-折叠或无规则卷曲的多肽链结构发生了 180°的反转，转变为 β-转角结构。

表 4-4　蛋清蛋白粉酰胺Ⅰ带二级结构组成比例

干燥方式	SFD	SD
β-折叠/%	29.65	24.31
无规则卷曲/%	15.60	14.83
α-螺旋/%	32.94	15.26
β-转角/%	21.81	45.60

（4）SDS-PAGE 分析

由图 4-5 可知，两种蛋清蛋白粉的条带区别较为明显，且主要条带为卵清蛋白（45 kDa）、卵转铁蛋白（76～80 kDa）、溶菌酶（14～22 kDa）。相对于 SFD 蛋清蛋白粉进样口几乎无样品残留，SD 蛋清蛋白粉进样口样品残留明显。喷雾干燥蛋清蛋白粉时，高进口温度相比低进口温度出现大分子电泳条，表明喷雾干燥能使蛋白质发生变

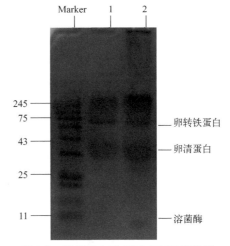

图 4-5　蛋清蛋白粉 SDS-PAGE 电泳图

Marker—标准蛋白；1—SFD 蛋清蛋白粉；2—SD 蛋清蛋白粉

性聚集。

（5）SEM 分析

由图 4-6 可知，SFD 蛋清蛋白粉主要由大颗粒组成，具有较大的孔隙度，且整个颗粒具有相互连通的孔隙网络结构，比表面积大，复水性好；SD 蛋清蛋白粉的组成颗粒较小，只有一个孔洞，孔隙度和比表面积小；且颗粒表面形成一种光滑、高抗湿的薄膜，因此，不易溶于水。尺寸和形态的差异受干燥方式的影响较大。在 SFD 过程中，液滴被冻结，颗粒中的水形成冰晶并通过升华作用被移除，因此，形成的颗粒内部具有相互连接的多孔结构。然而，在 SD 过程中，液体被喷嘴喷入干燥室并受热风影响，通过蒸发快速脱去水分；蒸发脱水作用使液滴收缩，外表面凝固，形成光滑的表面结构，溶解度降低进而导致其乳化性降低。

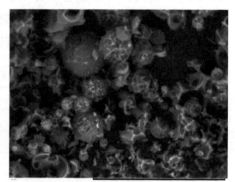

NMMD4.8 ×1.0 k　100 μm
(a) 喷雾干燥蛋清蛋白粉

HM D4.3 ×1.0 k　100 μm
(b) 喷雾冷冻干燥蛋清蛋白粉

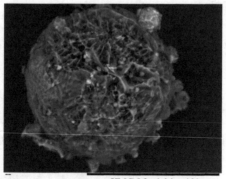

HM D5.2 ×1.0 k　100 μm
(c) 单个喷雾冷冻干燥蛋清蛋白粉颗粒

图 4-6　蛋清蛋白粉颗粒的微观结构图

4.1.3.2　蛋清蛋白粉功能特性分析

（1）蛋清蛋白粉溶解性分析

由图 4-7 可知，在 pH 值 2～9 条件下两种蛋清蛋白粉的溶解度均呈现出先降低后升高的趋势，在 pH 值 3 时达到最低。这是因为蛋清蛋白粉的等电点在 pH 值 3 左右，而蛋白质在等电点时，分子间静电排斥作用最低，蛋白质分子静电荷为零，蛋白质聚集、沉降，导致蛋清蛋白粉溶解度最低。总体来讲，pH 值在 2～9 时，SFD 样品的溶解度普遍高于 SD 样品，结合上述 SEM 图分析表明，SFD 样品颗粒疏松多孔，且孔径

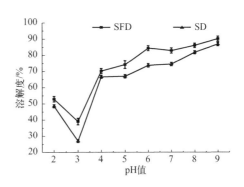

图 4-7　干燥对蛋清蛋白粉溶解性的影响

相对较大，使其复水能力增加，溶解度增高；另外喷雾干燥是直接将蛋清液雾化再干燥，产生的蛋清蛋白粉颗粒较小，孔隙小，表面会形成一个光滑、抗湿性的薄膜，复水性差，易结块，导致其溶解性降低。而喷雾冷冻干燥制得的蛋清蛋白粉颗粒较大，能较为快速地分散于水中。

（2）蛋清蛋白粉功能特性分析

由表 4-5 可知，干燥方式不同会导致分子结构发生变化，SFD 蛋清蛋白粉不论在乳化性还是乳化稳定性方面都有明显优势（$P<0.05$）；同时蛋白质的乳化性与其溶解度密切相关，溶解度较大，乳化性也相对较高，因此，SFD 的溶解度更大，使其乳化特性也更好。结合前面对蛋白质结构的分析表明 SFD 粉的 α-螺旋和 β-折叠结构比例大，分子结构更有序。β-折叠含量的增加能够提高蛋白乳化液的乳化稳定性，这也是其乳化特性得到提升的另一原因；SFD 蛋清蛋白粉和 SD 蛋清蛋白粉两种样品起泡性和泡沫稳定性差异不显著（$P>0.05$）。表明 SD 蛋清蛋白粉在搅打时能更快地吸附至空气-水界面，降低界面张力。高溶解度的蛋白质虽然易形成高弹性多层膜，但坚硬的薄膜会阻止气泡的黏聚，导致起泡性降低，而不溶解的蛋白质能增加表面黏度，阻止泡沫的破裂，增大其泡沫稳定性。这可能也是 SD 蛋清蛋白粉具有较好起泡性的原因之一。两种样品的凝胶硬度差异显著（$P<0.05$），SFD 蛋清蛋白粉凝胶硬度比 SD 的低 42.37%；结合前期 DSC 和 SDS-PAGE 对二者蛋白质结构的分析表明 SD 蛋清蛋白粉蛋白质变性温度更高，部分分子发生聚集，说明其变性程度更大，有利于凝胶性的改善；SD 蛋清蛋白粉的凝胶硬度更

大，可能是 SD 温度更高，蛋白质变性程度较 SFD 大，分子间发生聚集反应有利于网络结构的形成，从而提高了蛋清凝胶硬度[13]，这一结果与前期巯基含量的分析相一致。

表 4-5 干燥方式对蛋清蛋白粉的乳化特性、起泡特性和凝胶硬度的影响

干燥方式	乳化性/ (m^2/g)	乳化稳定性/%	起泡性/%	泡沫稳定性/%	凝胶硬度/g
SFD	53.5 ± 0.03^a	69.64 ± 0.05^a	60.91 ± 0.03^a	53.55 ± 0.02^a	299.89 ± 6.6^b
SD	26.21 ± 0.02^b	56.38 ± 0.01^b	61.38 ± 0.08^a	53.68 ± 0.04^a	520.39 ± 9.4^a

注：同列肩标字母不同表示差异显著（$P<0.05$）。

（3）蛋清凝胶水分弛豫特性分析

水分子与其他组分的结合程度不同，导致水的氢原子在磁场中衰减速率不同，横向弛豫时间（T_2）可以分析样品中水分流动性。图 4-8 和表 4-6 分别为蛋清凝胶 T_2 横向弛豫时间反演谱和蛋清凝胶的 T_2 弛豫时间及峰面积比例。由图 4-8 可知，根据蛋清凝胶横向弛豫时间的分布，可将样品中的水分为三部分：结合水（0～10 ms），束缚水（10～100 ms）及自由水（100～1000 ms）。由表 4-6 可知，相比 SFD 凝

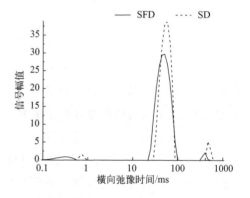

图 4-8 蛋清凝胶 T_2 横向弛豫时间反演谱

胶，SD 可使凝胶 T_{21}、T_{22} 及 T_{23} 均明显降低，说明 SFD 蛋清凝胶中的水与大分子的结合更加松散，可能是 SFD 干燥样品温度低，蛋白质几乎不变性，活性基团包埋于分子内，形成的网状结构孔隙大，导致凝胶与水的结合能力下降。另外，SD 凝胶 T_{21} 的比例比 SFD 的增加了 0.94%，表明样品中有更多的水分子与蛋白质大分子结合，可能是 SD 蛋清蛋白粉中极性基团和带电基团的增多，并与水分子以偶极-离子和偶极-偶极的形式结合；然而，蛋清凝胶中 T_{21} 所占比例很小，不能只通过 PT_{21} 的大小判断凝胶的保水性。SD 的 PT_{22} 值比 SFD 的 76.70% 增加了18.42%，表明更多的水被束缚在凝胶网络里，此现象与离心法测定的凝胶失水率相反，表明蛋清凝胶中大部分水以束缚水形式存在。SD 蛋清凝胶 PT_{23} 值从 SFD 的 4.06% 降低到 0.84%，表明更多的自由水转变为不易流动水留在凝胶网络内。

表 4-6　蛋清蛋白粉凝胶的 T_2 弛豫时间及峰面积比例

干燥方式	T_{21}/ms	T_{22}/ms	T_{23}/ms	PT_{21}/%	PT_{22}/%	PT_{23}/%
SFD	0.433	49.77	305.386	2.46	76.70	0.84
SD	0.756	57.23	464.159	1.52	94.42	4.06

注：T_{21}、T_{22}、T_{23} 分别为结合水、束缚水和自由水的弛豫时间；PT_{21}、PT_{22}、PT_{23} 分别为结合水、束缚水和自由水的比例。

4.1.4　小结

喷雾冷冻干燥蛋清蛋白粉结构与功能特性发生很大变化。喷雾冷冻干燥蛋清蛋白粉在分子结构上更加有序，蛋白质发生聚集程度小，颗粒孔隙率大且具有相互连通的网络结构，在溶解度和乳化特性方面更具有优势；喷雾干燥蛋清蛋白粉蛋白质变性和聚集程度大，使其凝胶硬度更大（$P<0.05$），保水性好，但二者起泡性无明显差别。因此，试验将喷雾冷冻干燥方式应用于鸡蛋清的干燥，为其在蛋清蛋白粉的应用提供了技术支持，同时对打破蛋清蛋白粉加工行业的技术壁垒具有重要意义。但目前实验的重点仍在对结构表征上，后续将研究喷雾冷冻干燥对蛋清中蛋白质组学的影响，探讨蛋白质组学与蛋清蛋白粉功能特性之间的相关性。

4.2　喷雾冷冻干燥风量对蛋清蛋白粉特性及结构的影响

目前，已有研究分析了鲜蛋清的喷雾干燥、真空冷冻干燥等。侯亚玲等[14]研究了真空干燥对全蛋液的功能特性的影响。洪林欣等[15]研究了喷雾干燥入口温度、贮藏条件及贮存期对蛋白质的物理和功能特性的影响。但喷雾干燥、真空冷冻干燥会影响蛋清蛋白粉的产品质量及功能特性，高品质蛋清蛋白粉的制备仍是需要解决的问题。因此，本书采用喷雾冷冻干燥技术制备蛋清蛋白粉。

徐鹏飞等[16]研究了喷雾冷冻干燥过程中真空压力和冷风风量对微胶囊的影响。江新辉等[17]在鲍鱼活性肽产品生产过程中应用喷雾冷冻干燥技术。在国内外的研究中，对于运用喷雾冷冻干燥对蛋清蛋白粉结构以及功能特性影响的研究还鲜见报道。

笔者团队前期针对喷雾冷冻干燥和其他干燥方式对蛋清蛋白粉品质进行了比较，在研究过程中发现，喷雾冷冻干燥能更好地保存蛋清蛋白粉的产品结构与质量，其参数的确定对于最终蛋清蛋白粉品质的影响尤为突出，因此本文以影响喷雾冷冻干燥的冷风风量作为主要的影响因素，针对喷雾冷冻过程中参数对蛋清蛋白粉品质、结构特性的影响进行了深入分析，以期为指导和优化喷雾冷冻干燥制备蛋清蛋白粉工业化生产提供依据。

4.2.1 材料与设备

4.2.1.1 材料与试剂

表 4-7　试验材料与试剂

材料与试剂	生产厂家
鸡蛋	
溴化钾（分析纯）	上海生物工程有限公司

4.2.1.2 仪器与设备

表 4-8　实验仪器与设备

YC-3000 实验型喷雾冷冻干燥机	上海雅程仪器设备有限公司
DHR-2 型流变仪	美国沃特斯公司
H1650 型高速离心机	湖南湘仪集团
V-1100 型紫外分光光度计	上海美普达仪器有限公司
DSC1 型差示扫描量热仪	瑞士 METTLER-TOLEDO 公司
VERTEX70 型傅里叶红外光谱仪	德国 Bruker 公司
TM3030Plus 型电子扫描显微镜	日本岛津公司

4.2.2 处理方法

4.2.2.1 蛋清蛋白粉的喷雾冷冻干燥处理

不同冷风风量的蛋清蛋白粉制备：选取新鲜的鸡蛋分离出蛋清并用搅拌器搅拌，然后进行喷雾冷冻干燥，设置真空压力为 35 Pa，喷雾温度为 -30°C，冷阱温度为 -80°C，进料量 15 mL/min，冷风风量（30 m^3/min，35 m^3/min，40 m^3/min，45 m^3/min，50 m^3/min）条件下喷雾冷冻干燥制得，过筛得到喷雾冷冻干燥蛋清蛋白粉。

4.2.2.2 蛋清蛋白粉的特性与结构的测定

（1）起泡性和泡沫稳定性分析

根据刘丽莉等[18]的试验方法测定蛋清蛋白粉的起泡性和泡沫稳定性。

（2）流变特性分析

将不同冷风风量所得蛋清蛋白粉配制成蛋清液，将蛋清液均匀涂抹于流变仪上（间隙为 1050 μm），并在测试中使用平行板（直径 40 mm）。在温度为 25℃下，设置剪切速率为 0.01～1000 s^{-1} 范围内进行扫描，研究不同冷风风量对蛋清液表观黏度（η_a）的影响。在 25℃下，设置动态频率扫描参数为 1%，频率变化范围设置为 0.1～300 rad/s，测定蛋清液 G' 和 G'' 随频率的变化规律。

（3）傅里叶红外光谱（Fourier transform infrared spectrometer，FT-IR）分析

将溴化钾干燥后与待测的蛋清蛋白粉按质量比为 100：10 的比例充分混合，制成薄片，然后进行扫描（4000～400 cm^{-1}），扫描的次数 32，分辨率 4 cm^{-1}。

（4）差示扫描热量（Differential scanning calorimeter，DSC）分析

称取 8.0 mg 蛋清蛋白粉于铝坩埚中，在温度为 20～150℃ 的范围内扫描，升温速率为 10℃/min，氮气流速 20 mL/min。

（5）扫描电镜（Scanning electron microscope，SEM）分析

将待测蛋清蛋白粉撒在导电双面胶上进行观察，选取最佳放大倍数（×1000）观察样品，最后选择有代表性的区域进行观察拍摄。

4.2.2.3　数据处理

每组实验重复 3 次，采用 SPSS 软件进行分析，用 Origin 9.0 软件进行绘制。

4.2.3　性能分析

4.2.3.1　冷风风量对蛋清蛋白粉起泡性和泡沫稳定性的影响

由图 4-9 可知，干燥过程中蛋清蛋白粉的起泡特性随着冷风风量的增加先上升后下降，大小顺序依次为 35 m³/min ＞ 40 m³/min ＞ 45 m³/min＞50 m³/min＞30 m³/min（$P <$ 0.05），且在 35 m³/min 时起泡性为 64.6%。由于在喷雾的过程中，蛋清蛋白粉不能与冷风充分接触，导致雾滴分散不够均匀，因此采用适当的冷风风量能使蛋清蛋白粉变得更加分散，折叠蛋白能更好地打开，蛋清蛋白粉在搅打时能更快地吸附至空气-水界面。

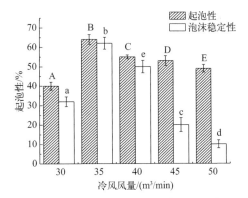

图 4-9　喷雾冷冻干燥对蛋清蛋白粉的
起泡性和泡沫稳定性的影响
图中不同大小写字母分别表示不同冷风风量下
起泡性和泡沫稳定性差异显著（$P <$ 0.05）

泡沫稳定性随着冷风风量的增加呈现先上升后下降的趋势，大小顺序依次为 35 m³/min＞40 m³/min＞30 m³/min＞45 m³/min＞50 m³/min（$P<0.05$），且在 35 m³/min 时泡沫稳定性为 64.3%。这是由于不溶解的蛋白质能增加其表面黏度，在气泡周围形成厚黏性层，使泡沫不易破碎，增大泡沫的稳定性，随着冷风风量增大，蛋清蛋白质较风量小时更分散，泡沫稳定性更差。

4.2.3.2 冷风风量对流变特性的影响

（1）静态流动扫描

由图 4-10 可知，随着剪切速率的增大，不同冷风风量下的蛋清蛋白粉表观黏度逐渐降低，表现出一种剪切变稀的假塑性流动特征。而表观黏度逐渐降低表现出假塑性现象，主要是由于分子取向和蛋白质大分子链中的局部取向逐渐一致，此外触变效应及分子链之间出现断裂也将会引起假塑性流动现象。在剪切速率小于 1 s⁻¹ 时，冷风风量 35 m³/min 的表观黏度最高，随着剪切速率的增大，在剪切

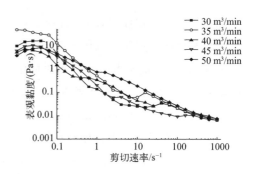

图 4-10 不同冷风风量对蛋清液表观黏度（η_a）的影响

速率大于 1 s⁻¹ 时，在冷风风量为 50 m³/min 时，其表观黏度最高。可能是因为随着冷风风量的增加，蛋清蛋白粉中大分子物质黏度增大，蛋白质网络结构更细密，分子间的相对运动较慢，分子之间的碰撞速率降低，不利于流动，导致其表观黏度也较大。

由图 4-11 可知，随着剪切速率的增大，不同冷风风量制备的蛋清蛋白粉剪切应力增大，表现出具有假塑性流体的特征。在 30～40 m³/min 时，其剪切应力随冷风风量的升高而升高，在 40～45 m³/min，其剪切应力随冷风风量的升高而降低，在 45～50 m³/min，其剪切应力随冷风风量的升高而升高，主要是因为随着剪切速率的增大，冷风风量的增加导致物

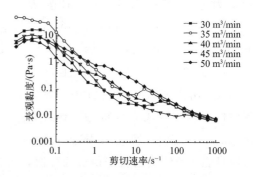

图 4-11 不同冷风风量对蛋清液剪切应力的影响

体中大分子更易发生碰撞从而缠结，分子之间的交联结构发生改变，导致其中的大分子物质发生变形或解体，从而使剪切力也随之增大。

由表 4-9 可知，不同风量的蛋清蛋白粉的决定系数 R^2 均大于 0.99，这说明该曲线与 Herrschel-Bulkey 模型有很好的相关性，模型精度较高。流变特性指数 n 代表流体假塑性程度，偏离 1 的程度越大，表明体系越容易剪切变稀，即假塑性程度越大。所测的样品中 n 均<1，屈服应力 σ 大于 0，说明该体系呈现有屈服值的剪切变稀非牛顿流体特性。黏度系数 k 反映体系中的黏稠度。在 30～35 m^3/min，随着冷风风量的增加，屈服应力 σ 骤增，黏度系数 k 骤增，流变特性指数 n 增大，体系表观黏度增大。在 35～40 m^3/min，随着冷风风量的增加，屈服应力 σ 骤降，黏度系数 k 骤降，流变特性指数 n 减小，蛋清蛋白质的流体行为增强，不易剪切。在 40～50 m^3/min，随着冷风风量的增加，屈服应力 σ 上升，黏度系数 k 减小，流变特性指数 n 增大，表观黏度进一步减小，蛋清液的牛顿流体行为增强，易于剪切。

表 4-9　蛋清液流变特性参数的影响

冷风风量/（m^3/min）	屈服应力 σ/Pa	黏度系数 k/（Pa·s）	流变特性指数 n	决定系数 R^2
30	0.23	0.08	0.62	0.995
35	0.79	0.72	0.63	0.992
40	0.05	0.43	0.52	0.998
45	0.22	0.20	0.85	0.992
50	0.37	0.01	0.39	0.995

（2）动态频率扫描

不同冷风风量干燥的蛋清蛋白质黏弹性可以用储能模量（G'）和损失模量（G''）来表征，G' 表示弹性大小，G'' 反映了体系黏性大小。如图 4-12（a）所示，风量为 40 m^3/min、45 m^3/min、50 m^3/min 蛋清蛋白粉的 G' 随频率的增加而提升，且 G' 均高于 G''，G'、G'' 对频率的依赖性较弱，表现出具有良好的黏弹性，能形成较强的凝胶体系[19]。风量为 35 m^3/min、55 m^3/min 的蛋清蛋白粉的 G' 值开始时几乎无变动，随着频率的增大，呈现下降趋势。如图 4-12（b）所示，风量为 40 m^3/min 蛋清蛋白粉的 G'' 随频率的增加先降低后增加，其余均呈现逐渐增加的趋势。

4.2.3.3　傅里叶红外光谱分析

由图 4-13 可知，五种不同冷风风量制备的蛋清蛋白粉的红外光谱图的谱型之

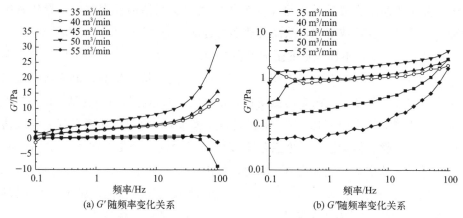

(a) G′随频率变化关系　　　　　(b) G″随频率变化关系

图 4-12　蛋清蛋白粉的 G′、G″随频率变化关系

间无较大差异。红外光谱是研究分子结构特别是有机/生物分子各种功能的最有效的技术之一。利用 FT-IR 分析，已经很好地确定了蛋白质的结构。从峰位变化分析，50 m³/min 的酰胺Ⅰ带为 1652.01 cm⁻¹，30 m³/min、35 m³/min、40 m³/min、45 m³/min 的酰胺Ⅰ带向低波数方向分别红移至 1651.52 cm⁻¹、1650.77 cm⁻¹、1651.97 cm⁻¹、1651.98 cm⁻¹，发生红移最大为 1.24 cm⁻¹。1600 ~ 1700 cm⁻¹ 之间的吸收可能是由于蛋白

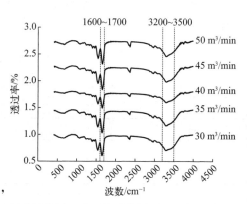

图 4-13　蛋清蛋白粉红外光谱图

质聚集体内部的分子间蛋白膜结构（主要是分子间蛋白质聚集体和蛋白膜结构以及氨基酸侧链残基的振动）信号的结合。说明冷风风量的增加导致蛋清蛋白粉内的结构发生变性，氨基酸侧链残基之间特异性结合形成分子间氢键，进而导致羰基（C＝O）电子云的密度降低，因此峰位产生红移。游离态的 N—H/O—H 的吸收峰在 3200 ~ 3500 cm⁻¹，当其分子间或者分子内氢键相结合时，N—H 和 O—H 的吸收峰将重叠，从而使峰形变宽。

　　蛋白质的聚集和展开通常是由蛋白质的构象和结构变化引起的。因此，FT-IR 被用于观察蛋清蛋白粉的二级构象变化，特别是酰胺Ⅰ带（1600 ~ 1700 cm⁻¹），该带对与特征性分裂效应相关的氢键和偶联反应敏感。结合表 4-10 可知，不同种冷风风量干燥的蛋清蛋白粉的二级结构发生以下变化，冷风风量为 40 m³/min 以

上时酰胺Ⅰ带的二级结构比例基本保持不变。而 35 m³/min 时 α-螺旋含量最低，可能是因为液滴在下落的过程中，由于碰撞等原因导致氢键断裂，从而使其比例降低。35 m³/min 时蛋清蛋白粉的有序结构向无规卷曲结构转变，其结构的随机性增强。冷风风量在 35 m³/min 时 β-折叠所占比例降低，β-转角所占比例升高。增大冷风风量，β-折叠和 β-转角变化趋势不明显。可能是因为雾化时，水分升华，溶液各部分都得到浓缩，其中的盐饱和沉淀，导致了溶液的 pH 值发生改变，使其中的蛋白质分子变性，β-折叠的多肽段发生 180°的反转，形成了 β-转角结构。

表 4-10　蛋清蛋白粉酰胺Ⅰ带二级结构组成比例

冷风风量/（m³/min）	α-螺旋/%	β-折叠/%	β-转角/%	无规卷曲/%
30	19.23	27.11	34.78	18.86
35	12.89	25.85	41.13	20.11
40	17.58	28.72	37.07	16.61
45	17.11	28.27	38.13	16.47
50	17.32	28.88	37.29	16.49

4.2.3.4　差示扫描热量分析

应用 DSC 法测定冷风风量对蛋清蛋白粉的影响。由表 4-11 可知，不同冷风风量制备的蛋清蛋白粉的峰值温度大小依次为 45 m³/min＞40 m³/min＞50 m³/min＞35 m³/min＞30 m³/min，呈现先上升后下降的趋势。其峰值温度越高，表示蛋清蛋白粉的变性温度越高，其蛋白质结构就越稳定。热焓值大小顺序为 35 m³/min＞30 m³/min＞40 m³/min＞45 m³/min＞50 m³/min，呈现出先上升后下降的趋势，且热稳定性在 45 m³/min 时最大，为 70.59℃。而其热焓值的降低，表示蛋白内部结构的展开，更容易改善蛋白质的特性。这表明采用合适的冷风风量能更好地控制蛋清蛋白粉的热变性温度，提高蛋清蛋白粉的热稳定性。

表 4-11　干燥后蛋清蛋白粉的热变性温度及热焓值

冷风风量/（m³/min）	峰值温度/℃	热焓值/（J/g）
30	58.44	968.79
35	60.54	2890.64
40	66.50	689.37
45	70.59	537.69
50	62.95	109.21

4.2.3.5 扫描电镜分析

由图 4-14 可知，不同风量下的蛋清蛋白粉微观结构差异不大，表面均呈现颗粒完整的球状圆形外部结构，空隙网络结构。这是因为雾化过程中，微小的液滴被瞬间冻结，在喷雾塔飘落的过程中，其中的水分被瞬间冻干形成冰晶并由于升华作用被移除，而在此过程中会导致颗粒内部留下微小的互通孔道，这些孔形结构的存在极大增加了颗粒的比表面积，能大大提高蛋清蛋白粉的起泡性。

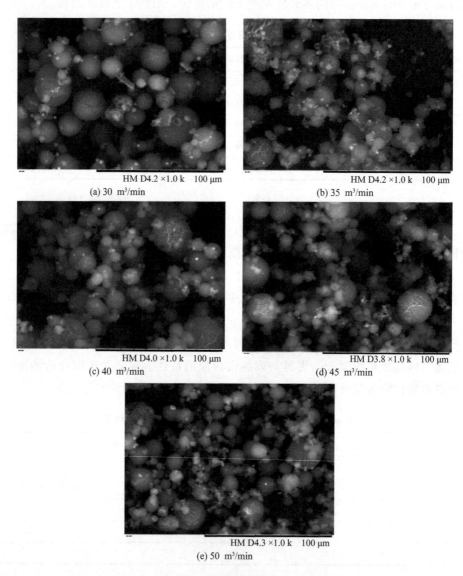

(a) 30 m³/min

(b) 35 m³/min

(c) 40 m³/min

(d) 45 m³/min

(e) 50 m³/min

图 4-14 不同冷风风量制备的蛋清蛋白粉的 SEM 图 （×1000 倍）

4.2.4 小结

① 冷风风量的不同对蛋清蛋白粉的起泡性和流变性具有显著影响，结果显示冷风风量为 35 m³/min 时制备的蛋清蛋白粉的起泡性最高，为 64.6%，泡沫稳定性最高，为 64.3%。静态剪切速率扫描结果表明，不同冷风风量的蛋清液均为非牛顿假塑性流体。动态频率扫描结果表明，储能模量（G'）＞损失模量（G''），冷风风量 50 m³/min 时储能模量（G'）最大。

② 通过结构分析表明，风量对蛋清蛋白粉的 FT-IR 及 DSC 结构产生影响。不同风量的蛋清蛋白粉在酰胺 I 带向低波数方向分别红移，其大小为 35 m³/min＞30 m³/min＞40 m³/min＞45 m³/min。其峰值温度大小依次为 45 m³/min＞40 m³/min＞50 m³/min＞35 m³/min＞30 m³/min，热焓值大小依次为 35 m³/min＞30 m³/min＞40 m³/min＞45 m³/min＞50 m³/min。由 SEM 可以看出，所有风量的蛋清蛋白粉均为完整的球状、空隙网络结构，从而有助于提高蛋清蛋白粉的起泡性。

4.3 喷雾冷冻干燥对蛋清蛋白粉凝胶特性的影响

在蛋清蛋白粉的生产加工过程中，干燥方法是影响蛋清蛋白粉功能特性的重要因素之一。因此本章采用多种干燥方法对鸡蛋清进行干燥处理，找出凝胶特性及品质更好的蛋清蛋白粉，对于拓展其应用领域具有非常重要的市场价值。

目前，已有很多国内外学者对蛋粉进行研究。刘静波等、赵媛等对比研究了多种干燥方式所得全蛋粉的冲调特性，结果表明，喷雾干燥所得全蛋粉冲调性能最高，为生产具有良好冲调性能蛋粉提供了理论指导。沈青等对比研究喷雾干燥和真空冷冻干燥所得全蛋粉的理化性质和功能性质，结果表明，真空冷冻干燥全蛋粉的溶解度、起泡性及乳化性均高于喷雾干燥。陶汝青等采用不同的温度和时间对大豆分离蛋白进行处理，得出在热处理温度 90℃、15 min，并保温 30 min 的条件下制备大豆分离蛋白凝胶的效果最佳。吴红梅等[19] 研究了喷雾干燥温度对蛋清蛋白凝胶特性的影响，结果表明，进口温度在 110～125℃ 范围内，随温度的升高凝胶强度也逐渐增强。刘丽莉等[20] 研究发现碱或盐诱导的鸡蛋清体系的流变学特性与凝胶特性、表面疏水性、分子表面电荷和蛋白质二级结构的变化密切相关。周冰等[21] 采用冷冻干燥与微波真空干燥结合的方式干燥鸭蛋，可以明显缩短干燥时间，且产品质量与真空冷冻干燥得到的鸭蛋粉类似。

目前，前人已比较分析了不同干燥方法对全蛋粉冲调性能、起泡性、乳化性的影响，对于蛋清蛋白粉的改性也已有报道，但有关不同干燥方式对蛋清蛋白粉蛋白质结构特性及凝胶形成机理影响方面的研究还少有报道，因此，本试验采用热风干燥法（hot air drying，HD）、喷雾干燥法（spray drying，SD）和冷冻干燥法（freeze drying，FD）对蛋清进行干燥处理，探究干燥方式对蛋清蛋白粉蛋白质的凝胶特性和结构特性的影响，以期为蛋白质改性提供基础研究，找出有效提高蛋白质凝胶特性的方法，为蛋清蛋白粉的深加工及应用提供依据。

4.3.1 材料与设备

4.3.1.1 材料与试剂

表 4-12 试验材料与试剂

材料与试剂	级别	生产厂家
尿素	AR	上海山浦化工有限公司
叔丁醇	AR	盛翔实验设备有限公司
乙醇	AR	天津市光复经济化工研究所
溴酚蓝	AR	上海一研生物有限公司

4.3.1.2 仪器与设备

表 4-13 试验仪器与设备

仪器与设备	型号	生产厂家
喷雾干燥机	OM-1500	上海顺仪实验设备有限公司
真空冷冻干燥机	TF-FD-27S	上海田枫实业有限公司
色差计	CM-5	深圳市三恩驰科技有限公司
荧光分光光度计	Cary eclipse 型	美国 Aglient Cary eclpise 公司
电子扫描显微镜	EM-30Plus 型	日本岛津公司

4.3.2 制备工艺

4.3.2.1 蛋清蛋白粉的制备

在刘静波等的制备蛋清蛋白粉研究的基础上，在保证不影响蛋粉感官及营养品质的条件下设定干燥参数。

真空冷冻干燥（freeze drying，FD）工艺流程：将样品蛋清预处理→预冻

（－20℃，2 h）→真空冷冻干燥（压力 15 MPa，温度－60℃，24 h）→过筛→包装。

喷雾干燥（spray drying，SD）工艺流程：将样品蛋清预处理（按照 2.1.2 节）→喷雾干燥（进口温度 170℃，出口温度 80℃）→过筛→包装。

微波真空冷冻（MFD）工艺流程：参考 2.3 节进行 MFD 处理。

4.3.2.2 蛋清蛋白粉凝胶的制备

制备方法参考 2.2 节。

4.3.2.3 凝胶特性及失水率分析

测定方法参考 2.2 节。

4.3.2.4 色差分析

蛋清蛋白粉凝胶的色度采用色差分析仪进行测量，分别采集 L^*（明度）、a^*（红度）、b^*（黄度）的数据，与白色标板比较并分析色差变化。每个样品测量值取 3 次测量的平均值。

4.3.2.5 巯基含量及表面疏水性分析

巯基含量测定：测定方法参考 2.2 节。

表面疏水性测定：将三种蛋清蛋白粉溶于 Tris-HCl 缓冲液（0.1 mol/L，pH 值 7.4）制成 2.5 mg/mL 的溶液；分别吸取 1mL 样品溶液与 200 μL 1 mg/mL 的溴酚蓝溶液置于 10 mL 离心管，在混匀溶液后离心 15 min（10000 r/min），取上清液稀释十倍并于 595 nm 处测得吸光度 A_1，以 Tris-HCl 缓冲液替代样品溶液，其他操作一致，作为对照，测定其吸光度 A_0。表面疏水性按式（4-1）计算：

$$BPB = \frac{200 \times (A_0 - A_1)}{A_0} \tag{4-1}$$

式中，BPB 为溴酚蓝结合量，％；A_0 为以 Tris-HCl 缓冲液为对照时测定的吸光值；A_1 为上清液稀释 10 倍后测定的吸光值。

4.3.2.6 傅里叶红外光谱分析

测定方法参考 2.2 节。

4.3.2.7 荧光光谱分析

将三种蛋清蛋白粉样品溶于 Tris-HCl（pH 值 7.4）缓冲液，配成 0.5 mg/mL 的蛋清溶液，分别将其放入荧光分光光度计中。激发波长为 295 nm，扫描波长为 300～450 nm 进行扫描。

4.3.2.8　SDS-PAGE 凝胶电泳分析

测定方法参考 3.2 节。

4.3.2.9　扫描电子显微镜分析

测定方法参考 2.2 节。

4.3.3　性能分析

4.3.3.1　蛋清蛋白粉凝胶特性及失水率分析

表 4-14 为干燥方法对蛋清蛋白粉凝胶特性及失水率的影响。由表可知三种干燥方法蛋清蛋白粉凝胶硬度差异显著（$P<0.05$），各样品的凝胶硬度排序为 SD>MFD>FD；MFD 蛋清蛋白粉的凝胶硬度较 FD 分别提高了 16.24%，但是比 SD 蛋清蛋白粉降低了 19.82%；出现此现象的原因可能是干燥温度越高，蛋白质变性程度越大，发生分子间聚集有利于形成规则的蛋白质网络结构，从而有助于蛋清蛋白粉凝胶性能的提高。MFD 蛋清蛋白粉的凝胶黏结力、回弹性和咀嚼性相比其他蛋清蛋白粉样品更大；结合前文分析发现凝胶的黏结力、回弹性和咀嚼性不仅受干燥条件的影响，而且受干燥方法的影响显著；失水率顺序为 SD（27.35%）<MFD（30.13%）<FD（31.21%）；MFD 凝胶的失水率较 FD 降低了 6.64%（$P<0.05$）。凝胶硬度增加而失水率减小，可能是因为干燥温度高，蛋白质变性程度大，更多的活性基团暴露于分子表面，分子之间相互结合，形成相对紧密的三维网状结构，孔隙变小，导致凝胶与水的结合能力变强，失水率下降[16]。

表 4-14　干燥方法对蛋清蛋白粉凝胶特性及失水率的影响

干燥方法	凝胶硬度/g	黏结力/Pa	咀嚼性	回弹性	失水率/%
MFD	393.16±5.23[b]	0.622±0.035[a]	171.512±5.439[a]	0.075±0.003[a]	29.13±0.02[b]
FD	338.22±7.22[c]	0.508±0.037[c]	96.326±8.887[b]	0.073±0.002[b]	31.21±0.02[a]
SD	490.39±6.04[a]	0.55±0.031[b]	170.463±6.023[a]	0.055±0.002[c]	27.35±0.03[c]

4.3.3.2　蛋清蛋白粉凝胶色差分析

色泽是食品感官评价的一个重要指标，直接影响产品外观，由表 4-15 可以看出三种凝胶有着一定的差异。蛋清蛋白粉的 L^* 值（明度）大小为 FD>MFD>SD（$P<0.05$）；FD 和 MFD 两者形成的凝胶在色泽上无明显差异，MFD 蛋清蛋白粉凝胶的 a^* 值（红度）和 b^* 值（黄度）均显著低于 SD 的，说明 MFD 与 FD 蛋清蛋白粉凝胶颜色更白而 SD 蛋清蛋白粉凝胶颜色更黄、更深，不易被消费者所接受。一方面干燥方法的不同将影响蛋白粉颗粒形态、大小和表面结构，导致凝胶

颜色产生差异；另一方面可能是干燥过程中样品发生了不同程度的美拉德反应所致。蛋清液经自然脱糖后仍有少量葡萄糖存在，干燥温度越高，美拉德反应速率越快，MFD 干燥虽然需要热量但是真空度比较低，影响美拉德反应的发生，这也是其凝胶硬度稍小的原因。

表 4-15　干燥方法对蛋清蛋白粉凝胶色泽的影响

干燥方法	L^*（明度）	a^*（红度）	b^*（黄度）
MFD	54.67 ± 1.00^a	-4.01 ± 0.05^b	-1.02 ± 0.02^b
SD	27.29 ± 1.22^b	-3.01 ± 0.02^a	3.09 ± 0.11^a
FD	55.89 ± 1.01^a	-4.75 ± 0.05^b	-1.16 ± 0.03^b

注：同列肩标字母不同表示差异显著（$P<0.05$）。

4.3.3.3　巯基含量及表面疏水性分析

蛋白质变性程度及聚集度是影响蛋清蛋白粉凝胶性的主要因素；蛋白质的疏水性是配位体间非共价键相互作用的结果，影响其稳定性、构象及凝胶性，并且与疏水基团暴露的程度有关。研究表明溴酚蓝可与蛋白质分子表面的疏水性结合位点结合从而表征蛋白质疏水性，结合量大表明分子展开程度大。图 4-15 为干燥方法对蛋清蛋白粉巯基含量及表面疏水性的影响。

由图 4-15 可知三种干燥方法均对蛋清蛋白粉表面疏水性有不同程度的影响，MFD、SD 与 FD 的表面巯基含量之间差异显著（$P<0.05$），MFD 与 FD 蛋清蛋白粉相比游离巯基含量增加了 1.25%（$P<0.05$）。比 SD 的低 0.37%，且游离巯基含量与凝胶硬度成正比。这可能与蛋清蛋白粉里含量最高的卵白蛋白的变性程度有关。卵白蛋白中含有 4 种自由疏水基团但常包埋于分子内部，而热处理破坏了卵白蛋白的空间结构使疏水

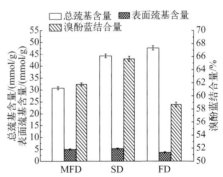

图 4-15　干燥方法对蛋清蛋白粉巯基含量及表面疏水性的影响

基团暴露，干燥温度越高巯基基团越容易暴露，因此，SD 蛋清蛋白粉的表面巯基含量比 MFD 的更大。三种样品的表面巯基含量为 SD＞MFD＞FD，而其总巯基含量顺序相反，说明干燥过程中发生了巯基氧化和二硫键交换反应。同时表面疏水性为：FD＞SD＞MFD（$P<0.05$）。其原因可能是干燥过程中温度升高导致蛋白

质与葡萄糖发生美拉德反应，引入亲水基团所致。

4.3.3.4 傅里叶红外光谱分析

如表 4-16 所示，三种样品酰胺Ⅰ带的二级结构中 MFD、SD 的 α-螺旋结构比例较 FD 分别降低了 40.67％和 51.84％，与凝胶硬度成反比，说明干燥方法可以改变蛋白粉二级结构，进而改善凝胶性。有学者发现 FD 蛋清蛋白粉中 α-螺旋比例最大，这是蛋白质分子内的有序结构，通过分子内氢键维持。干燥温度增加时，α-螺旋结构的氢键作用减弱，使蛋白质分子展开程度增加，同时，蛋白质内部疏水基团暴露，使蛋白质表面疏基含量增加，进而造成蛋白粉凝胶硬度增大，与本书结果一致。此外 SD 中 β-转角含量增加最大，其结构的增加可能是由其他更为有序结构单元转化而来，蛋白质热聚集体的形成对蛋白质凝胶性有促进作用，因此，SD 蛋清蛋白粉的凝胶硬度增大。

表 4-16　蛋清蛋白粉酰胺Ⅰ带二级结构组成比例

干燥方法	MFD	SD	FD
β-折叠/％	32.04	24.31	23.19
无规则卷曲/％	21.72	14.83	15.45
α-螺旋/％	18.80	15.26	31.69
β-转角/％	27.43	45.60	29.67

4.3.3.5 荧光光谱分析

在上文对蛋清蛋白粉蛋白质二级结构及疏水性分析的基础上，采用荧光光谱在三级结构上研究三种样品的蛋白质构象差异。干燥方法不同，会引起蛋白质结构发生不同程度的变性，芳香族氨基酸残基的位置及所处微环境也随之发生改变。

由图 4-16 可知，三种样品在 340 nm 处的吸收峰强度顺序为：FD＞MFD＞SD，但是荧光峰的位置未有明显迁移，说明随着干燥方法不同对芳香族氨基酸的微环境的影响也不同。荧光强度与表面疏水性呈正相关。当蛋白质无变性时，蛋白质特有的三维螺旋结构使内源性色氨酸包裹于分子内核中，荧光强度较强；但蛋白质变性后，分子侧链展开，色氨酸暴露于溶剂的极性环境

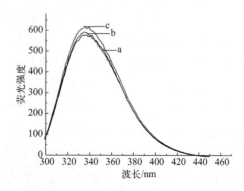

图 4-16　干燥后蛋清蛋白粉的荧光光谱

a—SD；b—MFD；c—FD

中，导致其荧光强度降低。MFD 与 SD 的荧光强度均比 FD 的弱，其原因可能是蛋清在干燥过程中分子受热展开导致荧光强度降低，而 MFD 的荧光强度大于 SD 的荧光强度，其原因可能是 SD 的干燥温度更高使蛋清蛋白质变性程度大，微环境极性增强，被激发的荧光强度减弱。

4.3.3.6 SDS-PAGE 凝胶分析

由图 4-17 可知，各样品泳道大部分条带出现在 75 kDa、43 kDa 和 16 kDa 处，说明蛋清干燥方法不影响蛋清蛋白粉的一级结构，其在蛋白质数量上未发生明显变化，其原因可能是干燥方法并不影响蛋清蛋白质的多肽结构，但 SD 泳带内 245 kDa 左右的大分子蛋白质最多，条带颜色也最深，其次是 MFD 蛋清蛋白粉，FD 蛋清蛋白粉条带最浅，这可能是因为随着干燥所需的温度升高，蛋清蛋白质分子间更容易发生聚集，且一定程度的聚集对凝胶特性有利。

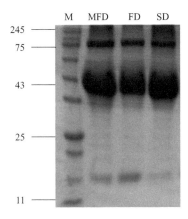

图 4-17　干燥后蛋清蛋白粉的电泳图

M 表示标准蛋白质（对照组）

4.3.3.7 扫描电镜分析

蛋白质凝胶化是变性蛋白分子间通过交联作用聚合形成的三维网络结构。由图 4-18 可知，在相同放大倍数下三种样品均可以形成多孔有序的结构，类似于"蜂窝"状，此结构赋予了蛋清蛋白质更好的凝胶性；但样品间孔径大小不同（SD＜MFD＜FD），SD 和 MFD 蛋清蛋白粉形成的凝胶微观结构更致密，孔洞更细密且均匀，而 FD 蛋清蛋白粉凝胶微观网络结构疏松，孔洞最大。其原因可能是由于干燥温度越高，增强凝胶基质密度和消除部分孔洞的效果越明显，形成更加光滑均匀的凝胶。因此，MFD 和 SD 蛋清蛋白粉的凝胶可以束缚更多的游离水，这与其高持水性与凝胶强度有关，从而使其具有良好的凝胶性；这一结果与 SD 与 MFD 蛋清蛋白粉凝胶失水率更低一致，表明 SD 与 MFD 均有效改善蛋清蛋白粉的凝胶特性。

4.3.4　小结

本节通过对比研究三种不同蛋清蛋白粉样品可知，干燥方法对蛋清蛋白粉的凝胶特性、凝胶色泽、表面疏水性、巯基含量、结构等均有显著影响。

① 通过对蛋清蛋白粉凝胶特性及色差分析，得出 MFD 蛋清蛋白粉的凝胶硬度较 FD 的提高了 16.24％，但是比 SD 的降低了 19.82％。MFD 蛋清蛋白粉的凝胶

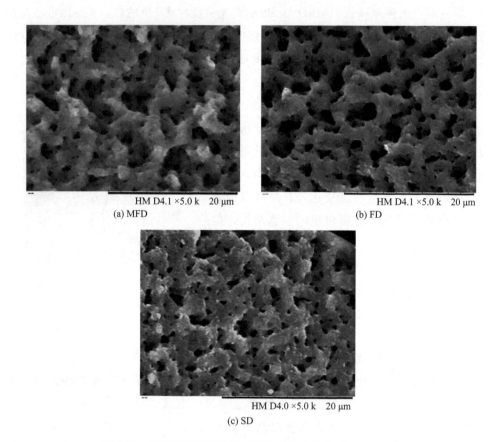

HM D4.1 ×5.0 k　20 μm
(a) MFD

HM D4.1 ×5.0 k　20 μm
(b) FD

HM D4.0 ×5.0 k　20 μm
(c) SD

图 4-18　干燥后蛋清蛋白粉凝胶的微观结构分析（×5000）

黏结力、回弹性和咀嚼性相比 SD 的更大；凝胶失水率与凝胶强度成反比，分别为 27.4%、29.13%、31.2%。三种蛋清蛋白粉 L^* 值：FD＞MFD＞SD；MFD 蛋清蛋白粉凝胶的 a^* 值（红度）和 b^* 值（黄度）均显著低于 SD 的，说明 MFD 蛋清蛋白粉凝胶颜色更白而 SD 的颜色更黄、更深，不容易被消费者接受。

　　② 对蛋清蛋白粉蛋白质表面疏水性、巯基含量及结构分析，结果显示，MFD 与 FD 蛋清蛋白粉相比游离巯基含量增加了 1.25%（$P<0.05$），比 SD 的低 0.37%，且游离巯基含量与凝胶硬度成正比。表面疏水性为：FD＞MFD＞SD（$P<0.05$）。

　　③ 傅里叶红外光谱分析显示：MFD 和 SD 相比于 FD 均可使蛋清蛋白质结构展开，表面巯基暴露，且 α-螺旋结构减少，β-转角结构增加；MFD、SD 的 α-螺旋结构比例较 FD 蛋清蛋白粉分别降低了 51.84% 和 40.67%。

④ 荧光光谱分析结果显示：三种样品在 340 nm 处的吸收峰强度顺序为：FD＞MFD＞SD，但是荧光峰的位置未有明显迁移；荧光强度与表面疏水性呈正相关。MFD 与 SD 的荧光强度比 FD 的弱，其原因可能是蛋清在干燥过程中蛋白质分子受热展开导致荧光强度降低。

⑤ SDS-PAGE 凝胶分析结果显示：干燥方法不影响蛋清蛋白粉的一级结构，但 SD 蛋清蛋白粉泳带内 245 kDa 左右的大分子蛋白质最多，条带颜色也最深，其次是 MFD 蛋清蛋白粉，FD 蛋清蛋白粉条带最浅，因此推断 SD 和 MFD 蛋清蛋白粉可能发生了分子间聚集。

⑥ 扫描电镜分析结果显示：MFD 和 SD 均比 FD 蛋清凝胶结构密度更大、孔洞更小，可以束缚更多的游离水，SD 的作用效果略明显，但两者可以更有效地提升蛋清的凝胶性能。

4.4 喷雾冷冻干燥对蛋白质互作结构的影响

对喷雾冷冻干燥蛋清蛋白粉的各影响因素和两种蛋白质互作进行研究，并拟合出数学模型对喷雾冷冻干燥蛋清蛋白粉进行准确预测。试验结果表明，喷雾冷冻干燥结合真空冷冻干燥和喷雾干燥两者的优点，喷雾冷冻干燥是在低温下进行，成功解决了喷雾干燥温度过高的缺点，所以通常会对蛋白质产品带来较少的破坏，且喷雾冷冻干燥制备的产品具有良好的稳定性和很好的复水性，比传统冷冻干燥具有更好的品质。然而对于蛋白质而言，其功能性质的差异一般是由其结构决定，因此对喷雾冷冻干燥后的蛋白质结构变化进行研究，对蛋白质互作后的品质控制意义重大。

4.4.1 材料与设备

4.4.1.1 材料与试剂

表 4-17 材料与试剂

材料与试剂	级别	购买公司
新鲜鸡蛋	市售	
溴化钾	AR	天津市光复经济化工研究所
卵白蛋白	AR	上海生物工程有限公司
溶菌酶	AR	上海生物工程有限公司

4.4.1.2 仪器与设备

表 4-18 试验仪器与设备

材料与试剂	级别	购买公司
傅里叶红外光谱仪	VERTEX70 型	德国 Bruker 公司
荧光光度计	VERTEX70 型	美国 Aglient 公司
扫描电镜	S-4800 型	日本 Hitachi 公司
差示扫描量热仪	Q10 型	美国 TA 公司
核磁共振仪	MQC 型	英国 Oxford Instruments 公司

4.4.2 制备工艺

4.4.2.1 蛋白质分组配制

选取新鲜的鸡蛋分离出蛋清并用搅拌器搅拌，自然发酵 24 h；然后再通过巴氏杀菌条件处理（60℃，杀菌 4 min）；而后将配制好的溶液分别进行喷雾干燥和喷雾冷冻干燥，干燥后在 4℃保存备用。

4.4.2.2 低场核磁共振的测定

对不同干燥方法制备的蛋清蛋白粉进行低场核磁共振测定。并且采用多脉冲回波序列测定样品的弛豫时间 T_2，重复测定 3 次。

4.4.2.3 傅里叶红外光谱的测定

对不同干燥温度蛋清蛋白粉进行傅里叶红外光谱测定。

4.4.2.4 荧光光谱的测定

对不同喷雾干燥入口温度制备的蛋清蛋白粉进行荧光光谱测定。

4.4.2.5 差示扫描量热仪的测定

使用 DSC 法测定干燥处理后的蛋白质变性温度。称取 6～8 mg 蛋白粉样品于坩埚中，以空坩埚作为对照，测试参数：氮气流速设定 20 mL/min，升温速率设定 10℃/min，并在 20～150℃温度范围内扫描得到曲线。

4.4.2.6 扫描电镜的测定

对三个干燥温度蛋清蛋白粉进行扫描电镜测定，用来分析干燥后蛋清蛋白粉的微观结构变化。在溅射电压 1.1～1.2 kV 下，选择有代表性的区域进行观察拍摄。

4.4.2.7 数据处理

按照表 4-19 进行蛋清蛋白粉喷雾干燥工艺的响应面优化试验，然后试验数据采用 Origin 2018 进行分析；方差分析采用 DPS 7.05（显著水平 $P < 0.05$）；每组试验平行进行 3 次。

表 4-19　因素水平表

因素	编码	编码水平		
		-1	0	1
喷雾压力/MPa	X_1	0.1	0.2	0.3
冷风风量/（m³/min）	X_2	30	40	50
进料速度/（mL/min）	X_3	30	40	50

4.4.3　性能分析

4.4.3.1　喷雾冷冻干燥对互作蛋白质低场核磁共振的影响

不同干燥条件下互作的蛋白质均有 3 个峰代表样品中水分的不同存在状态，（0.01～5 ms）表示结合水，即与蛋白质分子内部紧密结合的水；（5～20 ms）表示吸附水，即与蛋白分子表面结合的水；（20～1000 ms）表示自由水，即蛋白质分子周围的游离水。由图 4-19 可知，与喷雾干燥处理的结果相比，喷雾冷冻干燥处理的样品信号幅值提高，说明干燥方式能使蛋白质互作过程中水合作用加强，与水的结合更加紧密，影响水分迁移能力。另外，观察结合水、自由水的水分状态分布可以发现，经过喷雾冷冻干燥处理的样品自由水减少，且波峰往左偏移，表明卵白蛋白和卵黏蛋白相互作用后的蛋白质结构在干燥过程中使结合水的数量加大，保水性更高。

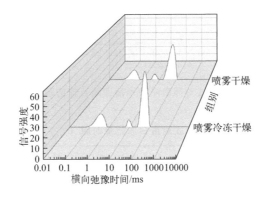

图 4-19　不同干燥方式对卵白蛋白和卵黏蛋白互作的横向弛豫时间瀑布图

由表 4-20 可知，喷雾冷冻干燥条件下的互作蛋白结合水（T_{21}）和吸附水（T_{22}）峰比例高于喷雾干燥，这可能是因为喷雾冷冻的低温条件能更好地保持蛋白质的特性，导致互作后蛋白质的水结合位点能更好地结合水分子，而喷雾干燥条件下蛋清受到高温的影响，水结合位点的蛋白质变性，导致结合水降低。喷雾冷冻干燥条件下的互作蛋白质自由水（T_{23}）峰比例占比小于喷雾干燥条件，这表明水受热蒸发和干燥介质导致水分迁移。此外，喷雾冷冻干燥条件下的互作蛋白质 T_2 峰面积总和大于喷雾干燥条件，证明喷雾冷冻干燥能更好地保持蛋白质互作后的保水性。

表 4-20　不同干燥方式对蛋白质弛豫时间（T_2）值变化的影响

干燥方式	T_{21} 峰比例/%	T_{22} 峰比例/%	T_{23} 峰比例/%	T_2 峰面积总和
喷雾干燥	22.137	6.151	71.712	476.761
喷雾冷冻干燥	24.318	5.333	70.349	492.202

由图 4-20 和表 4-21 可知，不同干燥方式对卵白蛋白和溶菌酶互作后结合水（T_{21}）、吸附水（T_{22}）和 T_2 峰面积总和变化的比例大小均为：喷雾冷冻干燥＞喷雾干燥，自由水（T_{23}）峰比例大小为：喷雾干燥＞喷雾冷冻干燥。

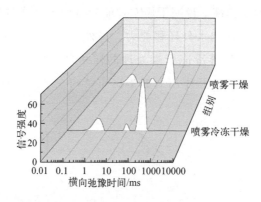

图 4-20　不同干燥方式对卵白蛋白和溶菌酶互作的横向弛豫时间瀑布图

表 4-21　不同干燥方式对蛋白质弛豫时间（T_2）值变化的影响

干燥方式	T_{21} 峰比例/%	T_{22} 峰比例/%	T_{23} 峰比例/%	T_2 峰面积总和
喷雾干燥	11.816	5.212	82.973	436.041
喷雾冷冻干燥	14.171	6.146	78.818	442.725

由图 4-21 和表 4-22 可知，不同干燥方式对卵黏蛋白和溶菌酶互作后结合水
（T_{21}）、吸附水（T_{22}）峰比例变化的大小均为：喷雾冷冻干燥＞喷雾干燥，自由水
（T_{23}）峰比例大小为：喷雾干燥＞喷雾冷冻干燥。而喷雾冷冻干燥的 T_2 峰面积总
和小于喷雾干燥，可能是喷雾冷冻干燥条件下卵黏蛋白和溶菌酶的网络孔径大，
其水分流动就较容易，同时蛋白质与水分子的相对接触面积就较小，导致水化
表面积较小，所以 T_2 峰面积总和降低。

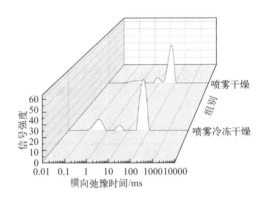

图 4-21　不同干燥方式对卵黏蛋白和溶菌酶互作的横向弛豫时间瀑布图

表 4-22　不同干燥方式对蛋白弛豫时间（T_2）值变化的影响

干燥方式	T_{21} 峰比例/%	T_{22} 峰比例/%	T_{23} 峰比例/%	T_2 峰面积总和
喷雾干燥	19.936	5.483	74.568	477.002
喷雾冷冻干燥	22.167	7.745	69.53	467.918

4.4.3.2　喷雾冷冻干燥对互作蛋白 FT-IR 谱图的影响

由图 4-22 可知，卵白蛋白和卵黏蛋白在不同干燥方式下的 FT-IR 谱图具有较
大差异，游离态 O—H 的特征吸收峰为 $3500 \sim 3200~cm^{-1}$，出现峰形变宽时，说明
缔合程度较大。酰胺Ⅰ带的振动频率取决于 C=O 和 N—H 之间的氢键性质，此波
段的吸收峰主要表示蛋白质分子之间及分子内部形成的二级结构，因此，在红外
光谱中主要利用酰胺Ⅰ带来分析蛋白质的特定二级结构信息。其特征吸收峰在
$1700 \sim 1600~cm^{-1}$，β-折叠的范围在 $1610 \sim 1640~cm^{-1}$。无规则卷曲的范围在
$1640 \sim 1650~cm^{-1}$，α-螺旋的范围在 $1650 \sim 1660~cm^{-1}$，β-转角的范围在 $1660 \sim$
$1700~cm^{-1}$。

采用 Peakfit Version 4.2 软件分别对图 4-22 中 $1700 \sim 1600~cm^{-1}$ 处两种蛋白

质样品的峰谱图进行去卷积、二阶求导和高斯拟合处理，得到表 4-23。喷雾冷冻干燥条件下的蛋白质 β-折叠大于喷雾干燥，而 β-转角却小于喷雾干燥，主要原因是喷雾干燥条件下的卵白蛋白和卵黏蛋白在高温作用下发生了热变性并促进分子间的聚集，β-折叠和 β-转角含量增加，且 β-折叠在高温下易变成 β-转角结构；两种方式的 α-螺旋结构基本相同；喷雾冷冻干燥的无规卷曲大于喷雾干燥，说明其结构的随机性增强。

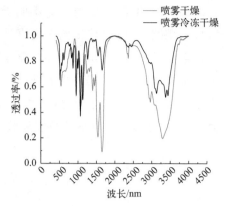

图 4-22　不同干燥方式对卵白蛋白和卵黏蛋白互作的 FT-IR 谱图

表 4-23　卵白蛋白和卵黏蛋白不同干燥条件下的二级结构含量（红外光谱）

干燥方式	β-转角/%	α-螺旋/%	无规卷曲/%	β-折叠/%
喷雾干燥	34.10	18.02	18.07	29.81
喷雾冷冻干燥	28.26	18.91	20.30	32.53

由图 4-23 可知，不同干燥条件下的卵白蛋白和溶菌酶 FT-IR 谱图具有明显差异，分子中 C=O、N—H、C—N 的存在状态发生了某种变化，改变了二级结构。对其酰胺 I 带高斯拟合处理，得到表 4-24。喷雾干燥较喷雾冷冻干燥，β-转角、α-螺旋相对含量升高，无规卷曲、β-折叠相对含量下降，表明适宜的干燥方式可以改变蛋白质的二级结构，蛋白质的空间结构变得更加拉伸，导致不同二级结构之间的转化。

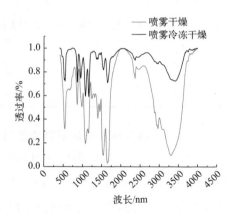

图 4-23　不同干燥方式对卵白蛋白和溶菌酶互作的 FT-IR 谱图

表 4-24　卵白蛋白和溶菌酶不同干燥条件下的二级结构含量（红外光谱）

干燥方式	β-转角/%	α-螺旋/%	无规卷曲/%	β-折叠/%
喷雾干燥	33.04	17.18	17.60	32.18
喷雾冷冻干燥	28.78	16.54	20.29	34.39

由图 4-24 可知，喷雾冷冻干燥条件下的卵黏蛋白和溶菌酶在 3600 ～ 3200 cm^{-1} 峰形变宽，表明 O—H 拉伸或 N—H 拉伸振动，这可能是由于游离和结合的 O—H 或 N—H 基团能够与蛋白质中肽段的羰基形成氢键。对其酰胺Ⅰ带进行高斯拟合处理，得到表 4-25，较喷雾干燥，喷雾冷冻干燥条件下的 β-转角含量降低，α-螺旋含量降低，说明有序结构降低，意味着其发生相互作用的程度可能更高；无规则卷曲和 β-折叠的含量升高，说明了干燥方式的不同会引起蛋白质互作的二级结构发生改变。

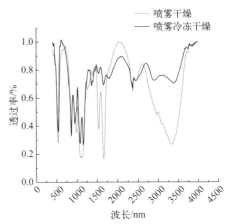

图 4-24　不同干燥方式对卵黏蛋白和溶菌酶互作的 FT-IR 谱图

表 4-25　卵黏蛋白和溶菌酶不同干燥条件下的二级结构含量（红外光谱）

干燥方式	β-转角/%	α-螺旋/%	无规卷曲/%	β-折叠/%
喷雾干燥	37.85	19.67	19.02	23.46
喷雾冷冻干燥	31.96	17.85	23.17	27.02

4.4.3.3　喷雾冷冻干燥对互作蛋白荧光光谱的影响

由于蛋白质大分子具有酪氨酸（Tyr）、色氨酸（Trp）等结构，所以可以产生较强的内源性荧光。当卵白蛋白和卵黏蛋白互作时可能会降低蛋白质的内源性荧光强度。由图 4-25 所示，卵白蛋白和卵黏蛋白互作后，在喷雾冷冻干燥条件下，波长 336 nm 处荧光强度最大为 156.80，在喷雾干燥条件下，波长 339.07 nm 处荧光强度最大为 79.38。喷雾冷冻干燥条件下的荧光强度大于喷雾干燥，喷雾干燥条件下荧光

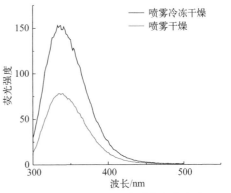

图 4-25　不同干燥方式对卵白蛋白和卵黏蛋白互作的荧光光谱图

发射波长出现了轻微红移，其二级结构再次发生改变，可能是干燥温度会使蛋白质荧光发生猝灭，影响卵白蛋白和卵黏蛋白之间的互作。

由图 4-26 所示，卵白蛋白和溶菌酶互作后，在喷雾冷冻干燥条件下，波长 339.07 nm 处荧光强度最大，为 126.93，在喷雾干燥条件下，波长 339.07 nm 处荧光强度最大，为 76.61。喷雾冷冻干燥条件下的荧光强度大于喷雾干燥，且两种干燥方式均在 339.07 nm 处出现荧光峰值，且峰形保持不变，发生荧光猝灭作用，引起此处内源性荧光有规律的猝灭，说明不同干燥方法对芳香族氨基酸所处的环境影响也不同，导致其最大吸收波长有差别，可产生荧光的芳香族氨基酸多处于蛋白质内部，被多种非极性的氨基酸残基包围着，所处环境极性弱于蛋白质分子外部水溶液的极性，荧光强度较强，疏水性较大。当蛋白质变性时，以色氨酸为代表的芳香族氨基酸分子的侧链基团展开，逐渐暴露于周围的水溶液中，使其所处环境的极性增大，导致其荧光强度降低。喷雾冷冻干燥的荧光强度比喷雾干燥大，原因可能是 SD 的干燥温度高，蛋白质变性程度大，周围环境极性强，导致其荧光强度降低。

由图 4-27 所示，卵黏蛋白和溶菌酶互作后，在喷雾冷冻干燥条件下，波长 344 nm 处荧光强度最大，为 140.32，在喷雾干燥条件下，波长 344 nm 处荧光强度最大，为 33.11，喷雾冷冻干燥条件下的荧光强度大于喷雾干燥，且其峰值均在 344 nm 处。喷雾干燥的荧光强度下降，这一现象说明热处理增强了蛋白质的疏水作用。

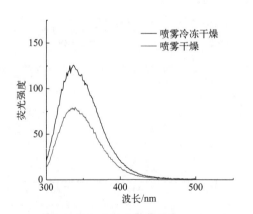

图 4-26　不同干燥方式对卵白蛋白
和溶菌酶互作的荧光光谱图

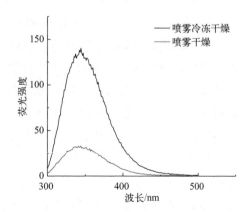

图 4-27　不同干燥方式对卵黏蛋白
和溶菌酶互作的荧光光谱图

4.4.3.4 喷雾冷冻干燥对互作蛋白差示扫描量热仪的影响

由表 4-26、表 4-27 可知，喷雾干燥和喷雾冷冻干燥对卵白蛋白和卵黏蛋白互作后热变形温度分别为 100.31℃和 48.94℃，热熔值分别为 161.01 J/g 和 15.47 J/g，说明其热稳定性为：喷雾干燥＞喷雾冷冻干燥，其聚集程度大小顺序为：喷雾干燥＞喷雾冷冻干燥；喷雾干燥和喷雾冷冻干燥对卵白蛋白和溶菌酶互作后热变形温度分别为 95.15℃和 126.96℃，热熔值分别为 135.02 J/g 和 19.15 J/g，说明其热稳定性为：喷雾冷冻干燥＞喷雾干燥，其聚集程度大小顺序为：喷雾干燥＞喷雾冷冻干燥；喷雾干燥和喷雾冷冻干燥对溶菌酶和卵黏蛋白互作后热变形温度分别为 98.46℃和 173.37℃，热熔值分别为 34.17 J/g 和 91.80 J/g，说明其热稳定性为：喷雾冷冻干燥＞喷雾干燥，其聚集程度大小顺序为：喷雾冷冻干燥＞喷雾干燥；这可能是因为经过不同的干燥方法处理后，两种蛋白质之间的结构断裂，非共价键数目发生了改变，导致其热稳定性发生变化，干燥温度使蛋白质的氢键结构发生变化，导致其热熔值发生变化。

表 4-26　喷雾干燥对蛋白质互作的热力学影响

蛋白质种类	峰值温度/℃	热熔值/（J/g）
OVA、OVM	100.31	161.01
OVA、LYS	95.15	135.02
OVM、LYS	98.46	34.17

表 4-27　喷雾冷冻干燥对蛋白质互作的热力学影响

蛋白质种类	峰值温度/℃	热熔值/（J/g）
OVA、OVM	48.94	15.47
OVA、LYS	126.96	19.15
OVM、LYS	173.37	91.80

4.4.3.5 喷雾冷冻干燥对互作蛋白质扫描电镜的影响

由图 4-28～图 4-30 可知，经喷雾干燥处理后，蛋白质的表面出现许多孔隙，略微凹凸不平，颗粒表面显著不规则，颗粒变小，分子间的聚集程度加深，成簇状，排列紧密；经喷雾冷冻干燥处理后，呈现外形完整、颗粒大小较为不规则的球状圆形外部结构，空隙网络结构。这是因为雾化过程中，微小的液滴被瞬间冻结，在喷雾塔飘落的过程中，其中的水分被瞬间冻干形成冰晶并由于升华作用被移除，而此过程会导致颗粒内部留下微小的互通孔道，这些孔形结构的存在极大地增加了颗粒的比表面积，能大大提高蛋清蛋白粉的起泡性。

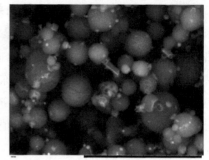

HMMD5.4 ×2.0 k　30 μm

HM D4.2 ×1.0 k　100 μm

(a) 喷雾干燥

(b) 喷雾冷冻干燥

图 4-28　不同干燥方式对卵白蛋白和卵黏蛋白互作的 SEM 图

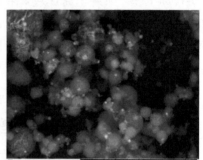

HMMD5.1 ×2.0 k　30 μm

HM D4.2 ×1.0 k　100 μm

(a) 喷雾干燥

(b) 喷雾冷冻干燥

图 4-29　不同干燥方式对卵白蛋白和溶菌酶互作的 SEM 图

HMMD5.3 ×2.0 k　30 μm

HM D4.0 ×1.0 k　100 μm

(a) 喷雾干燥

(b) 喷雾冷冻干燥

图 4-30　不同干燥方式对卵黏蛋白和溶菌酶互作的 SEM 图

4. 4. 4　小结

本节研究了喷雾冷冻干燥对卵白蛋白、卵黏蛋白、溶菌酶两两互作的影响，通过与喷雾干燥进行对比分析，得出以下结论：

低场核磁共振显示，喷雾冷冻干燥处理的样品信号幅值提高，说明干燥方式能使蛋白质互作过程中水合作用加强，与水的结合更加紧密，影响水分迁移能力。经过喷雾冷冻干燥处理的样品自由水减少，且波峰往左偏移，表明卵白蛋白和卵黏蛋白互作后的蛋白质结构在干燥过程中结合水的数量增加，保水性更高。三种蛋白质两两互作的结合水（T_{21}）、吸附水（T_{22}）和 T_2 峰面积总和变化的比例大小均为：喷雾冷冻干燥＞喷雾干燥，自由水（T_{23}）峰比例大小为：喷雾干燥＞喷雾冷冻干燥。

傅里叶红外光谱结果显示，不同干燥方式下的三种蛋白质二级结构发生改变，喷雾冷冻干燥较喷雾干燥的 β-转角含量降低，α-螺旋含量降低，无规则卷曲和 β-折叠的含量升高。

荧光光谱显示，不同干燥方式下三种蛋白质两两互作的荧光峰强度大小均为：喷雾冷冻干燥＞喷雾干燥。卵白蛋白和卵黏蛋白互相作用时，荧光发射波长出现了轻微红移。

差示扫描量热仪显示，卵白蛋白和卵黏蛋白互作后其热稳定性为：喷雾干燥＞喷雾冷冻干燥，其聚集程度大小顺序为：喷雾干燥＞喷雾冷冻干燥；卵白蛋白和溶菌酶互作后其热稳定性为：喷雾冷冻干燥＞喷雾干燥，其聚集程度大小顺序为：喷雾干燥＞喷雾冷冻干燥；卵黏蛋白和溶菌酶互作后说明其热稳定性为：喷雾冷冻干燥＞喷雾干燥，其聚集程度大小顺序为：喷雾冷冻干燥＞喷雾干燥。

扫描电镜结果显示，喷雾干燥处理后，蛋白质的表面出现许多孔隙，略微凹凸不平，颗粒表面显著不规则，颗粒变小，分子间的聚集程度加深，成簇状，排列紧密；经喷雾冷冻干燥处理后，呈现外形完整、颗粒大小较为不规则的球状圆形外部结构及孔隙网络结构。

◆ 参考文献 ◆

［1］孙乐常，曾添，林端权，等 . 干燥方式对蛋清蛋白理化性质和功能特性的影响[J]. 食品工业科技，2022，43（24）：102-111.

［2］Shen Q, Zhao Y, Chi Y J, et al. Effects of freeze-drying and spray-drying on the physicochemical properties and ultrastructure of whole-egg powder [J]. Modern Food Science & Technology, 2015, 31（1）：147-152.

［3］Katekhong W, Charoenrein S. Influence of spray drying temperatures and storage conditions on physical and functional properties of dried egg white[J]. Drying Technology, 2017, 36（2）: 169-177.

［4］赵金红, 白洁, 张清, 等. 基于差示扫描量热法研究喷雾干燥鸡蛋全粉热转变温度[J]. 食品科学, 2019（15）: 142-147.

［5］朴升虎, 袁洁瑶, 徐丽, 等. 5种杂豆粉的理化性质及凝胶特性[J]. 食品与机械, 2024, 40（5）: 168-172.

［6］林良美, 朱礼艳, 吴雅萍, 等. Ellman′s法测定鲜、冻鱼糜的巯基含量[J]. 现代食品, 2023, 29（1）: 222-225.

［7］徐博, 刘增, 骆艳娜, 等. 傅里叶变换红外光谱技术评估玉米器官含氮量的可行性研究[J]. 安徽农业大学学报, 2024, 51（3）: 450-457.

［8］刘竟男, 徐晔晔, 王一贺, 等. 高压均质对大豆分离蛋白乳液流变学特性和氧化稳定性的影响[J]. 食品科学, 2020, 41（1）: 80-85.

［9］Nascimento G E, Simas. Tosin F F, Iacomini M, et al. Rheological behavior of high methoxyl pectin from the pulp of tamarillo fruit（Solanum betaceum）[J]. Carbohydrate Polymers, 2016, 139: 125-130.

［10］Chen L J, Yang Z L, Han L J. A review on the use of near-infrared spectroscopy for analyzing feed protein materials[J]. Applied Spectroscopy Reviews, 2013, 48（7）: 509-522.

［11］Liu L L, Dai X N, Kang H B, et al. Structural and functional properties of hydrolyzed/glycosylated ovalbumin under spray drying and microwave freeze drying[J]. Food Science and Human Wellness, 2020, 9（1）: 80-87.

［12］刘海涛, 张宝伟, 吴勃, 等. 近红外与傅里叶变换红外光谱技术对麦麸固体发酵饲料中不同成分的监测研究[J]. 饲料工业, 2024, 45（16）, 115-122.

［13］李翠云, 叶劲松, 何伟明, 等. 喷雾干燥条件对经 TGase 处理后蛋清蛋白粉凝胶性的影响[J]. 基因组学与应用生物学, 2021, 40（03）: 1093-1100.

［14］白喜婷, 侯亚玲, 朱文学, 等. 全蛋液双频超声真空干燥的干燥特性及数学模型分析[J]. 食品科学, 2020, 41（11）, 157-164.

［15］洪林欣, 尹开平, 孙乐常, 等. 不同干燥方式对南极磷虾分离蛋白结构及功能特性的影响[J]. 集美大学学报（自然科学版）, 2024, 29（03）, 211-221.

［16］徐鹏飞, 王昊乾, 郑新飞, 等. 喷雾冷冻干燥技术制备乳双歧杆菌 Probio-M8 微胶囊制剂[J]. 中国食品学报, 2021, 21（07）, 197-207.

［17］江新辉, 江铭福, 谢永灿, 等. 鲍鱼活性肽喷雾冷冻干燥新工艺研究[J]. 福建轻纺, 2023,（10）, 14-19.

［18］刘丽莉, 张孟军, 代晓凝, 等. 蛋清蛋白粉微波真空冷冻干燥条件优化及凝胶特性分析[J]. 西北农林科技大学学报（自然科学版）, 2021, 49（7）: 126-133, 144.

［19］吴红梅, 郭净芳, 刘丽莉, 等. 超声辅助喷雾干燥对蛋清蛋白热聚集及凝胶特性的影响[J]. 食品研究与开发, 2023, 44（12）, 11-16.

［20］吴彤, 刘丽莉, 杨协力, 等. NaCl 和茶多酚对碱诱导鸡蛋卵白蛋白凝胶特性的影响[J]. 核农学报, 2024, 38（01）, 93-100.

［21］周冰, 张懋, 王玉川, 等. 两种不同干燥方式对不同预处理方式的脱盐鸭蛋清品质的影响[J]. 食品与生物技术学报, 2013, 32（12）, 1311-1318.

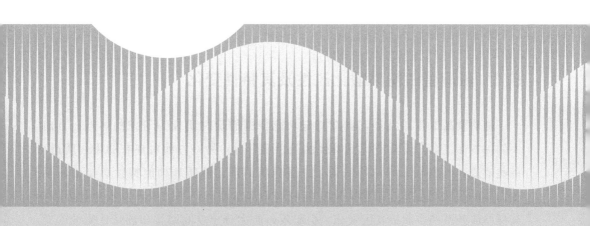

第二篇

蛋清蛋白粉的
改性修饰技术

5　蛋清蛋白粉的磷酸化/酶解磷酸化改性修饰技术

5.1　蛋清蛋白粉磷酸化改性及其特性变化

随着食品工业的发展，具有特定功能特性的蛋白质成为研究的热点。目前，人们一方面极力开发具有优良特性的蛋白质资源；另一方面对现有的蛋白质进行一些改造，以满足人们的特殊需求。蛋白质的理化性质和功能特性直接相联系。蛋白质的改性就是基于结构决定功能的这一基本原理，用物理因素或生化因素使其氨基酸残基和多肽链发生变化，引起蛋白质大分子空间结构和理化性质的改变，在不影响其营养价值的基础上，获得较好的功能特性。其中磷酸化改性是蛋白质的化学改性方法的一种，主要优势在于改性后的蛋白质溶解度提高和等电点降低，从而达到改变其功能特性的目的。而且蛋白质的磷酸化已经被认为是提高蛋白质功能性的有效手段。相关的研究报道如王文琪等[1]从介绍蛋白质磷酸化概念出发，讨论磷酸化蛋白质检测技术的发展，总结宰后肉中会发生磷酸化的蛋白质及影响因素，从蛋白质磷酸化反应与宰后肉的嫩度、色泽和保水性3个方面的研究入手综述蛋白质磷酸化反应对肉品质的影响。杜曼婷等[2]以宰后羊背最长肌为研究对象，利用磷酸酶抑制剂、激酶抑制剂、S-亚硝基谷胱甘肽和一氧化氮合成酶抑制剂分别调控肉糜样品的磷酸化和亚硝基化修饰程度，通过分析孵育期间（4℃）样品的磷酸化水平、亚硝基化水平、pH值、肌原纤维小片化指数、肌间线蛋白和肌钙蛋白-T降解程度等指标的变化，探究蛋白质磷酸化和亚硝基化互作对宰后羊肉嫩度的影响。邓小蓉[3]以白斑狗鱼为材料，首先确定蛋白质磷酸化与鱼肉质地之间的关联性，分别通过鱼肉、肌原纤维蛋白和肌浆蛋白的磷酸化水平调节，以确认蛋白质磷酸化在鱼肉蛋白质降解、内源酶活性调节中的作用，再通过磷酸化蛋白质组学深入挖掘与质地软化相关的蛋白质、主要代谢途径和通路等，以阐明与质地相关的可能生物标记物，从分子水平揭示蛋白质磷酸化参与鱼肉质地软化的影响机制。目前，在研究中针对蛋清蛋白粉的磷酸化的报道很少，虽然徐保立等人研究了食品添加剂对鸡蛋蛋清凝胶强度的影响，发现磷酸盐随种类的改变对蛋清凝胶强度的影响而不同，但对蛋清磷酸化改性并未进行深入研究。

鸡蛋蛋白质是人类的重要蛋白质来源之一，来源于鸡蛋的蛋清蛋白粉具有广泛的功能性质，如溶解性、吸水性、保水性、胶凝性、乳化性和发泡性等，每种功能特性都能使食品具有特定的加工性能。蛋清蛋白质的各种功能特性在同一产品中是同时起作用的，但在加工过程中，它的这些特性可能会发生变化，对产品造成影响。因此，利用各种方法对蛋清蛋白粉进行改良以适应不同产品的需要已经成为迫切需要解决的问题。为进一步改善蛋清蛋白粉的加工特性，拓展蛋清蛋白粉在食品中的应用，本节采用三聚磷酸钠（sodium tripolyphosphate，简称STP）对蛋清蛋白粉进行磷酸化改性研究，并针对其功能性质进行了探讨，以期为蛋清蛋白粉磷酸化改性工业化生产提供参考和借鉴。

5.1.1 材料与设备

5.1.1.1 实验材料

表 5-1 实验材料

材料与试剂	纯度	生产厂家
新鲜鸡蛋		
STP	AR	国药集团化学试剂有限公司
浓硫酸	AR	国药集团化学试剂有限公司
硫酸铜	AR	国药集团化学试剂有限公司
硫酸钾	AR	国药集团化学试剂有限公司
牛血清白蛋白	BR	Bio-Rad 公司
其他试剂	均为国产分析纯	

注：新鲜鸡蛋，市售，蛋壳清洁、无异味、无破裂；打开后蛋黄凸起、完整，蛋白澄清透明、稀稠分明、无异味；内容物没有血块及其他组织异物。

5.1.1.2　仪器与设备

表 5-2　仪器与设备

仪器与设备	生产厂家
Avanti J-E 超速冷冻离心机	美国 Beckman Coulter 公司
UV1800 紫外分光光度仪	美国 MAPADA 公司
KDN-2C 型定氮仪	上海纤检仪器有限公司
FD-1 真空冷冻干燥机	北京德天佑科技发展有限公司
高速分散机	江阴精达化工机械
QSL-08 型数控消化炉	北京强盛分析仪器制造中心

5.1.2　制备工艺

5.1.2.1　蛋清蛋白粉的制备

打开检验合格的鲜鸡蛋，采用分离器将蛋清与蛋黄分离，将蛋清液采用高速分散机，以 2100 r/min 搅拌 20 min，静置 1 h 后弃除底层系带等杂质，真空冷冻干燥得到蛋清蛋白粉备用。

5.1.2.2　磷酸化反应条件优化

针对影响蛋清蛋白粉磷酸化的四个主要因素：温度、pH 值、加热时间、STP 添加量，通过单因素和正交试验，以磷酸化程度为考察指标，确定其最优的工艺组合。因素水平见表 5-3。

表 5-3　因素水平

水平	因素			
	温度/℃	pH 值	加热时间/h	STP 添加量/%
1	30	7.5	3.0	1
2	35	8.0	3.5	2
3	40	8.5	4.0	3

5.1.2.3　粗蛋白测定

采用凯氏定氮法[4]。

5.1.2.4　水溶性蛋白含量的测定

称取经凯氏定氮法校正的牛血清蛋白 50 mg（精确至 0.0001 g），定容至 50 mL 容量瓶，配成标准溶液；再分别取 0.1 mL、0.2 mL、0.3 mL、0.4 mL、

0.5 mL、0.6 mL、0.7 mL、0.8 mL、0.9 mL、1.0 mL 标准溶液稀释至 10 mL 使其浓度在 0.1 mg/mL 范围内，于 280 nm 处测定吸光度，绘制标准曲线。称取 0.500 g 蛋清蛋白粉配制浓度为 1%（质量/体积）的蛋清溶液 50 mL，用磁力搅拌器中速搅拌 1 h，静置 30 min 后以 3000 r/min 离心 15 min，取上清液 0.5 mL 稀释 20 倍在 280 nm 处测定吸光度[5]。

5.1.2.5 磷酸化程度的测定

将一定量蛋清蛋白粉溶入磷酸盐缓冲液中，调节 pH 值，加入一定量的 STP，将反应容器置于一定温度的水浴锅中，不断搅拌使之反应一定时间，反应结束后调 pH 值到 7.0，用中空纤维膜超滤除去小分子盐，取反应液 5 mL，加入三氯乙酸（trichloroacetic acid，简称 TCA）溶液使其中的蛋白质沉淀，离心后向上清液中加入 1 mol/L 的 $Zn(Ac)_2$ 2 mL，使其中的焦磷酸在 pH 值 3.8~3.9 条件下以 $Zn_2P_2O_7$ 的形式沉淀，然后用 pH 值为 10 的氨缓冲液溶解焦磷酸锌，用铬黑 T 做指示剂，用 0.01 mol/L 的 EDTA-Na$_2$ 标准溶液滴定，当溶液的颜色由紫红变成蓝色时即为滴定终点[6]。计算公式如下[7]：

$$磷酸化程度（mg/g）= c \times (V_2 - V_1) \times M_P/2m \tag{5-1}$$

式中，c 为 EDTA-Na$_2$ 标准溶液的浓度，mol/L；V_1 为滴定空白所耗 EDTA-Na$_2$ 标准溶液的体积，mL；V_2 为滴定样品所耗 EDTA-Na$_2$ 标准溶液的体积，mL；M_P 为磷的相对原子质量，取 30.97；m 为样品中蛋清蛋白粉的质量，g。

5.1.2.6 蛋白质的水溶性的测定方法

蛋白质的溶解度采用氮溶解指数（NSI）和蛋白质分散指数（PDI）表示。本文以蛋白质分散指数 PDI 为指标比较磷酸化前后蛋清蛋白质的溶解性变化[8]。

$$PDI = 水分散蛋白质/总蛋白质 \tag{5-2}$$

5.1.2.7 保水性的测定方法

向 5 g 干试样中加入 50 mL 热水，搅拌均匀，放置 20 min，用 1000 r/min 离心机离心 5 min，去除分离水，测定残留物的质量[9]。

$$保水性(\%) = \frac{m_1}{m} \times 100\% \tag{5-3}$$

式中，m_1 为离心后残留物的质量，g；m 为试样质量，g。

5.1.2.8 蛋清蛋白粉乳化性测定方法

称取 3 g 样品溶于 50 mL 蒸馏水中，调节 pH 值至 8.0，加入 50 mL 花生油，在高速组织捣碎机中均质（10000~120000 r/min）2 min 后，再采用 1500 r/min 离心

5 min，分别测定离心管中乳化层高度和液体总高度，按下式计算出乳化性[10]。

$$乳化性(\%) = \frac{离心管中乳化层高度(cm)}{离心管中液体总高度(cm)} \times 100\%$$ (5-4)

5.1.2.9　蛋白质乳化稳定性测定方法

称取 3 g 样品溶于 50 mL 蒸馏水中，调节 pH 值至 8.0，加入 50 mL 花生油，在高速组织捣碎机中均质（10000～12000 r/min）2 min，置于 50℃水浴中 30 min 后，测出此时的乳化层高度，乳化稳定性计算如下[11]：

$$乳化性(\%) = \frac{30\ min\ 后的乳化层高度(cm)}{初始时的乳化层高度(cm)} \times 100\%$$ (5-5)

5.1.3　结果与分析

5.1.3.1　蛋清蛋白粉中蛋白质的含量

对试验所采用的蛋清蛋白粉中的蛋白质含量进行测定，结果表明蛋清蛋白粉中粗蛋白含量为 78.63%±2.11%，含量非常高，对本书的研究非常有意义。而水溶性蛋白质含量为 83.13%±3.52%，说明鸡蛋蛋白质的溶解性能较好。研究表明好的溶解性可以明显增加蛋白质的潜在功能。

5.1.3.2　磷酸化反应条件的单因素试验

（1）温度对蛋清蛋白粉磷酸化程度的影响

将蛋清蛋白粉在 25℃、30℃、35℃、40℃、45℃、50℃温度下反应，得出不同温度下磷酸化程度，其变化结果如图 5-1。

蛋清蛋白粉磷酸化程度随着温度的增大呈现先增大后下降的变化（图 5-1），在 35℃时达到最大值 48.85 mg/g，显著高于 25℃的磷酸化程度（$P < 0.05$）。这是由于温度影响反应速率，温度越高反应速率越快，然而，当温度超过 35℃且持续上升时，其会影响蛋清蛋白质羟基活性，反而会降低磷酸化的程度，到 50℃时，磷酸化程度达到显著性的降低（$P < 0.05$）。因此选用 35℃为反应温度。

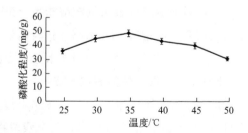

图 5-1　温度对蛋清蛋白粉磷酸化程度的影响

（2）pH 值对蛋清蛋白粉磷酸化程度的影响

将蛋清蛋白粉在不同 pH 值（7.5～9.5）条件下进行反应，测定的磷酸化程度结果见图 5-2。

图 5-2 表明，蛋清蛋白粉的磷酸化程度与 pH 值呈现先增后降的显著性变化趋势，在 pH＝8.0 时达到最大值，48.00 mg/g（$P < 0.05$）。其原因是，蛋白质上氨基在碱性环境中表现活性，使反应更容易进行，因而蛋清蛋白粉的磷酸化程度也相应较高。但在 pH 值过高的环境下，蛋白质受碱的影响而变性，阻碍其与磷酸根相结合，因此磷酸化程度降低，因此试验选用 pH 值 8.0 作为较优的反应 pH 值。

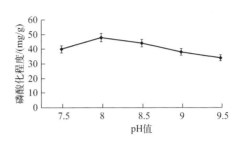

图 5-2 pH 值对蛋清蛋白粉磷酸化程度的影响

（3）反应时间对蛋清蛋白粉磷酸化程度的影响

蛋清蛋白粉在不同反应时间（2.5～4.5 h）下反应，得到不同时间下磷酸化程度，其结果见图 5-3。

反应时间对蛋清蛋白粉的磷酸化有一定的影响作用；随时间的延长磷酸化程度相应明显升高，在 3.5 h 处磷酸化程度最大，58.23 mg/g（$P < 0.05$），达到显著水平；而后随着反应时间的延长，磷酸化程度呈现显著性的下降趋势。此种趋势表明，蛋白质磷酸化反应在一定时间范围内进行，超过改性反应时间，蛋白质之间产生斥力作用，造成磷酸化程度下降。因此蛋清蛋白粉磷酸化的选用反应时间以 3.5 h 为宜。

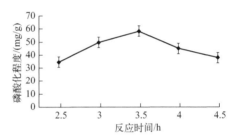

图 5-3 反应时间对蛋清蛋白粉
磷酸化程度的影响

（4）STP 添加量对蛋清蛋白粉磷酸化程度的影响

针对不同 STP 添加量（1%～5%），对蛋清蛋白粉进行磷酸化改性，测定磷酸化程度的结果见图 5-4。

图 5-4 表明，随 STP 添加量的增大，蛋清蛋白粉的磷酸化程度呈现先增大后下降的趋势，当 STP 的添加量为 3%，

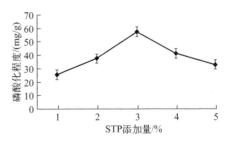

图 5-4 STP 添加量对蛋清蛋白粉
磷酸化程度的影响

磷酸化程度达到最大为 57.46 mg/g（$P < 0.05$），达到显著水平。其原因是，反应初期，随着 STP 添加量增加，磷酸根不断增加，使蛋白质的磷酸化程度随底物的增加不断增大；当磷酸根达到饱和状态时，只有某些特定的氨基酸基团可以与磷酸根结合；当持续增加 STP 添加量后，蛋白质之间的静电斥力加大，阻碍磷酸化反应，因此磷酸化程度反而降低。因此试验确定较优的 STP 添加量为 3%。

（5）正交试验确定最佳的磷酸化工艺参数

在以上单因素试验确定较优工艺参数的基础上，针对各因素进行正交试验，试验结果见表 5-4。

表 5-4　正交试验结果

试验号	因素				磷酸化程度/（mg/g）
	A（温度）	B（pH 值）	C（时间）	D（STP 添加量）	
1	1	1	1	1	41
2	1	2	2	2	60
3	1	3	3	3	55
4	2	1	2	3	48
5	2	2	3	1	54
6	2	3	1	2	52
7	3	1	3	2	43
8	3	2	1	3	45
9	3	3	2	1	46
K_1	156	132	138	141	
K_2	154	159	154	155	
K_3	134	153	152	148	
k_1	52.00	44.00	46.00	47.00	
k_2	51.33	53.00	51.33	51.67	
k_3	44.67	51.00	50.67	49.33	
极差 R	7.33	9.00	5.33	4.67	
因素主次	$B > A > C > D$				
最佳组合	$A_1 B_2 C_2 D_2$				

从表 5-4 中的极差值 R 可以看出各因素影响磷酸化程度的主次顺序为：$B > A > C > D$，即：pH 值＞温度＞加热时间＞STP 添加量。确定最佳工艺组合为

$A_1B_2C_2D_2$，即：温度30℃，pH值为8.0，反应时间为3.5 h，STP添加量为3.0%。该组合为正交中第二组实验，经验证实验符合磷酸化程度为最大值（60 mg/g）。

5.1.3.3 蛋白质磷酸化功能特性的研究

（1）蛋白的水溶性和保水性的变化

用氮分解指数（PDI）为指标测定磷酸化前后蛋清蛋白粉的水溶性，同时测定保水性的变化，其结果见图5-5。

由图5-5可知，磷酸化后蛋白质的水溶性比磷酸化前的增加了29.74%，磷酸化后蛋白质的保水性提高了13.26%。原因是当介质pH值高于pI值时，蛋白质带负电，以阴离子的形式存在，破坏了蛋白质分子的水合膜，从而使蛋白质溶解度升高。而且磷酸化使蛋白质分子上的电荷分布发生了变化，由于带净电荷的磷酸基使水化作用增强，静电斥力能够使蛋白质结构松散，持水力也有所增加，因此保水性增大。

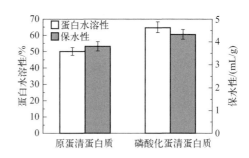

图 5-5　磷酸化前后蛋白质水溶性和保水性对比

（2）乳化性及乳化稳定性

根据实验方法测定磷酸化前后蛋清蛋白质的乳化性和乳化稳定性，其结果如图5-6。

蛋清蛋白质经磷酸化改性后，其乳化性及乳化稳定性均有所提高，分别提高了2.27%和3.53%。主要原因是磷酸化后蛋白质中引入更多负电荷，降低了乳化液的表面张力，使之更易形成乳状液滴；同时负电荷的引入又增加液滴之间的斥力，更易分散，这使得更多的疏水基团暴露出来，提高了蛋白质的亲油性。有利于蛋白质更好地在油/水界面重排定位，

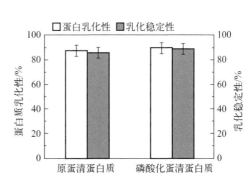

图 5-6　磷酸化前后蛋白质乳化性和乳化稳定性对比

因此乳化能力会随着磷酸化程度的变大明显提高。蛋白质的乳化性能与其溶解性存在密切的相关性，因为溶解度越大，参与乳化作用的蛋白质分子就越多，可以促进油/水界面之间的薄膜的形成，从而防止或者减缓液滴絮凝和聚结。

（3）SEM 观察改性前后蛋清蛋白粉的微观聚集态变化

采用 SEM 针对磷酸化前后的蛋清蛋白粉进行微观聚集态观察，结果见图 5-7。

  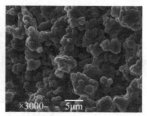

（a）蛋清蛋白粉（×1000倍）　　（b）磷酸化蛋清蛋白粉（×1000倍）　　（c）磷酸化蛋清蛋白粉（×3000倍）

图 5-7　磷酸化前后蛋清蛋白粉的扫描电镜图（SEM）

从图 5-7 可知，改性前后两者之间微观结构区别不是很明显。从微观图显示的颗粒结构表明蛋白质球体紧密相连，改性前后蛋白质的排列规则都较为紧密。

（4）pH 值和 NaCl 浓度对蛋清蛋白粉溶解性的影响

从图 5-8 可知，在 pH＝5～9 范围内，改性蛋白质的溶解度比未改性的有明显提高，且等电点向酸性区域偏移。改性前后的蛋清蛋白质在其等电点附近溶解度都是最低。磷酸化改性前后的蛋清蛋白粉的溶解度随 NaCl 浓度变化趋势基本一致（图 5-9），当 NaCl 浓度小于 0.5％时，蛋清蛋白溶解度增大，NaCl 浓度大于 1.0％时，溶解度有小幅度下降。这是由于低离子强度（小于 0.5％）中性盐的离子与蛋白质表面的电荷作用，产生了电荷屏蔽效应，会提高蛋白质的溶解度。磷酸化后蛋清蛋白粉的溶解度比磷酸化前的有明显提高，可能是由于磷酸基团的引入改变了蛋白质体系的电荷分布，提高了蛋白质分子间的静电斥力，从而提高了蛋白质的溶解度。

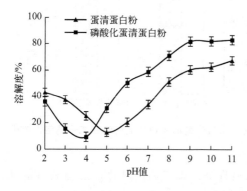 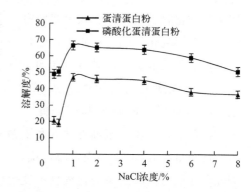

图 5-8　pH 值对蛋清蛋白质溶解性的影响　　**图 5-9　NaCl 浓度对蛋清蛋白质溶解性的影响**

（5）pH 值和 NaCl 浓度对乳化性质的影响

图 5-10 显示，蛋清蛋白质的乳化活性随 pH 值的升高而增加，但 pH 值在 3～5 之间时其乳化活性较小。在 pH 值 4 左右，即蛋清蛋白质等电点附近，乳化稳定性最高（图 5-11），虽然不溶性蛋白质乳化活性较小，但不溶性蛋白质颗粒可以稳定已吸附的蛋白质膜，阻止表面形变或解析，因此常起到稳定作用，因界面蛋白质膜的形变或解析均发生在乳状液失去稳定作用之前，在 pH 值大于 5 时，蛋清蛋白质的溶解性增大，乳化活性也随着增强。

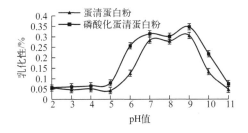

图 5-10 pH 值对蛋清蛋白质乳化性的影响

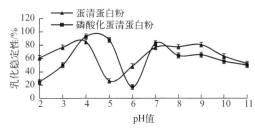

图 5-11 pH 值对蛋清蛋白质乳化稳定性的影响

由图 5-12 可知磷酸化前后蛋清蛋白质的乳化活性与 NaCl 浓度的变化趋势相似，在 NaCl 浓度为 2％时达到最大值。磷酸化前后蛋白质乳状液稳定性随 NaCl 浓度的变化趋势也基本一致（图 5-13），在 NaCl 浓度为 0 时比较稳定，NaCl 浓度为 3％时蛋白质乳状液稳定性最差。当有 NaCl 存在时，磷酸化后蛋清蛋白质的乳化活性和乳状液稳定性均不同程度降低，说明磷酸化蛋清蛋白质的乳化活性和乳状液稳定性对 NaCl 更敏感。在等电点或一定的离子强度时，由于蛋白质以高黏弹性紧密结构形式存在，可防止蛋白质伸展或在界面吸附，不利于乳状液的形成，但可以稳定已吸附的蛋白质膜，阻止其表面形变或解析，后者有利于乳状液维持稳定。

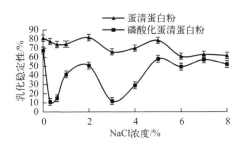

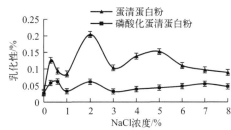

图 5-12 NaCl 浓度对蛋清蛋白质乳化性的影响　图 5-13 NaCl 浓度对蛋清蛋白质乳化稳定性的影响

（6）蛋白质浓度、pH 值和 NaCl 浓度对蛋清蛋白粉起泡性的影响

蛋清蛋白粉的起泡性和泡沫稳定性随蛋白质浓度的增大先增强后下降（图 5-14）。蛋白质浓度为 14％时起泡率最大。从图 5-15 和图 5-16 中可知，蛋清蛋白粉的起泡率在 pH＝4 时最小，pH＝8 时最大；与未磷酸化蛋清蛋白粉相比，磷酸化蛋清蛋白粉的起

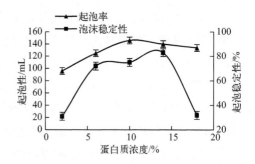

图 5-14　蛋白质浓度对蛋清蛋白粉起泡性的影响

泡率在 pH＝3 和 pH＝8～10 之间时增大，而在 pH＝4～7 之间没有增加甚至降低。

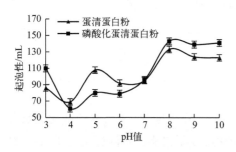

图 5-15　pH 值对蛋清蛋白粉起泡性的影响

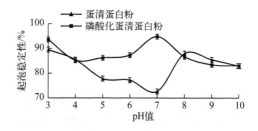

图 5-16　pH 值对蛋清蛋白粉起泡稳定性的影响

图 5-17 和图 5-18 表明，蛋清蛋白粉的起泡率随 NaCl 浓度的增加而增大，之后逐渐减小。蛋清蛋白粉的起泡率和泡沫稳定性的变化规律也是蛋白质的盐溶、盐析效应的反映，盐类不仅影响蛋白质的溶解度、黏度、伸展和聚集，而且还改变起泡性质。大多数球状蛋白质例如卵清蛋白、谷蛋白和大豆分离蛋白的起泡性和泡沫稳定性，随着 NaCl 浓度的增加而增加，其主要由于盐对蛋白质电荷的中和作用。

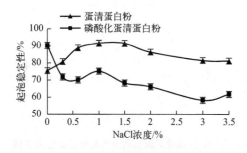

图 5-17　NaCl 浓度对蛋清蛋白粉起泡性的影响

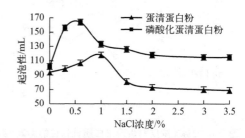

图 5-18　NaCl 浓度对蛋清蛋白粉起泡稳定性的影响

（7）pH 值和 NaCl 对持水性的影响

由图 5-19 可知，在 pH 值 5～9 的范围内，磷酸化蛋清蛋白粉持水性比未改性的有所提高。在等电点附近，改性前后的蛋清蛋白粉持水性均较低；高于或低于等电点时，蛋白质分子带电荷，产生静电斥力使蛋白质分子分散，因而持水性变大。在 0～0.6 mol/L 的 NaCl 溶液中，蛋清蛋白粉的持水力随离子强度的增加而提高，当中性盐离子强度较低时，少量离子与蛋白质的结合相当于增加了蛋白质的电荷密度，使持水力增大；当 NaCl 的浓度超过 0.6 mol/L 时，蛋清蛋白粉的持水力降低（图 5-20）。

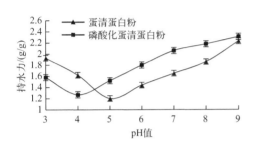

图 5-19　pH 值对持水性的影响

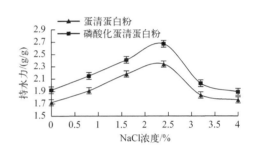

图 5-20　NaCl 浓度对持水性的影响

5.1.4　小结

① 本书通过单因素和正交试验，确定最佳的磷酸化工艺参数组合为：温度 35℃、pH 值为 8.0、加热时间为 3.5 h，STP 添加量为 3%，在此条件下，磷酸化程度达到 60 mg/g。

② 经磷酸化改性后，蛋清蛋白粉的功能特性发生了改变。其中，水溶性提高了 29.74%，保水性提高 13.26%、乳化性及乳化稳定性略有提高，分别提高了 2.27% 和 3.53%。但 SEM 观察改性前后蛋清蛋白粉的微观结构区别不是很明显。总体来讲，磷酸化改性后，蛋清蛋白粉的功能特性有一定的改善，增加了蛋白质的利用范围。

5.2　蛋清蛋白质酶解磷酸化改性及其特性变化

蛋白质酶解技术可使大分子的蛋白质肽链降解，使其溶解度升高，并可促进小分子肽和呈味氨基酸的释放，从而达到改善蛋白质产品的风味的目的。此外，蛋白质酶解能使大分子蛋白质降解为小分子肽，更利于肠道消化吸收；酶解的蛋白质由于某些特殊肽链的断裂还能产生生物活性小分子肽。因此，利用酶解技术对蛋清蛋白质进行部分降解，既可满足食品加工业的需求，又能产生有益生理活动的肽。

涂勇刚等[12]通过酶解改善蛋清蛋白质起泡性，在蛋清液 5 mL，酶解时间 45 min、酶添加量 38.2 mg、酶解温度 47.5℃、pH＝6.3 的条件下，发现酶解液的起泡性比原蛋清液提高了 140% 左右。张涵等[13]以五味子蛋白质为原料，评价中性蛋白酶和木瓜蛋白酶对五味子蛋白质酶解前后的抗氧化活性和功能特性。鲜雯怡[14]通过植物蛋白基质发酵酸奶，探究了蛋白质缓冲能力和大豆蛋白酶解物（SPH）部分替代 SPI 对酸奶品质的影响，并分析了豆基酸奶的营养品质与消化特性，旨在提高 SPI 附加值，提升植物基酸奶品质。费国源等[15]用中性蛋白酶和碱性蛋白酶分别对小麦面筋蛋白质进行酶改性，发现碱性蛋白酶的水解速率优于中性蛋白酶，且酶解后的蛋白质溶解度随着水解度的升高而增大，但起泡性和起泡稳定性随水解度的升高而降低。

目前提高蛋白质的功能特性（如起泡性、乳化性、凝胶性、溶解性等）主要是通过使蛋白质改性实现的。而同一蛋白质改性过程中，蛋白质的一种特性增加另一种功能特性可能会表现出降低的趋势。因此，通过酶解和磷酸化协同对蛋清蛋白粉进行改性，使其功能特性进一步提高，以适应不同产品的需要已经成为迫切需要解决的问题。

5.2.1 材料与设备

5.2.1.1 实验材料

表 5-5 实验材料

材料	纯度	生产厂家
鸡蛋		
浓硫酸	分析纯	新乡华幸化工公司
硫酸铜	分析纯	新乡华幸化工公司
硫酸钾	分析纯	新乡华幸化工公司
硼酸	分析纯	新乡华幸化工公司
甲基化指示剂	分析纯	郑州新天和化工产品有限公司
甲基化-溴甲酚绿	分析纯	郑州新天和化工产品有限公司
氢氧化钠	分析纯	天津市登科化学试剂有限公司

续表

材料	纯度	生产厂家
甲醛	分析纯	新乡华幸化工公司
草酸钾	分析纯	天津市登科化学试剂有限公司
三氯乙酸	分析纯	新乡华幸化工公司
乙酸锌	分析纯	天津市登科化学试剂有限公司
氨水	分析纯	廊坊市亚太龙兴化工有限公司
乙二胺四乙酸二钠	分析纯	郑州新天和化工产品有限公司
三聚磷酸钠	分析纯	新乡华幸化工公司
铬黑 T	分析纯	廊坊市亚太龙兴化工有限公司

5.2.1.2　仪器与设备

表 5-6　仪器和设备

仪器和设备	型号	生产厂家
电热鼓风干燥箱	DHG-101-3A	上虞市燕光仪器设备厂
恒温水浴锅	HH-4	金坛市科兴仪器厂
高速离心机	TDZ5-WS	长沙湘仪仪器有限公司
电子天平	AR4201CN	上海洪纪仪器设备有限公司
pH 计	pHSJ-5	上海仪电科学仪器股份有限公司

其他仪器：凯氏定氮瓶（100 mL）、小漏斗、玻璃珠、容量瓶（100 mL、250 mL）、酸式滴定管、碱式滴定管、烧杯（1000 mL、500 mL、50 mL）、量筒（50 mL、100 mL、500 mL）、锥形瓶（250 mL、150 mL）、移液管（1 mL、2 mL、10 mL）、托盘、温度计、吸耳球、电炉、离心管、托盘等其他常规玻璃仪器及用具。

5.2.2　处理工艺

5.2.2.1　工艺流程

鸡蛋→洗净消毒→蛋清分离→蒸馏水稀释→调 pH 值、温度→恒温酶解→灭酶处理（常压 90℃，5 min）→酶解液→离心过滤→取上清液测定→调 pH 值、温度等→磷酸化→TCA 沉淀→离心→取上清液测定。

① 鸡蛋：购买新鲜的鸡蛋。

② 洗净消毒：将鸡蛋表面清洗干净，并于 65℃、5 min 灭菌。

③ 蛋清分离：将鸡蛋打开，分离蛋清与蛋黄，收集蛋清。

④ 测其水分含量及蛋白质含量：将鸡蛋清少量放于培养皿置于干燥箱中一定时间，测其水分含量；并用半微量凯氏定氮法测其蛋白质含量。

⑤ 蒸馏水稀释：用蒸馏水将鸡蛋清稀释成 5% 的鸡蛋清溶液。

⑥ 调 pH 值、温度：调节水浴锅至合适的温度，并用氢氧化钠或盐酸调制鸡蛋清溶液的 pH 值至特定值。

⑦ 恒温酶解：于鸡蛋清溶液中加入预定量的酶进行酶解，酶解过程中控制温度，每 30 min 振荡混匀一次，并滴加浓氢氧化钠溶液使底物溶液的 pH 值维持在设定值。

⑧ 灭酶处理：将酶解后的鸡蛋清溶液在 90℃ 煮沸 5 min，使酶失去活性，灭酶静置后得到酶解液。

⑨ 离心过滤：将酶解液在 4000 r/min 的转速下离心 15 min。

⑩ 取上清液测定：取离心后的上清液测其水解度。

⑪ 调节 pH 值、温度：调节水浴锅的温度至特定值，调节酶解液的 pH 值至设定值。

⑫ 磷酸化：在酶解液中加入设定量的三聚磷酸钠反应一定时间，得到反应液。

⑬ TCA 沉淀：取磷酸化后的蛋清液 5 mL，加入 TCA 溶液使其中的蛋白质沉淀。

⑭ 离心：将混合液于 4000 r/min 的转速下离心 15 min。

⑮ 取上清液测定：取离心后的上清液测其磷酸化程度。

5.2.2.2　蛋清蛋白质酶解条件的单因素试验

（1）酶解温度的选择

在底物浓度为 4%，pH 值为 2.0，用酶量 4000 U/g，温度分别为 30℃、35℃、40℃、45℃、50℃ 的条件下酶解 5 h，测定其水解率（DH），找出最佳酶解温度。

（2）酶解 pH 值的选择

在由（1）得到的最佳酶解温度，底物浓度为 4%，用酶量 4000 U/g，pH 值分别为 1.0、1.5、2.0、2.5、3.0 的条件下酶解 5 h，测定其水解率（DH），找出最佳酶解 pH 值。

（3）酶解时间的选择

在由（1）得到的最佳酶解温度，由（2）得到的最佳酶解 pH 值，底物浓度为 4%，用酶量 4000 U/g，时间分别为 4 h、4.5 h、5 h、5.5 h、6 h 的条件下酶解，测定其水解率（DH），找出最佳酶解时间。

（4）酶解用酶量的选择

在由（1）得到的最佳酶解温度，由（2）得到的最佳酶解 pH 值，由（3）得到的最佳酶解时间，底物浓度为 4％，用酶量分别为 3000 U/g、3500 U/g、4000 U/g、4500 U/g、5000 U/g 的条件下酶解，测定其水解率（DH），找出最佳酶解用酶量。

（5）酶解底物浓度的选择

在由（1）得到的最佳酶解温度，由（2）得到的最佳酶解 pH 值，由（3）得到的最佳酶解时间，由（4）得到的最佳酶用量，底物浓度分别在 2％、3％、4％、5％、6％的条件下酶解，测定其水解率（DH），找出最佳酶解底物浓度。

5.2.2.3 蛋清蛋白质酶解条件的正交优化试验

根据得到的蛋清蛋白质酶解条件的最佳单因素水平，以温度、pH 值、时间、用酶量作为正交试验的考察因素，采用 $L_9(3^4)$ 正交试验，测定其水解率（DH），进行统计分析，得出最佳因素组合。因素水平见表 5-7。

表 5-7 正交试验因素水平表

水平	因素			
	温度/℃	时间/h	加酶量/（U/g）	pH 值
1	35	4	3000	1.5
2	40	5	3500	2.0
3	45	6	4000	2.5

5.2.2.4 蛋清蛋白质的酶解液进行磷酸化的单因素试验

① 磷酸化反应 pH 值的选择　在温度为 30℃，盐浓度为 5％，pH 值分别为 7.0、7.5、8.0、8.5、9.0 的条件下反应 3.5 h，测定其磷酸化程度，找出最佳反应 pH 值。

② 磷酸化反应温度的选择　在由①得到的最佳反应 pH 值，盐浓度为 5％，温度分别为 20℃、25℃、30℃、35℃、40℃的条件下反应 3.5 h，测定其磷酸化程度，找出最佳反应温度。

③ 磷酸化反应时间的选择　在由①得到的最佳反应 pH 值，由②得到的最佳反应温度，盐浓度为 5％，时间分别为 2.5 h、3.0 h、3.5 h、4.0 h、4.5 h 的条件下反应，测定其磷酸化程度，找出最佳反应时间。

④ 磷酸化反应用磷酸盐量的选择　在由①得到的最佳反应 pH 值，由②得到的最佳反应温度，由③得到的最佳反应时间，用盐量分别为 1％、3％、5％、7％、

9%的条件下反应，测定其磷酸化程度，找出最佳反应用盐量。

5.2.2.5 蛋清蛋白质酶解液进行磷酸化的正交试验

根据得到的蛋清蛋白质酶解液的最佳单因素水平，以温度、时间、pH 值、盐浓度作为正交试验的考察因素，采用 $L_9(3^4)$ 正交试验，测定其磷酸化程度，进行统计分析，得出最佳磷酸化组合。因素水平见表 5-8。

表 5-8　正交试验因素水平表

水平	因素			
	时间/h	pH 值	温度/℃	三聚磷酸钠用量/%
1	3.5	7.5	30	3
2	4.0	8.0	35	5
3	4.5	8.5	40	7

5.2.2.6 蛋清蛋白质水分含量的测定

取适量的鸡蛋清（质量 m）于干燥的培养皿中，铺成薄薄的一层，称其质量并记为 M_1，置于恒温鼓风干燥箱中一定时间，令其水分全部挥发，取出后称其质量并记为 M_2，平行试验三次取其平均值。

$$水分含量 = \frac{M_1 - M_2}{m} \tag{5-6}$$

5.2.2.7 蛋白质含量的测定（半微量凯氏定氮法）

① 样品处理：精密称取 0.02～2.00 g 固体样品或 2.00～5.00 g 半固体样品或吸取 10.00～20.00 mL 液体样品（约相当于氮 30～40 mg），移入干燥的 100 mL 或 500 mL 定氮瓶中，加入 0.2 g 硫酸铜、3 g 硫酸钾及 20 mL 硫酸，稍摇匀后于瓶口放一小漏斗，将瓶以 45°斜置于小孔的石棉网上，小心加热，待内容物全部碳化，泡沫完全停止后，加强火力，并保持瓶内液体微沸，至液体呈蓝绿色澄清透明后，再继续加热 0.5 h。取下放冷，小心加 20 mL 水，放冷后，移入 100 mL 容量瓶中，并用少量水洗定氮瓶，洗液并入容量瓶中，再加水至刻度，混匀备用。同时做空白试验。

② 装好定氮装置，于水蒸气发生瓶内装水至约三分之二处，加甲基红指示剂数滴及数毫升硫酸，以保持水呈酸性，加入数粒玻璃珠以防暴沸，用调压器控制，加热煮沸水蒸气发生瓶内的水。

③ 向接收瓶内加入 10 mL 20 g/L 硼酸溶液及混合指示剂 1～2 滴，并使冷凝管下端插入液面下，吸取 10.0 mL 样品消化稀释液，由小漏斗流入反应室，并以

10 mL 水洗涤小烧杯使流入反应室内，塞紧小玻杯的棒状玻塞，将 10 mL 400 g/L 氢氧化钠溶液倒入小玻杯，提起玻塞，使其缓慢流入反应室，立即将玻塞盖紧，并加水于小烧杯中，以防漏气，夹紧螺旋夹，开始蒸馏，蒸气通入反应室，使氨气通过冷凝管进入接收瓶内，蒸馏 5 min，移动接收瓶，使冷凝管下端离开液面，再蒸馏 1 min，然后用少量水冲洗冷凝管下端外部。取下接收瓶，以硫酸或盐酸标准溶液（0.05 mol/L）滴定至灰色或蓝紫色为终点。同时准确吸取 10 mL 试剂空白消化液按③操作。

$$X = \frac{(V_1 - V_2) \times C \times 0.014 \times F}{M} \tag{5-7}$$

式中　X——样品中蛋白质的含量，g/100 g（g/100 mL）；

　　　V_1——样品消耗硫酸或盐酸标准溶液的体积，mL；

　　　V_2——试剂（空白）消耗硫酸或盐酸标准溶液的体积，mL；

　　　C——硫酸或盐酸标准溶液的浓度，mol/L；

　　　M——样品的质量（或体积），g 或 mL；

　　　F——氮换算为蛋白质的系数，取 6.25；

　0.014——1.00 mL 硫酸 $[C(1/2H_2SO_4) = 1.000 \text{ mol/L}]$ 或盐酸 $[C(HCl) = 1.000 \text{ mol/L}]$ 标准溶液中相当的氮的质量，g。

5.2.2.8　蛋清蛋白质酶解液水解度的测定

$$水解度(DH)/\% = \frac{酶解液游离氨基态氮含量}{样品中总氮含量} \times 100\%$$

酶解液游离氨含量的测定采用甲醛滴定法：

吸取含氨基样品溶液约 50 mL 于 100 mL 容量瓶中，加水至刻度，加入 2 mL 中性饱和草酸钾溶液，搅匀，静置 2 min，用 0.1 mol/L 氢氧化钠标准溶液滴定至酸度计指示 pH 值 8.4，加入 10.0 mL 中性甲醛溶液，混匀，静置 2 min，用 0.1 mol/L 氢氧化钠标准溶液滴定至 pH＝8.4，记录消耗氢氧化钠标准溶液体积 V_1。同时取蒸馏水置于 100 mL 容量瓶中，先用氢氧化钠标准溶液滴定至 pH＝8.4，再加入 10.0 mL 中性甲醛溶液，用 0.1 mol/L 氢氧化钠标准溶液滴定至 pH＝8.4，记录消耗氢氧化钠标准溶液体积 V_2，作为空白试验。

$$X = \frac{(V_1 - V_2) \times C \times 0.014}{M \times \dfrac{20}{100}} \times 100\% \tag{5-8}$$

式中　X——样品中氨基态氮含量，%；

　　　V_1——样品稀释液在加入甲醛后滴定至终点（pH＝8.4）所消耗氢氧化钠标

准溶液的体积，mL；

V_2——空白试验在加入甲醛后滴定至终点所消耗氢氧化钠标准溶液的体积，mL；

C——氢氧化钠标准溶液的浓度，mol/L；

M——测定所用样品溶液相当于样品的质量，g；

0.014——1.00 mL 硫酸［c（$1/2H_2SO_4$）＝1.000 mol/L］或盐酸［c（HCl）＝1.000 mol/L］标准溶液中相当的氮的质量，g。

5.2.2.9　磷酸化程度的测定

取磷酸化后的蛋清蛋白溶液 5 mL 加入 TCA 溶液使其中的蛋白质沉淀，离心后向上清液中加入 1 mol/L 的 Zn(Ac)$_2$ 2 mL 使之沉淀，然后用 pH 值为 10 的 $NH_3 \cdot H_2O$ 缓冲溶液溶解沉淀，再加入少许铬黑 T 做指示剂，用 0.02 mol/L 的 EDTA 二钠标准溶液滴定，当溶液的颜色由紫红色变成蓝色时即为滴定终点（单位：mgP/gPr）。

$$X = \frac{C \times (V_2 - V_1) \times M}{2m} \times 100\% \tag{5-9}$$

式中　X——样品的磷酸化程度，%；

　　　C——EDTA 二钠标准溶液的浓度，mol/L；

　　　V_1——滴定空白试验所耗 EDTA 二钠标准溶液的体积，mL；

　　　V_2——滴定样品所耗 EDTA 二钠标准溶液的体积，mL；

　　　M——磷的相对原子质量，30.97；

　　　m——样品中蛋清蛋白质的质量，g。

5.2.2.10　持水性的测定

称取 10 mL 蛋清蛋白质样品，置于 500 mL 烧杯中，加蒸馏水 90 mL。在 25℃下，搅拌 5 min。取 10mL 蛋白悬浮液于离心管中，在 5000 r/min 下离心 20 min。记录未被蛋清蛋白质吸收的水（析出的水）的体积，取 4 次的平均值。

$$持水性(\%) = \frac{100 \times (10 - 析出水的毫升数)}{1.0} \tag{5-10}$$

5.2.2.11　泡沫稳定性的测定

1%（w/v）的样品溶液调节 pH 值至 7.0，100 mL 样品溶液中快速均匀搅拌 5 min。分别记录未搅拌样品溶液的体积（A），搅拌结束时泡沫体积（B），搅拌结束 30 min 后泡沫体积（C）。

5.2.3 性能分析

5.2.3.1 蛋清中的水分含量

通过试验对蛋清中的水分进行测定，其测定结果如下表 5-9。

表 5-9 蛋清中水分含量的测定

项目	蛋清质量/g	干燥前总质量（M_1）	干燥后总质量（M_2）	水分含量/%	水分平均值/%
试验 1	11.396	47.618	38.245	82.2	
试验 2	17.557	50.887	36.446	82.3	82.2
试验 3	15.423	45.374	32.712	82.1	

由表 5-9 可知蛋清中的水分含量平均为 82.2%。

5.2.3.2 蛋清中的蛋白质含量

通过试验对蛋清中的蛋白质含量进行测定，首先，对蛋清蛋白粉中的蛋白质含量进行测定，其测定结果如表 5-10。

表 5-10 蛋清蛋白粉中蛋白质含量的测定

项目	样品质量 m/g	样品消耗盐酸体积 V_1/mL	空白试验消耗盐酸体积 V_2/mL	蛋白质含量 X/%	蛋白质平均值/%
试验 1	2.00	19.46	1.20	79.98	
试验 2	2.00	19.50	1.15	80.02	80.0
试验 3	2.00	19.48	1.25	80.00	

由表 5-10 可知蛋清蛋白粉中的蛋白质含量为 80.0%。

综上，蛋清蛋白质的含量（1−82.2%）×80.0%＝14.24%≈14.2%。即鸡蛋清中的蛋白质含量为 14.2%。

5.2.3.3 蛋清蛋白质酶解条件的单因素试验

（1）酶添加量对蛋清蛋白质酶解效果的影响

在底物浓度为 5% 的蛋清蛋白溶液中分别加入胃蛋白酶 2000 U/g、2500 U/g、3000 U/g、3500 U/g、4000 U/g，在 pH 值恒定为 2.5 的条件下分别在 40℃ 的恒温水浴锅中水解 4 h。测定酶解物的水解度（DH），结果如表 5-11。

表 5-11 酶添加量对蛋清蛋白质酶解效果的影响结果

胃蛋白酶添加量/（U/g）	水解度/%			
	样品 1	样品 2	样品 3	平均值
2000	7.12	7.17	7.25	7.18

续表

胃蛋白酶添加量/（U/g）	水解度/%			
	样品 1	样品 2	样品 3	平均值
2500	8.18	8.26	8.07	8.17
3000	10.94	11.03	11.00	10.99
3500	14.64	14.69	14.83	14.72
4000	12.40	12.44	12.54	12.46

为了更直观地分析不同酶添加量对蛋清蛋白质酶解效果的影响，对以上数据进行整理，做成图表形式，其结果见图 5-21。

由图 5-21 可知，蛋清蛋白质的水解度随着酶添加量的升高而提高，在胃蛋白酶的添加量为 3500 U/g 时，蛋清蛋白质的水解度效果最好，水解度达到 14.72%。超过 3500 U/g 时，蛋清蛋白质的水解度效果随着胃蛋白酶添加量的升高而降低。刚开始时，底物浓度一定，酶分子越多则酶与底物之间作用越频繁，随着酶量的增加，

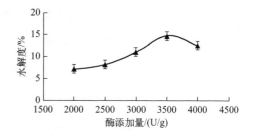

图 5-21 酶添加量对蛋清蛋白质酶解效果的影响

酶的数量就过剩，因此就出现了水解度降低的现象。综上，胃蛋白酶的添加量为 3500 U/g 时，蛋清蛋白质的水解度效果最佳。

（2）pH 值对蛋清蛋白质酶解效果的影响

在底物浓度为 5% 的蛋清蛋白质溶液中分别加入胃蛋白酶 3500 U/g，分别在 pH 值为 1.0、1.5、2.0、2.5、3.0 的条件下在 40℃ 的恒温水浴锅中水解 4 h。测定酶解物的水解度（DH），结果如表 5-12。

表 5-12 不同 pH 值对蛋清蛋白质酶解效果的影响结果

pH 值	水解度/%			
	样品 1	样品 2	样品 3	平均值
1.0	11.75	11.82	11.92	11.83
1.5	12.61	12.70	12.73	12.68
2.0	13.08	13.09	13.13	13.10
2.5	13.61	13.69	13.68	13.66
3.0	12.11	12.14	12.08	12.11

为了更直观地分析不同 pH 值条件对蛋清蛋白质酶解效果的影响，对以上数据进行整理，做成图表形式，其结果见图 5-22。

由图 5-22 可知，蛋清蛋白质的水解度随着 pH 值的升高而提高，当 pH 值为 2.5 时蛋清蛋白质的水解度达到最高，pH 值超过 2.5 时，蛋清蛋白质的水解度效果随着 pH 值的提高而降低。可能是由于接近蛋清蛋白质等电点时，蛋清蛋白质分子的电荷性降低，分子间的相互排斥作用下降造成的。因此，最佳水解 pH 值为 2.5。

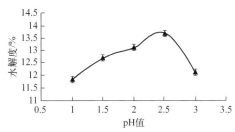

图 5-22 不同 pH 值条件对蛋清
蛋白质酶解效果的影响

（3）温度对蛋清蛋白质酶解效果的影响

在底物浓度为 5% 的蛋清蛋白质溶液中分别加入胃蛋白酶 3500 U/g，pH 值为 2.5 的条件下分别在 35℃、40℃、45℃、50℃、55℃ 的恒温水浴锅中水解 4 h。测定酶解物的水解度（DH），结果如表 5-13。

表 5-13 不同温度对蛋清蛋白质酶解效果的影响结果

温度/℃	水解度/%			
	样品 1	样品 2	样品 3	平均值
35	13.05	13.09	12.95	13.03
40	13.06	13.09	13.15	13.10
45	12.90	12.75	12.81	12.82
50	11.77	11.82	11.69	11.76
55	11.55	11.67	11.64	11.62

为了更直观地分析不同温度条件对蛋清蛋白质酶解效果的影响，对以上数据进行整理，做成图表形式，其结果见图 5-23。

由图 5-23 可知，蛋清蛋白质的水解度随着温度的升高而提高，当温度为 40℃ 时蛋清蛋白质的水解度达到最高，温度超过 40℃ 时，蛋清蛋白质的

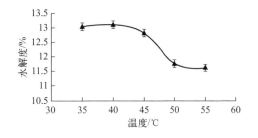

图 5-23 不同温度条件对蛋清蛋白质
酶解效果的影响

水解度效果随着温度的提高而降低。可能是由于温度升高使部分酶失去活性所致。因此最佳水解温度为40℃。

（4）酶解时间对蛋清蛋白质酶解效果的影响

在底物浓度为5%的蛋清蛋白质溶液中分别加入胃蛋白酶3500 U/g，pH值为2.5的条件下在40℃的恒温水浴锅中分别水解2 h、3 h、4 h、5 h、6 h。测定酶解物的水解度（DH），结果如表5-14。

表5-14 不同水解时间对蛋清蛋白质酶解效果的影响结果

时间/h	水解度/%			
	样品1	样品2	样品3	平均值
2	9.39	9.47	9.46	9.44
3	10.12	10.08	10.01	10.07
4	13.01	13.10	12.98	13.03
5	12.89	13.07	12.92	12.96
6	12.55	12.59	12.69	12.61

为了更直观地分析不同水解时间条件下对蛋清蛋白质酶解效果的影响，对以上数据进行整理，做成图表形式，其结果见图5-24。

由图5-24可知，蛋清蛋白质的水解度随着水解时间的升高而提高，当水解时间升高到4 h时蛋清蛋白质的水解度达到最高，水解时间超过4h后，蛋清蛋白质的水解度效果随着水解时间的升高而降低。这可能是由于蛋清蛋白质变性是一个缓慢的过程，当其达到所需变性的时间后，再继续增加其水解时间则没有太大的影响。因此最佳水解时间为4 h。

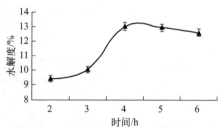

图5-24 不同水解时间条件对蛋清蛋白质酶解效果的影响

（5）底物浓度对蛋清蛋白质酶解效果的影响

在底物浓度分别为3%、4%、5%、6%、7%的蛋清蛋白质溶液中分别加入胃蛋白酶3500 U/g，pH值为2.5的条件下在40℃的恒温水浴锅中分别水解4 h。测定酶解物的水解度（DH），结果如表5-15。

表 5-15 不同底物浓度对蛋清蛋白质酶解效果的影响结果

底物浓度/%	水解度/%			
	样品 1	样品 2	样品 3	平均值
3	9.40	9.55	9.37	9.44
4	9.53	9.63	9.58	9.58
5	9.77	9.72	9.88	9.79
6	9.78	9.71	9.67	9.72
7	9.69	9.73	9.73	9.71

为了更直观地分析不同底物浓度条件下对蛋清蛋白质酶解效果的影响，对以上数据进行整理，做成图表形式，其结果见图 5-25。

由图 5-25 可知，蛋清蛋白质的水解度随着底物浓度的升高而提高，当底物浓度逐渐升高到 5% 时，蛋清蛋白质的水解度效果最好，底物浓度超过 5% 后，蛋清蛋白质的水解度效果随着底物浓度升高而降低。可能是由于过高的底物浓度易造成水解液的黏度增大，影响蛋白酶的扩散，降低水分活度，对水解反应产生了抑制作用。因

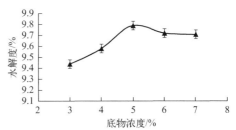

图 5-25 不同底物浓度条件对蛋清
蛋白质酶解效果的影响

此，当底物浓度为 5% 时，蛋清蛋白质的水解度效果最佳。

5.2.3.4 蛋清蛋白质酶解条件的正交优化试验

选取 4 种对蛋清蛋白质酶解条件影响较好的因素做正交试验 4 因素 3 水平 $L_9 (3^4)$，测定其水解度（DH）。其正交试验结果见表 5-16。正交试验方差分析表见表 5-17。

表 5-16 正交试验结果表

试验号	列 号				综合评分
	1	2	3	4	
	A	B	C	D	
1	1	1	1	1	12.41
2	1	2	2	2	12.76

续表

试验号	列 号				综合评分
	1 A	2 B	3 C	4 D	
3	1	3	3	3	14.17
4	2	1	2	3	15.17
5	2	2	3	1	14.80
6	2	3	1	2	13.82
7	3	1	3	2	13.04
8	3	2	1	3	14.59
9	3	3	2	1	11.58
K_1	39.53	39.55	39.02	36.42	
K_2	45.33	42.57	39.78	39.78	
K_3	39.37	36.38	42.19	42.16	
k_1	13.34	13.67	13.85	12.65	
k_2	15.53	14.47	13.59	13.58	
k_3	13.00	12.91	14.32	14.78	
极差 R	2.03	1.31	1.16	2.32	
较优水平	A_2	B_2	C_3	D_3	
因素主次	$D>A>B>C$				
较优组合	$A_2B_2C_3D_3$				

$A_2B_2C_3D_3$ 组合在正交表中未出现，需做验证试验。验证试验结果为 15.23%，证明结论是正确的。

表 5-17 正交试验方差分析表

变异来源	平方和	自由度	均方	F 值	显著水平
因素 A	6.477	2	3.290	8.62	**
因素 B	2.385	2	1.126	3.46	
因素 C	7.465	2	3.877	9.06	**
误差 e	28.269	15	1.885		

注：** 指 1% 水平上极显著。

由图 5-26 可得：

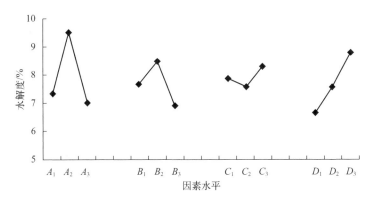

图 5-26　因素水平影响综合评分趋势图

① 温度为 40℃时，综合评分最高，水解度最好。

② 时间为 5 h 时，综合评分最高，水解度最好。

③ 加酶量为 4000 U/g 时，综合评分最高，水解度最好。

④ pH 值为 2.5 时，综合评分最高，水解度最好。

正交试验结果列于表 5-16，从表中的极差 R 可以看出各因素影响水解度效果的主次顺序为：$D>A>B>C$，即：pH 值＞温度＞时间＞加酶量。而且由方差分析表 5-17 可知，温度和 pH 值显著影响蛋清蛋白质的水解度（$P<0.05$）。综合起来，各因素水平最佳组合为 $A_2B_2C_3D_3$，即温度为 40℃，时间为 5 h，加酶量为 4000 U/g，pH 值为 2.5。此时水解度为 15.23%。

5.2.3.5　鸡蛋清酶解液进行磷酸化的单因素试验

将鸡蛋清于最佳酶解条件下酶解，即：取 5% 的蛋清蛋白质溶液 150 mL，于 40℃ 的恒温水浴锅中加入 3500 U/g 的胃蛋白酶，调节并保持 pH 值为 2.5，酶解 4 h。取酶解液进行相关磷酸化研究。

（1）时间对鸡蛋清酶解液进行磷酸化效果的影响

取酶解液 4.3 mL 加入磷酸盐缓冲溶液 15.7 mL 置于锥形瓶中，共取 5 份，在 35℃ 的恒温水浴锅中加入 5% 的三聚磷酸钠，调节 pH 值为 8.0，分别磷酸化 2.5 h、3.0 h、3.5 h、4.0 h、4.5 h，离心取上清液测定其磷酸化程度。结果如表 5-18。

表 5-18　不同时间对鸡蛋清酶解液的磷酸化程度的影响

时间/h	磷酸化程度/（mg/g）			
	样品 1	样品 2	样品 3	平均值
2.5	131.51	131.39	131.42	131.44

续表

时间/h	磷酸化程度/（mg/g）			
	样品1	样品2	样品3	平均值
3.0	147.55	147.72	147.65	147.64
3.5	293.44	293.45	293.55	293.48
4.0	288.07	288.03	288.14	288.08
4.5	270.05	270.07	270.12	270.08

为了更直观地分析不同的时间对鸡蛋清酶解液磷酸化程度的影响，对以上数据进行整理，做成图表形式，其结果见图5-27。

由图5-27可知，鸡蛋清酶解液的磷酸化程度随着时间的延长而提高，当时间延长到3.5 h时，鸡蛋清酶解液的磷酸化程度最高，时间超过3.5 h以后，鸡蛋清酶解液的磷酸化程度随着时间的延长而降低。可能是由于磷酸化是一个缓慢的过程，当其达到所需磷酸化的时间后，再继续增加其时间则没有太大的影响。因此，最佳磷酸化时间为3.5 h。

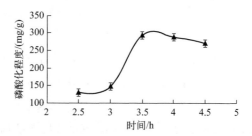

图5-27　不同时间条件对鸡蛋清酶解液磷酸化程度的影响

（2）pH值对鸡蛋清酶解液进行磷酸化效果的影响

取酶解液4.3 mL加入磷酸盐缓冲溶液15.7 mL置于锥形瓶中，共取5份，在35℃的恒温水浴锅中加入5%的三聚磷酸钠，分别调节pH值为7.0、7.5、8.0、8.5、9.0磷酸化4 h，离心取上清液测定其磷酸化程度。结果如表5-19。

表5-19　不同pH值对鸡蛋清酶解液的磷酸化程度的影响

pH值	磷酸化程度/（mg/g）			
	样品1	样品2	样品3	平均值
7.0	212.44	212.41	212.53	212.46
7.5	280.87	280.85	280.92	280.88
8.0	288.04	288.06	288.14	288.08
8.5	275.50	275.41	275.53	275.48
9.0	250.23	250.32	250.26	250.27

为了更直观地分析不同的 pH 值对鸡蛋清酶解液磷酸化程度的影响，对以上数据进行整理，做成图表形式，其结果见图 5-28。

由图 5-28 可知，鸡蛋清酶解液的磷酸化程度随着 pH 值的升高而提高，当 pH 值升高到 8.0 时鸡蛋清酶解液的磷酸化程度最高，pH 值超过 8.0 以后，鸡蛋清酶解液的磷酸化程度随着 pH 值的升高而降低。可能是由于接近蛋清蛋白质等电点时，蛋清蛋白质分子的电荷性降低，分子间的相互排斥作用下降；远离等电点时，蛋清蛋白质分子的电荷性升高，分子间的相互排斥作用升高造成的。因此鸡蛋清酶解液的最佳 pH 值为 8.0。

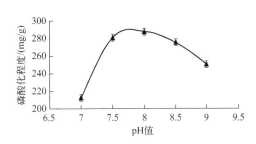

图 5-28 不同 pH 值条件对鸡蛋清酶解液磷酸化程度的影响

（3）温度对鸡蛋清酶解液进行磷酸化效果的影响

取酶解液 4.3 mL 加入磷酸盐缓冲溶液 15.7 mL 置于锥形瓶中，共取 5 份，分别在 20℃、25℃、30℃、35℃、40℃的恒温水浴锅中加入 5% 的三聚磷酸钠，调节 pH 值为 8.0，磷酸化 4 h，离心取上清液测定其磷酸化程度。结果见表 5-20。

表 5-20 不同温度对鸡蛋清酶解液的磷酸化程度的影响

温度/℃	磷酸化程度/（mg/g）			
	样品 1	样品 2	样品 3	平均值
20	277.35	277.25	277.24	277.28
25	320.43	320.54	320.50	320.49
30	324.15	324.12	324.00	324.09
35	325.87	325.95	325.85	325.89
40	322.27	322.23	322.37	322.29

为了更直观地分析不同的温度条件对鸡蛋清酶解液磷酸化程度的影响，对以上数据进行整理，做成图表形式，其结果见图 5-29。

由图 5-29 可知，鸡蛋清酶解液的磷酸化程度随着温度的升高而提高，当温度升高到 35℃时鸡蛋清酶解液的磷酸化程度最高，温度超过 35℃以后，鸡蛋清酶解液的磷酸化程度随着温度的升高而降低，可能是由于温度升高使部分物质失去活性所致。因此，当鸡蛋清酶解液的磷酸化温度为 35℃时，鸡蛋清酶解液的磷酸化程度最佳。

（4）三聚磷酸钠浓度对鸡蛋清酶解液进行磷酸化效果的影响

取酶解液 4.3 mL 加入磷酸盐缓冲溶液 15.7 mL 置于锥形瓶中，共取 5 份，在 35℃ 的恒温水浴锅中分别加入 1%、3%、5%、7%、9% 的三聚磷酸钠，调节 pH 值为 8.0，磷酸化 4 h，离心取上清液测定其磷酸化程度。结果如表 5-21。

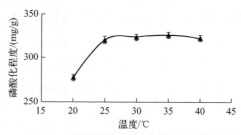

图 5-29　不同温度条件对鸡蛋清酶解液磷酸化程度的影响

表 5-21　不同三聚磷酸钠浓度对鸡蛋清酶解液的磷酸化程度的影响

三聚磷酸钠浓度/%	磷酸化程度/（mg/g）			
	样品 1	样品 2	样品 3	平均值
1	136.83	136.81	136.88	136.84
3	144.01	144.02	144.09	144.04
5	145.92	145.79	145.81	145.84
7	160.31	160.19	160.22	160.24
9	140.45	140.41	140.46	140.44

为了更直观地分析不同三聚磷酸钠浓度条件对鸡蛋清酶解液磷酸化程度的影响，对以上数据进行整理，做成图表形式，其结果见图 5-30。

由图 5-30 可知，鸡蛋清酶解液的磷酸化程度随着三聚磷酸钠浓度的升高而提高，当三聚磷酸钠浓度升高到 7% 时，鸡蛋清酶解液的磷酸化程度最高，三聚磷酸钠浓度超过 7% 以后，鸡蛋清酶解液的磷酸化程度随着三聚磷酸钠浓度的升高而降低。可能是由于过高的三聚磷酸钠浓度易造成酶解液的黏度增大，影响扩散，降低水分

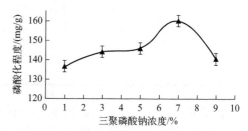

图 5-30　不同三聚磷酸钠浓度对鸡蛋清酶解液磷酸化程度的影响

活度，对磷酸化反应产生了抑制作用，因此，当鸡蛋清酶解液的三聚磷酸钠浓度为 7% 时，鸡蛋清酶解液的磷酸化程度最佳。

5.2.3.6 鸡蛋清酶解液进行磷酸化的正交优化试验

选取 4 种对蛋清酶解液的磷酸化条件影响较好的因素做正交试验 $L_9(3^4)$，测定其磷酸化程度。试验结果见表 5-22。正交试验方差分析表见表 5-23。

表 5-22 正交试验结果表

试验号	列 号				综合评分
	1 A	2 B	3 C	4 D	
1	1	1	1	1	261.07
2	1	2	2	2	284.48
3	1	3	3	3	250.27
4	2	1	2	3	277.28
5	2	2	3	1	279.08
6	2	3	1	2	275.48
7	3	1	3	2	271.88
8	3	2	1	3	271.88
9	3	3	2	1	277.28
K_1	802.82	836.08	815.54	843.51	
K_2	874.85	919.07	882.42	915.11	
K_3	827.36	834.83	807.40	831.09	
k_1	273.74	272.45	278.07	274.87	
k_2	305.04	292.88	307.68	291.62	
k_3	284.52	269.74	277.65	268.53	
极差 R	12.63	11.88	13.25	11.88	
较优水平	A_2	B_2	C_2	D_2	
因素主次		$C>A>B=C$			
较优组合		$A_2B_2C_2D_2$			

$A_2B_2C_2D_2$ 组合在正交表中未出现，需做验证试验。验证试验结果为 287.53，证明结论是正确的。

表 5-23 正交试验方差分析表

变异来源	平方和	自由度	均方	F 值	显著水平
因素 A	235.810	2	119.784	540.28	**

续表

变异来源	平方和	自由度	均方	F 值	显著水平
因素 B	210.929	2	99.623	487.22	
因素 C	279.353	2	139.085	645.87	**
误差 e	954.056	9	106.006		

注：** 指 1% 水平上极显著。

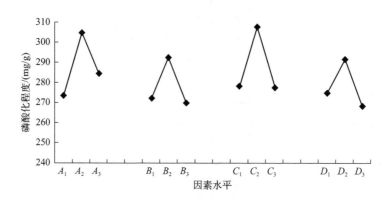

图 5-31 因素水平影响综合评分趋势图

由图 5-31 可得：

① 时间为 4 h 时，综合评分最高，磷酸化程度最好。

② pH 值为 8 时，综合评分最高，磷酸化程度最好。

③ 温度为 35℃时，综合评分最高，磷酸化程度最好。

④ 三聚磷酸钠用量为 5% 时，综合评分最高，磷酸化程度最好。

正交试验结果列于表 5-22，从表中的极差 R 可以看出各因素影响水解度效果的主次顺序为：$C>A>B=C$，即：温度>时间>pH 值＝三聚磷酸钠用量。而且由方差分析表 5-23 可知，温度和时间显著影响蛋清酶解液的磷酸化程度（$P<0.05$）。综合起来，各因素水平最佳组合为 $A_2B_2C_2D_2$，即时间为 4 h，pH 值为 8，温度为 35℃，三聚磷酸钠用量为 5%。此时，磷酸化程度为 287.53 mg/g。

5.2.3.7　改性前后蛋清蛋白质特性的研究

（1）改性对蛋清蛋白质持水性的影响

取新鲜鸡蛋蛋清液大约 80 mL，置于 500 mL 烧杯中，加蒸馏水 100 mL 进行稀释，在 25℃下搅拌 10 min 后，取 10℃蛋白悬浮液于离心管中，在 5000 r/min 下离心 25 min，记录未被蛋白质吸收水的体积，取 4 次得平均值，算出持水性。

见表 5-24 和表 5-25。

表 5-24　改性前后持水性记录表

实验号	改性前析出水的体积/mL	改性后析出水的体积/mL
1	8.44	5.77
2	8.46	5.79
3	8.52	5.72
4	8.48	5.73
平均值	8.47±0.53	5.75±0.45

表 5-25　改性前后持水性分析表

项目	改性前	改性后
持水性/%	1.53±0.01	4.25±0.003

为了更直观地分析改性对持水性的影响，对以上数据进行整理，并做成图表形式，其结果见图 5-32。

由图 5-32 可以看出，改性前与改性后持水性存在很大差异。改性后的持水性比改性前的持水性高出 1.78 倍。

（2）改性对蛋清蛋白质泡沫稳定性的影响

量取 1%（w/v）的样品溶液调节 pH 值至 7.0、100 mL 样品溶液 1000 r/min 搅拌 1 min。分别记录未搅拌样品溶液的体积（A），搅拌结束时泡沫体积（B），搅拌结束 30 min 后泡沫体积（C），见表 5-26，然后计算泡沫稳定性。其结果见图 5-33。

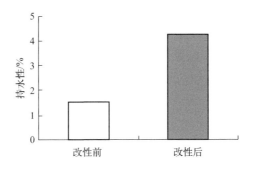

图 5-32　改性对持水性的影响

表 5-26　蛋清蛋白质泡沫稳定性结果表

项目	改性前	改性后
泡沫稳定性/%	89.8±0.2	90.9±0.2

从图 5-33 可知，改性后蛋清蛋白质的泡沫稳定性比磷酸化前增加了 1.1%。增

加的幅度不大，但有所提升。其原
因应该是改性前的泡沫稳定性已经
高达 89.8%，但改性后由于蛋白质
分子表面电荷、多肽链伸展和空间
结构改变，导致分子产生柔韧性，
从而促进油与水界面之间薄膜的形
成，防止或减缓液滴絮凝和凝聚，
使其泡沫稳定性又有所提高。

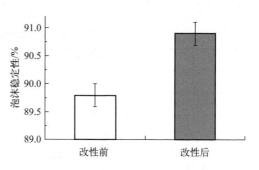

图 5-33　改性前后蛋白质泡沫稳定性对比

5.2.4　小结

① 通过试验得出蛋清蛋白质酶解工艺的较优因素水平，即鸡蛋清底物为 5%，胃蛋白酶的添加量为 3500 U/g，恒温水浴锅的温度为 40℃，pH 值调节为 2.5，水解时间设置为 4 h，此时，得出的蛋清蛋白质的水解度较优。

② 通过试验得出在蛋清蛋白质溶液的酶解工艺优化中各因素水平的最佳组合。即胃蛋白酶的添加量为 4000 U/g，在温度为 40℃ 的恒温水浴锅中，调节 pH 值为 2.5，进行酶解时间为 5 h，此时，得出的蛋清蛋白质溶液的水解度最佳。各因素影响水解度效果的主次顺序为：pH 值＞温度＞时间＞加酶量。另外，温度和 pH 值显著影响蛋清蛋白质的水解度（$P<0.05$）。

③ 通过试验得出蛋清酶解液的磷酸化工艺中各因素的较优水平，即三聚磷酸钠的浓度为 7%，恒温水浴锅的温度为 35℃，pH 值调节为 8.0，磷酸化时间设置为 3.5 h，此时，得出的蛋清酶解液的磷酸化程度较优。

④ 通过试验得出蛋清酶解液的磷酸化工艺优化中各因素水平的最佳组合。即三聚磷酸钠的用量为 5%，在温度为 35℃ 的恒温水浴锅中，调节 pH 值为 8.0，进行水解的时间为 4 h，此时，得出的蛋清酶解液的磷酸化程度最佳。各因素影响水解度效果的主次顺序为：温度＞时间＞pH 值＝三聚磷酸钠用量。另外，温度和时间显著影响蛋清酶解液的磷酸化程度（$P<0.05$）。

⑤ 通过试验得出蛋清蛋白质溶液改性对其持水性与泡沫稳定性的影响。即持水性由原来的 1.53% 提高到 4.25%，与磷酸化前相比提高了 2.72%；泡沫稳定性由原来的 89.8% 提高到 90.9%，与磷酸化前相比提高了 1.1%。

◆ 参考文献 ◆

［1］ 王文琪，张雅玮，李加慧，等．蛋白质磷酸化对宰后肉品质影响研究进展[J]. 食品科学，2023, 44
（9）：221-230.

［2］ 杜曼婷，高梦丽，游紫燕，等．蛋白质磷酸化和亚硝基化互作对宰后羊肉嫩度的影响[J]. 食品科学，
2024, 45（2）：17-23.

［3］ 邓小蓉．蛋白质磷酸化对白斑狗鱼鱼肉质地的影响机制研究[D]. 石河子：石河子大学，2022.

［4］ 黄环，谷娟平，曾志平，等．氧化还原消化-全自动凯氏定氮法测定水质中的总氮[J]. 广州化工，2024,
52（15）：97-99.

［5］ 周迎春，姜太玲，李月仙，等．蛋白质酶水解物的功能特性及其生物活性的研究进展[J]. 农产品加工
（上半月），2018（2）：42-46.

［6］ Li C P, Ibrahim H R, Sugimoto Y, et al. Improvement of Functional Properties of Egg White Pro-
tein through Phosphorylation by Dry-Heating in the Presence of Pyrophosphate. [J]. LWT - Food Sci-
ence and Technology, 2010, 43（6）：919-925.

［7］ Li C P, Hayashi Y, Shinohara H, et al. Phosphorylation of ovalbumin by dry-heating in the pres-
ence of pyrophosphate: effect on protein structure and some properties[J]. Journal of Agricultural
& Food Chemistry, 2005, 53（12）：4962-4967.

［8］ Adetiya R, Margaret A, James M, et al. In-vitro digestibility, protein digestibility corrected ami-
no acid, and sensory properties of banana-cassava gluten-free pasta with soy protein isolate and
egg white protein addition[J]. Food Science and Human Wellness, 2023, 12（2）：520-527.

［9］ 刘长玲，高爽，马佳荣，等．B 细胞淋巴瘤对宰后秦川牛肉细胞凋亡及保水性的调控作用[J]. 食品科
学，2024, 45（15）：205-213.

［10］ 史胜娟．微波真空冷冻干燥对蛋清蛋白乳化性影响及差异蛋白质组分析[D]. 洛阳：河南科技大
学，2022.

［11］ 袁奖娟，胡祥，刘云，等．6 种云南核桃蛋白质乳化性及其乳化稳定性[J]. 食品研究与开发，2023, 44
（9）：36-42, 111.

［12］ 涂勇刚，聂旭亮，徐明生，等．响应曲面法优化木瓜蛋白酶改善蛋清蛋白起泡性能工艺 [J]. 食品科
学，2011, 32（20）：84-88.

［13］ 张涵，黄意情，王海东，等．五味子蛋白酶解前后抗氧化活性和功能特性[J]. 食品研究与开发，2024,
45（15）：42-52.

［14］ 鲜雯怡．大豆分离蛋白酶解物对豆基酸奶品质的影响研究[D]. 广州：华南理工大学，2023.

［15］ 费国源，孙培龙．蛋白酶改性处理对小麦面筋蛋白溶解度和起泡性的影响[J]. 农产品加工（学刊），
2009,（01）：32-34.

6　蛋清蛋白质的糖基化/酶解糖基化改性修饰技术

6.1　蛋清蛋白质糖基化改性及其特性变化

　　蛋白质的改性是通过修饰其结构，改变其理化性质，进而改善其功能的目的[1]。蛋白质的糖基化改性是基于美拉德反应机理的羰氨缩合反应，该过程不需任何化学催化剂参与，通过自发的美拉德反应即可使蛋白质分子的 ε-氨基与糖分子的还原性末端羰基进行共价结合而实现，所得到的蛋白质-糖共价复合物常可作为性能优良的多功能添加剂，因其反应条件温和、安全性高而备受瞩目。但因难以控制美拉德反应进程，限制了其工业化、规模化应用；同时，蛋白质糖基化分子修饰的反应机制和糖基化产物构效关系尚未明了。

　　美拉德反应不但可以改善食品的颜色和风味，而且其反应产物还具有抗氧化活性，Hodge 等认为美拉德反应会生成类黑精色素及其他高分子杂环化合物；孙常雁等研究发现乳清蛋白肽的美拉德反应产物（MRPs）具有较强的总还原力、羟基自由基清除能力，且抗氧化活性随着乳清蛋白肽美拉德反应产物质量浓度的增加而加强；刘蒙蒙研究发现罗非鱼皮胶原蛋白肽-葡萄糖 MRPs 抗氧化活性随加热时间的延长以及葡萄糖浓度增加而提高，且在碱性介质中产物活性较高；钱森和等发现美拉德反应能够有效增强芝麻多肽的抗氧化活性；项惠丹等研究发现大豆分离蛋白与还原糖反应的 MRPs 抗氧化性均低于酪蛋白制备的 MRPs，且两种MRPs 都有较强的抗氧化活性；Lertittikul 等在研究猪血红蛋白和葡萄糖发生美拉德反应后，发现不同 pH 值和加热时间对 MRPs 的抗氧化能力都有显著影响；Dong 等研究发现水解 β-乳球蛋白与葡萄糖经美拉德反应后，MRPs 的抗氧化能力显著提高[2]。

本节内容拟对蛋白质糖基化机理及其反应进程中可能影响其过程的因子进行研究，并对试验结果进行分析比较，介绍蛋清蛋白质糖基化后的功能性质，以期为其他蛋白质糖基化改性提供理论参考。

6.1.1 材料与设备

6.1.1.1 材料与试剂

原材料：鸡蛋，购买新鲜的鸡蛋，且蛋的外壳清洁、没有异味、没有破裂。

样品处理：人工将蛋清与蛋黄分离，将蛋清液采用高速分散机，以 40 r/s 搅拌 15 min。静置 2 h 后弃除底层系带等杂质后备用[3]。其他试剂见表 6-1。

表 6-1 试剂

试剂	纯度	生产厂家
氢氧化钠	分析纯	天津市登科化学试剂有限公司
硫酸铜	分析纯	广州锐昌化工有限公司
无水硫酸钾	分析纯	日照力德士化工有限公司
浓硫酸	分析纯	新乡华幸化工公司
硼酸	分析纯	廊坊市亚太龙兴化工有限公司
磷酸氢二钠	分析纯	新乡华幸化工公司
磷酸二氢钠	分析纯	新乡华幸化工公司
葡萄糖	分析纯	新乡华幸化工公司
蔗糖	分析纯	廊坊市亚太龙兴化工有限公司
乳糖	分析纯	新乡华幸化工公司
麦芽糖	分析纯	廊坊市亚太龙兴化工有限公司
果糖	分析纯	廊坊市亚太龙兴化工有限公司
十二烷基硫酸钠	分析纯	新乡华幸化工公司
邻苯二甲醛	分析纯	郑州新天和化工产品有限公司
β-巯基乙醇	分析纯	郑州新天和化工产品有限公司
盐酸	分析纯	新乡华幸化工公司
硼砂	分析纯	湖北兴隆化工有限公司
甲醇	分析纯	郑州新天和化工产品有限公司

6.1.1.2 仪器与设备

表 6-2　仪器与设备

仪器与设备	生产厂家
电热恒温鼓风干燥箱	天津市南区工艺美术陶瓷厂
JY2002 电子天平（1/1000）	上海精密科学仪器有限公司
室温-冰箱两用温度计	天津市南区工艺美术陶瓷厂
SHYC-PHB-100 数显 pH 计	北京中西远大科技有限公司
电热恒温鼓风干燥箱	天津市南区工艺美术陶瓷厂
紫外分光光度计	上海精密科学仪器有限公司
离心机	上海利鑫坚离心机有限公司
高速台式离心机	天津市南区工艺美术陶瓷厂
恒温水浴锅	郑州亨利制冷设备有限公司

烧杯（10 mL、150mL、200 mL）、玻璃棒、pH 精密试纸、称量瓶、磁力搅拌器、微量滴定管（10 mL）、锥形瓶（250 mL、150 mL）、容量瓶（250 mL、150mL）、量筒（100 mL、50mL）、移液管（1 mL、2 mL）、吸耳球、托盘、离心管等其他常规仪器及用具。

6.1.2　处理方法

6.1.2.1　蛋清蛋白质糖基化的工艺流程、操作及原辅料要求

（1）蛋清蛋白质糖基化的工艺流程

新鲜的鸡蛋→打鲜蛋→蛋清液分离→蛋清液搅拌→蛋清液静置（2 h），去除杂质→调节糖浓度、温度、时间，使蛋白液糖基化→OPA 试剂配制→测定吸光值→糖基化程度计算。

（2）蛋清蛋白质糖基化的具体操作及原辅料要求

① 新鲜的鸡蛋：购买新鲜的鸡蛋并且蛋壳清洁、没有异味、没有破裂。

② 打新鲜的鸡蛋：打开后蛋黄完整，蛋白液澄清且透明，并且没有异样和异味。

③ 蛋清液分离、搅拌：人工将蛋清与蛋黄分离，将蛋清液采用高速离心机分散机，以 40 r/s 搅拌 15 min。

④ 蛋清液的静置：静置 2 h 后弃除底层系带等杂质[4]。

⑤ 调节糖浓度、温度、时间，使蛋白液糖基化：将蛋清蛋白液和糖分别按一

定质量比溶入磷酸盐缓冲液中（浓度为 0.1mol/L，pH 值 7.4），制成浓度为 10%
的溶液，将反应容器置于一定温度的水浴锅中，不断搅拌使之反应一定时间，即
得到蛋清蛋白质糖基复合物。

⑥ OPA 试剂配制：40 mg OPA 溶于 1mL 甲醇中，加入 25 mL 0.2 mol/L 的
硼酸盐缓冲液（pH 值 9.0），100 μL β-巯基乙醇和 2.5 mL 质量分数为 20% 的十二
烷基硫酸钠（SDS）溶液，用蒸馏水定容至 50 mL，即配成需要的 OPA 试剂[5]。
该试剂要提前配置好，并轻微振荡，在低温下保存。

⑦ 测定吸光值：将反应所得的复合物溶解于蒸馏水配置成蛋白质浓度 10
mg/mL 的溶液。在试验过程中，取 10 mL OPA 试剂于一支试管，加入 500 μL 蛋
清蛋白液，使混合均匀，然后在 25℃ 反应 5 min，在光谱为 340 nm 处检测其吸光
值。上述所有测量重复 3 次，取其平均值。

⑧ 糖基化程度计算：

$$D = \frac{A_0 - A_t}{A_0} \times 100\%$$

式中，D 为糖基化程度，%；A_0 为未反应样品液的吸光值；A_t 为 t 时刻样品
液的吸光值。

6.1.2.2　糖种类的选择

① 将新鲜的鸡蛋经适当处理后得到符合要求的蛋清蛋白液。

② 取 81 mL 磷酸盐缓冲溶液（浓度为 0.1mol/L，pH 值为 7.4），分别倒入锥
形瓶 1、锥形瓶 2 和锥形瓶 3 中，再用电子天平分别称取葡萄糖、蔗糖、乳糖 6 g，
然后称取蛋清蛋白液 3 g 分别于 3 个锥形瓶中，配制成 10%（9 g）的蛋清蛋白质
磷酸盐缓冲溶液。再用玻璃棒搅拌，使反应物全部溶解。

③ 调节加热时间，在 10% 的蛋清蛋白质磷酸盐缓冲溶液条件下，使 1 号锥形
瓶、2 号锥形瓶和 3 号锥形瓶的加热时间都为 12 h。

④ 调节温度值，使 3 只锥形瓶的温度值都为 60℃，即将 3 只锥形瓶放入恒温
水浴锅中，调节水浴锅的温度 $T = 60℃$。在此条件下，测定蛋清蛋白质的糖基化
程度[6]。

⑤ 根据糖基化程度的大小来确定最佳的糖的种类，然后将蛋清蛋白液用最佳
的糖进行糖基化。还需完成剩余部分的实验内容，并且完成实验数据整理分析工作。

6.1.2.3　蛋清蛋白质糖基化的单因素试验

（1）糖浓度对糖基化的影响

配制 10% 的蛋清蛋白质磷酸盐缓冲溶液，在蛋清蛋白液与糖的质量比分别为

1∶1、1∶1.5、1∶2、1∶2.5、1∶3、1∶3.5 的条件下，在反应时间为 24 h、T=60℃下取样测定磷酸化程度。确定最佳糖浓度。

（2）反应时间对糖基化的影响

配制 10% 的蛋清蛋白质磷酸盐缓冲溶液，由（1）得出糖基化的最佳糖浓度，分别调节反应时间值为 6 h、12 h、18 h、24 h、36 h、42 h，在蛋清蛋白液∶糖＝1∶2、T=60℃条件下，测定糖基化程度。确定最佳温度值。

（3）反应温度对糖基化的影响

配制 10% 的蛋清蛋白质磷酸盐缓冲溶液，由（1）得出糖基化最佳糖浓度，由（2）得出糖基化最佳反应时间值，在此条件下反应温度分别为 30℃、40℃、50℃、60℃、70℃、80℃，测定糖基化程度。确定最佳糖基化反应温度。

（4）pH 值对糖基化程度的影响

将蛋清蛋白液在 pH 值为 6.0、7.0、8.0、9.0、10.0 的条件下进行反应，确定糖基化程度。

6.1.2.4　正交试验

在蛋清蛋白质糖基化过程中，根据得到的最佳单因素水平，由于 pH 值的影响因素较小，因此以温度、时间、蛋清蛋白液与糖的比例作为正交试验的考察因素，设计 $L_9(3^4)$ 正交试验，无交互作用，以糖基化程度为考察指标，从而得到蛋清蛋白质糖基化的最佳工艺组合。因素水平见表 6-3。

表 6-3　正交试验因素水平表

水平	因素		
	蛋清蛋白液∶糖（A）	反应时间/h（B）	反应温度/℃（C）
1	1∶1.5	18	60
2	1∶2	24	50
3	1∶2.5	30	40

6.1.2.5　糖基化程度测定

采用 OPA 法对蛋白质糖基化程度（D）进行测定[7]。将反应所得的复合物溶解于蒸馏水配置成蛋白质浓度 10 mg/mL 的溶液。使用时取 OPA 试剂 4 mL 于一支试管，注入 200 μL 蛋清蛋白质样品液，混匀后于 35 ℃反应 2 min，于 340 nm 处检测其吸光值。上述所有测量重复 3 次。计算反应的糖基化程度（D）。

6.1.2.6　持水性的测定方法

取新鲜的鸡蛋，分离后取蛋清液，大约 80 mL 置于 500 mL 烧杯中，加蒸馏水

100 mL。在 25℃下搅拌 10 min 后，取 10 mL 蛋白悬浮液于离心管中在 5000/min 下离心 25 min。记录未被分离蛋白质吸收的水的体积，取 4 次平均值[8]。

$$持水性(\%) = \frac{10 - 析出水的毫升数}{1.0} \times 100\%$$

6.1.2.7 起泡性及泡沫稳定性的测定方法

取 1%（w/v）的样品溶液调节 pH 值至 7.0，100 mL 样品溶液中快速均匀搅拌 5 min。分别记录未搅拌时样品溶液的体积（A），搅拌结束时泡沫体积（B），搅拌结束 30 min 后泡沫体积（C）[9]。

$$起泡性(\%) = \frac{B}{A} \times 100\%$$

$$泡沫稳定性(\%) = \frac{C}{B} \times 100\%$$

6.1.3 性能分析

6.1.3.1 蛋清蛋白质成分及其乳化性和乳化稳定性

表 6-4 蛋清蛋白质成分及其乳化性和乳化稳定性

成分		性质	
粗蛋白	水分	乳化性/%	乳化稳定性/%
79.86%	20.14%	0.475	24.74

6.1.3.2 单因素实验结果

（1）不同种类的糖与蛋清蛋白质糖基化

通过试验采用不同种类的糖与蛋清蛋白质在蛋白质与糖质量比为 1∶2，60℃ 条件下进行糖基化反应 12 h，反应后测各蛋清蛋白质糖基复合物的糖基化程度，乳化性，乳化稳定性。每个水平重复 3 次。

表 6-5 不同糖与蛋清蛋白质糖基化试验结果

指标	糖种类		
	葡萄糖	乳糖	麦芽糖
糖基化程度 D/%	37.37	31.85	26.71
乳化性（EAI）/%	0.913	1.113	0.871
乳化稳定性（ESI）/%	45.20	49.39	39.77

表 6-5 表明，糖基化程度：葡萄糖（37.37%）＞乳糖（31.85%）＞麦芽糖（26.71%）；乳化性：乳糖（1.113）＞葡萄糖（0.913）＞麦芽糖（0.871）；乳化稳定性：乳糖（49.39）＞葡萄糖（45.20）＞麦芽糖（39.77）。因此单糖（葡萄糖）的反应性比双糖（乳糖和麦芽糖）要强，因为在相同质量的情况下，单糖的羰基含量更高，增加了氨基和羰基结合的概率，更有利于反应的进行。但就乳化性和乳化稳定性来说，乳糖蛋清蛋白质复合物均为最高。所以确定乳糖为改性的糖类。

（2）蛋白质与糖的比例的确定

以蛋白质与糖比例为变量，在 60℃下反应 24 h，进行实验，结果如表 6-6。

表 6-6　蛋白质与糖的比例单因素试验结果表

蛋白质：糖（质量比）	指标		
	糖基化程度 D/%	乳化性（EAI）/%	乳化稳定性（ESI）/%
1：1	28.59	0.879	38.72
1：1.5	29.77	0.913	45.89
1：2	31.85	1.131	49.39
1：2.5	31.80	1.129	48.90
1：3	31.78	1.013	49.13
1：3.5	31.82	1.005	49.10

表 6-6 表明，当蛋白质与还原糖质量比在 1：1 至 1：2 时，糖基化程度随着糖与蛋白质比例的增加呈逐渐上升趋势，在蛋白质：糖＝1：2 时达到最大值（31.85%），之后随着糖与蛋白质比例的增加糖基化程度基本保持不变；而当蛋白质与还原糖质量比在 1：1 至 1：2 时，糖基化产物的乳化性随着糖与蛋白质比例的增加呈逐渐上升趋势，在蛋白质：糖＝1：2 时达到最大值（1.131），之后随着糖与蛋白质比例的增加而缓慢下降；同时当蛋白质与还原糖质量比在 1：1 至 1：2 时，蛋白质糖基复合物的乳化稳定性随着糖与蛋白质比例的增加呈上升趋势，在蛋白质与糖的比例为 1：2 时达到最大值（49.39），之后随着糖与蛋白质比例的增加糖基化程度基本保持不变。因此，蛋白质与糖的比例选择 1：2 为佳。

（3）反应时间的确定

以反应时间为变量，蛋白质：糖＝1：2，在 60℃下反应，进行改性实验，结果如图 6-1 和图 6-2 所示。

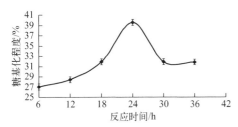

图 6-1 反应时间对糖基化程度影响的变化

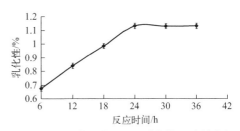

图 6-2 反应时间对蛋白质乳化性影响的变化

如图 6-1,反应时间在 6～24 h 范围内时,糖基化程度随反应时间的增加而增加,在 24 h 时达到最大值(39.54%)。反应时间超过 24 h 之后,糖基化程度随反应时间增加而降低。图 6-2 表明,当反应时间在 24 h 之前,糖基化产物的乳化性随着反应时间的延长呈逐渐上升趋势,在反应时间为 24 h 时达到最大值(1.131%),之后

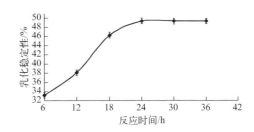

图 6-3 反应时间对蛋白质乳化稳定性影响的变化

随着反应时间的增加而基本保持不变。糖基化蛋白质的乳化性质与糖基化反应的程度有关,理想的产物应该是蛋白质的一部分疏水基团与糖发生共价键结合增加了复合物的亲水性,但又能保留有足够的疏水基团来维持产物的表面活性[10]。如图 6-3,当反应时间在 24 h 之前,糖基化产物的乳化稳定性随着反应时间的增加而逐渐上升,在反应时间为 24 h 时达到最大值(49.39%),之后随着反应时间的增加而保持不变。主要原因是随着糖基化程度的增加,蛋白质原有的紧密结构有所破坏,蛋白质在油水界面更容易转变为较适宜的构象,从而更好地发挥乳化作用。

(4)反应温度的确定

加热温度在 60℃ 之前(图 6-4),糖基化程度随温度升高而增加,在 60℃ 时糖基化程度达到最高值(31.85%)。温度超过 60℃ 之后,继续加热,蛋白质就会发生变性,则糖基化程度快速下降。蛋白质的变性影响了糖基化反应,因此糖基化程度下降。从图 6-5 可以看出糖基化反应中温度

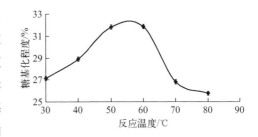

图 6-4 反应温度对糖基化程度的影响

对蛋白质乳化性的影响情况。对于乳化性来讲，在60℃之前呈现上升的趋势，到60℃达到最大值（1.131％），在60℃之后随温度的升高而下降。说明在未达到60℃之前温度越高乳化效果越好。而温度达到60℃之后，继续加热，糖基化程度迅速下降，糖基化蛋白质的乳化性与糖基化程度有关，所以蛋白质的乳化性也随之下降。图6-6可以看出糖基化反应温度对蛋白质乳化稳定性的影响情况。蛋白质的乳化稳定性，在60℃之前呈现上升的趋势，到60℃达到最大值（49.39％），在60℃之后随温度的升高而下降。说明在未达到60℃之前温度越高乳化稳定性越好。而温度达到60℃之后，继续加热，糖基化程度迅速下降，所以蛋白质的乳化稳定性也随之下降。

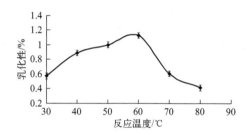

图6-5　反应温度对蛋白质乳化性的影响　　图6-6　反应温度对蛋白质乳化稳定性的影响

6.1.3.3　正交试验结果

选择蛋白质与糖的比例、反应时间、反应温度作为参考因素进行正交试验。各因素的水平见表6-7，结果见表6-8。

表6-7　正交试验因素水平表

水平	因素		
	蛋白质：糖（A）	反应时间/h（B）	反应温度/℃（C）
1	1：1.5	18	60
2	1：2	24	50
3	1：2.5	30	40

表6-8　正交试验结果

试验号	因素				指标		
	A	B	C	D	乳化性（EAI）/％	乳化稳定性（ESI）/％	综合评分
1	1	1	1	29.10	0.891	38.83	22.63

续表

试验号	因素			指标			
	A	B	C	D	乳化性 （EAI）/%	乳化稳定性 （ESI）/%	综合 评分
2	1	2	2	31.68	1.118	48.87	27.00
3	1	3	3	27.25	0.594	29.95	18.87
4	2	1	2	28.40	0.839	38.10	22.15
5	2	2	3	26.90	0.523	29.32	18.52
6	2	3	1	31.85	1.131	49.39	27.24
7	3	1	3	26.95	0.573	29.53	18.62
8	3	2	1	31.24	1.103	49.12	26.95
9	3	3	2	31.80	1.129	48.90	27.05
K_1	68.5	63.40	76.82				
K_2	67.64	72.47	76.20				
K_3	72.62	73.16	56.01				
k_1	22.83	21.13	25.61				
k_2	22.55	24.16	25.40				
k_3	24.21	24.39	18.67				
极差 R	1.66	3.26	6.94				
较优水平	A_3	B_3	C_1				
因素主次	$C>B>A$						
较优组合	$C_1B_3A_3$						

由糖基化反应正交试验结果（表 6-8）中的极差 R 可以看出，各因素对指标影响的主次顺序为 $C>B>A$，即反应时间＞反应温度＞蛋白质与糖的比例，各因素水平最佳组合为 $C_1B_3A_3$，即蛋白质与乳糖的质量比为 1:2.5，反应温度为 60℃，反应时间为 30 h。$C_1B_3A_3$ 未在正交试验结果表中，经验证实验表明，在最佳条件下进行糖基化反应时，糖基化程度为 55%。糖基化反应能显著改善蛋清蛋白质的乳化活性和乳化稳定性，糖基化的蛋清蛋白质的乳化活性和乳化稳定性较改性前提高了 3.05 倍和 7.81 倍。

6.1.3.4　糖基化反应前后乳化性质的改变

由图 6-7 和图 6-8 可知，糖基化改性可以显著提高蛋清蛋白质的乳化性和乳化稳定性。糖基化改性的目的是在蛋白分子结构改变较小的情况下，尽量增加蛋白质中亲水性基团的数量，从而使蛋白质达到更好的亲水亲油性的平衡。通过糖基化反应可以使蛋白质和糖相结合，使产物兼具蛋白和糖的优点，既具有和油相结合的能力，同时保留足够多的基团和水结合，起到乳化的作用。选择最适宜的糖基化反应条件，既能保证 Amadori 重排产物的生成，同时也能避免生成类黑素等高级反应产物，糖与蛋白质共价交联，由于糖的亲水性使复合物的表面活性增加，使其乳化性提高，从而达到改善蛋白质乳化性质的目的。蛋白质的糖基化在一定程度上可有效地改善蛋白质的乳化性，是蛋白质改性的一种有效方法，在食品、医药等方面有较广阔的应用前景。关于如何针对不同种类的蛋白质选择糖基化供体、确定糖基化反应条件及糖基化反应机理有待进一步研究。

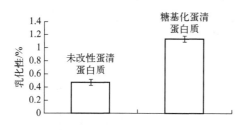
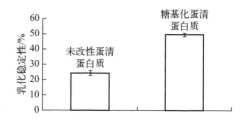

图6-7　糖基化前后蛋白质乳化性对比图　　图6-8　糖基化前后蛋白质乳化稳定性对比图

6.1.4　小结

① 确定所需糖基化反应糖的种类：将鸡蛋清与葡萄糖、麦芽糖、乳糖等还原糖，在蛋白质与糖的比例1：2，反应时间为12 h，反应温度为60℃下进行美拉德反应，测定其糖基化的程度，得到葡萄糖的糖基化程度较高。

② 通过试验得出糖基化反应条件的工艺参数：通过单因素试验确定最佳反应温度、反应时间和加糖量。以葡萄糖为还原糖，在反应时间为24 h，反应温度为60℃时，设定蛋白质与糖的质量比分别为1：1、1：1.5、1：2、1：2.5、1：3，根据糖基化程度的测定，确定最佳糖的添加量为蛋白质与葡萄糖的比例是1：2；蛋白质与葡萄糖的比例是 1：2，反应温度为60℃，设定反应时间分别为 6 h、12 h、18 h、24 h、30 h，根据糖基化程度的测定，找出最佳反应时间为24 h；蛋白质与葡萄糖的比例是1：2，反应时间24 h，设定反应温度分别为30℃、40℃、50℃、60℃、70℃，根据糖基化程度的测定，找出最佳反应温度为60℃。

③ 通过正交试验确定糖基化反应条件的最佳组合，根据得到的最佳单因素水平，以温度、时间、糖：蛋白质作为正交试验的考察因素，采用 L_9（3^4）正交试

验，无交互作用，得出不同因素的最适值为：蛋白质与葡萄糖的比例是 1：2，反应时间为 24 h，反应温度为 60℃。

④ 先对鸡蛋清原液的持水性、起泡性与泡沫稳定性、溶解性等进行特性研究，得出结果作为参考，再对糖基化改性后糖基化复合物的持水性、起泡性与泡沫稳定性、溶解性进行特性研究得出结果，并与鸡蛋清原液的特性进行比较，得出糖基化改性后的持水性比改性前的持水性高出 2.8 倍、改性后的起泡性比改性前的起泡性高出 3.28 倍、泡沫稳定性提高了 1.34 倍、溶解性比改性前的效果也要提高许多，提升了经济价值。

6.2 蛋清蛋白粉酶解糖基化改性及其特性变化

蛋清蛋白粉具有便于运输、易于贮藏等优点，然而却因其腥味重、黏度大、溶解性差等缺点严重限制了其在食品加工中的应用。因此，采用适当的方法对蛋清蛋白粉进行改性以期提高其功能性质是急需解决的问题。酶解法改性可以将大分子的蛋白质降解成小分子肽甚至更小的氨基酸，同时产生具有生物活性的物质，从而提高了人体对其的消化吸收。虽然，酶解法改性条件温和，一般不会造成营养成分的损失，但在如何选择合适的酶与控制酶解条件上仍然需要继续探索[11]。本节拟通过酶解糖基化改性技术，对蛋清蛋白粉的水解产物进行蛋白质改性，并研究酶解产物和其糖基化产物的抗氧化活性。

6.2.1 材料与设备

6.2.1.1 材料与试剂

原料：鸡蛋。

样品处理：新鲜的鸡蛋清洗，将蛋清和蛋黄分离，得到的蛋清经真空冷冻干燥后制成蛋白粉，即备用试验样品。所用试剂见表 6-9。

表 6-9 所用试剂

试剂	纯度	生产厂家
氢氧化钠	分析纯	天津市登科化学试剂有限公司
硫酸铜	分析纯	广州锐昌化工有限公司
无水硫酸钾	分析纯	日照力德士化工有限公司
浓硫酸	分析纯	新乡华幸化工公司

试剂	纯度	生产厂家
硼酸	分析纯	廊坊市亚太龙兴化工有限公司
硼砂	分析纯	廊坊市亚太龙兴化工有限公司
盐酸	分析纯	新乡华幸化工公司
甲醛	分析纯	新乡华幸化工公司
草酸钾	分析纯	湖北兴隆化工有限公司
百里酚酞	分析纯	郑州新天和化工产品有限公司
甲基红	分析纯	天津市登科化学试剂有限公司
溴甲酚绿	分析纯	广州锐昌化工有限公司
OPA	分析纯	合肥博美生物科技有限责任公司
β-巯基乙醇	分析纯	海江莱生物科技有限公司
甲醇	分析纯	河北东光恒达化工有限公司
十二烷基硫酸钠	分析纯	重庆瑞丰有限公司
葡萄糖	食品级	天津市登科化学试剂有限公司

6.2.1.2 仪器与设备

表 6-10 仪器与设备

仪器与设备	生产厂家
JY2002 电子天平（1/1000）	上海精密科学仪器有限公司
室温-冰箱两用温度计	天津市南区工艺美术陶瓷厂
SHYC-PHB-100 数显 pH 计	北京中西远大科技有限公司
电热恒温鼓风干燥箱	上海姚氏仪器设备厂
恒温水浴锅	常州润华电器有限公司
紫外分光光度计	上海精密科学仪器有限公司
离心机	上海利鑫坚离心机有限公司

其他用具：烧杯、酸式及碱式滴定管、锥形瓶、容量瓶、量筒、离心管、移液管、坩埚、坩埚夹、铁架台、玻璃棒、滴管、吸耳球、托盘、定性滤纸、比色皿以及其他常规玻璃仪器及用具。

6.2.2 制备工艺

6.2.2.1 试验的工艺流程和操作

（1）工艺流程

鸡蛋→蛋清、蛋黄分离→蛋清真空冷冻干燥→蛋白粉→蛋清蛋白粉溶液→调 pH 值、温度→恒温酶解→灭酶处理（常压煮沸 15 min）→酶解液→离心过滤→取上清液→加入还原糖→调 pH 值、温度→糖基化反应。

（2）具体操作

鸡蛋：购买新鲜的鸡蛋。

蛋清、蛋黄分离：将鸡蛋清洗干净，将蛋清和蛋黄分离。

制备蛋白粉：将分离出的蛋清经真空冷冻干燥制得蛋白粉备用。

调 pH 值、温度：用盐酸、氢氧化钠调节合适 pH 值，调节水浴锅至合适的温度。

酶解：控制不同的条件（pH 值、温度、加酶量、时间等）进行酶解单因素实验。

灭酶处理：将酶解后的蛋清蛋白粉在常压下 90℃灭酶 15 min，使酶失去活性，静置冷却。

离心过滤：将酶解液在 5000 r/min 的转速下离心 30 min。

酶解正交：根据酶解参数的单因素试验以水解度为指标分析结果，以温度、pH 值、时间、用酶量为因素进行正交试验，并对结果进行极差分析和方差分析，从而得到酶解反应的最佳组合。

酶解液糖基化：调节 pH 值、温度，在一定温度下反应一定时间，得到反应结果。

对影响糖基化反应的因素即温度、时间、pH 值、用糖量做单因素试验。

结果分析：以糖基化程度为指标，对结果进行分析处理，得到适宜的因素水平。

糖基化正交试验：根据糖基化反应参数的单因素试验结果，以温度、时间、pH 值、用糖量为因素进行正交试验，并对结果进行极差分析和方差分析，从而得到糖基化反应的最佳组合。

6.2.2.2 酶解蛋清蛋白质工艺优化

（1）单因素试验

① 酶解温度的选择：在 pH 值为 8.0，底物浓度 5%，用酶量 7000 U/g，温度

分别为 50℃、55℃、60℃、65℃、70℃ 的条件下酶解 5 h，测定其水解率（*DH*），找出最佳酶解温度。

② 酶解 pH 值的选择：在由①得到的最佳酶解温度，底物浓度 5%，用酶量 7000 U/g，pH 值分别为 7.0、7.5、8.0、8.5、9.0 的条件下酶解 5 h，测定其水解率（*DH*），找出最佳酶解 pH 值。

③ 酶解时间的选择：在由①得到的最佳酶解温度，由②得到的最佳酶解 pH 值，底物浓度 5%，用酶量 7000 U/g，时间分别为 3 h、4 h、5 h、6 h、7 h 的条件下酶解，测定其水解率（*DH*），找出最佳酶解时间。

④ 酶解用酶量的选择：在由①得到的最佳酶解温度，由②得到的最佳酶解 pH 值，由③得到的最佳酶解时间，用酶量分别为 6000 U/g、6500 U/g、7000 U/g、7500 U/g、8000 U/g 的条件下酶解，测定其水解率（*DH*），找出最佳酶解用酶量。

（2）正交试验

根据单因素试验得到的最佳单因素水平，以温度、pH 值、用酶量、时间作为正交试验的考察因素，采用 $L_9(3^4)$ 正交试验，无交互作用，测定其水解率（*DH*），进而得出不同因素的最适值，因素水平见表 6-11。

表 6-11　正交试验因素水平表

因素水平	因素			
	温度/℃ （A）	pH 值 （B）	时间/h （C）	加酶量/（U/g） （D）
1	50	7.5	4	6500
2	55	8.0	5	7000
3	60	8.5	6	7500

6.2.2.3　鸡蛋清酶解液的糖基化工艺优化

（1）单因素试验

① 糖基化反应 pH 值的选择：在温度为 60℃，蛋白质与糖的比例为 1:2，pH 值分别为 6.0、7.0、8.0、9.0、10.0 的条件下反应 24 h，找出最佳反应 pH 值。

② 糖基化反应温度的选择：在由①得到的最佳反应 pH 值，蛋白质与糖的比例为 1:2，温度分别为 40℃、50℃、60℃、70℃、80℃ 的条件下反应 24 h，找出最佳反应温度。

③ 糖基化反应时间的选择：在由①得到的最佳反应 pH 值，由②得到的最佳

反应温度，用葡萄糖量9%，时间分别为 6 h、12 h、18 h、24 h、30 h 的条件下反应，找出最佳反应时间。

④ 糖基化反应用糖量的选择：在由①得到的最佳反应 pH 值，由②得到的最佳反应温度，由③得到的最佳反应时间，糖与蛋白质的比例分别为 1∶1、1.5∶1、2∶1、2.5∶1、3∶1 的条件下反应，找出最佳反应用糖量。

（2）正交试验

根据（1）得到的最佳单因素水平，以温度、pH 值、时间、葡萄糖用量作为正交试验的考察因素，采用 $L_9(3^4)$ 正交试验，无交互作用，测定其糖基化程度（$D\%$），进而得出不同因素的最适值，因素水平见表 6-12。

表 6-12 正交试验因素水平表

因素水平	因素			
	温度/℃ （A）	pH 值 （B）	时间/h （C）	糖∶蛋白质 （D）
1	40	7.0	18	1.5
2	50	8.0	24	2.0
3	60	9.0	30	2.5

6.2.2.4 水解度的测定

$$水解度（DH）= \frac{酶解液游离态氨基氮含量}{样品中总氮含量} \times 100\%$$

游离态氨基氮含量的测定采用甲醛滴定法[12]。

用移液管移取 50mL 样品于烧杯内，加蒸馏水至 100 mL。加入 2 mL 中性饱和草酸钾溶液，搅匀，静置 2 min，用 0.1 mol/L NaOH 标准滴定溶液滴定至 pH = 8.4。加入 10 mL 甲醛，搅匀，静置 2 min，用 0.1 mol/L NaOH 标准滴定溶液滴定至 pH = 8.4；并记录消耗的 0.1 mol/L NaOH 标准滴定溶液的毫升数 V_2。用 50 mL 蒸馏水重复上述操作进行空白测试。

$$蛋白质（\%）=（V_2 - V_1）\times 1.7 \times M \times 100/50$$

式中 V_1——空白测试消耗的氢氧化钠标准溶液毫升数，mL；

V_2——样品测试消耗的氢氧化钠标准溶液毫升数，mL；

M——氢氧化钠标准滴定溶液浓度，mol/L。

样品中总氮含量的测定：半微量凯氏定氮法。

6.2.2.5　糖基化程度的测定

采用 OPA 法对蛋白中糖基化程度（D）进行测定[13]。

取 40 mg OPA 溶于 1mL 甲醇中，加入 25 mL 0.2 mol/L 的硼酸盐缓冲液（pH 值 9.0）、100 μL β-巯基乙醇和 2.5 mL 质量分数为 20％的十二烷基硫酸钠（SDS）溶液，用蒸馏水定容至 50mL，即配成需要的 OPA 试剂。该试剂要在使用的前一晚上配好，放于 4℃条件下轻微震荡。将反应所得的复合物溶解于蒸馏水中配置成蛋白质浓度 10 mg/mL 的溶液。使用时取 OPA 试剂 4 mL 于一支试管，注入 200 μL 蛋清蛋白质样品液，混匀后于 35℃反应 2 min，于 340 nm 处检测其吸光值。上述所有测量重复 3 次。反应的糖基化程度（D％）计算式为：

$$D = \frac{A_0 - A_t}{A_0} \times 100\%$$

式中，D 为糖基化程度；A_0 为第一次测得的吸光值；A_t 为第 t 次测得的吸光值。

6.2.2.6　起泡性及其泡沫稳定性的测定

取 1％（w/v）的样品溶液调节 pH 值至 7.0、100 mL 样品溶液 1000 r/min 搅拌 1 min。分别记录未搅拌时样品溶液的体积（A），搅拌结束时泡沫体积（B），搅拌结束 30 min 后泡沫体积（C）。起泡性和泡沫稳定性按照下列公式计算：

$$起泡性（\%）= B/A \times 100\%$$
$$泡沫稳定性（\%）= C/B \times 100\%$$

6.2.2.7　持水性的测定

称取 10 g 分离蛋白质样品，置于 500 mL 烧杯中，加蒸馏水 90 mL。在 25℃下，搅拌 5 min。取 10mL 蛋白质悬浮液于离心管中，在 5000 r/min 下离心 20 min。记录未被分离蛋白质吸收的水（析出的水）的体积，取 4 次的平均值[8]。

$$持水性（\%）=（10-析出水的毫升数）/1.0 \times 100\%$$

6.2.3　性能分析

6.2.3.1　不同温度条件对酶解程度的影响

通过试验在 pH 值为 8.0，底物浓度 5％，用酶量 7000 U/g，温度分别为 50℃、55℃、60℃、65℃、70℃的条件下酶解 5 h（所用酶为碱性蛋白酶，下同）。实验结果以水解度作为指标，其实验结果见表 6-13。

表 6-13　不同温度条件对酶解程度的影响

温度/℃	游离态氨基氮含量/％	样品中总氮含量/％	水解度（DH）/％
50	1.75	14.2	12.32

续表

温度/℃	游离态氨基氮含量/%	样品中总氮含量/%	水解度（DH）/%
55	1.85	14.2	13.03
60	1.63	14.2	11.48
65	1.53	14.2	10.77
70	1.36	14.2	9.58

为了更直观地分析不同温度条件对酶解程度的影响，对以上数据进行整理，并做成图表形式，其结果见图6-9。

由图6-9可知，对预处理过的蛋清蛋白溶液分别在不同温度条件下进行酶解，反应一定的时间后测其水解度，水解度值逐渐上升后又逐渐下降，蛋清蛋白溶液在55℃时水解度最大为13.03%，由于水解度越大说明酶解效果越好[14]。因此当温度为55℃时，碱性蛋白酶对蛋清蛋白溶液的酶解效果最佳，说明该温度是碱性蛋白酶作用的适宜温度，随温度不断上升酶的水解受到抑制。

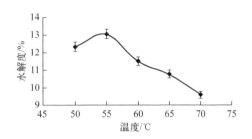

图 6-9　不同温度条件对酶解程度的影响

6.2.3.2　不同 pH 值条件对酶解程度的影响

通过试验在得到的最佳酶解温度55℃，底物浓度5%，用酶量7000 U/g，pH值分别为7.0、7.5、8.0、8.5、9.0的条件下酶解5 h，测定其水解率（DH），找出最佳酶解 pH 值，其实验结果见表6-14。

表 6-14　不同 pH 值条件对酶解程度的影响

pH 值	游离态氨基氮含量/%	样品中总氮含量/%	水解度（DH）/%
7.0	1.34	14.2	9.50
7.5	1.79	14.2	12.61
8.0	1.92	14.2	13.52
8.5	1.73	14.2	12.18
9.0	1.73	14.2	12.18

为了更直观地分析不同 pH 值条件对酶解程度的影响，对以上数据进行整理，

并做成图表形式，其结果见图 6-10。

由图 6-10 可知，对预处理过的蛋清蛋白溶液分别在不同 pH 值条件下进行酶解，反应一定的时间后测其水解度，水解度值逐渐上升后又逐渐下降，蛋清蛋白溶液在 pH 值 8.0 时水解度最大，为 13.52%，由于水解度越大说明酶解效果越好，因此当 pH=8.0 时，碱性蛋白酶对蛋清蛋白溶液的酶解效果最佳。说明 pH 值为 8.0 时适宜碱性

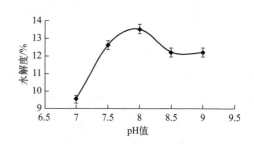

图 6-10　不同 pH 值条件对酶解程度的影响

蛋白酶的反应，低于或高于该 pH 值条件下酶的活性降低，不利于反应。

6.2.3.3　不同时间条件对酶解程度的影响

通过实验得到的最佳酶解温度 55℃，最佳酶解 pH=8.0，底物浓度 5%，用酶量 7000 U/g，时间分别为 3 h、4 h、5 h、6 h、7 h 的条件下酶解，测定其水解度（DH），找出最佳酶解时间，其实验结果见表 6-15。

表 6-15　不同时间条件对酶解程度的影响

时间/h	游离态氨基氮含量/%	样品中总氮含量/%	水解度（DH）/%
3	1.19	14.2	8.38±0.002
4	1.43	14.2	10.07±0.001
5	1.50	14.2	10.56±0.003
6	1.34	14.2	9.44±0.07
7	1.29	14.2	9.08±0.004

为了更直观地分析不同时间条件对酶解程度的影响，对以上数据进行整理，并做成图表形式，其结果见图 6-11。

由图 6-11 可知，对预处理过的蛋清蛋白溶液分别在不同时间条件下进行酶解反应后测其水解度，水解度值逐渐上升后又逐渐下降，在酶解时间为 5 h 时水解度最大，为 10.56%，由

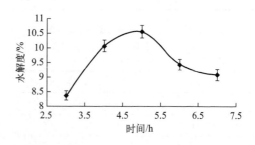

图 6-11　不同时间条件对酶解程度的影响

于水解度越大说明酶解效果越好，因此酶解时间为 5 h 时，碱性蛋白酶对蛋清蛋白溶液的酶解效果最佳。反应 5 h 后酶的活力不断下降，前 5 h 时活力不断增强，5 h 时达到最大值。

6.2.3.4 不同加酶量条件对酶解程度的影响

通过实验得到的最佳酶解温度 55℃，最佳酶解 pH=8.0，最佳酶解时间 5 h，用酶量分别为 6000 U/g、6500 U/g、7000 U/g、7500 U/g、8000 U/g 的条件下酶解，测定其水解度（DH），找出最佳酶解用酶量，其实验结果见表 6-16。

表 6-16 不同加酶量条件对酶解程度的影响

不同加酶量/（U/g）	游离态氨基氮含量/%	样品中总氮含量/%	水解度（DH）/%
6000	1.36	14.2	9.57
6500	1.43	14.2	10.07
7000	1.46	14.2	10.28
7500	1.41	14.2	9.93
8000	1.33	14.2	9.37

为了更直观地分析不同加酶量条件对酶解程度的影响，对以上数据进行整理，并做成图表形式，其结果见图 6-12。

由图 6-12 可知，对预处理过的蛋清蛋白溶液分别在不同加酶量条件下进行酶解，反应一定的时间后测其水解度，水解度值逐渐上升后又逐渐下降，加酶量为 7000 U/g 时水解度最大，为 10.28%，由于水解度越大说明酶解效果越好，因此加酶量为 7000 U/g 时，对蛋清蛋白溶液的酶解效果最佳。加酶量再增加反而会抑制其反应。

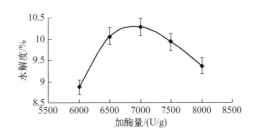

图 6-12 不同加酶量条件对酶解程度的影响

6.2.3.5 酶解工艺优化的确定（正交试验）

选取影响酶解程度最大的三个因素为研究对象，做正交试验，结果见表 6-17。

表 6-17　正交试验结果表

试验号	列号				水解度（DH）/%
	A	B	C	D	
1	1	1	1	1	15.77
2	1	2	2	2	15.70
3	1	3	3	3	15.07
4	2	1	2	3	13.03
5	2	2	3	1	15.92
6	2	3	1	2	13.87
7	3	1	3	2	11.97
8	3	2	1	3	15.70
9	3	3	2	1	13.38
K_1	46.90	42.38	45.69	46.85	
K_2	46.78	51.33	46.00	45.06	
K_3	41.28	43.81	43.20	45.34	
k_1	16.13	13.69	15.71	15.14	
k_2	15.49	17.23	15.23	15.13	
k_3	14.16	14.18	14.82	14.68	
极差 R	2.00	2.37	1.18	1.28	
较优水平	A_1	B_2	C_1	D_1	
因素主次	$B>A>D>C$				
较优组合	$A_1B_2C_1D_1$				

$A_1B_2C_1D_1$ 在正交表中未出现，需做验证试验。验证试验结果水解度为 15.98%，证明结论是正确的。

表 6-18　正交试验方差分析表

变异来源	平方和	自由度	均方	F 值	显著水平
温度	5.7183	2	2.85914	2.80	不显著
pH 值	8.0609	2	4.06050	3.98	$\alpha=0.25$
加酶量	2.3282	2	1.09962	1.07	不显著
误差	1.9347	2	1.02077		

如表 6-18，通过方差分析可知，温度、加酶量对指标的影响不显著，pH 值的显著性也不高。

由图 6-13 可得：

① 温度为 50℃时，酶解效果最好，水解度最高。

② pH＝8.0 时，酶解效果最好，水解度最高。

③ 反应时间为 4 h 时，酶解效果最好，水解度最高。

④ 加酶量为 7000 U/g 时，酶解效果最好，水解度最高。

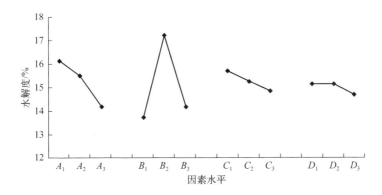

图 6-13　因素水平影响水解度趋势图

正交试验结果列于表 6-17，从表中的极差 R 可以看出各因素影响酶解程度的主次顺序为：$B>A>D>C$，即：pH 值＞温度＞加酶量＞反应时间。而且由方差分析（表 6-18）可知，温度和加酶量对酶解蛋清蛋白粉的影响程度不显著，pH 值的显著性也不高。综合起来，各因素水平最佳组合为 $A_1B_2C_1D_1$，即温度 50℃、pH＝8.0、反应时间 5 h、加酶量 6500 U/g。因为 $A_1B_2C_1D_1$ 在正交表中未出现，需做验证实验，验证实验结果水解度为 15.98%，证明结论是正确的。

6.2.3.6　不同 pH 值条件对糖基化程度的影响

酶解液在温度为 50℃，糖与蛋白质的比例为 2∶1，pH 值分别为 6.0、7.0、8.0、9.0、10.0 的条件下反应 24 h，找出最佳 pH 值，其实验结果见表 6-19。

表 6-19　不同 pH 值条件对糖基化程度的影响

pH 值	第一次测得的吸光值 A_0	第 t 次测得的吸光值 A_t	糖基化程度（D）/%
6.0	0.426	0.341	19.95±0.003
7.0	0.473	0.251	46.93±0.004

续表

pH 值	第一次测得的吸光值 A_0	第 t 次测得的吸光值 A_t	糖基化程度（D）/%
8.0	0.639	0.256	59.90±0.03
9.0	0.527	0.244	53.62±0.08
10.0	0.402	0.237	41.03±0.01

为了更直观地分析不同 pH 值条件对糖基化程度的影响，对以上数据进行整理，并做成图表形式，其结果见图 6-14。

由图 6-14 可知，对酶解液分别在不同 pH 值条件下进行糖基化，反应一定的时间后测其糖基化程度，糖基化程度值逐渐上升后又逐渐下降，反应 pH 值在 6.0、7.0、8.0 时糖基化程度逐渐增加，反应 pH 值在 8.0、9.0、10.0 时糖基化程度逐渐减小，反应 pH 值在 8.0 时糖基化程度最大（59.90%），由于糖基化程度越大说明

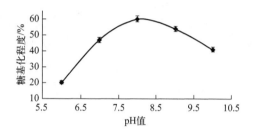

图 6-14　不同 pH 值条件对糖基化程度的影响

反应效果越好，因此反应 pH 值在 8.0 时，对蛋清酶解液的糖基化效果最佳。说明该 pH 值条件下糖基化反应更适宜进行，高于或低于该 pH 值条件糖基化反应可能会受到抑制作用[15]。

6.2.3.7　不同温度条件对糖基化程度的影响

酶解液通过实验在 pH＝8.0，蛋白质与糖的比例为 1∶2，温度分别为 30℃、40℃、50℃、60℃、70℃的条件下反应 24 h，找出最佳反应温度，其实验结果见表 6-20。

表 6-20　不同温度条件对糖基化程度的影响

温度/℃	第一次测得的吸光值 A_0	第 t 次测得的吸光值 A_t	糖基化程度（D）/%
30	0.573	0.188	67.19
40	0.604	0.198	67.21
50	0.699	0.214	69.38
60	0.533	0.288	45.96
70	0.517	0.292	43.52

为了更直观地分析不同温度条件对糖基化程度的影响，对以上数据进行整理，并做成图表形式，其结果见图 6-15。

由图 6-15 可知，对酶解液分别在不同温度条件下进行糖基化，反应一定的时间后测其糖基化程度，糖基化程度值逐渐上升后又逐渐下降，反应温度在 30℃、40℃、50℃ 时糖基化程度逐渐增加，温度在 50℃、60℃、70℃ 时糖基化程度逐渐减小，反应温度为 50℃ 时糖基化程度最大，为 69.38%，由于糖基化程度越大说明反应效果越好，因此反应温度为 50℃ 时，蛋清酶解液的糖基化效果最佳。

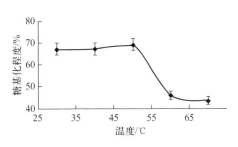

图 6-15　不同温度条件对糖基化程度的影响

6.2.3.8　不同时间条件对糖基化程度的影响

酶解液通过实验在 pH=8.0，蛋白质与糖的比例为 1:2，温度为 50℃，时间分别为 6 h、12 h、18 h、24 h、30 h 的条件下反应，找出最佳反应时间，其实验结果见表 6-21。

表 6-21　不同时间条件对糖基化程度的影响

时间/h	第一次测得的吸光值 A_0	第 t 次测得的吸光值 A_t	糖基化程度（D）/%
6	0.055	0.046	16.36
12	0.027	0.015	44.44
18	0.029	0.012	58.62
24	0.204	0.041	79.90
30	0.088	0.040	54.55

为了更直观地分析不同时间条件对糖基化程度的影响，对以上数据进行整理，并做成图表形式，其结果见图 6-16。

由图 6-16 可知，对酶解液分别在不同时间条件下进行糖基化反应后测其糖基化程度，糖基化程度值逐渐上升后又逐渐下降，反应时间在 30 h 时糖基

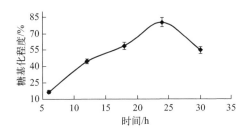

图 6-16　不同时间条件对糖基化程度的影响

化程度为 54.55%，反应时间在 6 h、12 h、18 h、24 h 时糖基化程度逐渐增加，反应时间为 24 h 时糖基化程度最大为 79.90%，由于糖基化程度越大说明反应效果越好，因此反应时间为 24 h 时，对蛋清酶解液的糖基化效果最佳。

6.2.3.9　不同糖与蛋白质比例对糖基化程度的影响

酶解液通过实验在 pH＝8.0，温度为 50℃，时间分别为 24 h，糖与蛋白质的比例分别为 1∶1、1.5∶1、2∶1、2.5∶1、3∶1 的条件下反应，找出最佳反应用糖量，其实验结果见表 6-22。

表 6-22　不同糖与蛋白质比例对糖基化程度的影响

糖与蛋白质的比例	第一次测得的吸光值 A_0	第 t 次测得的吸光值 A_t	糖基化程度 (D) /%
1∶1	0.258	0.241	6.59
1.5∶1	0.417	0.343	17.75
2∶1	0.370	0.121	67.29
2.5∶1	0.277	0.109	60.65
3∶1	0.200	0.120	40.00

为了更直观地分析不同糖与蛋白质比例对糖基化程度的影响，对以上数据进行整理，并做成图表形式，其结果见图 6-17。

由图 6-17 可知，对酶解液分别在不同的糖与蛋白质比的条件下进行糖基化，反应一定的时间后测其糖基化程度，糖基化程度值逐渐上升后又逐渐下降，糖与蛋白质比为 1∶1、1.5∶1、2∶1 时糖基化程度逐渐增加，糖与蛋白质比例为 2∶1、2.5∶1、3∶1 时糖基化程度逐渐减小，糖与蛋白质比为 2∶1 时糖基化程度最大，为

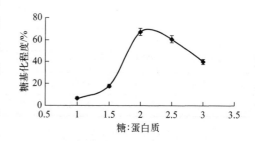

图 6-17　不同糖与蛋白质比对糖基化程度的影响

67.29%，由于糖基化程度越大说明反应效果越好，因此当其他条件一样，糖与蛋白质比为 2∶1 时，对蛋清酶解液的糖基化效果最佳。

6.2.3.10　糖基化工艺优化的确定

选取影响糖基化程度最大的三个因素为研究对象，做正交试验，结果见表 6-23。

表 6-23 正交试验结果表

试验号	列号				糖基化程度指标值（D）/%
	A	B	C	D	
1	1	1	1	1	8.22
2	1	2	2	2	10.34
3	1	3	3	3	17.24
4	2	1	2	3	11.11
5	2	2	3	1	27.54
6	2	3	1	2	25.53
7	3	1	3	2	26.26
8	3	2	1	3	8.38
9	3	3	2	1	9.35
K_1	36.08	47.00	42.45	46.90	
K_2	70.11	50.18	33.65	67.39	
K_3	44.23	53.95	71.43	38.02	
k_1	12.41	15.31	14.60	15.15	
k_2	23.21	16.84	11.14	22.62	
k_3	15.18	17.47	24.51	12.31	
极差 R	10.33	2.36	14.65	9.18	
较优水平	A_2	B_3	C_3	D_2	
因素主次	$C>A>D>B$				
较优组合	$A_2B_3C_3D_2$				

$A_2B_3C_3D_2$ 在正交表中未出现，需做验证实验。验证实验结果为糖基化程度为 28.03%，证明结论是正确的。

表 6-24 正交试验方差分析表

变异来源	平方和	自由度	均方	F 值	显著水平
温度	155.3801	2	77.69007	17.37	$\alpha=0.1$
时间	297.1501	2	156.78456	35.06	$\alpha=0.05$
糖：蛋白质	121.9926	2	57.61813	12.88	$\alpha=0.1$
误差	8.8777	2	4.47197		

注：通过方差分析可知，时间在 $\alpha=0.05$ 下是显著的，温度和糖：蛋白质的显著性不高。

由图 6-18 可得：

① 温度为 50℃时，糖基化效果最好，糖基化程度最高。

② pH 值为 9.0 时，糖基化效果最好，糖基化程度最高。

③ 反应时间为 30 h 时，糖基化效果最好，糖基化程度最高。

④ 糖与蛋白质的比例为 2∶1 时，糖基化效果最好，糖基化程度最高。

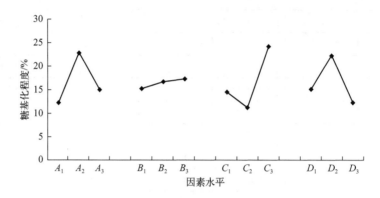

图 6-18　因素水平影响糖基化程度趋势图

正交试验结果列于表 6-23，从表中的极差 R 可以看出各因素影响糖基化程度的主次顺序为：$C>A>D>B$，即：反应时间>温度>糖∶蛋白质>pH 值。而且由方差分析（表 6-24）可知，时间对糖基化程度的影响不显著，温度和糖∶蛋白质的影响的显著性也不高。综合起来，各因素水平最佳组合为 $A_2B_3C_3D_2$，即温度 50℃、pH＝9.0、反应时间 30 h、糖与蛋白质的比为 2∶1。因为 $A_2B_3C_3D_2$ 在正交表中未出现，需做验证实验，验证实验结果为糖基化程度为 28.03%，证明结论是正确的。

6.2.3.11　改性前后特性的研究

研究蛋清蛋白粉在改性前后的特性不同，特别是对其持水性、起泡性与泡沫稳定性等特性。在相同的实验环境中，先测定改性前的持水性、起泡性与泡沫稳定性等特性；待改性后再测得持水性、起泡性与泡沫稳定性等特性。然后将其对比，得到改性前后的特性差别。目前，关于蛋清蛋白质糖基化研究进展多集中在与糖类进行麦拉德反应等一些改性，以提高蛋白质的持水性、起泡性等功能特性[16]。

6.2.3.12　改性前后对持水性的影响

取新鲜鸡蛋蛋清液大约 80 mL，置于 500 mL 烧杯中，加蒸馏水 100 mL 进行稀释，在 25℃下搅拌 10 min 后，取 10 mL 蛋白悬浮液于离心管中，在 5000 r/min

下离心 25 min，记录未被分离蛋白质吸收水的体积，取 4 次得平均值，算出持水性。见表 6-25 和表 6-26。

表 6-25 改性前后记录表

试验号	改性前析出水的体积/mL	改性后析出水的体积/mL
1	8.5	5.3
2	9.0	5.0
3	8.0	4.7
4	8.0	4.8
平均值	8.37	4.95

表 6-26 改性前后持水性分析表

项目	改性前	改性后
持水性/%	1.63	5.05

为了更直观地分析改性对持水性的影响，对以上数据进行整理，并做成图表形式，其结果见图 6-19。

由图 6-19 可以看出，改性前与改性后持水性存在很大差异。改性后的持水性明显比改性前的持水性高出 2.1 倍[17]。

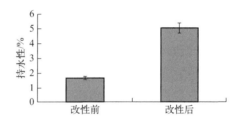

图 6-19 改性对持水性的影响

6.2.3.13 改性前后对起泡性及泡沫稳定性的影响

量取 1%（w/v）的样品溶液调节 pH 值至 7.0、100 mL 样品溶液 1000 r/min 下搅拌 1 min 下。分别记录未搅拌时样品溶液的体积（A），搅拌结束时泡沫体积（B），搅拌结束 30 min 后泡沫体积（C），然后计算得出其起泡性与泡沫稳定性的结果。见表 6-27。

表 6-27 起泡性与泡沫稳定性结果表

项目	改性前	改性后
起泡性/%	30	85
泡沫稳定性/%	55	80

为了更直观地分析改性对起泡性和泡沫稳定性的影响，对以上数据进行整理，

并做成图表形式，其结果见图 6-20。

从图 6-20 可以直接看出，改性前的起泡性与改性后起泡性具有很大差异。改性后的起泡性明显比改性前的起泡性高出 1.8 倍。改性后的泡沫稳定性比改性前也有明显的增高，泡沫的稳定性直接影响着食品的营养与品质，同样也有很大的经济意义。

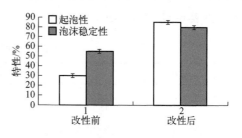

图 6-20　改性对起泡性和泡沫稳定性的影响

6.2.4　小结

① 单因素确定的酶解条件：利用碱性蛋白酶对鸡蛋清进行酶解，控制不同的反应条件，以水解度为指标，通过单因素实验确定最佳反应温度、pH 值、时间、用酶量。结果表明，各因素的最佳水平以及该水平下测得的水解度分别为：温度 55℃时水解度为 13.03%、pH＝8.0 时水解度为 13.52%、反应时间 5 h 时水解度为 10.56%、用酶量 7000U/g 时水解度为 10.28%。

② 根据酶解参数的单因素试验结果，以温度、pH 值、时间、用酶量为因素进行正交试验，并对结果进行极差分析和方差分析，从而得到酶解反应的最佳组合，结果表明，各因素水平最佳组合为 $A_1B_2C_1D_1$，即温度 50℃、pH＝8.0、反应时间 4 h、加酶量 6500 U/g，因 $A_1B_2C_1D_1$ 在正交表中未出现，做验证实验，验证实验结果为水解度 15.98%。

③ 单因素确定的糖基化条件：以最优条件下得到的鸡蛋清酶解液为原料，与还原糖葡萄糖进行糖基化反应，控制不同的条件，以糖基化程度为指标，通过单因素确定最适宜的糖基化反应温度、pH 值、时间、加糖量。结果表明，各因素的最佳水平以及该水平下测得的糖基化程度分别为：温度为 50℃时糖基化程度最大，为 69.38%；pH＝8.0 时糖基化程度最大，为 59.90%；反应时间 30 h 时糖基化程度最大，为 54.55%；糖与蛋白质比例为 2∶1 时糖基化程度最大，为 67.29%。

④ 糖基化正交：得到的最佳糖基化单因素水平，以温度、pH 值、时间、葡萄糖用量作为正交试验的考察因素，采用 $L_9(3^4)$ 正交试验，无交互作用，测定其糖基化程度（$D\%$），进而得出不同因素的最适值。结果表明：各因素水平最佳组合为 $A_2B_3C_3D_2$，即温度 50℃、pH＝9.0、反应时间 30 h、糖与蛋白质的比例为 2∶1。因为 $A_2B_3C_3D_2$ 在正交表中未出现，需做验证实验，验证实验结果糖基化程度为 28.03%，证明结论是正确的。

⑤ 先对鸡蛋清原液的持水性、起泡性与泡沫稳定性进行特性研究，得出结果作为参考，再对糖基化改性后糖基化复合物的持水性、起泡性与泡沫稳定性进行特性研究得出结果，并与鸡蛋清原液的特性进行比较，得出差异。结果表明：改性后的持水性比改性前的持水性高出 2.1 倍，改性后的起泡性比改性前的起泡性高出 1.8 倍，改性后的泡沫稳定性比改性前的也有明显的增高（高出 0.45 倍）。

◆ 参考文献 ◆

［1］冯燕英，牟代臣，祁文磊，等．蛋白质糖基化接枝改性研究进展[J]．食品与机械，2019，35（02）：190-195.

［2］赵玉滨，穆秋霞，曲柳青，等．糖基化改性对酪蛋白酶解产物抗氧化活性的影响[J]．食品与机械，2019，35（10）：223-226+ 231.

［3］王永梅，马晓军．热处理辅助木瓜蛋白酶改善蛋清蛋白的起泡特性[J]．食品与生物技术学报，2018，37（04）：392-399.

［4］王洋，叶阳，贾凤琼，等．不同多糖对鸡蛋清功能性质的影响[J]．中国食品添加剂，2015，（05）：120-125.

［5］董建琼，高昕悦，张春兰．酪蛋白-葡萄糖共聚物的制备[J]．食品工业，2020，41（03）：70-72.

［6］杨一帆．高温蒸汽和高温烘烤下卵清蛋白的糖基化反应研究及在蛋清蛋白粉加工中的应用[D]．南昌：南昌大学，2022.

［7］张波，迟玉杰．β-伴大豆球蛋白糖基化改性对其乳化性影响的研究[J]．食品工业科技，2012，33（23）：85-89.

［8］卢星星．磷酸化大豆分离蛋白乳液的制备和性质研究[D]．合肥：合肥工业大学，2022.

［9］张仲李．功能性低聚糖与蛋清蛋白协同作用对冻藏鲌鱼肌原纤维蛋白结构及功能性质的影响机制研究[D]．武汉：华中农业大学，2023.

［10］刘春波，刘志东，王荫榆．糖基化反应对乳清蛋白-乳糖复合物乳化性的影响[J]．中国乳品工业，2010，38（07）：25-28.

［11］刘祥，郑喜群，刘晓兰．美拉德糖基化对玉米蛋白粉双酶水解产物抗氧化活性的影响[J]．食品与机械，2018，34（09）：147-151.

［12］韩晴．羊血血红素的酶法提取及结构和功能应用的研究[D]．邯郸：河北工程大学，2023.

［13］迟玉杰，范淼．高凝胶性大豆球蛋白制备工艺优化[J]．农业机械学报，2012，43（10）：124-130.

［14］李圣艳，李学英，杨宪时，等．响应面法优化鱿鱼内脏酶解工艺的研究[J]．中国食品添加剂，2015，（08）：53-59.

［15］谭惠文，陈冰婷，伊丽则热·艾拜杜拉，等．德国洋甘菊和罗马洋甘菊多糖的单糖组成及体外抗氧化活性研究[J]．中国食品添加剂，2022，33（02）：161-167.

［16］徐奇，马美湖，单媛媛，等．禽蛋中主要糖基化蛋白质的研究进展[J]．家禽科学，2012，（07）：43-49.

［17］季慧，于娇娇，张金，等．介质阻挡低温等离子处理对花生蛋白持水性及溶解性的影响[J]．农业工程学报，2019，35（04）：299-304.

第三篇

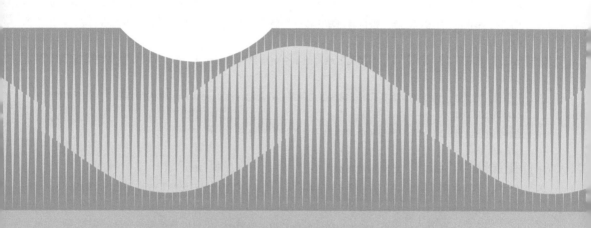

卵白蛋白的制备及
改性修饰技术

7 卵白蛋白（OVA）的制备技术

7.1 材料与设备

7.1.1 材料与试剂

表 7-1　材料与试剂

材料与试剂	规格	生产厂家
新鲜鸡蛋	市售	
牛血清蛋白	BR	上海蓝博有限公司
硫酸铵	AR	上海安途生物技术公司
十二烷基苯磺酸钠（SDS）	AR	深圳德鑫试剂有限公司
三羟甲基氨基甲烷（Tris）	AR	上海金慧生物科技有限公司
丙烯酰胺（Acr）	AR	新华绿源科技有限公司
亚甲基双丙烯酰胺（Bis）	AR	苏州安必诺化工有限公司
四甲基乙二胺（TEMED）	AR	苏州安必诺化工有限公司
溴酚蓝	AR	苏州安必诺化工有限公司
过硫酸铵（AP）	AR	苏州安必诺化工有限公司
考马斯亮蓝 R-250、G-250	AR	上海强顺化学试剂有限公司

7.1.2 仪器与设备

表 7-2　仪器与设备

仪器与设备	型号	生产厂家
台式高速离心机	H1650 型	苏州迅博科学仪器公司

仪器与设备	型号	生产厂家
紫外分光光度计	759S 型	上海棱光技术有限公司
垂直电泳槽	DYCZ-24DN 型	上海博通化学科技有限公司
稳压稳流型电泳仪	DYY-6C 型	上海博通化学科技有限公司
凝胶成像系统	Gel Doc XR＋型	美国伯乐 BIO-RAD 公司
真空冷冻干燥机	Beta2.8LD 型	美国惠普公司

7.2 处理方法

7.2.1 OVA 含量测定

采用 Bradford 法，以牛血清蛋白为标准蛋白，测定蛋白含量[1-4]。

7.2.2 OVA 的制备

鲜鸡蛋经过清洗破碎后分离得到蛋清并用双层纱布过滤，然后用 0.9％的生理盐水进行 5 倍稀释，选择 50％～75％的饱和（NH_4）$_2SO_4$ 溶液，将（NH_4）$_2SO_4$ 与蛋清按照一定的比例添加，并调节 pH 值至 4.0～5.2，在室温下反应 3 h 后离心，取上清液，经盐析，透析脱盐，真空冷冻干燥后得到纯度较高的 OVA 粉。

7.2.3 OVA 提取的单因素试验

（1）（NH_4）$_2SO_4$ 饱和度的确定

取 6 份 50 g 的蛋清液，室温下饱和（NH_4）$_2SO_4$ 溶液与蛋清液按质量比 1∶1，加入饱和度分别为 50％、55％、60％、65％、70％、75％的（NH_4）$_2SO_4$ 溶液进行盐析，反应 5 h 后，用 1 mol/L H_2SO_4 调节上清液 pH 值至 4.0，4500 r/min 离心 15 min 去除上清液，得到粗 OVA，溶解沉淀并定容至 50 mL，测定 OVA 提取量，并筛选出最佳的（NH_4）$_2SO_4$ 饱和度。

（2）pH 值的确定

取 6 份 50 g 的蛋清液，室温下饱和（NH_4）$_2SO_4$ 溶液与蛋清液按质量比 1∶1，选择 OVA 提取量最佳的饱和（NH_4）$_2SO_4$ 溶液盐析，反应 5 h 后，用 1 mol/L H_2SO_4 调节上清液 pH 值分别至 4.0、4.2、4.4、4.6、4.8、5.0、5.2，4500 r/min 离心 15 min 去除上清液，得到粗 OVA，溶解沉淀并定容至 50 mL，测

定 OVA 提取量，筛选出最佳的 pH 值。

（3）饱和（NH$_4$)$_2$SO$_4$ 溶液添加量的确定

取 6 份 50 g 的蛋清液，分别加入 OVA 提取量最佳的饱和度的（NH$_4$)$_2$SO$_4$ 溶液 30 g、50 g、60 g、70 g、80 g、90 g、100 g 进行盐析，反应 5 h 后，用 1 mol/L H$_2$SO$_4$ 调节上清液 pH 值至 OVA 提取量最佳的 pH 值，4500 r/min 离心 15 min 去除上清液，得到粗 OVA，溶解沉淀并定容至 50 mL，测定 OVA 提取量，筛选出最佳的饱和（NH$_4$)$_2$SO$_4$ 溶液添加量。

7.2.4　OVA 提取的响应面优化试验

根据单因素试验结果，以（NH$_4$)$_2$SO$_4$ 饱和度、pH 值、饱和（NH$_4$)$_2$SO$_4$ 溶液添加量作为自变量，OVA 提取量为响应值，设立了 20 个处理组，试验因素水平见表 7-3。

表 7-3　三元二次通用旋转组合设计试验因素水平编码表

因素	编码	水平				
		1.682	1	0	−1	−1.682
（NH$_4$)$_2$SO$_4$ 饱和度/%	X$_1$	75	73	70	67	65
pH 值	X$_2$	4.8	4.7	4.6	4.5	4.4
饱和（NH$_4$)$_2$SO$_4$ 溶液添加量/g	X$_3$	100	92	80	68	60

7.2.5　OVA 分子量及纯度鉴定

提取 OVA 的分子量及纯度鉴定采用 Song 等的方法进行分析并稍作修改，本实验以分子质量范围为 6.5～200 kDa 标准蛋白质为对照，分离胶为 10%，浓缩胶为 5%。将 OVA 的浓度调节至 1 mg/mL，吸取 20 μL 的 OVA 溶液与 5 倍体积上样缓冲液混合，沸水浴 5 min，冷却后进行后续实验。电泳开始时采用 80 V 电压，当溴酚蓝离开浓缩胶时，将电压加大至 110 V。染色液染色 1～2 h，脱色液脱色 4 h[4]。

7.3　性能分析

7.3.1　考马斯亮蓝标准曲线的绘制

利用 Origin 8.5 绘制的考马斯亮蓝标准曲线见图 7-1。

如图 7-1，考马斯亮蓝标准曲线的回归方程为 $y=0.005x+0.105$，$R^2=0.998$。根据标准曲线可计算出样品蛋白质含量，该方程线性较好，可用于下一步试验[5]。

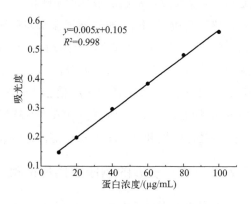

图 7-1 考马斯亮蓝标准曲线

7.3.2 单因素试验结果

（1）$(NH_4)_2SO_4$ 饱和度对 OVA 提取量的影响

由图 7-2 可知，随着 $(NH_4)_2SO_4$ 饱和度的增加，OVA 的提取量呈增长趋势，当 $(NH_4)_2SO_4$ 饱和度达到 65％时 OVA 提取量达到最大，而后随着 $(NH_4)_2SO_4$ 的增加，OVA 的提取量基本保持不变。因此，选择饱和度为 65％的 $(NH_4)_2SO_4$ 提取 OVA。

（2）pH 值对 OVA 提取量的影响

由图 7-3 可知，随着 pH 值的增加，OVA 提取率增加，当 pH 值达到 4.4 时，OVA 的提取量最大；当 pH 值大于 4.4 时，OVA 的提取量呈下降趋势。因此，选择 pH 值为 4.4 作为最佳提取 pH 值。

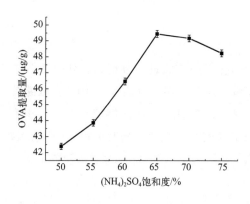

图 7-2 $(NH_4)_2SO_4$ 饱和度对 OVA 提取量的影响

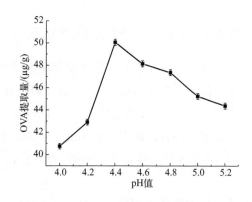

图 7-3 pH 值对 OVA 提取量的影响

（3）饱和 $(NH_4)_2SO_4$ 溶液添加量对 OVA 提取量的影响

由图 7-4 可知，饱和 $(NH_4)_2SO_4$ 溶液的添加量低于 70 g 时，OVA 的提取量随着 $(NH_4)_2SO_4$ 添加量的增加而提高；当 $(NH_4)_2SO_4$ 添加量等于 70 g 时，

OVA 的提取量最大；当（NH$_4$）$_2$SO$_4$ 添加量大于 70 g 时，OVA 的提取量呈下降趋势。这可能是因为过量的（NH$_4$）$_2$SO$_4$ 溶液会引起蛋白质溶解度的升高，不利于蛋白质的提取，因此选择饱和（NH$_4$）$_2$SO$_4$ 溶液的质量为 70 g。

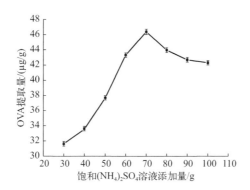

图 7-4　饱和（NH$_4$）$_2$SO$_4$ 溶液添加量对 OVA 提取量的影响

7.3.3　响应面优化试验结果

根据单因素试验结果，通过三因素三水平通用旋转试验对 OVA 提取工艺进行响应面优化，其试验设计方案及结果和方差分析表如表 7-4 和表 7-5 所示。

表 7-4　三因素三水平通用旋转组合试验设计方案及结果

试验号	X_1	X_2	X_3	OVA 提取量/（μg/g）
1	1	1	1	49.15
2	1	1	−1	48.50
3	1	−1	1	48.75
4	1	−1	−1	48.20
5	−1	1	1	47.80
6	−1	1	−1	47.00
7	−1	−1	1	45.55
8	−1	−1	−1	45.20
9	−1.6818	0	0	45.35
10	1.6818	0	0	49.55
11	0	−1.6818	0	45.35
12	0	1.6818	0	47.45

续表

试验号	X_1	X_2	X_3	OVA 提取量/（$\mu g/g$）
13	0	0	-1.6818	47.75
14	0	0	1.6818	48.75
15	0	0	0	48.85
16	0	0	0	49.05
17	0	0	0	49.15
18	0	0	0	48.70
19	0	0	0	48.35
20	0	0	0	48.20

表 7-5　方差分析表

方差来源	平方和	自由度	均方	F 值	P 值	显著性
X_1	20.33	1	20.33	189.33	＜0.0001	
X_2	4.38	1	4.38	40.76	＜0.0001	
X_3	0.89	1	0.89	8.27	0.0165	
$X_1 X_2$	1.90	1	1.90	17.70	0.0018	
$X_1 X_3$	0.031	1	0.031	0.29	0.6014	
$X_2 X_3$	0.15	1	0.15	1.41	0.2627	
X_1^2	2.12	1	2.12	19.78	0.0012	
X_2^2	8.22	1	8.22	76.53	＜0.0001	
X_3^2	0.15	1	0.15	1.37	0.2686	
回归	37.29	9	4.14	38.58	＜0.0001	极显著
残差	1.07	10	0.096			
失拟	0.36	5	0.071	0.49	0.7707	不显著
误差	0.72	5	0.14			
总和	38.36	19				

注：$P<0.01$ 影响极显著；$P<0.05$ 影响显著。

采用 Design-Expert. 8.0.5 统计分析软件对表 7-4 的数据进行多元回归拟合，得到自变量（NH_4）$_2SO_4$ 饱和度（X_1）、pH 值（X_2）、饱和（NH_4）$_2SO_4$ 溶液添加量（X_3）对 OVA 提取量（Y）的回归方程如下[6]：

$$Y=48.71+1.22 X_1+0.57 X_2+0.25 X_3-0.49 X_1 X_2-0.062 X_1 X_3+0.14 X_2 X_3-0.38 X_1^2-0.76 X_2^2-0.10 X_3^2$$

从表 7-5 中各因素的 F 值可以看出，各因素对 OVA 提取量的影响大小顺序为 $(NH_4)_2SO_4$ 饱和度＞pH 值＞饱和 $(NH_4)_2SO_4$ 溶液添加量。考察因素间的交互作用，由表 7-4 可以看出，$(NH_4)_2SO_4$ 饱和度与 pH 值的交互作用显著。本试验构建的模型 $\alpha＝0.05$ 显著水平下剔除不显著水平后的方程为：

$$Y=48.71+1.22\,X_1+0.57\,X_2+0.25\,X_3-0.49\,X_1X_2-0.38X_1^2-0.76X_2^2$$

由表 7-5 可知，拟合的二次回归方程极显著，失拟项 $P=0.7707＞0.05$，差异不显著，说明模型拟合度较高，该回归方程 $R^2=97.20$，说明该模型有效可用。

7.3.4　响应面交互作用分析

由方差分析可知，只有 $(NH_4)_2SO_4$ 饱和度和 pH 值的交互作用显著，因此只对 $(NH_4)_2SO_4$ 饱和度与 pH 值的交互作用进行分析。$(NH_4)_2SO_4$ 饱和度与 pH 值交互作用对 OVA 提取量影响的响应面与等高线图如图 7-5 所示。

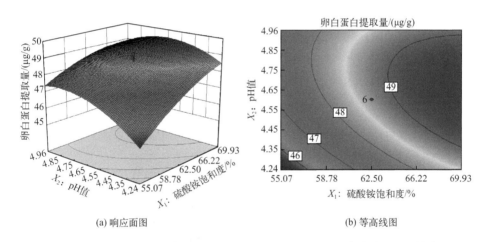

(a) 响应面图　　　　　　　(b) 等高线图

图 7-5　$(NH_4)_2SO_4$ 饱和度与 pH 值交互作用对 OVA 提取量影响的响应面和等高线图

由图 7-5 可知，$(NH_4)_2SO_4$ 饱和度与 pH 值对 OVA 提取量的交互影响，响应面呈抛物线形，等高线呈椭圆形，这说明 $(NH_4)_2SO_4$ 饱和度与 pH 值的交互作用对 OVA 提取量影响显著，这与表 7-5 中显著性分析结果一致。与 pH 值方向比较，$(NH_4)_2SO_4$ 饱和度效应面较陡峭，说明对于 OVA 提取量的影响，$(NH_4)_2SO_4$ 饱和度比 pH 值影响显著[7]。由等高线的变化趋势可看出，当 $(NH_4)_2SO_4$ 饱和度低于 64.36%～69.93% 之间某固定值、pH 值低于 4.85～4.45 之间某固定值时，OVA 提取量随着 $(NH_4)_2SO_4$ 饱和度与 pH 值的增加而增加；当 $(NH_4)_2SO_4$ 饱和度高于 64.36%～69.93% 之间某固定值、pH 值高于 4.85～4.45 之间某固定值时，OVA 提取量随着 $(NH_4)_2SO_4$ 饱和度与 pH 值的增加而减小。

7.3.5　最佳工艺条件的确定与验证

通过响应面分析得出鸡蛋清 OVA 最佳提取条件为：$(NH_4)_2SO_4$ 饱和度 70%、pH＝4.6、饱和 $(NH_4)_2SO_4$ 溶液添加量 86 g，OVA 提取量预测值为 49.58 $\mu g/g$。为了检验模型预测的 $(NH_4)_2SO_4$ 盐析法提取蛋清 OVA 工艺的可靠性，对优化提取条件进行 3 次验证实验，测得 OVA 提取量为 (48.80 ± 0.43) $\mu g/g$，与预测值相对误差为 1.57%，说明运用响应面法优化的 $(NH_4)_2SO_4$ 盐析法提取蛋清 OVA 的工艺条件准确可靠，具有可行性，应用价值高。

7.3.6　OVA 分子量及纯度鉴定结果

采用 SDS-PAGE 凝胶电泳对提取的 OVA 进行鉴定，结果如图 7-6 所示。条带 1 为纯净 OVA 标品，其分子量为 44.5 kDa，条带 2 和 3 为提取的 OVA，其条带位置与 OVA 标品条带位置一样，可以推测提取的蛋白质为 OVA 且纯度高。因此，采用饱和 $(NH_4)_2SO_4$ 盐析法可以得到高纯度的 OVA，可用于后续试验。

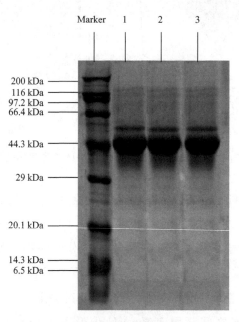

图 7-6　OVA 的电泳图

Marker 表示标准蛋白质

7.4 小结

① 本章以新鲜鸡蛋清为原料，采用饱和（NH_4）$_2SO_4$盐析法提取OVA，研究（NH_4）$_2SO_4$饱和度、pH值、饱和（NH_4）$_2SO_4$溶液添加量这三个因素对OVA提取量的影响。以OVA提取量为指标，通过单因素得到影响OVA提取量的三个因素的最适条件为：（NH_4）$_2SO_4$饱和度为65%、pH值为4.4、饱和（NH_4）$_2SO_4$溶液添加量为70 g。

② 在单因素的基础上，以（NH_4）$_2SO_4$饱和度、pH值、饱和（NH_4）$_2SO_4$溶液添加量作为响应因素，OVA提取量为响应值，进行了三因素三水平通用旋转试验，得出在（NH_4）$_2SO_4$饱和度70%、pH＝4.6、饱和（NH_4）$_2SO_4$溶液添加量86 g的条件下，OVA提取量为（48.80±0.43）$\mu g/g$，与模型预测值相符。通过SDS-PAGE电泳对所提取OVA鉴定，OVA的条带与标品位置一致，说明采用饱和（NH_4）$_2SO_4$溶液盐析法可得到高纯度的OVA。

参考文献

[1] 张玉魁，潘忠诚．一种快速DNA聚丙烯酰胺凝胶电泳与银染干胶技术[J]．中国医科大学学报，2003，（04）：23-24.

[2] 王晶．鸡蛋贮藏期间三种蛋白质结构与功能性质的变化研究[D]．武汉：华中农业大学，2014.

[3] 陈丽园，任红伟，刘克龙，等．富硒鸡蛋生产中影响蛋硒含量因素分析[J]．粮食与饲料工业，2021，（02）：41-44+ 53.

[4] 申世强．磷酸化和琥珀酰化大豆分离蛋白的制备与功能性质研究[D]．广州：暨南大学，2010.

[5] 陈珂，刘丽莉，孟圆圆，等．蛋清蛋白粉喷雾干燥工艺优化及特性变化[J]．食品与机械，2019，35（01）：197-203+ 231.

[6] 刘丽莉，李玉，杨陈柳，等．糖基化卵白蛋白肽的制备工艺优化及特性与结构分析[J]．食品与发酵工业，2018，44（08）：181-187.

[7] 莫宇丽，李亚欢，王艳，等．响应面法优化超声微波联合提取杏鲍菇中麦角硫因工艺[J]．食品工业科技，2020，41（01）：143-149.

8　卵白蛋白酶解-磷酸化协同改性技术

8.1　卵白蛋白肽的制备

　　未加工处理的蛋清蛋白质腥味较重、受热易凝固、溶解性差，限制了其在食品加工中的应用，因此在不影响其营养价值的前提下，通过蛋白质改性，解决蛋白质在食品生产过程的不利因素。蛋白质的结构与其功能性质有着必然的关系，通过改变蛋白质的空间结构，获得较好的功能特性。蛋白质酶解技术可使大分子蛋白质部分降解为小分子肽链，从而使其某些功能提高，并可促使呈味氨基酸或小分子肽链释放，改善其风味。要得到具有较好性能的酶解蛋白质产品，必须对酶解工艺进行优化，以提高酶解效率，得到较高水解度的蛋白质。

8.1.1　材料与方法

8.1.1.1　实验材料

表 8-1　实验材料

实验材料	生产厂家
蛋清 OVA	
木瓜蛋白酶（1.0×10^4 U/g）	上海蓝季科技发展有限公司
中性蛋白酶（5.0×10^4 U/g）	上海蓝季科技发展有限公司
碱性蛋白酶（1.0×10^5 U/g）	上海蓝季科技发展有限公司
风味蛋白酶（1.6×10^4 U/g）	上海蓝季科技发展有限公司
甲醛（AR）	新乡华幸化工公司

8.1.1.2 仪器与设备

表 8-2 仪器与设备

仪器与设备	生产厂家
Avanti J-E 超速冷冻离心机	美国 Beckman Coulter 公司
Beta2.8LD 型真空冷冻干燥机	德国 CHRIST

8.1.2 工艺流程

8.1.2.1 OVA 的酶解工艺流程

配制浓度为 5%OVA 溶液,调节反应体系的 pH 值至设定值,在设定温度的水浴锅中预热 10 min 后,加入设定量的酶,酶解时间为所设计时间。酶解过程中水浴控温,每 30 min 振荡混匀 1 次,酶解反应期间用 pH 计监测 OVA 溶液的 pH 值,并通过滴加 NaOH 溶液来调节 pH 值,使 pH 值保持在一定的范围内。酶解反应结束后将反应体系至于 90℃ 水浴锅中 5 min,使酶钝化,冷却至室温,4500 r/min 离心,取上清液冷冻干燥,得到酶解后的 OVA 肽[1]。

8.1.2.2 蛋白酶的筛选

针对碱性蛋白酶、中性蛋白酶、风味蛋白酶、木瓜蛋白酶进行初步筛选,通过单个酶解 OVA 试验,分析比较各酶的水解能力。

8.1.2.3 酶解条件优化试验

(1) 单因素试验

① 反应温度对 OVA 水解度的影响

取 6 份完全相同的 OVA 粉末 5 g 溶于 100 mL 蒸馏水中,加入 5000 U/g 的碱性蛋白酶,调 pH 值为 9.0,分别在 40℃、45℃、50℃、55℃、60℃、65℃ 水浴锅中反应 5 h,测定其水解度大小。

② 反应 pH 值对 OVA 水解度的影响

取 6 份完全相同的 OVA 粉末 5 g 溶于 100 mL 蒸馏水中,加入 5000 U/g 的碱性蛋白酶,调节温度为 50℃,pH 值分别为 7.0、7.5、8.0、8.5、9.0、9.5,反应 5 h,测定其水解度大小。

③ 反应时间对 OVA 水解度的影响

取 6 份完全相同的 OVA 粉末 5 g 溶于 100 mL 蒸馏水中,加入 5000 U/g 的碱性蛋白酶,温度为 50℃,pH＝9.0,反应时间分别为 4 h、4.5 h、5 h、5.5 h、6 h,测定其水解度大小。

④ 酶添加量对 OVA 水解度的影响

取 6 份完全相同的 OVA 粉末 5 g 溶于 100 mL 蒸馏水中，加入 5000 U/g 的碱性蛋白酶，调节温度为 50℃，pH＝9.0，分别加入 3000 U/g、4000 U/g、5000 U/g、6000 U/g、7000 U/g、8000 U/g 的碱性蛋白酶，反应 5 h，测定其水解度大小。

⑤ 底物浓度对 OVA 水解度的影响

分别称取 2 g、3 g、4 g、5 g、6 g 完全相同的 OVA 粉末溶于 100 mL 蒸馏水中，加入 5000 U/g 的碱性蛋白酶，调节温度为 50℃，pH 值 9.0，反应 5 h，测定其水解度大小。

（2）正交旋转试验

在探讨了影响酶解鸡蛋清 OVA 的五因素：温度、pH 值、反应时间、酶添加量和底物浓度等单因素条件的基础上，利用 DPS 8.0 版软件进行五元二次正交旋转组合设计表 8-3。以这五个因素为自变量，以水解度为响应值，设立了 36 个处理组。

表 8-3　因素水平处理编码表

变量名称	编码	水平				
		−2	−1	0	1	2
温度/℃	X_1	45	48.75	52.5	56.25	60
反应时间/h	X_2	2	3	4	5	6
pH 值	X_3	7.5	8	8.5	9	9.5
酶浓度/（U/g）	X_4	3000	4000	5000	6000	7000
底物浓度/%	X_5	2	3	4	5	6

8.1.2.4　水解度的测定

参考杨雨等[2]的方法测量水解度：

$$水解度（\%）＝\frac{水解后生成氨基的量}{样品中总 N 含量}×100\% \tag{8-1}$$

水解后生成的氨基的量由甲醛滴定法测得，样品总含 N 量由凯氏定氮法测定。

8.1.2.5　电泳鉴定酶解的 OVA 肽

采用 SDS-PAGE 鉴定酶解后的 OVA 肽。

8.1.3　性能分析

8.1.3.1　蛋白酶的确定

采用不同的蛋白酶酶解 OVA，其酶解效果如图 8-1 所示。

由图 8-1 可知，碱性蛋白酶的水解度达到 26.55%，水解能力显著优于其他 3 种蛋白酶（$P<0.05$），原因可能是碱性蛋白酶的酶活力高于其他 3 种蛋白酶，同时碱性蛋白酶的最适 pH 值是在 8.5 左右，而在碱性条件下又能使蛋白质自身裂解[3]。因此选用碱性蛋白酶为后续实验的水解酶。

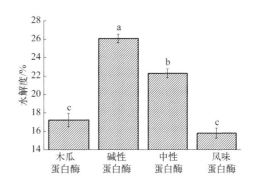

图 8-1　不同蛋白酶的水解度的比较

字母不同表示差异显著（$P<0.05$）

8.1.3.2　单因素试验结果

（1）反应温度的确定

不同反应温度对 OVA 进行酶解，结果如图 8-2 所示。

由图 8-2 可知，开始时蛋清 OVA 水解度随反应温度的升高而增大，在反应温度达到 55℃，OVA 的水解度达到最大值，27.81%，随后水解度开始下降。随着温度的升高，碱性蛋白酶失活，水解度降低，因此最佳酶解温度为 55℃。

（2）反应时间的确定

采用不同反应时间对 OVA 进行酶解，结果如图 8-3 所示。

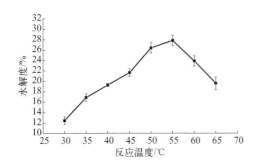

图 8-2　反应温度对水解度的影响

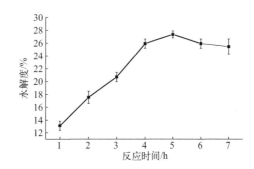

图 8-3　反应时间对水解度的影响

由图 8-3 可知，随着反应时间的延长蛋清 OVA 水解度增加，在反应 5 h 左右 OVA 的水解度达到最大值，随后水解度开始缓慢下降，6 h 后基本保持不变。因此，碱性蛋白酶水解蛋清 OVA 的最佳时间为 5 h。

（3）反应 pH 值的确定

采用不同反应 pH 值对 OVA 进行酶解，结果如图 8-4 所示。

由图 8-4 可知，在其他反应条件确定下，改变反应 pH 值，开始时蛋清 OVA 水解度随反应 pH 值的升高而增大，在 pH 值达到 8.5 左右，OVA 的水解度达到最大值，随后水解度开始下降。在酸性或较大碱性条件下，碱性蛋白酶失活，水解度降低，因此最佳酶解 pH 值为 8.5。

（4）酶用量的确定

酶用量对 OVA 酶解效果的影响，结果如图 8-5 所示。

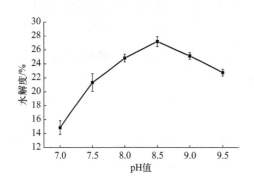

图 8-4　反应 pH 值对水解度的影响

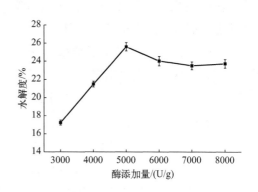

图 8-5　酶用量对水解度的影响

由图 8-5 可知，在其他反应条件确定下，改变酶用量，开始时蛋清 OVA 水解度随着碱性蛋白酶用量的增加而增大，当酶用量达到 5000 U/g 时，水解度达到最大值。随后，可能是因为随着酶用量的增加反应体系发生酶抑制反应，水解度开始缓慢下降[4]，当酶用量达到 6000 U/g 时，水解度基本趋于稳定。因此最佳酶用量为 5000 U/g。

（5）底物添加量的确定

探究不同底物浓度对 OVA 酶解的影响，结果如图 8-6 所示。

由图 8-6 可知，在其他反应条件确定下，改变底物添加量，开始时水解度随 OVA 添加量的增加而增大，当底物添加量达到 5% 时，水解度达到最大值。继续增大 OVA 的添加量，OVA 的水解度基本保持不变。因此选取底物添加量为 5%。

8.1.3.3　正交实验结果

在单因素试验的基础上，设计五

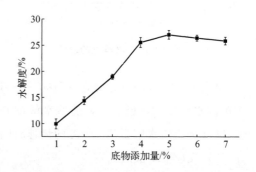

图 8-6　底物添加量对水解度的影响

元二次正交旋转组合试验，根据表 8-3 的因素编码表进行响应面试验设计，结果见表 8-4。

表 8-4 五元二次正交旋转组合试验设计方案及结果（$n = 3$）

试验号	X_1 温度	X_2 时间	X_3 pH 值	X_4 酶用量	X_5 底物添加量	水解度/%
1	1	1	1	1	1	23.58
2	1	1	1	−1	−1	25.75
3	1	1	−1	1	−1	21.33
4	1	1	−1	−1	1	24.45
5	1	−1	1	1	−1	23.82
6	1	−1	1	−1	1	24.91
7	1	−1	−1	1	1	21.58
8	1	−1	−1	−1	−1	21.84
9	−1	1	1	1	−1	26.23
10	−1	1	1	−1	1	28.02
11	−1	1	−1	1	1	27.33
12	−1	1	−1	−1	−1	27.67
13	−1	−1	1	1	1	23.03
14	−1	−1	1	−1	−1	20.91
15	−1	−1	−1	1	−1	18.74
16	−1	−1	−1	−1	1	19.21
17	−2	0	0	0	0	18.36
18	2	0	0	0	0	24.67
19	0	−2	0	0	0	17.27
20	0	2	0	0	0	27.15
21	0	0	−2	0	0	16.45
22	0	0	2	0	0	22.11
23	0	0	0	−2	0	26.18
24	0	0	0	2	0	24.55
25	0	0	0	0	−2	25.09
26	0	0	0	0	2	27.88
27	0	0	0	0	0	25.46
28	0	0	0	0	0	27.32
29	0	0	0	0	0	27.09
30	0	0	0	0	0	26.67
31	0	0	0	0	0	26.82

续表

试验号	X_1 温度	X_2 时间	X_3 pH 值	X_4 酶用量	X_5 底物添加量	水解度/%
32	0	0	0	0	0	27.27
33	0	0	0	0	0	27.45
34	0	0	0	0	0	26.38
35	0	0	0	0	0	25.79
36	0	0	0	0	0	25.84

8.1.3.4 方差分析和显著性检验结果

表 8-5 二次响应面回归模型方差分析

变异来源	平方和	自由度	均方	偏相关	F 值	P 值
X_1 温度	3.1828	1	3.1828	0.2803	1.2789	0.2759
X_2 时间	104.5003	1	104.5	0.8584	41.9912	0.0001
X_3 pH 值	26.924	1	26.924	0.6473	10.8188	0.005
X_4 酶用量	4.4894	1	4.4894	−0.3276	1.8039	0.1992
X_5 底物添加量	5.415	1	5.415	0.3559	2.1759	0.1609
X_1^2	32.5625	1	32.5625	−0.6826	13.0845	0.0025
X_2^2	22.3112	1	22.3112	−0.6116	8.9653	0.0091
X_3^2	78.6258	1	78.6258	−0.8235	31.5941	0.0001
X_4^2	0.0685	1	0.0685	−0.0428	0.0275	0.8705
X_5^2	1.7485	1	1.7485	0.2115	0.7026	0.4151
$X_1 X_2$	37.21	1	37.21	−0.7065	14.952	0.0015
$X_1 X_3$	0.819	1	0.819	0.1465	0.3291	0.5747
$X_1 X_4$	2.3716	1	2.3716	−0.2444	0.953	0.3444
$X_1 X_5$	0.3192	1	0.3192	−0.0921	0.1283	0.7252
$X_2 X_3$	4.5156	1	4.5156	−0.3285	1.8145	0.198
$X_2 X_4$	3.7249	1	3.7249	−0.3012	1.4968	0.24
$X_2 X_5$	0.065	1	0.065	−0.0417	0.0261	0.8737
$X_3 X_4$	0.0992	1	0.0992	0.0515	0.0399	0.8444
$X_3 X_5$	0.0016	1	0.0016	−0.0065	0.0006	0.9801
$X_4 X_5$	1.55	1	1.55	0.1997	0.6228	0.4423

变异来源	平方和	自由度	均方	偏相关	F 值	P 值
回归	330.504	20	16.5252		F_2 6.64030	0.0001
剩余	37.3294	15	2.4886			
失拟	32.7653	6	5.4609		F_1 10.76839	0.0001
误差	4.5641	9	0.5071			
总和	367.8334	35				

采用 DPS 数据处理系统用二次回归旋转组合试验统计方法对试验数据进行拟合，得到的回归方程如下：

$Y = 26.43 + 0.3642X_1 + 2.0867X_2 + 1.0591X_3 - 0.4325X_4 + 0.4750X_5 - 1.0087X_1^2 - 0.8350X_2^2 - 1.5750X_3^2 - 0.0463X_4^2 + 0.2338X_5^2 - 1.525X_1X_2 + 0.2263X_1X_3 - 0.3850X_1X_4 - 0.1413X_1X_5 - 0.5313X_2X_3 - 0.4825X_2X_4 - 0.0638X_2X_5 + 0.0788X_3X_4 - 0.01X_3X_5 + 0.3113X_4X_5$

由方差分析可知，回归方程的失拟性检验 $F_1 = 10.77$（$F_{0.05(6,9)} = 4.06$）不显著，所以选用的二次回归模型是恰当的。对回归系数检验可知方程的决定系数 $R^2 = 0.8985$，说明该模型能解释 89.85% 的数据，表明该模型拟合结果较好，试验误差小，能够正确反映各因素与水解度的数量关系，以此数学模型来模拟酶解反应的得率有效。

8.1.3.5 响应面和等高线分析

由回归方程偏回归系数显著性检验可知，只有 X_1（反应温度）和 X_2（反应时间）两因子间存在着显著的交互作用，因此只分析 X_1 和 X_2 之间的交互作用。同样采用降维法，固定另外 2 个因素取零水平。交互作用方程为：$Y_{12} = 26.43 + 0.3642X_1 + 2.0867X_2 - 1.0087X_1^2 - 0.8350X_2^2 - 1.5250X_1X_2$。其他因子间的交互作用差异均不显著。由于二次项系数之间具有相关性，因此其他的交互项不能删除。等高线的形状可以反映因素间交互作用的大小，圆形表示两因子间交互作用不显著，椭圆形表示两因子间交互作用显著[5]。由图 8-7 可知，反应温度与反应时间存在一定的交互作用。当反应温度一定时，随着反应时间的延长，水解度先升高后降低，编码值在 4～8 h 达到最大值；当反应时间一定时，随着反应温度的升高，水解度也是先升高后降低，在编码值为 40～55℃时达到最大值。由此可知，X_1、X_2 在编码为 0～1 时交互作用最明显。

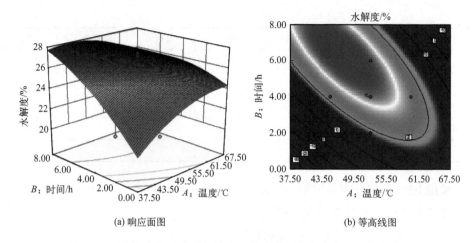

(a) 响应面图   (b) 等高线图

图 8-7 反应温度与反应时间的交互影响水解度的响应面和等高线图

8.1.3.6 利用回归方程确定最佳作用参数和模型验证实验结果

采用 DPS V7.5 专业版和设计专家 Design-Expert.8.0 分析，得到各因素的最佳酶解条件组合为：反应温度 55℃、反应时间 5 h、pH=8.25、酶用量 5500 U/g、底物添加量 5%，最高水解度预测值为 28.73%，通过验证实验所得水解度平均为 (27.88±0.27)%，偏差绝对值小于 1.0%，表明通过优化的水解条件可信。

8.1.3.7 电泳图分析

采用 SDS-PAGE 电泳鉴定酶解后的 OVA 肽，结果如图 8-8 所示。

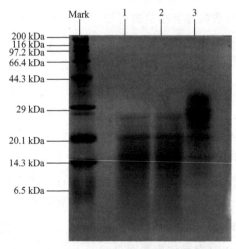

图 8-8 酶解 OVA 肽的 SDS-PAGE 电泳图

Mark 表示标准蛋白质；1～3 分别为三个分组实验结果

由图8-8可知，OVA的条带分布在44.3 kDa，由图8-8可以看出，酶解后的蛋白质的电泳条带主要分布在14.3～44.3 kDa之间，且其分布量14.3 kDa＞20.1 kDa说明蛋白质分子在酶作用下被降解为小分子肽。分子量在14.3 kDa左右的分级组分，其电泳条带有脱尾现象，因为被酶解的蛋白质肽链，成分具有不确定性，难以分辨。

8.1.4 小结

通过对蛋清OVA的酶解工艺进行研究，确定了酶解EWP的最佳酶源为碱性蛋白酶，经单因素实验得在反应温度为55℃、反应时间为5 h、pH＝8.5，酶添加量为6000 U/g，底物浓度为5％时，酶解效果较好，在单因素的基础上，进行五元二次正交旋转试验，得出最佳酶解工艺条件为反应温度55℃、反应时间5 h、pH＝8.25、酶用量5500 U/g、底物添加量5％，在此条件下水解度可高达(27.88±0.27)％。

8.2 卵白蛋白肽的磷酸化改性技术

目前我国对专用功能特性蛋清蛋白质产品的开发非常有限，仅限于单独的酶解蛋清蛋白粉或单独的化学改性蛋清蛋白粉，而酶解和磷酸化协同改性的蛋清蛋白粉的开发还没有人研究过。通过对OVA进行协同改性，能够得到哪些结构与特性的改变，还没有探讨。磷酸化改性蛋白质的原理是将磷酸根基团与蛋白质上的特殊氨基酸交联，形成氨基酸-磷酸基团结合体，从而改变蛋白质的理化性质，以得到特殊功能的蛋白质。本节是对磷酸化改性工艺条件的优化，以提高磷酸化改性的效率，获得较好的功能特性，满足食品加工业需求。

8.2.1 试验材料

表8-6 试验材料

试验材料	纯度	生产厂家
焦磷酸钠	AR	天津市科密欧化学试剂有限公司
H_3PO_4	AR	廊坊市亚太龙兴化工有限公司
STP	AR	天津市科密欧化学试剂有限公司
三氯乙酸	AR	天津市科密欧化学试剂有限公司

续表

试验材料	纯度	生产厂家
乙酸锌	AR	天津市登科化学试剂有限公司
氨水	AR	洛阳昊华化学试剂有限公司
EDTA-Na$_2$	AR	郑州新天和化工产品有限公司
铬黑 T	AR	天津市科密欧化学试剂有限公司

8.2.2 制备工艺

8.2.2.1 磷酸化 OVA 肽的制备

参考苏克楠等[6]的方法，取一定量 8.1 节中酶解后 OVA 肽溶于 0.02 mol/L、pH＝7.4 的磷酸盐缓冲溶液，配制成 1 g/100mL 的蛋白质溶液，调节 pH 值至 7.0～8.5，磷酸盐添加量为 3%～9%，磁力搅拌 2.5～3.5 h，4℃ 蒸馏水透析 48 h，检测磷酸化程度，冷冻干燥备用。

8.2.2.2 磷酸盐的选择

针对 STP、焦磷酸钠、磷酸进行初步筛选，通过单个磷酸化 OVA 肽试验，分析比较各磷酸盐的磷酸化程度，筛选出最佳磷酸盐。

8.2.2.3 磷酸化条件优化

（1）单因素试验

① 磷酸化反应温度的选择　称取 5 份 5 g OVA 肽粉末，分别溶于 100 mL 蒸馏水中，pH 值为 8，磷酸盐浓度为 5%，调节温度分别为 20℃、25℃、30℃、35℃、40℃ 的条件下反应 3.5 h，测定其磷酸化程度，找出最佳反应温度。

② 磷酸化反应 pH 值的选择　称取 5 份 5 g OVA 肽粉末，分别溶于 100 mL 蒸馏水中，水浴温度为①得到的最佳反应温度，磷酸盐添加量为 5%，调节 pH 值分别为 7.0、7.5、8.0、8.5、9.0，反应 3.5 h，测定其磷酸化程度，找出最佳 pH 值。

③ 磷酸化反应时间的选择　称取 5 份 5 g OVA 肽粉末，分别溶于 100 mL 蒸馏水中，水浴温度为①得到的最佳反应温度，pH 值为②得到的最佳 pH 值，磷酸盐添加量为 5%，反应时间分别为 2.5 h、3.0 h、3.5 h、4.0 h、4.5 h，测定其磷酸化程度，找出最佳反应时间。

④ 磷酸化反应用磷酸盐量的选择　称取 5 份 5 g OVA 肽粉末，分别溶于 100 mL 蒸馏水中，水浴温度为①得到的最佳反应温度，pH 值为②得到的最佳 pH

值，磷酸盐添加量分别为1％、3％、5％、7％、9％，反应时间为③所得到最佳反应时间，测定其磷酸化程度，找出最佳磷酸盐用量。

（2）正交旋转试验

在探讨了影响磷酸盐磷酸化酶解后的 OVA 肽的四因素：温度、pH 值、反应时间、磷酸盐添加量等单因素条件的基础上，利用 DPS 版软件进行四元二次回归旋转组合设计。以这四个因素为自变量，磷酸化程度为指标，设立了 23 个处理组。因素水平设计见表8-7。

表 8-7   因素水平处理编码表

变量名称	编码	水平				
		-1.68	-1	0	1	1.68
温度/℃	X_1	20	24	30	36	40
pH 值	X_2	7	7.8	9	10.2	11
时间/h	X_3	2	2.4	3	3.6	4
STP 添加量/%	X_4	6	7.2	9	10.8	12

8.2.2.4　磷酸化程度测定

取一定量透析处理过的磷酸化后的 OVA 肽溶液，加入三氯乙酸（trichloro-acetic acid，TCA）溶液使其中的蛋白质沉淀，5000 r/min 离心后向上清液中加入 1mol/L 的 $Zn(Ac)_2$ 2 mL，使其中的焦磷酸在 pH 值 3.8～3.9 条件下以 $Zn_2P_2O_7$ 的形式沉淀，然后用 pH＝10 的氨缓冲液溶解焦磷酸锌，用铬黑 T 做指示剂，用 0.01 mol/L 的 EDTA-Na_2 标准溶液滴定，当溶液的颜色由紫红变成蓝色时即为滴定终点。计算公式如下。

$$磷酸化程度（mg/g）＝C×（V_2－V_1）×M_P/2m$$

式中，C 为 EDTA-Na_2 标准溶液的浓度，mol/L；V_1 为滴定空白所耗 EDTA-Na_2 标准溶液的体积，mL；V_2 为滴定样品所耗 EDTA-Na_2 标准溶液的体积，mL；M_P 为磷的相对原子质量，取 30.97；m 为样品的质量，g。

8.2.3　性能分析

8.2.3.1　磷酸盐的确定

采用不同磷酸盐磷酸化 OVA 肽，磷酸化结果如图 8-9 所示。

由图 8-9 可知 STP 的磷酸化程度显著优于其他磷酸盐（$P＜0.05$），STP 又称为多聚磷酸钠，分子式为 $Na_5P_3O_{10}$，比焦磷酸钠多 1 个磷酸基团，比磷酸多两个磷酸基团，因此与蛋白分子的结合概率较大，磷酸化程度也相应地较大。STP对蛋白质磷酸化改性可改善蛋白质的功能特性和营养价值，并且不影响蛋白质的吸收性。相关研究表明，用STP对蛋白质进行改性是符合食品安全的，也是美国食品药品管理局所允许使用的食品添加剂[7]。

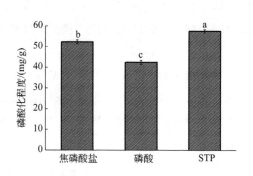

图8-9　磷酸盐的选择对磷酸化结果的影响

字母不同表示差异显著（$P < 0.05$）

8.2.3.2　反应温度的确定

采用不同反应温度对OVA肽进行磷酸化，结果如图8-10所示。

由图8-10可知，开始时OVA磷酸化程度随反应温度的升高而增大，在反应温度35℃左右OVA的磷酸化程度达到最大值，随后磷酸化程度开始下降。因此最佳磷酸化温度为35℃。

8.2.3.3　pH值的确定

采用不同反应时间对OVA肽进行磷酸化，结果如图8-11所示。

由图8-11可知，在其他反应条件确定下，改变反应pH值，开始时OVA磷酸化随反应pH值的升高而增大，在pH值达到9左右，OVA的磷酸化程度达到最大值，随后磷酸化程度开始下降。因此最佳磷酸化pH值为9。

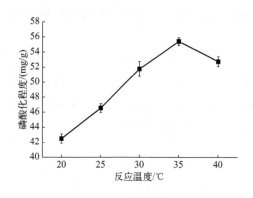

图8-10　反应温度对磷酸化程度的影响

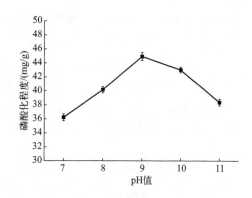

图8-11　pH值对磷酸化程度的影响

8.2.3.4　反应时间的确定

采用不同反应时间对OVA肽进行磷酸化，结果如图8-12所示。

由图 8-12 可知，随着反应时间的增加 OVA 的磷酸化程度呈增加趋势，在反应 3 h 左右 OVA 的磷酸化程度达到最大值，随后磷酸化基本保持不变。因此，STP 的磷酸化 OVA 肽的最佳时间为 3 h。

8.2.3.5　STP 添加量的确定

采用不同添加量的 STP 对 OVA 肽进行磷酸化，结果如图 8-13 所示。

由图 8-13 可知，随着 STP 的添加量增加 OVA 的磷酸化程度呈上升趋势，当 STP 添加量达到 9% 时，再随着 STP 的增加蛋白质的磷酸化程度基本保持不变，因此选择最佳 STP 添加量为 9%。

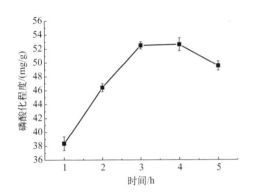

图 8-12　反应时间对磷酸化程度的影响　　图 8-13　STP 添加量对磷酸化程度的影响

8.2.3.6　正交实验结果

表 8-8　四元二次正交旋转组合试验设计方案及结果

试验号	X_1	X_2	X_3	X_4	OVA 提取量/（μg/g）
1	1	1	1	1	64.5
2	1	1	−1	−1	53.4
3	1	−1	1	−1	26.5
4	1	−1	−1	1	40.2
5	−1	1	1	−1	67.4
6	−1	1	−1	1	23.6
7	−1	−1	1	1	36.8
8	−1	−1	−1	−1	26.8
9	−1.6818	0	0	0	43.7
10	1.6818	0	0	0	45.3

试验号	X_1	X_2	X_3	X_4	OVA 提取量/ $(\mu g/g)$
11	0	-1.6818	0	0	30.4
12	0	1.6818	0	0	61.1
13	0	0	-1.6818	0	34.8
14	0	0	1.6818	0	45.1
15	0	0	0	-1.6818	31.1
16	0	0	0	1.6818	31.7
17	0	0	0	0	60
18	0	0	0	0	59.6
19	0	0	0	0	57.8
20	0	0	0	0	61.1
21	0	0	0	0	59.7
22	0	0	0	0	59.6
23	0	0	0	0	60.6

8.2.3.7　方差分析及显著性检验结果

表 8-9　二次响应面回归模型方差分析

变异来源	平方和	自由度	均方	偏相关	F 值	P 值
X_1	56.9114	1	56.9114	0.4338	1.8541	0.2005
X_2	903.1828	1	903.1828	0.8867	29.4243	0.0002
X_3	250.0418	1	250.0418	0.7103	8.1460	0.0157
X_4	3.4005	1	3.4005	-0.1169	0.1108	0.7455
X_1^2	126.3106	1	126.3106	-0.5828	4.1150	0.0674
X_2^2	94.7994	1	94.7994	-0.5278	3.0884	0.1066
X_3^2	279.1295	1	279.1295	-0.7294	9.0936	0.0117
X_4^2	728.0768	1	728.0768	-0.8647	23.7196	0.0005
X_1X_2	51.4945	1	51.4945	0.4164	1.6776	0.2218
X_1X_3	289.1782	1	289.1782	-0.7354	9.4210	0.0107
X_1X_4	312.1782	1	312.1782	0.7481	10.1703	0.0086
回归	4227.5720	11	384.3247	$F_2=12.52071$		0.0001
剩余	337.6463	11	30.6951			

续表

变异来源	平方和	自由度	均方	偏相关	F 值	P 值
失拟	331.1920	5	66.2384	$F_1 = 61.57620$		0.0001
误差	6.4543	6	1.0757			
总和	4565.2183	22				

根据回归方程模型方差分析可知,回归方程的失拟性检验 $F_1 = 61.58$ ($F_{0.05(6,5)} = 6.98$) 不显著,可以认为所选用的二次回归模型是适当的。此模型的决定系数 $R^2 = 0.92$,说明响应面回归模型达到高显著水平 ($P < 0.0001$),表明该模型拟合结果好,能够正确反映各因素与磷酸化程度的数量关系,此数学模型来模拟磷酸化反应的得率有效。经表 8-9 方差分析,采用 DPS 数据处理系统用二次回归旋转组合试验统计方法对试验数据进行拟合,剔除不显著项,得到的回归方程如下:

$$Y = 58.28674 + 9.53595X_1^2 + 5.01744X_2^3 - 4.91486X_3^2 - 7.93774X_4^2 - 7.05000X_1X_3 + 7.32500X_1X_4$$

8.2.3.8　响应面和等高线分析

为了使各因素能够更加直观地显现出来,利用 DPS 软件在 $P < 0.01$ 水平上,作出显著项的两因素对磷酸化程度的响应面和等高线,从图中可对两交互影响磷酸化程度进行分析评价,从中得出最佳因素水平,结果见图 8-14。

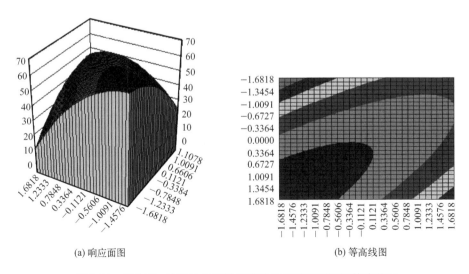

(a) 响应面图　　　　　　　　　　(b) 等高线图

图 8-14　温度与 pH 值的交互影响磷酸化的响应面图和等高线图

从图 8-14 中可以看出，两因素对磷酸化程度的影响呈抛物曲线，随着温度的增加磷酸化程度呈先增后下降的趋势；而随着时间的增加磷酸化程度呈增加趋势，从等高线的密度大小可以反映出磷酸化程度变化的快慢，在温度 20℃，时间低于 4 h，该区域内两因素稍微变化会引起磷酸化程度的变化，等高线呈椭圆形，表明两因素对磷酸化的交互作用显著。

从图 8-15 中可以看出，温度和 STP 添加量对磷酸化程度的影响不同，从等高线的密度大小可以反映出磷酸化程度变化的快慢，在温度低于 30℃，STP 添加量低于 9%时，该区域内两因素稍微变化会引起磷酸化程度的变化，等高线呈椭圆形，表明温度和 STP 添加量对磷酸化的交互作用显著。

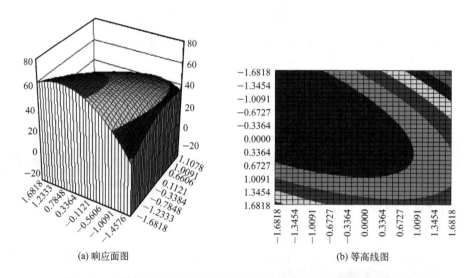

(a) 响应面图　　　　　　　　　　(b) 等高线图

图 8-15　温度与 STP 添加量的交互影响磷酸化的响应面图和等高线图

8.2.3.9　确定最佳作用参数的及模拟验证实验

采用 DPS V7.5 专业版和设计专家 Design-Expert.8.0 分析，得到各因素的最佳磷酸化条件组合为：X_1 在 0 水平、X_2 在 -1 水平、X_3 在 2 水平、X_4 在 0 水平，即反应温度 30℃、pH 值 8、反应时间 4 h、STP 添加量 9%，可得到最高预测磷酸化程度为 58.96 mg/g。

由于该组磷酸化条件不在所列的实验中，为验证优化后的模拟方程的有效性和合适性，在最佳工艺条件下进行了 5 组重复实验，结果见表 8-10。

表 8-10 预测值和实验值

响应值	预测值	实验值					平均值	绝对偏差/%
		1	2	3	4	5		
磷酸化程度/%	58.96	55.17	59.38	56.06	58.19	57.54	57.268±1.68	2.9

$$绝对偏差（\%）=\frac{|预测值-实验值|}{预测值}\times100\%$$

从表 8-10 中可以看出绝对偏差小于 3%，说明本试验的拟合方程可以较好描述因素和磷酸化的关系，按照上述条件进行实验，基本上能够达到指标，表明通过优化的水解条件可信。

8.2.4 小结

通过对 OVA 肽的磷酸化工艺条件研究，明确了磷酸化改性的最佳磷酸盐为 STP，针对 STP 进行单因素试验得出较优反应温度为 35℃、反应时间为 3 h、pH 值为 9、STP 添加量 9%，在单因素的基础上进行四元二次旋转正交试验，得出最佳磷酸化工艺条件为反应温度 30℃、pH 值 8、反应时间 4 h、STP 添加量 9%，在此条件下磷酸化程度可达到（57.27±1.68）mg/g。

8.3 改性后 OVA 的特性分析

蛋白质所具有的功能特性，通常可将其分为三大类。①蛋白质的吸水性、持水性、黏性、溶解性、膨胀性等，这取决于蛋白质分子与溶剂水的相互作用，属于蛋白质的水合性质。②蛋白质的凝胶性、沉降性以及面团的形成等，这些性质取决于蛋白质分子之间的氢键及二硫键相互作用，形成的三维空间网状结构，属于蛋白质的结构性质。③蛋白质的起泡性和乳化性等，取决于蛋白质在极性不同的两相体系之间所产生的作用，属于蛋白质的表面性质。这些特性之间既相互独立，又存在一定的联系，如蛋白质的凝胶性既与结构性质有关，又与水合性质相联系，即蛋白质的凝胶持水性。因此通过对蛋白质特性的分析，探究改性后蛋白质的作用机制，进而为深加工蛋白质产品提供基础框架。

8.3.1 材料与方法

8.3.1.1 材料与试剂

表 8-11 材料与试剂

材料与试剂	纯度	生产厂家
氢氧化钾	AR	广东西陇化工
磷酸氢二钠	AR	天津市北辰方正试剂厂
磷酸二氢钾	AR	天津市北辰方正试剂厂
福临门大豆油	市售	中粮集团

8.3.1.2 仪器与设备

表 8-12 仪器和设备

仪器和设备	生产厂家
黏度仪	德国 Brabender803302
质构仪	美国 Instron5544
紫外分光光度计	日本 Shimadzu
高度分散机	上海标本模型厂

8.3.2 处理方法

8.3.2.1 溶解度的测定

蛋白质的溶解性以蛋白质的溶解度为指标，即水溶性氮含量占样品中总氮含量的百分数。参考孙欣瑶等[8]的方法，水溶性氮含量用 KOH 溶解法，称取 1 g 样品于 100 mL 烧杯中，取 50 mL 2％氢氧化钾与之混合，磁力搅拌 2 h，3000 r/min 离心 10 min，静置数分钟取上清液 15 mL，用凯氏定氮法测定其中的氮含量，总氮含量同样采用凯氏定氮法测定。蛋白质溶解度按式（8-2）计算。

$$\text{蛋白质溶解度} = \frac{\text{溶于 2％ 的氢氧化钾上清液中的氮含量}}{\text{样品中总氮含量}} \times 100\% \qquad (8-2)$$

8.3.2.2 凝胶强度的测定

样品处理：将蛋白质样品溶于用 0.1 mol/L pH＝7.4 的磷酸盐缓冲溶液中，配制成浓度为 10％的蛋白质溶液，取 50 mL 放于 100 mL 的烧杯中，用保鲜膜将烧杯密封，置于 80℃水浴锅中加热 1 h，然后立即用冷水冲洗烧杯外壁，冷却至室温后的凝胶样品放于 4℃冰箱中存储 12 h，最后采用质构仪测定其凝胶强度[9]。

测试条件 探头：圆柱状平头探头；测试条件参数：测试前速 5 mm/s，测试速度 2 mm/s，距离（探头与样品的距离）15 mm；指标：硬度（Hardness），即探头在下压的过程中最大感应压力（单位 g），每份样品重复 5 次，计算其平均值。

8.3.2.3 持水性的测定

称取冷冻干燥后的蛋白质样品 5 g，置于 200 mL 烧杯中，加 100 mL 开水。在室温下，磁力搅拌 5 min。80℃保温 10 min，取蛋白质悬浮液 10 mL 于离心管，在 5000 r/min 下离心 10 min[10]。记录未被样品粉末吸收的水的体积。重复 6 次取平均值。

$$持水性 = \frac{10 - 析出水的毫升数}{0.5} \times 100\% \tag{8-3}$$

8.3.2.4 黏度的测定

采用 Brabender 803302 型旋转黏度仪 3 号探头测定黏度。

8.3.2.5 起泡性及泡沫稳定性的测定

采用搅打发泡法测定蛋白质的起泡性：分别将改性前后的 OVA 粉溶于 pH 值 7.4 的 Tris-HCl 缓冲液中，配成 5% 的 OVA 溶液，取 50 mL 溶液，记录起始高度 H_0，在高速分散机中，以 10000 r/min 的转速搅打 2 min，记录泡沫高度 H_1，计算样品的起泡性[11]。

$$FAI = \frac{H_1 - H_0}{H_0} \times 100\% \tag{8-4}$$

泡沫稳定性的测定：从搅打结束时刻开始，静置 10 min 后，测定泡沫高度 H_2，计算蛋白质样品泡沫稳定性：

$$FS = \frac{H_2 - H_1}{H_1} \times 100\% \tag{8-5}$$

8.3.2.6 乳化特性及乳化稳定性的测定

参照 Pearce 等[12]的方法，并进行改进，分别取改性前后 3 种蛋白质干燥样，用 pH 值 7.4 的 Tris-HCl 缓冲溶液配制成 1% 的溶液，取该悬浮液 15 mL，加入 5 mL 植物油，用均质机 10000 r/min 均质 1 min，分别于均质后 0 min、10 min 取均质样的最底层乳化液 0.1 mL 加入 100 mL 0.1% 的 SDS 溶液中，以 0.1% SDS 液为参比，于 500 nm 波长处测定其吸光度（$OD_{500\,nm}$）。乳化活性指数和乳化稳定指数见式（8-6）和式（8-7）：

$$乳化活性指数 = (2.303 \times 2 \times OD_{500\,nm}) / (C \times Ø \times L) \tag{8-6}$$

蛋清蛋白粉的制备、修饰及其应用

式中，C 为蛋白质溶液浓度；$\emptyset$ 为油相所占分数；L 为比色池光径。

$$乳化稳定指数 = OD_{500\,nm} \times \Delta t / \Delta OD_{500\,nm} \tag{8-7}$$

式中，Δt 为乳化液放置时间；$\Delta OD_{500\,nm}$ 为 OD_{10} 与 OD_0 的差值。

8.3.3　性能分析

8.3.3.1　溶解性分析

分别对改性前后的 OVA 及不同磷酸化程度改性的 OVA 肽进行溶解的测定，其结果如图 8-16 和图 8-17 所示。

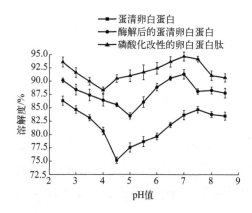

图 8-16　改性前后 OVA 溶解性分析

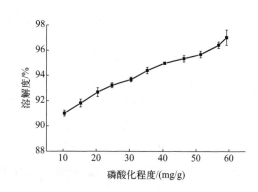

图 8-17　磷酸化改性的 OVA 肽的溶解度随磷酸化程度的变化曲线

溶解性是 OVA 的重要的功能特性之一，由图 8-16 可得出，在 pH 值 2.5～8.5 条件下酶解后的蛋清 OVA 溶解性显著高于 OVA（$P<0.05$），而磷酸化该性的 OVA 肽的溶解性显著高于 OVA 和酶解后的 OVA（$P<0.05$）。这是因为在酶解过程中蛋白质分子断裂，形成了小分子肽链，增加了蛋白质与水的接触，从而使其溶解度增加[13]。酶解后的 OVA 的等电点也发生了显著性的变化，OVA 在其等电点 4.5 的溶解性最小，而酶解后的 OVA 在 pH 值 5.5 时溶解性最低，说明水解使 OVA 等电点升高了。磷酸化改性后的蛋白质在酶解的基础上，OVA 肽链上又多了极性的磷酸根基团与某些特定基团相结合，增强了蛋白质的水化作用，使水化层上蛋白质的厚度增加，导致蛋白质分子不易聚集沉降，从而提高了其溶解性。磷酸化改性后的 OVA 肽等电点又降低到 4.0，因此通过酶解和磷酸化协同改性 OVA，既能在一定程度上提高 OVA 的功能特性，又能改善 OVA 在加工过程中的变性。

264

从图 8-17 中看出，随着磷酸化程度增加，OVA 的溶解度也随之增加。磷酸根基团与卵白蛋白肽链结合数量越多，蛋白质分子所带的 PO_4^{3-} 越多，蛋白质的溶解性也越大。

8.3.3.2　凝胶性分析

分别对改性前后的 OVA 进行凝胶强度的测定，其结果如图 8-18 所示。

由图 8-18 可知，酶解显著改善了 OVA 的凝胶硬度，OVA 在热处理 4 天后凝胶硬度达到 681 g，而酶解后的 OVA 在热处理 4 天后凝胶硬度达到 740 g，显著高于未处理的蛋白粉，酶解使 OVA 球状结构破坏，形成了紧密的纤维状结构。随着磷酸化程度的增加，改性的蛋白质的凝胶强度随着磷酸化强度增加而增加，当加热到 3 天时凝胶强度达到 783 g，这是因为磷酸化改性的蛋白质表面电荷发生变化，在加热过程中有效促进了网状结构的形成，从

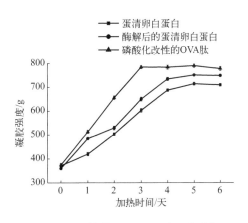

图 8-18　改性前后 OVA 凝胶强度分析

而形成了紧密有序的三维空间凝胶结构，使其凝胶强度增大[14]。这有效改善了 OVA 的凝胶特性，利于具有特殊功能性食品的加工。

8.3.3.3　持水性分析

分别对不同水解度的 OVA 及不同磷酸化程度的 OVA 肽进行持水性的测定，其结果如图 8-19、图 8-20 所示。

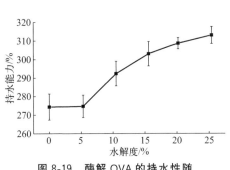

图 8-19　酶解 OVA 的持水性随
水解度的变化曲线

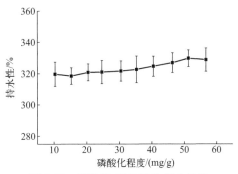

图 8-20　磷酸化 OVA 肽的持水性随
磷酸化程度的变化曲线

持水能力是蛋白质的特性之一，由图 8-19 可知，水解度为 25.4％ 的 OVA 较未水解的 OVA 的持水性提高了 38.67％，这是因为经过水解后的蛋白质，肽链密度变大，与溶剂接触面积增加，从而导致蛋白质的持水性增加；另一方面，水解后蛋白质由球状变为网状结构，蛋白质分子间的孔隙增大，吸水能力增强，从而改善了蛋白质的持水性[15]。

由图 8-20 可以看出，磷酸化改性对蛋白质的持水性影响不是很明显，但仍有一定程度的提高，改性后的蛋白质的网状结构更加紧实，持水性也相应地提高。

8.3.3.4 黏度分析

分别对不同水解度的 OVA 及不同磷酸化程度的 OVA 肽的黏度进行测定，其结果如图 8-21、图 8-22 所示。

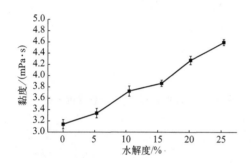

图 8-21　酶解 OVA 肽的黏度
随水解度变化曲线

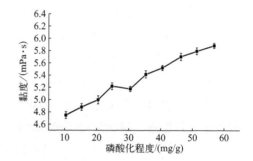

图 8-22　磷酸化改性 OVA 肽的黏度
随磷酸化程度变化曲线

由图 8-21 可知酶解后的 OVA 比 OVA 的黏度升高 1.49 mPa·s，且随着水解程度增加度呈上升趋势。蛋白质的黏度与其结构分子的不对称系数存在必然的联系。OVA 为典型的球状蛋白质，酶解后的蛋白质肽链断裂，向着线性这个方向变化，OVA 的空间结构为球状体，不对称系数可大致上认为是 1，当它的球状结构被破坏时，它就发生线性转化，不对称系数就会增大，不对称系数越大，黏度就会增大。球状体分子的不对称系数可看为 1，而像线状分子的不对称系数可看为无穷大，1 到无穷之间分子有个渐变，由圆变为直线。所以线性分子不对称系数最大，黏度增加。

OVA 磷酸化改性后溶液比酶解的 OVA 溶液的黏度增加了 1.23 mPa·s，由图 8-22 可以看出改性后蛋白质的黏度随着磷酸化程度的增加而增加，磷酸化改性后，蛋白质分子与磷酸根结合，溶液中各层分子间作用力发生了改变，结合上的磷酸根使蛋白分子的表面形状发生了变化，且造成蛋白质分子表面电荷的改变，这些电荷增加了蛋白质分子与蛋白质分子间的静电斥力，使之在水中分子链较为伸展，从而使之黏度增加[16]。

8.3.3.5 起泡性与气泡稳定性分析

蛋白质的起泡能力和泡沫稳定性是体现蛋白质功能的一个重要特性，分别测定改性前后 OVA 的起泡能力和泡沫稳定性，结果如图 8-23 所示。

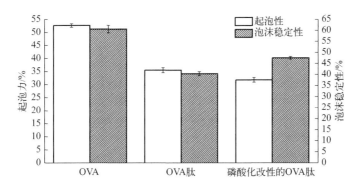

图 8-23 改性前后的 OVA 的起泡性与泡沫稳定性的分析

由图 8-23 可知，蛋清 OVA 的起泡性和泡沫稳定性值分别为 52.67% 和 60.63%，酶解后的 OVA 起泡性和泡沫稳定性值分别为 35.49% 和 40.39%。由此表明，酶解会引起了蛋清 OVA 起泡性的下降，酶解导致起泡性降低的原因可能是：由于 OVA 肽链断裂使得分子间的作用力降低，使得包围泡沫的黏弹性膜难以形成；另一方面酶解使得蛋清 OVA 的溶解性增加，在搅打和起泡过程中，蛋清 OVA 分子在气液界面上的快速吸附能力降低[17]。

磷酸化改性后的 OVA 肽的起泡性与 OVA 相比降低了 21.9%，泡沫稳定性降低了 13.11%，而与酶解后的 OVA 肽相比变化不大。蛋白质的起泡性与溶液的温度、pH 值有关。温度与蛋白质的泡沫的形成和稳定有直接关系。温度太低或太高均不利于蛋白质的起泡，蛋白质溶液一般在 30℃ 时起泡性最好，泡沫稳定性也好。因此夏季的新鲜鸡蛋在搅打过程中易起泡。溶液的 pH 值对蛋白质泡沫的形成和稳定影响很大，蛋白质在等电点时，形成泡沫的能力较差，因此在打蛋白质时通过调节蛋白的 pH 值，以增强蛋白质的起泡性和泡沫稳定性[18]。

8.3.3.6 乳化性与乳化稳定性分析

蛋白质的乳化性在很多食品加工过程体现出来，是蛋白质促进油水混合一种能力，分别对改性前后的 OVA 进行乳化性和乳化稳定性分析，结果如图 8-24 所示。

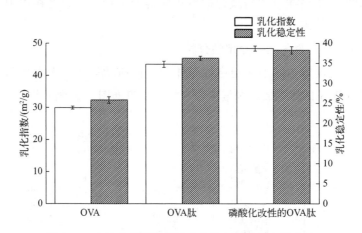

图 8-24　改性前后蛋白质的乳化性与乳化稳定性分析

　　乳化性是指蛋白质溶液从油包水变成水包油的形成稳定乳化液的能力，乳化性越强，形成的乳化液越稳定，越不易形成沉淀[19]，蛋白质的乳化性主要受蛋白质的温度、浓度、pH 值、离子强度的影响。由图 8-24 可以看出，酶解后的 OVA 乳化指数提高了 13.56 m^2/g，乳化稳定性提高了 10.46%，这表明酶解后的蛋清 OVA 亲水基团伸展到水相中，从而增加了蛋白质分子的亲水亲油平衡值，提高乳化性和乳化稳定性。

　　磷酸化改性后的 OVA 肽的乳化性比 OVA 的提高了 18.46%，比酶解后的 OVA 提高了 4.9%；乳化稳定性比 OVA 的提高了 12.43%，比酶解后的 OVA 肽提高了 1.97%。主要原因是一方面蛋白质的乳化性能与其溶解性存在直接的关系，蛋白质的溶解度越大，参与乳化作用的 OVA 就越多，从而增强反应体系中油/水界面之间的薄膜的形成，防止或者减缓蛋白质液滴的絮凝和聚结作用；另一方面磷酸化改性后，蛋白质中引入了 PO_4^{3-}，PO_4^{3-} 增加液滴之间的斥力，易于分子的扩散，更利于蛋白质在油/水界面重新排列。磷酸化改性使得更多的疏水基团暴露出来，提高了蛋白质的亲油性，降低了乳化液的表面张力，使之更易形成乳状液滴。

8.3.4　小结

　　通对改性前后蛋清 OVA 的功能特性进行分析，得出酶解后蛋白质黏度升高 1.49 mPa·s，磷酸化改性后蛋白质黏度提高了 1.23 mPa·s；凝胶特性 OVA 在热处理 4 天后凝胶硬度达到 681 g，而酶解后的 OVA 在热处理 4 天后凝胶硬度达到 740 g，改性的蛋白质的凝胶强度随着磷酸化强度增加而增加，当加热到 3 天时凝胶强度达到 783 g；溶解度大幅度提高；酶解 OVA 较 OVA 的持水性提高 38.86%，磷酸化改性的持水性有比酶解后的 OVA 提高了 9.13%；起泡性降低了 21.91%，泡沫稳定性降低了 13.11%，酶解后的 OVA 乳化指数提高了 13.56 m^2/g，乳化稳定性提高了 10.46%；磷酸化改性后的 OVA 的乳化性比 OVA 的提高了 18.46%，比酶解后的 OVA 提高了 4.9%；乳化稳定性比 OVA 的提高了 12.43%，比酶解后的 OVA 提高了 1.97%。

8.4 改性后 OVA 的结构表征

本书通过 UV 扫描、FT-IR 红外、DSC、SEM 探讨 OVA、酶解后 OVA 肽、磷酸化改性的 OVA 肽的微观结构和相分离机制。为进一步扩大其在食品及其他工业中的应用提供理论依据，满足人口日益增长的需求。

8.4.1 材料与方法

8.4.1.1 实验材料

表 8-13 实验材料

实验材料	生产厂家
KBr	天津市光复经济化工研究所

8.4.1.2 仪器与设备

表 8-14 仪器与设备

仪器和设备	生产厂家
美国 TA Q10 铝坩埚	上海菁仪化工材料有限公司
UV-2600 紫外分光光度计	岛津企业管理（中国）有限公司
Perten DA7200FT-IR 红外光谱仪	德国 Bruker 公司
DSC204F1 差示扫描量热仪	瑞士 Mettler-Toledo 公司
JSM-5610LV 电子扫描显微镜	日本 JEOL 公司

8.4.2 处理方法

8.4.2.1 紫外光谱测定

分别将 OVA、酶解后的 OVA 肽、磷酸化改性的 OVA 肽溶于 50 mmol/L、pH＝7.4 Tris-HCl 缓冲液中，配制成 0.01 mg/mL 蛋白质溶液，样品分别在 200～400 nm 波长处用紫外分光光度计扫描。

8.4.2.2 傅里叶红外光谱测定

将一定量干燥后的 KBr 分别与冷冻干燥后的 OVA 酶解后的 OVA 肽、磷酸化改性的 OVA 肽按质量比 100：1 置于玛瑙研钵中，研磨均匀至混合物为粉末状，将样品置于样品槽中，在压力 10～15 MPa 手动压片，1 min 后取出样品小心放入样品室，采用傅里叶变换红外光谱仪对样品在 400～4000 cm^{-1} 区间扫描。

8.4.2.3 差示扫描量热测定

分别称量 10 mg OVA、酶解后的 OVA 肽、磷酸化改性的 OVA 肽样品放入铝坩埚中，分别从 30℃加热升温至 150℃，加热速率为 5℃/min，同时做空白对照。

8.4.2.4 扫描电镜测定

将导电胶带均匀地贴在样片台上，样品粉末均匀地散落在导电胶上，把样品台朝下使未与胶带接触的颗粒脱落，用吸耳球吹掉多余的粉末，喷金处理后，利用扫描电镜观察其形貌，放大 20000 倍，加速电压为 20 kV。

8.4.3 性能分析

8.4.3.1 改性前后 OVA 紫外光谱分析

紫外光谱是利用样品分子对紫外和可见光的吸收程度，判定样品的组成成分、结构及含量。对改性前后的 OVA 进行 UV 分析，结果如图 8-25。

由图 8-25 可看出，改性前后的蛋清 OVA 在 280 nm 附近都有强烈的吸收峰，这是由于 OVA 所特有的吸收峰一般在 280 nm 左右。因为色氨酸（Trp）、酪氨酸（Tyr）残基的侧链基团对光的优先吸收，其次是苯丙氨酸

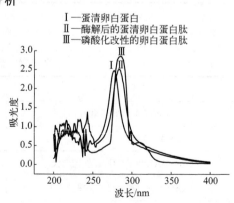

图 8-25 紫外扫描图

（Phe）、组氨酸（His）、半胱氨酸（Cys）残基的侧链和肽键对光的吸收，其中 Trp 和 Tyr 在 280 nm 波长附近有一个吸收峰，因此蛋白质能够吸收一定波长范围的紫外光[20]。酶解后的 OVA 肽和磷酸化改性的 OVA 肽紫外吸收峰发生了蓝移，说明 OVA 的 Trp、Tyr 残基的侧链基团分布发生了变化。且最大吸收峰在一定程度上增强了，酶解后的 OVA 分子的有序二级结构减少，具有紫外线吸收的芳香氨基酸残基由分子内暴露出来，使分子表面具有紫外线吸收的氨基酸残基增多，从而导致紫外线吸光度增加。磷酸化改性的 OVA 肽，由于磷酸基团的嵌入，蛋白质的结构又发生了变化，使得磷酸化改性后的蛋白质紫外线最大吸收峰加强。

8.4.3.2　改性前后蛋清 OVA 的傅里叶红外光谱分析

FT-IR 是分子吸收光谱，是研究不同的官能团、化学键振动或转动，从而吸收不同波长的红外光，根据吸收的不同波长处的红外光，判定出样品有哪些化学键或官能团存在或变化，用以鉴定物质的性质和结构变化。因此对改性前后的 OVA 进行 FT-IR 分析，结果如图 8-26。

由图 8-26 可知，蛋清 OVA、酶解后的 OVA 肽及磷酸化改性的 OVA 肽的红外图谱存在一定的差异，说明三者的结构有一定不同。蛋白质在红外区有若干特征吸收带，其中在 1200～1000 cm^{-1} 内有强吸收峰的极性的 C—O 键伸缩振动，对分析二级结构最有价值的区域是 1600～1700 cm^{-1} 酰胺 I 带和 1220～1330 cm^{-1} 酰胺 III 带；在 3700～3200 cm^{-1} 处为游离羟基的伸缩振动吸收带[21]。由图 8-26 可知，

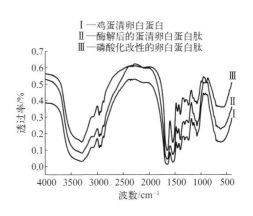

图 8-26　红外光谱图分析

I 一鸡蛋清卵白蛋白
II 一酶解后的蛋清卵白蛋白肽
III 一磷酸化改性的卵白蛋白肽

I、II、III 在 1220～1330 cm^{-1} 都有蛋白质的特征吸收峰，但 III 的吸收峰较强，其次是 II，I 吸收峰最弱，说明酶解作用使 OVA 肽链断裂，蛋白质多以二级结构存在，因此酶解处理的蛋白质在酰胺 III 带（1220～1330 cm^{-1}）有强的吸收峰。α-螺旋特征吸收频率为 1330～1290 cm^{-1}，三者在 1330～1290 cm^{-1} 均出现了蛋白质的特征吸收峰，且吸收强度 III＞II＞I，说明在酶解和磷酸化促进了 α-螺旋的形成，α-螺旋是肽链骨架上由 n 位氨基酸残基上的—C＝O 与 $n+4$ 位残基上的 N 和 H 之间形成的，氢键在 α-螺旋形成过程中起稳定作用，因此这个吸收峰的形成是 N—H 键变形振动的结果。1265～1290 cm^{-1} 为 β-转角伸缩振动，β-转角的特定构象在一

定程度上取决于它的氨基酸序列。Ⅰ、Ⅱ、Ⅲ在1265~1290 cm⁻¹均出现了其特征吸收峰，且吸收强度Ⅲ＞Ⅱ＞Ⅰ，说明酶解和磷酸化OVA肽促进了β-螺旋的形成，在改性过程中更多的氨基酸的残基游离出来，其中脯氨酸具有环状结构和固定的肽平面角，它的这种特殊结构能够在一定程度上促进β-转角形成。

8.4.3.3 改性前后蛋清OVA热收缩温度的分析

DSC分析是用来测定蛋白质的热变性温度，在系统升温过程中，分析温度与样品和参比之间量热差的一种方法。对改性前后的OVA进行DSC分析，结果如图8-27。

由图8-27可知，改性前后OVA的三种样品的DSC曲线出现了明显的放热峰，这是因为样品蛋白质在加热处理过程中，其分子结构发生了相应的变化，即发生变性所致[22]。在天然状态下OVA成椭圆状，几乎所有的肽链都由二级结构构成，且疏水中心内部含有1个二硫键、4个自由巯基，与OVA分子的聚集行为息息相关，而蛋白质的热稳定性与他的氨基酸组成相关，疏水性氨基酸比亲水性氨基

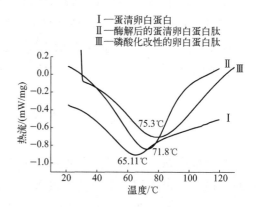

图8-27 热收缩温度的分析

酸比例高的蛋白质一般热稳定较好。酶解后的OVA球状结构遭到破坏，埋藏在分子内部的疏水基被释放出来，所以酶解后的OVA的热变性温度比OVA的升高6.7℃，磷酸化改性的OVA肽热变性温度升高至75.3℃，比酶解后OVA肽提高了4℃，这说明磷酸化修饰可以提高蛋白质的热变性温度。

8.4.3.4 扫描电镜分析

SEM是通过高倍数放大样品倍数，从分子形态上分析样品结构，对改性前后的OVA进行SEM分析，结果如图8-28所示。

由图8-28（a）可知OVA为典型的球蛋白，图（b）为酶解后的OVA因肽链的断裂，球状结构遭到破坏，形成结构紧致有序的网状结构，提高了OVA的各种功能特性，图（c）、（d）为磷酸化改性的OVA，可以看出磷酸化改性后的蛋白质，磷酸根与蛋白质结合，形成结构更为紧致的复合蛋白体。

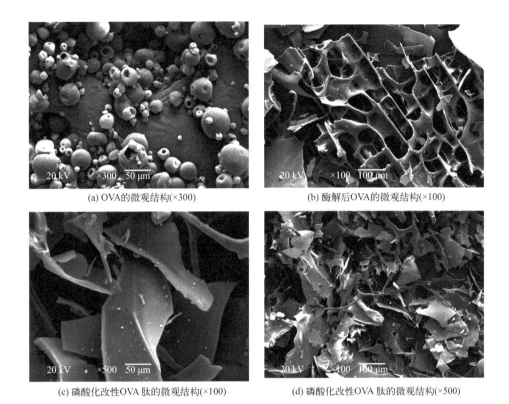

(a) OVA的微观结构(×300)

(b) 酶解后OVA的微观结构(×100)

(c) 磷酸化改性OVA肽的微观结构(×100)

(d) 磷酸化改性OVA肽的微观结构(×500)

图 8-28　改性前后 OVA 的微观结构

8.4.4　小结

通过采用 UV 扫描、FT-IR 光谱、SDS 热收缩温度、SME 针对改性前后的蛋清 OVA 进行结构表征，结果表明，酶解后的 OVA 肽链发生了裂解，有序的二级结构被破坏，暴露出更多氨基酸残基，α-螺旋略有减少，β-折叠相应增加，分子结构由球状体变成了紧致网状结构。

◆ 参考文献 ◆

[1] 刘丽莉，王焕，李丹，等．鸡蛋清卵白蛋白酶解工艺优化及其结构性质[J]．食品科学，2016，37（10）：54-61.

[2] 杨雨，刘国涛，靳前龙，等．大豆多肽酸奶酶解工艺的研究[J]．农业与技术，2020，40（20）：45-50.

［3］ 王海东，张涵，周泓妍，等．响应面法优化五味子蛋白肽的制备工艺及其体外抗氧化活性[J]. 食品工业科技，2024，45（19）：166-176.

［4］ 张红玉，李会珍，张志军，等．紫苏粕酶解工艺优化及其多肽抗氧化稳定性[J]. 食品研究与开发，2024，45（06）：157-166.

［5］ 贾艳萍，马艳菊，管文昕，等．响应面法优化 Fe^0/H$_2$O$_2$ 体系降解染料废水的工艺条件及机理研究[J/OL]. 化工学报，1-21［2024-09-30］.

［6］ 苏克楠，刘丽莉，杨乐，等．酶解-磷酸化协同改性对猪血红蛋白功能特性和结构的影响[J]. 核农学报，2023，37（10）：2028-2033.

［7］ 刘丽莉，李玉，梁严予，等．卵白蛋白肽的磷酸化改性工艺优化[J]. 河南科技大学学报（自然科学版），2017，38（03）：69-73+ 7-8.

［8］ 孙欣瑶，孙波，马文娟，等．微波去除大豆抗营养因子的研究[J]. 食品科学，2013，34（07）：67-69.

［9］ 李素云，刘兴丽，张艳艳，等．超声预处理小麦蛋白与壳聚糖复合物胶体稳定性研究[J]. 中国调味品，2019，44（11）：51-54+ 61.

［10］ 王秋平，宋端慧，藏洁，等．没食子多酚反向温敏凝胶的制备及对宫颈炎的作用[J]. 医药导报，2021，40（12）：1670-1678.

［11］ 刘丽莉，李玉，王焕，等．酶解-磷酸化协同改性对卵白蛋白特性与结构的影响[J]. 食品与机械，2017，33（06）：17-20+ 52.

［12］ Pearce K N, Kinsella J E. Emulsifying properties of proteins: evaluation of a turbidimetric technique[J]. Journal of Agricultural and Food Chemistry, 1978, 26（3）: 716-723.

［13］ 孙雪，赵晓燕，朱运平，等．酶解大豆分离蛋白的功能性及应用研究进展[J]. 粮食与油脂，2021，34（09）：14-17.

［14］ 张根生，李琪，黄昕钰，等．蛋清蛋白凝胶改性及其在肉制品加工中的应用[J]. 食品与机械，2023，39（04）：198-204.

［15］ 耿亚鑫，陈金玉，张坤生，等．改性大豆分离蛋白在肉制品中的应用研究进展[J]. 食品研究与开发，2021，42（18）：159-165.

［16］ 丁雨欣，余雨洋，王欣颖，等．pH 值对柞蚕蛹粉凝胶特性及蛋白质热聚集行为的影响[J]. 食品科学技术学报，2023，41（04）：54-66.

［17］ 王跃猛，郭宜鑫，焦涵，等．蛋清蛋白起泡性改性手段及作用机制研究进展[J]. 食品科技，2023，48（01）：197-204.

［18］ 任秀艳，王孟云，曹戈，等．玉米胚芽粕蛋白功能特性研究[J]. 食品科技，2014，39（06）：187-192.

［19］ 周玲，周萍．不同酶解条件对蛋清蛋白液功能性质的影响[J]. 食品研究与开发，2014，35（02）：103-106.

［20］ 帕尔哈提·柔孜，古丽米热·阿巴拜克日，刘源，等．牛骨髓蛋白及其碱性蛋白酶酶解物的功能特性比较[J]. 现代食品科技，2024，40（05）：43-52.

［21］ 凌盛杰，邵正中，陈新．同步辐射红外光谱成像技术对细胞的研究[J]. 化学进展，2014，26（01）：178-192.

［22］ 景永帅，张瑞娟，吴兰芳，等．多糖铁复合物的结构特征和生理活性研究进展[J]. 食品研究与开发，2019，40（22）：203-208.

9　卵白蛋白的酶解-糖基化改性技术

9.1　复合酶酶解制备卵白蛋白肽

本章选择按一定质量比的木瓜蛋白酶、中性蛋白酶和风味蛋白酶对 OVA 进行酶解反应制备 OVA 肽，研究 pH 值、酶解时间、OVA 浓度、加酶量、温度这五个因素对 OVA 酶解反应的影响。

9.1.1　材料与设备

9.1.1.1　材料与试剂

木瓜蛋白酶（1000 U/mg）、中性蛋白酶（70 U/mg）、风味蛋白酶（20 000U/g）均购于上海蓝季生物有限公司，试验材料与试剂见表9-1。

表 9-1　材料与试剂

材料与试剂	级别	购买公司
甲醛	AR	天津市诺奥科技有限公司
浓硫酸	AR	上海埃彼化学试剂有限公司
硫酸铜	AR	上海埃彼化学试剂有限公司
硫酸钾	AR	上海埃彼化学试剂有限公司
五水硫酸铜	AR	济南金日和化学试剂有限公司
酒石酸钾钠	AR	济南金日和化学试剂有限公司

9.1.1.2　仪器与设备

表 9-2　仪器与设备

仪器与设备	型号	生产公司
全自动凯氏定氮仪	K9860	济南海能仪器股份有限公司

续表

仪器与设备	型号	生产公司
磁力加热搅拌器	78-1 型	深圳美达仪器有限公司
超速冷冻离心机	H1650 型	北京兴达恒信科技有限公司

9.1.2　制备工艺

9.1.2.1　OVA 的酶解工艺

称取一定质量的 OVA 粉溶解于蒸馏水中，配制成所需浓度的 OVA 溶液，并调节至所需的温度和 pH 值，加入一定量的酶进行酶解，充分搅拌，酶解过程中，通过滴加 NaOH 来维持反应体系的 pH 值恒定。酶解至预定时间后，立即置于 90℃水浴中 5 min，灭酶、冷却后 10000 r/min 离心 10 min，取上清液测水解度和多肽含量。将上清液冷冻干燥，得到 OVA 酶解物，即 OVA 肽。

9.1.2.2　水解度测定

采用甲醛滴定法测定氨基态氮含量[1]；凯氏定氮法测定总氮含量，水解度计算公式如下。

$$DH = N_1/N_0 \times 100\%$$ (9-1)

式中，DH 为水解度，%；N_1 为上清液中氨基态氮含量，g；N_0 为样品中总氮含量，g。

9.1.2.3　多肽含量测定

采用双缩脲法测定样品中多肽含量。

9.1.2.4　复合酶配比选择

配制蛋白质浓度为 3% 的 OVA 溶液，调节 pH 值至 8，加入 4000 U/g 的总酶量，木瓜蛋白酶、中性蛋白酶和风味蛋白酶的质量比分别为 2∶1∶1、1∶1∶2、1∶2∶1，在温度为 50℃的水浴中反应 4 h，测定其水解度和多肽含量。

9.1.2.5　OVA 酶解的单因素试验

（1）pH 值的选择

配制蛋白质浓度为 3% 的 OVA 溶液，调节 pH 值至 5、6、7、8、9，加入 4000 U/g 的总酶量，选取最佳的复合酶配比，在温度为 50℃的水浴锅中反应 4 h，测定其水解度和多肽含量。

（2）酶解时间的选择

配制蛋白质浓度为 3% 的 OVA 溶液，调节 pH 值至 7，加入 4000 U/g 的总酶量，选取最佳的复合酶配比，在温度为 50℃ 的水浴锅中分别反应 2 h、4 h、6 h、8 h、10 h，测定其水解度和多肽含量。

（3）OVA 浓度的选择

分别配制 OVA 浓度为 2%、3%、4%、5%、6%、7% 的 OVA 溶液，调节 pH 值至 7，加入 4000 U/g 的总酶量，选取最佳的复合酶配比，在温度为 50℃ 的水浴锅中反应 4 h，测定其水解度和多肽含量。

（4）加酶量的选择

配制蛋白质浓度为 3% 的 OVA 溶液，调节 pH 值至 7，按照最佳的复合酶配比分别加入 4000 U/g、5000 U/g、6000 U/g、7000 U/g、8000 U/g、9000 U/g 的总酶量，在温度为 50℃ 的水浴锅中反应 4 h，测定其水解度和多肽含量。

（5）温度的选择

配制蛋白质浓度为 3% 的 OVA 溶液，调节 pH 值至 7，加入 4000 U/g 的总酶量，选取最佳的复合酶配比，在温度分别为 40℃、45℃、50℃、55℃、60℃、65℃ 的水浴锅中反应 4 h，测定其水解度和多肽含量。

9.1.2.6　OVA 酶解的响应面优化试验

在 pH 值、酶解时间、OVA 浓度、加酶量、温度五个因素对酶解反应影响的单因素试验基础上，利用 Design-Expert 8.0.5 软件设计了五元二次通用旋转组合试验见表 9-3。以上述五个因素为自变量，水解度和多肽含量为响应值，设立 32 个试验点。

表 9-3　五元二次通用旋转组合设计试验因素水平编码表

因素	编码	水平				
		−2	−1	0	1	2
pH 值	X_1	6.0	6.5	7.0	7.5	8.0
酶解时间/h	X_2	6.0	6.5	7.0	7.5	8.0
OVA 浓度/%	X_3	3.0	4.0	5.0	6.0	7.0
加酶量/（U/g）	X_4	7000	7500	8000	8500	9000
温度/℃	X_5	50.0	52.5	55.0	57.5	60.0

9.1.3　性能与分析

9.1.3.1　多肽含量测定标准曲线的绘制

利用 Origin 8.5 绘制多肽含量测定的标准曲线，见图 9-1。

由图 9-1 可以看出，双缩脲法测定多肽含量的标准曲线的回归方程为 $y=0.09+0.05x$，$R^2=0.999$。根据标准曲线可计算出样品中多肽含量，该方程线性较好，可用于下一步试验。

9.1.3.2　复合酶配比的筛选

木瓜蛋白酶、中性蛋白酶和风味蛋白酶三种酶分别按照质量比为 2∶1∶1、1∶1∶2、1∶2∶1 进行复合，复合酶配比对 OVA 水解度和多肽含量的影响如图 9-2 所示。

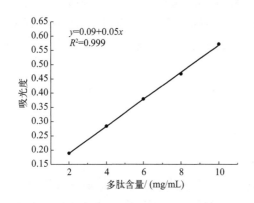

图 9-1　多肽含量测定的标准曲线

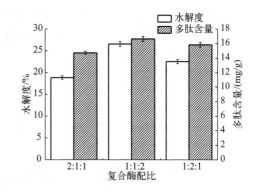

图 9-2　复合酶配比对 OVA 水解度
和多肽含量的影响

由图 9-2 可知，不同配比的复合酶酶解 OVA 的水解度和多肽含量的顺序为 (1∶1∶2) ＞ (1∶2∶1) ＞ (2∶1∶1)，当三种酶的质量比为 1∶1∶2 时，水解度和多肽含量均达到最大值，分别为 26.54% 和 16.64 mg/g，故三种酶复合的比例选用 1∶1∶2。

9.1.3.3　单因素试验结果

（1）pH 值对 OVA 水解度和多肽含量的影响

pH 值对酶解反应的影响很大，因为 pH 值是酶解反应的主要条件之一，改变 pH 值大小，酶的稳定性必然会受到影响。不同 pH 值下对 OVA 水解度和多肽含量的影响如图 9-3 所示。

由图 9-3 可知，当 pH 值小于 7 时，随着 pH 值的升高，水解度和多肽含量均逐渐升高；当 pH 值大于 7 时，随着 pH 值的升高，水解度和多肽含量均下降；当 pH 值为 7 时，水解度和多肽含量均达到最大值。原因可能是三种酶的最适 pH 值均在 5～7 左右[2]，当 pH 大于 7 时，酶的活性受到影响，水解度和多肽含量均降低，因此 OVA 的酶解 pH＝7 时较为适宜。

（2）酶解时间对 OVA 水解度和多肽含量的影响

酶解时间对 OVA 水解度和多肽含量的影响，如图 9-4 所示。

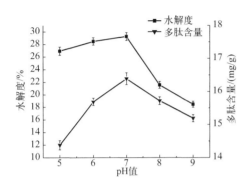

图 9-3　pH 值对 OVA 水解度和
多肽含量的影响

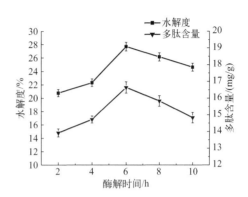

图 9-4　酶解时间对 OVA 水解度和
多肽含量的影响

由图 9-4 可以看出，水解度和多肽含量随着 OVA 酶解时间的延长，呈现先升高后下降的趋势；当酶解时间为 6 h 时，水解度和多肽含量出现最大值。原因可能是随着酶解时间的延长，酶作用在 OVA 上，使其断裂成大小不一的多肽分子，OVA 中可被酶解的肽键逐渐增多，水解度和多肽含量变大[3]；当酶解达到最大值时，随着酶解时间的继续延长，酶将作用于多肽分子上，使其分解成游离的氨基酸分子，可被酶解的肽键数开始减少，多肽含量降低。另外，随着酶解时间的继续延长，底物逐渐转化为酶解产物，从而抑制了酶的作用[4]。因此酶解时间选择 6 h。

（3）OVA 浓度对 OVA 水解度和多肽含量的影响

OVA 浓度对 OVA 水解度和多肽含量的影响如图 9-5 所示。

由图 9-5 可知，当 OVA 浓度小于 5％时，水解度和多肽含量均逐渐增加；当 OVA 浓度大于 5％时，水解度和多肽含量均呈逐渐下降趋势。这可能因为当 OVA 浓度逐渐增大时，复合酶和 OVA 结合的概率大，OVA 酶解较彻底，水解度和多肽含量逐渐增大；当 OVA 浓度与酶添加量达到平衡时，水解度和多肽含量达到最大值；而当 OVA 浓度继续增大时，酶解液黏度变大，OVA 酶解进行较慢，从而导致水解度和多肽含量降低[5]。因此，OVA 浓度选定为 5％。

（4）加酶量对 OVA 水解度和多肽含量的影响

加酶量对 OVA 水解度和多肽含量的影响，如图 9-6 所示。

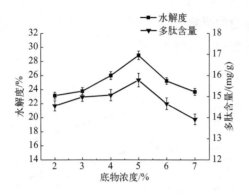

图 9-5　OVA 浓度对 OVA 水解度和
多肽含量的影响

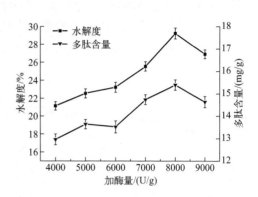

图 9-6　加酶量对 OVA 水解度和
多肽含量的影响

由图 9-6 可知，水解度和多肽含量均随着加酶量的增加，呈现先增加后减少的趋势。原因是随着加酶量的增加，酶与 OVA 结合的概率增大，OVA 转化为 OVA 肽的量也随之增多，反应速率升高，水解度和多肽含量相应的增大；但随着加酶量的增多，OVA 和酶的结合点达到饱和，水解度逐渐减小，而多余的酶继续作用于 OVA 肽上使其分解成小分子的氨基酸，多肽含量呈下降趋势。因此，加酶量选定为 8000 U/g。

（5）温度对 OVA 水解度和多肽含量的影响

温度是酶解反应的重要条件之一，温度过高或过低均会对酶的反应速率造成不同程度的影响。不同温度对 OVA 水解度和多肽含量的影响如图 9-7 所示。

由图 9-7 可知，随着温度的升高，水解度和多肽含量先增加后减少；在 60℃ 时，水解度和多肽含量均达到最大值。原因是温度过高可能导致蛋白酶变性，从而使酶解反应速率降低[6]。所以，温度选定为 60℃。

9.1.3.4　响应面优化试验结果分析

根据 9.1.2.5 的单因素试验结果，通过五因素三水平通用旋转试验对复合酶酶解制备 OVA 肽的工艺进行响应面优化，其试验设计方案及结果见表 9-4。

图 9-7　温度对 OVA 水解度和多肽含量的影响

表 9-4 五因素三水平通用旋转组合试验设计方案及结果

试验号	X_1	X_2	X_3	X_4	X_5	水解度/%	多肽含量/（mg/g）
1	1	1	1	1	1	27.13	14.85
2	1	1	1	−1	−1	29.68	15.87
3	1	1	−1	1	−1	27.68	15.07
4	1	1	−1	−1	1	29.49	15.8
5	1	−1	1	1	−1	26.62	14.65
6	1	−1	1	−1	1	30.99	16.4
7	1	−1	−1	1	1	30.46	16.18
8	1	−1	−1	−1	−1	26.06	14.42
9	−1	1	1	1	−1	27.41	14.96
10	−1	1	1	−1	1	30.96	16.38
11	−1	1	−1	1	1	27.58	15.03
12	−1	1	−1	−1	−1	26.45	14.58
13	−1	−1	1	1	1	27.63	15.05
14	−1	−1	1	−1	−1	26.64	14.66
15	−1	−1	−1	1	−1	25.81	14.32
16	−1	−1	−1	−1	1	25.09	14.44
17	−2	0	0	0	0	26.55	14.62
18	2	0	0	0	0	28.37	15.35
19	0	−2	0	0	0	27.82	15.13
20	0	2	0	0	0	28.79	15.52
21	0	0	−2	0	0	25.59	14.24
22	0	0	2	0	0	27.12	14.85
23	0	0	0	−2	0	29.23	15.69
24	0	0	0	2	0	26.79	14.72
25	0	0	0	0	−2	28.12	15.25
26	0	0	0	0	2	30.59	16.24
27	0	0	0	0	0	30.28	16.11
28	0	0	0	0	0	30.59	16.24
29	0	0	0	0	0	30.29	16.12
30	0	0	0	0	0	31.08	16.43
31	0	0	0	0	0	30.12	16.05
32	0	0	0	0	0	31.14	16.46

采用 Design-Expert. 8.0.5 统计分析软件对表 9-4 的数据进行多元回归拟合，得到自变量 pH 值（X_1）、酶解时间（X_2）、OVA 浓度（X_3）、加酶量（X_4）、温度（X_5）对水解度（Y_1）和多肽含量（Y_2）的回归方程方差分析结果见表 9-5、表 9-6。

表 9-5 水解度的方差分析表

变异来源	平方和	自由度	均方	F 值	P 值	显著性
X_1	8.38	1	8.38	23.69	0.0005	
X_2	3.39	1	3.39	9.59	0.0102	
X_3	5.51	1	5.51	15.58	0.0023	
X_4	4.10	1	4.10	11.59	0.0059	
X_5	13.38	1	13.38	37.83	< 0.0001	
$X_1 X_2$	3.40	1	3.40	9.63	0.0101	
$X_1 X_3$	3.05	1	3.05	8.61	0.0136	
$X_1 X_4$	0.82	1	0.82	2.32	0.1563	
$X_1 X_5$	0.59	1	0.59	1.68	0.2219	
$X_2 X_3$	0.014	1	0.014	0.041	0.8438	
$X_2 X_4$	4.54	1	4.54	12.83	0.0043	
$X_2 X_5$	1.63	1	1.63	4.60	0.0552	
$X_3 X_4$	12.11	1	12.11	34.24	0.0001	
$X_3 X_5$	0.004	1	0.004	0.012	0.9149	
$X_4 X_5$	0.37	1	0.37	1.03	0.3308	
X_1^2	13.03	1	13.03	36.83	< 0.0001	
X_2^2	6.08	1	6.08	17.18	0.0016	
X_3^2	26.06	1	26.06	73.70	< 0.0001	
X_4^2	8.20	1	8.20	23.20	0.0005	
X_5^2	1.09	1	1.09	3.08	0.1072	
回归	105.17	20	5.26	14.87	< 0.0001	极显著
剩余	3.89	11	0.35			
失拟	2.94	6	0.49	2.58	0.1586	不显著
误差	0.95	5	0.19			
总和	109.06	31				

表 9-6 多肽含量的方差分析表

变异来源	平方和	自由度	均方	F 值	P 值	显著性
X_1	1.16	1	1.16	20.73	0.0008	
X_2	0.43	1	0.43	7.61	0.0186	
X_3	0.74	1	0.74	13.12	0.004	
X_4	0.8	1	0.8	14.27	0.0031	
X_5	2.39	1	2.39	42.73	< 0.0001	
$X_1 X_2$	0.4	1	0.4	7.2	0.0213	
$X_1 X_3$	0.35	1	0.35	6.32	0.0288	
$X_1 X_4$	0.068	1	0.068	1.21	0.2955	
$X_1 X_5$	0.044	1	0.044	0.79	0.394	
$X_2 X_3$	0.002	1	0.002	0.036	0.8527	
$X_2 X_4$	0.56	1	0.56	10.04	0.0089	
$X_2 X_5$	0.37	1	0.37	6.64	0.0257	
$X_3 X_4$	1.66	1	1.66	29.7	0.0002	
$X_3 X_5$	0.017	1	0.017	0.3	0.5938	
$X_4 X_5$	0.12	1	0.12	2.12	0.1729	
X_1^2	2.02	1	2.02	36.14	< 0.0001	
X_2^2	0.93	1	0.93	16.54	0.0019	
X_3^2	4.08	1	4.08	72.73	< 0.0001	
X_4^2	1.27	1	1.27	22.59	0.0006	
X_5^2	0.16	1	0.16	2.77	0.1243	
回归	15.95	20	0.8	14.23	< 0.0001	极显著
剩余	0.62	11	0.056			
失拟	0.46	6	0.077	2.55	0.1615	不显著
误差	0.15	5	0.03			
总和	16.56	31				

由表 9-5 可知，Y_1 回归模型的 $R^2 = 96.43$，$P < 0.0001$，差异极显著，失拟项 $P = 0.1586 > 0.05$，差异不显著，说明 Y_1 模型的拟合度较高。由表 9-6 可知，Y_2 回归模型的 $R^2 = 96.28$，$P < 0.0001$，差异极显著，失拟项 $P = 0.1615 > 0.05$，差异不显著，说明 Y_2 模型的拟合度较高。因此两个回归模型可以较好地反映各自

变量与两个响应值之间的变化关系。

对于水解度 Y_1，一次性项 X_1（pH 值）、X_3（OVA 浓度）、X_4（加酶量）、X_5（温度）均极显著，X_2（酶解时间）显著；交互项 X_2X_4、X_3X_4 极显著，X_1X_2、X_1X_3 显著，其余交互项均不显著；二次项 X_5^2 不显著，其余二次项均极显著。根据表 9-5 中 F 值大小，可以得出对水解度影响大小顺序为：温度＞pH 值＞OVA 浓度＞加酶量＞酶解时间。对表 9-4 中水解度的试验数据进行多元回归拟合，得到水解度的回归方程为：

$$Y_1 = 30.47 + 0.59X_1 + 0.38X_2 + 0.48X_3 - 0.41X_4 + 0.75X_5 - 0.45X_1X_2 - 0.44X_1X_3 - 0.23X_1X_4 + 0.19X_1X_5 - 0.03X_2X_3 - 0.53X_2X_4 - 0.32X_2X_5 - 0.87X_3X_4 - 0.016X_3X_5 - 0.15X_4X_5 - 0.67X_1^2 - 0.46X_2^2 - 0.94X_3^2 - 0.53X_4^2 - 0.19X_5^2$$

该水解度模型在 $\alpha = 0.05$ 的显著水平下剔除不显著水平后的回归方程为：

$$Y_1 = 30.47 + 0.59X_1 + 0.38X_2 + 0.48X_3 - 0.41X_4 + 0.75X_5 - 0.45X_1X_2 - 0.44X_1X_3 - 0.53X_2X_4 - 0.87X_3X_4 - 0.67X_1^2 - 0.46X_2^2 - 0.94X_3^2 - 0.53X_4^2$$

对于多肽含量 Y_2，一次性项、交互项和二次项的显著情况与水解度一致。根据表 9-6 中 F 值大小，可以得出对多肽含量影响大小顺序为：温度＞pH 值＞加酶量＞OVA 浓度＞酶解时间。对表 9-4 中多肽含量的试验数据进行多元回归拟合，得到多肽含量的回归方程为：

$$Y_2 = 16.19 + 0.22X_1 + 0.13X_2 + 0.18X_3 - 0.18X_4 + 0.32X_5 - 0.16X_1X_2 - 0.15X_1X_3 - 0.065X_1X_4 + 0.053X_1X_5 + 0.011X_2X_3 - 0.19X_2X_4 - 0.15X_2X_5 - 0.32X_3X_4 - 0.032X_3X_5 - 0.086X_4X_5 - 0.26X_1^2 - 0.18X_2^2 - 0.37X_3^2 - 0.21X_4^2 - 0.073X_5^2$$

该多肽含量模型在 $\alpha = 0.05$ 的显著水平下剔除不显著水平后的回归方程为：

$$Y_2 = 16.19 + 0.22X_1 + 0.13X_2 + 0.18X_3 - 0.18X_4 + 0.32X_5 - 0.16X_1X_2 - 0.15X_1X_3 - 0.19X_2X_4 - 0.15X_2X_5 - 0.32X_3X_4 - 0.26X_1^2 - 0.18X_2^2 - 0.37X_3^2 - 0.21X_4^2$$

9.1.3.5 响应面交互作用分析

利用 Design-Expert. 8.0.5 制作响应面和等高线图，分析自变量中交互作用极显著的两两因素对水解度和多肽含量的影响。

由图 9-8 可知，OVA 浓度与加酶量对水解度的交互影响，响应面呈抛物线形，

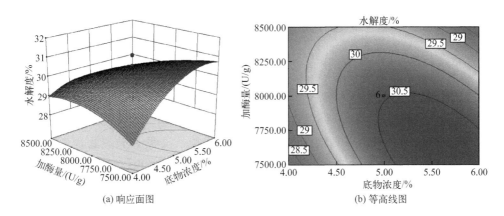

(a) 响应面图　　　　　　　　　(b) 等高线图

图 9-8　OVA 浓度与加酶量交互作用对水解度的影响

等高线呈椭圆形[7]，这说明 OVA 浓度与加酶量的交互作用对水解度影响极显著，这与 9.1.3.4 节中显著性分析结果一致。由等高线的变化趋势可看出，当 OVA 浓度低于 5.0%～5.5%之间某固定值、加酶量低于 7750～8000 U/g 之间某固定值时，水解度随着 OVA 浓度与加酶量的增加而增加；当 OVA 浓度高于 5.0%～5.5%之间某固定值、加酶量高于 7750～8000 U/g 之间某固定值时，水解度随着 OVA 浓度与加酶量的增加而减小；当 OVA 浓度为 5%、加酶量为 8000 U/g 时，水解度为 30.28%。

　　由图 9-9 可知，酶解时间与加酶量的响应面呈抛物线形且比较陡峭，等高线呈明显的椭圆形，这说明酶解时间与加酶量对水解度影响有极显著的交互作用。由

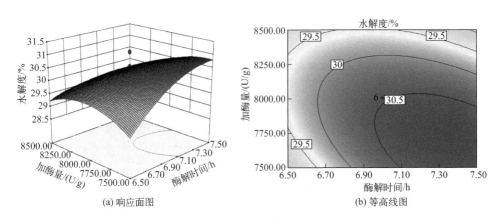

(a) 响应面图　　　　　　　　　(b) 等高线图

图 9-9　酶解时间与加酶量交互作用对水解度的影响

等高线的变化趋势可看出，当酶解时间低于 7.0～7.3 h 之间某固定值、加酶量低于 7750～8000 U/g 之间某固定值时，水解度随着 OVA 浓度与加酶量的增加而增加；当酶解时间高于 7.0～7.3 h 之间某固定值、加酶量高于 7750～7938 U/g 之间某固定值时，水解度随着 OVA 浓度与加酶量的增加而减小。

由图 9-10 可知，OVA 浓度与加酶量对多肽含量的交互影响，响应面呈抛物线形，等高线呈椭圆形，这说明 OVA 浓度与加酶量的交互作用对多肽含量影响极显著。与加酶量方向比较，OVA 浓度效应面较陡峭，说明对于多肽含量的影响，OVA 浓度比加酶量影响显著。由等高线的变化趋势可看出，当 OVA 浓度低于 5.0%～5.5% 之间某固定值、加酶量低于 7750～8000 U/g 之间某固定值时，多肽含量随着 OVA 浓度与加酶量的增加而增加；当 OVA 浓度高于 5.0%～5.5% 之间某固定值、加酶量高于 7750～8000 U/g 之间某固定值时，多肽含量随着 OVA 浓度与加酶量的增加而减小；当 OVA 浓度为 5%、加酶量为 8000 U/g 时，多肽含量为 16.11 mg/g。

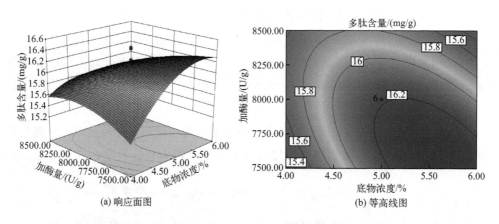

(a) 响应面图　　　　　　(b) 等高线图

图 9-10　OVA 浓度与加酶量交互作用对多肽含量的影响

由图 9-11 可知，对于多肽含量，酶解时间与加酶量的交互影响与水解度一致。由等高线的变化趋势可看出，当酶解时间低于 7.0～7.3 h 之间某固定值、加酶量低于 7750～8000 U/g 之间某固定值时，多肽含量随着 OVA 浓度与加酶量的增加而增加；当酶解时间高于 7.1～7.3 h 之间某固定值、加酶量高于 7750～8000 U/g 之间某固定值时，多肽含量随着 OVA 浓度与加酶量的增加而减小。

9.1.3.6　最佳工艺条件的确定与验证

通过回归模型预测得到复合酶酶解 OVA 的最佳工艺为：pH 值 7.5、酶解时

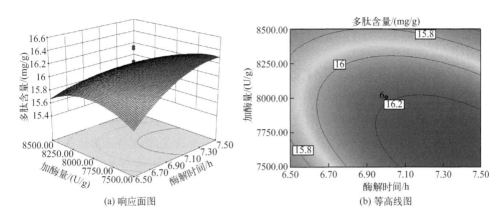

(a) 响应面图   (b) 等高线图

图 9-11 酶解时间与加酶量交互作用对多肽含量的影响

间 7.29 h、OVA 浓度 5.28%、加酶量 7529.72 U/g、温度 56.42℃，此时水解度为 31.22%、多肽含量为 16.46 mg/g。为了提高复合酶酶解制备 OVA 肽实验的操作性和验证模型的准确性，把预测的最优工艺条件修改为：pH 值 7.5、酶解时间 7 h、OVA 浓度 5%、加酶量 7500 U/g、温度 56℃。在此条件下做 3 次重复验证试验，实际测得水解度和多肽含量分别为 31.03%±0.14%、16.28 mg/g±0.12 mg/g。水解度的实际值与预测值相差 0.61%、多肽含量的实际值与预测值相差 1.09%，说明水解度和多肽含量的模型与实际结果拟合度良好，证明响应面优化复合酶酶解 OVA 的工艺条件是可行的。

9.1.4 小结

① 本节以第 8 章提取的 OVA 为主要原料，采用木瓜蛋白酶、中性蛋白酶和风味蛋白酶的质量比分别为 2∶1∶1、1∶1∶2、1∶2∶1 对 OVA 进行酶解反应，结果表明三种酶的质量比为 1∶1∶2 时酶解效果较好。按质量比为 1∶1∶2 的木瓜蛋白酶、中性蛋白酶和风味蛋白酶对 OVA 进行酶解反应，得到 OVA 肽。研究 pH 值、酶解时间、OVA 浓度、加酶量、温度这五个因素对 OVA 酶解反应的影响。以水解度和多肽含量为指标，通过单因素试验确定了影响水解度和多肽含量五因素的最适工艺条件为：pH 值 7、酶解时间 6 h、OVA 浓度 5%、加酶量 8000 U/g、温度 60℃。

② 在单因素试验的基础上，通过响应面优化试验确定了复合酶酶解 OVA 的最佳工艺为：pH 值 7.5、酶解时间 7 h、OVA 浓度 5%、加酶量 7500 U/g、温度

蛋清蛋白粉的制备、修饰及其应用

56℃，在此条件下水解度和多肽含量分别为 31.03%±0.14%、16.28 mg/g±0.12 mg/g。

9.2 卵白蛋白肽糖基化改性工艺

糖基化反应具有增加产品风味、提高其功能性质的优点。因此，本节对第 8 章制备的 OVA 肽进行湿法糖基化反应，从而使 OVA 具备酶解和糖基化的优点，进而探索协同改性的优点。本章将以接枝度和褐变程度为指标对多种还原糖进行筛选，确定糖基化反应的最佳糖源。并以接枝度为指标，从 pH 值、OVA 肽：糖、OVA 肽浓度、反应时间、反应温度五个方面对 OVA 肽糖基化反应的工艺条件进行优化，以期扩大 OVA 的适用范围。

9.2.1 试验材料

表 9-7　材料与试剂

材料与试剂	级别	生产厂家
葡萄糖	AR	江苏强盛功能化学股份有限公司
乳糖	AR	上海山浦化工有限公司
葡聚糖 T4、T6	AR	天津诺奥科技有限公司
邻苯二甲醛	AR	甘肃双赢化工有限公司
甲醇	AR	麦克林试剂有限公司
硼砂	AR	郑州升峰化工产品有限公司
β-巯基乙醇	AR	上海伟进生物科技有限公司
酒石酸钾钠	AR	上海一研生物有限公司

9.2.2 处理方法

9.2.2.1 糖基化 OVA 肽制备

称取一定质量 9.1.2.1 节制备的 OVA 肽溶解于蒸馏水中，配制成所需浓度的 OVA 肽溶液，按一定比例加入糖，充分搅拌使其溶解。调节溶液 pH 值，在适当温度下反应一定时间，反应终止后立即置于冰浴中使溶液冷却至室温。冷冻干燥后得到 OVA 肽糖基化产物。

9.2.2.2 接枝度的测定

根据徐雪晗等[8]的方法测定糖基化产物接枝度，取 200 μL 蛋白质浓度为 4 mg/mL 的样品液，加入 4 mL OPA 试剂，混合均匀后置于 35℃ 水浴锅中反应 2 min，然后在 340 nm 处测其吸光值。空白对照为：4 mL OPA 试剂和 200 μL 水。

接枝度（DG）按式（9-2）计算。

$$DG = (A_0 - A_t)/A_0 \times 100\% \tag{9-2}$$

式中，DG 为接枝度，%；A_t、A_0 分别为 t、0 时刻的吸光值。

9.2.2.3 褐变程度的测定

根据张蓓等[9]的方法测定褐变程度，取样品液 1 mL 加入 5 mL 0.1% SDS 稀释，0.1% SDS 作为空白，在 420 nm 波长处测定其吸光值，即为褐变指数。

9.2.2.4 糖的选择

分别称取一定量的 OVA 肽和葡萄糖、乳糖、葡聚糖 T4（3600～4400）、葡聚糖 T6（5400～6600），加入蒸馏水使之混合均匀，溶液中 OVA 肽与糖的质量比为 4∶1，其中 OVA 肽质量浓度为 8 g/100 mL。将上述溶液 pH 值调至 8，然后密封放置在 70℃ 的恒温水浴锅中进行糖基化反应 2 h 后取出，用 4℃ 冷水迅速降温至 25℃，得到糖基化改性的蛋白液，测定其接枝度和褐变程度，筛选出最佳的糖。

9.2.2.5 OVA 肽糖基化的单因素试验

（1）反应温度的选择

分别称取一定量的 OVA 肽和糖，加入蒸馏水使之混合均匀，溶液中 OVA 肽与葡萄糖的质量比为 4∶1，其中 OVA 肽质量浓度为 8 g/100 mL。将上述溶液 pH 值调至 8，然后密封放置在 30℃、40℃、50℃、60℃、70℃、80℃ 的恒温水浴锅中进行糖基化反应 2 h 后取出，用 4℃ 冷水迅速降温至 25℃，终止反应后得到糖基化改性的蛋白液，测定其接枝度和褐变程度。

（2）pH 值的选择

分别称取一定量的 OVA 肽和糖，加入蒸馏水使之混合均匀，溶液中 OVA 肽与葡萄糖的质量比为 4∶1，其中 OVA 肽质量浓度为 8 g/100 mL。将上述溶液 pH 值调至 6、7、8、9、10、11，然后密封放置在 60℃ 的恒温水浴锅中进行糖基化反应 2 h 后取出，用 4℃ 冷水迅速降温至 25℃，终止反应后得到糖基化改性的蛋白液，测定其接枝度和褐变程度。

（3）OVA 肽与糖的比例的选择

分别称取一定量的 OVA 肽和糖，加入蒸馏水使之混合均匀，溶液中 OVA 肽与糖的质量比为 4∶1、3∶1、2∶1、1∶1、1∶2、1∶3、1∶4，其中 OVA 肽质量浓度为 8 g/100 mL。将上述溶液 pH 值调至 8，然后密封放置在 60℃的恒温水浴锅中进行糖基化反应 2 h 后取出，用 4℃冷水迅速降温至 25℃，终止反应后得到糖基化改性的蛋白液，测定其接枝度和褐变程度。

（4）OVA 肽浓度的选择

分别称取一定量的 OVA 肽和糖，加入蒸馏水使之混合均匀，溶液中 OVA 肽与糖的质量比为 4∶1，其中 OVA 肽质量浓度为 2 g/100 mL、4 g/100 mL、6 g/100 mL、8 g/100 mL、10 g/100 mL、12 g/100 mL。将上述溶液 pH 值调至 8，然后密封放置在 60℃的恒温水浴锅中进行糖基化反应 2 h 后取出，用 4℃冷水迅速降温至 25℃，终止反应后得到糖基化改性的蛋白液，测定其接枝度和褐变程度。

（5）反应时间的选择

分别称取一定量的 OVA 肽和糖，加入蒸馏水使之混合均匀，溶液中 OVA 肽与葡萄糖的质量比为 4∶1，其中 OVA 肽质量浓度为 8 g/100 mL。将上述溶液 pH 值调至 7，然后密封放置在 60℃的恒温水浴锅中进行糖基化反应 1 h、2 h、3 h、4 h、5 h、6 h 后取出，用 4℃冷水迅速降温至 25℃，终止反应后得到糖基化改性的蛋白液，测定其接枝度和褐变程度。

9.2.2.6 OVA 肽糖基化的响应面优化试验

在单因素试验的基础上，以 pH 值、OVA 肽浓度、OVA 肽∶糖、反应时间、反应温度五个因素为自变量，以接枝度（Y）为响应值，利用 Design-Expert 8.0.5 软件设计共 32 个试验点的五元二次正交旋转组合试验，因素水平见表 9-8。

表 9-8　五元二次正交旋转组合设计试验因素水平编码表

因素	编码	水平				
		−2	−1	0	1	2
pH 值	X_1	8.0	8.5	9.0	9.5	10.0
OVA 肽浓度/（g/100 mL）	X_2	6.0	7.0	8.0	9.0	10.0
OVA 肽∶糖	X_3	1∶1	1∶1.25	1∶1.5	1∶1.75	1∶2
反应时间/h	X_4	3.0	3.5	4.0	4.5	5.0
反应温度/℃	X_5	60.0	62.5	65.0	67.5	70.0

9.2.3　性能分析

9.2.3.1　糖的确定

在相同条件下采用不同的糖对 OVA 肽进行糖基化反应产物的接枝度和褐变程度如图 9-12 所示。

由图 9-12 可知，OVA 肽与还原糖的接枝反应的顺序为葡聚糖 T6＞葡聚糖 T4＞乳糖＞葡萄糖，原因可能是葡萄糖是单糖，乳糖是双糖，葡聚糖是多糖，葡聚糖 T6 的分子量比葡聚糖 T4 高，糖基化反应可以选择的位点比较多。在接枝度较大的情况下，葡聚糖 T6 的褐变程度较为合适，故选用葡聚糖 T6 为后续试验所需要的糖。

9.2.3.2　单因素试验结果

（1）反应温度对糖基化反应的影响

反应温度对糖基化反应的影响，如图 9-13 所示。

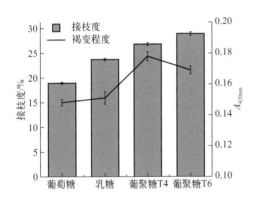

图 9-12　不同糖对接枝度和褐变程度的影响　　　图 9-13　反应温度对接枝度和褐变程度的影响

由图 9-13 可知，随着糖基化反应温度的上升，接枝度逐渐增加，当温度到达 60℃时接枝度开始出现下降趋势，褐变程度逐渐增加。这可能因为随着温度的增加，有色产物在美拉德反应后期逐渐增多。所以选取 60℃为最佳反应温度。

（2）pH 值对糖基化反应的影响

pH 值对糖基化反应的影响，如图 9-14 所示。

由图 9-14 可知，接枝度随着 pH 值的增大呈先增长后逐渐下降的状态。原因是糖基化反应的实质是碱催化反应，当反应体系呈酸性时，会抑制糖基化反应；当反应体系偏碱性时，则有利于反应的进行，因此随着 pH 值的增大，褐变程度逐渐增大[10]。但是碱性过强会破坏 OVA 肽的结构，不利于接枝反应的进行，所以 pH 值继续增大会使接枝度下降。故选取最佳 pH 值为 8。

（3）OVA 肽与糖的比对糖基化反应的影响

OVA 肽与糖的比对糖基化反应的影响，如图 9-15 所示。

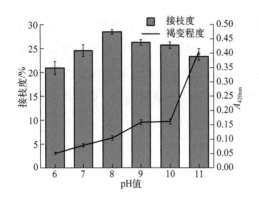

图 9-14　pH 值对接枝度和
褐变程度的影响

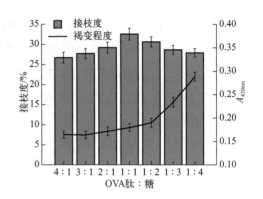

图 9-15　OVA 肽与糖的比对接枝度和
褐变程度的影响

由图 9-15 可知，随着葡聚糖 T6 添加量的增加，接枝度先升高，再下降。这可能因为反应物过量会影响反应速度。褐变程度随着 OVA 肽与葡聚糖 T6 的质量比的增加而增加[11]，当 OVA 肽与葡聚糖 T6 的质量比为 1∶1 时，接枝度最大，且褐变程度较适宜。所以选择 OVA 肽∶糖为 1∶1，此时接枝度达到 32.54%，褐变程度为 0.17。

（4）OVA 肽浓度对糖基化反应的影响

OVA 肽浓度对糖基化反应的影响，如图 9-16 所示。

由图 9-16 可知，随着 OVA 肽浓度的升高，接枝度先上升后下降，褐变程度逐渐增大。原因可能是随着 OVA 肽浓度的升高，蛋白与糖分子之间碰撞的概率增加，有利于反应的进行。但当 OVA 肽质量浓度继续增加从而到达一定程度时，OVA 肽与糖分子之间的空间位阻会明显有所增

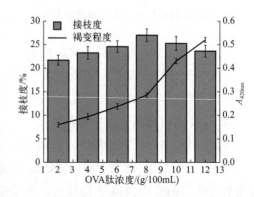

图 9-16　OVA 肽浓度对接枝度和褐变程度的影响

加使得两者之间的碰撞机会减少，从而影响了糖基化反应的顺利进行[12]。因此，OVA 肽的浓度为 8 g/100 mL 较为适宜。

（5）反应时间对糖基化反应的影响

由图 9-17 可知，随着反应的进行，接枝度逐渐上升，当反应 4 h 时接枝度达到最大，随后开始下降；褐变程度呈现逐渐上升的趋势。这可能是 OVA 肽是 OVA 经过酶解反应后得到的产物，酶解使蛋白质的结构展开，随着反应时间的延长，蛋白质中的 ε-氨基暴露更多，接枝度逐渐增大。而过度加热可能会使蛋白质相互作用增加，蛋白质中赖氨酸遭到破坏，从而使接枝度下降[13]。因此，反应时间选择在 4 h，此时接枝度达到 27.89%，褐变程度相对适宜。

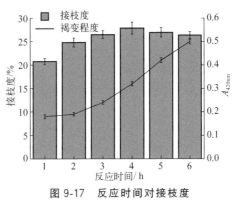

图 9-17　反应时间对接枝度
和褐变程度的影响

9.2.3.3　响应面优化试验结果分析

根据 9.2.3.2 节的单因素试验结果，通过五因素三水平通用旋转试验对 OVA 肽糖基化改性工艺进行响应面优化，其试验设计方案结果和方差分析表见表 9-9 和表 9-10。

表 9-9　五因素三水平通用旋转组合试验设计方案及结果

试验号	X_1	X_2	X_3	X_4	X_5	接枝度/%
1	1	1	1	1	1	29.11
2	1	1	1	−1	−1	28.36
3	1	1	−1	1	−1	33.23
4	1	1	−1	−1	1	20.93
5	1	−1	1	1	−1	27.33
6	1	−1	1	−1	1	19.06
7	1	−1	−1	1	1	25.74
8	1	−1	−1	−1	−1	23.19
9	−1	1	1	1	−1	32.53
10	−1	1	1	−1	1	33.23

续表

试验号	X_1	X_2	X_3	X_4	X_5	接枝度/%
11	−1	1	−1	1	1	25.75
12	−1	1	−1	−1	−1	23.10
13	−1	−1	1	1	1	27.04
14	−1	−1	1	−1	−1	20.42
15	−1	−1	−1	1	−1	24.23
16	−1	−1	−1	−1	1	19.67
17	−2	0	0	0	0	24.68
18	2	0	0	0	0	27.87
19	0	−2	0	0	0	21.37
20	0	2	0	0	0	27.37
21	0	0	−2	0	0	20.15
22	0	0	2	0	0	26.81
23	0	0	0	−2	0	26.21
24	0	0	0	2	0	30.70
25	0	0	0	0	−2	29.08
26	0	0	0	0	2	26.50
27	0	0	0	0	0	37.10
28	0	0	0	0	0	36.94
29	0	0	0	0	0	34.19
30	0	0	0	0	0	38.14
31	0	0	0	0	0	32.21
32	0	0	0	0	0	32.81

表 9-10 试验结果方差分析表

变异来源	平方和	自由度	均方	F 值	P 值	显著性
X_1	2.25	1	2.25	0.38	0.5499	
X_2	110.78	1	110.78	18.74	0.0012	
X_3	49.83	1	49.83	8.43	0.0144	
X_4	88.05	1	88.05	14.9	0.0027	
X_5	12.09	1	12.09	2.05	0.1804	
X_1X_2	3.01	1	3.01	0.51	0.4904	

续表

变异来源	平方和	自由度	均方	F 值	P 值	显著性
X_1X_3	24.22	1	24.22	4.1	0.0679	
X_1X_4	7.21	1	7.21	1.22	0.2929	
X_1X_5	32.2	1	32.2	5.45	0.0396	
X_2X_3	23.06	1	23.06	3.9	0.0739	
X_2X_4	3.07	1	3.07	0.52	0.4863	
X_2X_5	1.29	1	1.29	0.22	0.6498	
X_3X_4	3.17	1	3.17	0.54	0.4794	
X_3X_5	8.22	1	8.22	1.39	0.2632	
X_4X_5	3.52	1	3.52	0.6	0.4565	
X_1^2	102.76	1	102.76	17.38	0.0016	
X_2^2	161.79	1	161.79	27.37	0.0003	
X_3^2	193.84	1	193.84	32.79	0.0001	
X_4^2	51.64	1	51.64	8.74	0.0131	
X_5^2	65.46	1	65.46	11.07	0.0067	
回归	815.02	20	40.75	6.89	0.0011	极显著
剩余	65.03	11	5.91			
失拟	34.06	6	5.68	0.92	0.5491	不显著
误差	30.96	5	6.19			
总和	880.05	31				

采用 Design-Expert. 8.0.5 统计分析软件对表 9-9 中的试验结果进行多元回归拟合，得到的回归方程如下：

$$Y = 34.86 + 0.31X_1 + 2.15X_2 + 1.44X_3 + 1.92X_4 - 0.71X_5 - 0.43X_1X_2 - 1.23X_1X_3 + 0.67X_1X_4 - 1.42X_1X_5 + 1.20X_2X_3 - 0.44X_2X_4 - 0.28X_2X_5 - 0.44X_3X_4 + 0.72X_3X_5 - 0.47X_4X_5 - 1.87X_1^2 - 2.35X_2^2 - 2.57X_3^2 - 1.33X_4^2 - 1.49X_5^2$$

由方差分析可知，拟合的二次回归方程极显著，失拟项 $P = 0.3679 > 0.05$，差异不显著，说明模型拟合度较高，该回归方程 $R^2 = 93.08$，证明该模型有效可用。根据一次项回归系数绝对值大小可以得到对接枝度影响大小依次为 pH 值＞OVA 肽∶糖＞反应时间＞OVA 肽浓度＞反应温度。本试验构建的 OVA 肽糖基化改性工艺优化模型在 $\alpha=0.05$ 的显著水平下剔除不显著水平后的回归方程为：

$$Y=34.86+2.15X_2+1.44X_3+1.92X_4-1.23X_1X_3-1.87X_1^2-2.35X_2^2-2.57X_3^2-1.33X_4^2-1.49X_5^2$$

9.2.3.4　响应面交互作用分析

（1）OVA 肽：糖和 pH 值对接枝度的影响

OVA 肽：糖和 pH 值交互作用的响应面和等高线如图 9-18 所示。

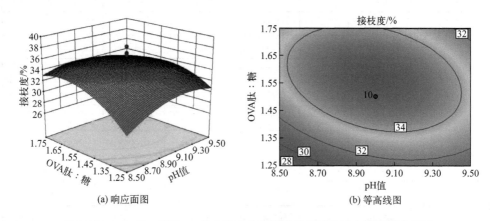

(a) 响应面图　　　　　　　(b) 等高线图

图 9-18　OVA 肽：糖和 pH 值交互作用对接枝度影响的响应面和等高线图

由图 9-18 可知，pH 值与 OVA 肽：糖对接枝度的交互影响呈抛物线形，等高线呈椭球状，说明 pH 值与 OVA 肽：糖对接枝度的交互作用对接枝度影响显著。当 pH 值在 8.9～9.3，OVA 肽：糖为（1：1.45）～（1：1.65）时，两者的交互作用最明显，此时接枝度达到 30% 以上。低于此范围时，接枝度随 pH 值与 OVA 肽：糖水平的增加而增大；高于此范围时，接枝度随 pH 值与 OVA 肽：糖水平的增加而减小。

（2）反应温度和 pH 值对接枝度的影响

反应温度和 pH 值交互作用的响应面和等高线如图 9-19 所示。

由图 9-19 可知，pH 值与反应温度对接枝度的交互影响呈抛物线形，等高线呈椭球状，说明 pH 值与反应温度对接枝度的交互作用对接枝度影响显著。当 pH 值在 8.7～9.5，反应温度为 63～67℃ 时，两者的交互作用最明显，此时接枝度达到 30% 以上。

9.2.3.5　最佳工艺条件的确定与验证

采用设计专家 Design-Expert. 8.0.5 分析，得到各因素的最佳糖基化条件组合

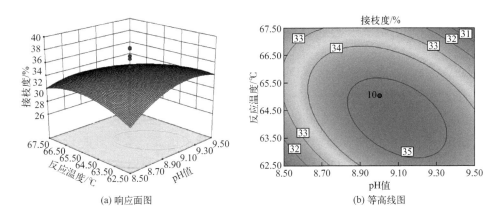

(a) 响应面图   (b) 等高线图

图 9-19   反应温度与 pH 值交互作用对接枝度影响的响应面和等高线图

为 pH 值 9.12、OVA 肽浓度 8.43 g/100mL、OVA 肽：糖为 1：1.55、反应时间 4.35 h、反应温度 63.92℃，可得到最高预测接枝度 36.78%。为了验证模型预测的准确性，在 pH=9、OVA 肽浓度 8 g/100mL、OVA 肽：糖为 1：1.5、反应时间 4.5 h、反应温度 65℃的条件下进行糖基化反应，做 3 次重复验证实验，测得接枝度为 35.95%±0.74%，与理论预测值误差绝对值为 2.26%，表明优化的糖基化条件可信。

9.2.4   小结

① 本节以第 8 章制备的 OVA 肽为主要原料，采用湿法制备 OVA 肽糖基化产物，研究 pH 值、OVA 肽：糖、OVA 肽浓度、反应时间、反应温度这五个因素对 OVA 肽糖基化反应的影响，确定了糖基化反应的最佳糖源为葡聚糖 T6。以接枝度和褐变程度为指标，通过单因素试验确定了影响接枝度和褐变程度的五个因素的最适条件为 pH 值为 8、OVA 肽：糖为 1：1、OVA 肽浓度为 8 g/100 mL、反应时间选择在 4 h、反应温度为 60℃。

② 在单因素的基础上，以接枝度为指标，通过五元二次通用旋转试验和响应面法对 OVA 肽糖基化的工艺条件进行优化，确定最佳工艺条件为 pH=9、OVA 肽浓度 8 g/100mL、OVA 肽：糖为 1：1.5、反应时间 4.5 h、反应温度 65℃，在此条件下，糖基化接枝度为 35.95%±0.74%，与模型预测值无显著性差异，说明该模型对 OVA 肽糖基化工艺条件的优化具有可行性。

9.3 协同改性对卵白蛋白功能性质的影响

OVA 的主要功能性质有：起泡性、乳化性、溶解性、持水（油）性、表面疏水性等。这些功能性质常用在改善食品的口感、营养和风味。研究表明，酶法改性和糖基化改性在一定程度上能够有效地提高 OVA 的功能性质。而酶解和糖基化协同改性对 OVA 功能性质的影响，尚未见报道。因此，本节对前几章制备的 OVA、OVA 肽、糖基化 OVA 肽的特性进行分析，探究协同改性后 OVA 的功能特性变化，扩大 OVA 食品工业中的应用。

9.3.1 材料与设备

9.3.1.1 材料与试剂

表 9-11 材料与试剂

材料与试剂	级别	购买公司
大豆油	市售	江苏强盛功能化学股份有限公司
三羟甲基氨基甲烷	AR	上海山浦化工有限公司
溴酚蓝	AR	上海一研生物有限公司

9.3.1.2 仪器与设备

表 9-12 仪器与设备

仪器与设备	型号	生产厂家
高速分散均质机	HD-1604	北京杰瑞恒达科技有限公司
紫外-可见分光光度计	UV-1800	浙江赛德仪器设备有限公司
色差仪	CM-5	深圳市三恩驰科技有限公司
差示扫描量热仪	HP DSC1	费尔伯恩实业发展有限公司

9.3.2 处理方法

9.3.2.1 溶解度的测定

参照巨倩[14]的方法并作适当修改，准确称取一定质量的样品溶解于蒸馏水中，将其配成蛋白质浓度为 1 mg/mL 的溶液，常温搅拌 1 h 后，测定蛋白质溶液的蛋白质浓度（C_0），在 4800 r/min 离心 10 min，取上清液测定其蛋白质浓度（C_1），利用 9.1.3.1 节得到的标准曲线计算蛋白质浓度。蛋白质溶解度按式（9-3）计算：

$$溶解度 = C_1/C_0 \times 100\% \tag{9-3}$$

9.3.2.2 乳化性能的测定

参照赵丹[15]的方法并作适当修改，将一定量的样品蛋白质溶解在 0.05 mol/L 磷酸钠缓冲液（pH 值 7.0），制成蛋白浓度为 2% 的溶液，10000 r/min 均质 1 min。在均质过程中将 1.0 mL 大豆油加入 3.0 mL 蛋白质中继续在 10000 r/min 下均质 30 s，在 0 min、10 min 时从试管底部吸取乳液样品（50 µL）并立即用 5.0 mL 的 0.1% SDS 溶液稀释。然后在 500 nm 处用紫外分光光度计测定稀释乳液的吸光值。计算公式如下：

$$乳化活性指数(EAI) = \frac{2 \times 2.303}{\rho \times (1-\varphi) \times 10^4} \times A_0 \times F \tag{9-4}$$

$$乳化稳定性(ESI) = \frac{A_0 \times 10}{A_0 - A_{10}} \tag{9-5}$$

式中，A_0、A_{10} 为稀释乳液在 0 min、10 min 吸光值；φ 为油相体积分数（油的体积/乳浊液的体积）；ρ 为蛋白质质量浓度；F 为稀释倍数。

9.3.2.3 起泡性能的测定

参照 Cheng 等[16]的方法测定样品的起泡性，将一定量的样品溶于 0.05 mol/L 磷酸钠缓冲液（pH 值 7.0）中，配制成蛋白质浓度为 2% 的溶液，然后将 50.0 mL 缓冲溶液在室温下 10000 r/min 均质 40 s，均质后立即测定气泡体积（V_0），并在均质后 30 min 测定气泡体积（V_{30}）。计算公式如下：

$$起泡性(FAI) = V_0/50 \times 100\% \tag{9-6}$$

$$泡沫稳定性(FSI) = V_{30}/50 \times 100\% \tag{9-7}$$

9.3.2.4 持水性和持油性的测定

称取 0.1 g（W_0）待测样品于离心管中称量总重（W_1），再加入 3 mL 水（或大豆油）混合均匀，静置 30 min 后，在 10000 r/min 下离心 10 min，小心去除上清液，称量沉淀与离心管总重（W_2）。蛋白质持水（持油）性按式（9-8）计算：

$$持水性(持油性) = (W_2 - W_1)/W_0 \tag{9-8}$$

9.3.2.5 表面疏水性的测定

参照 Chelh 等[17]的方法，将一定量的 OVA、OVA 肽、糖基化 OVA 肽分别溶于 pH=7.4 Tris-HCl 缓冲液中，配制成浓度为 2.5 mg/mL 的溶液，取 1 mL 待测液加入 200 µL 1 mg/mL 溴酚蓝溶液混合均匀后在 10000 r/min 下离心 10 min，取上清液稀释 10 倍后在 595 nm 处测定吸光值 A_1，以 Tris-HCl 缓冲液为空白，以

1 mL pH＝7.4 Tris-HCl 缓冲液加 1 mg/mL 溴酚蓝为对照，其吸光值为 A_0。蛋白质表面疏水性的计算公式如下：

$$溴酚蓝(\mu g) = \frac{200(A_0 - A_1)}{A_0} \tag{9-9}$$

9.3.2.6 浊度的测定

取一定量的 OVA、OVA 肽、糖基化 OVA 肽分别加入一定体积的 pH＝7.4 Tris-HCl 缓冲液，配制质量浓度为 2.5 mg/mL 溶液，6000 r/min 均质 1 min，使其充分溶解，均质过程中尽量避免产生气泡，待溶液稳定后，在 340 nm 处测定样品吸光值，空白为不加样品的 Tris-HCl 缓冲液。

9.3.2.7 色泽的测定

利用色差仪测定 OVA、OVA 肽、糖基化 OVA 肽的色泽。在测定前先将样品暴露在空气中几分钟，等到样品色差稳定后，进行黑白板标正。测定时将被测样品均匀撒在铺有保鲜膜的镜头上，并保证镜头被待测样全部覆盖，然后分别测定样品的 L^*（明度）、a^*（红度）、b^*（黄度）。每一个样品每测量一次后，都需将样品所在的保鲜膜旋转 120°和 240°之后再各测一次，每个样品测定三次，取其平均值。

9.3.2.8 热稳定性的测定

分别称量 5 mg 的待测样品于铝坩埚中，样品升温范围为 30～150℃，升温速率 5℃/min，以空白为参比，并做重复试验。

9.3.3 性能分析

9.3.3.1 溶解性分析

图 9-20 显示了不同 pH 值对卵白蛋白溶解性的影响。

从图 9-20 可以看出，OVA 肽和糖基化 OVA 肽在 pH 值 2～9 的范围内溶解度较 OVA 都有较大的提高。与金婷等[18]采用美拉德反应对 OVA 进行改性相比，酶解和糖基化协同改性OVA 的溶解度得到明显提高。这是因为酶解使 OVA 分子断裂成含有较多极性基团的小分子肽和氨基酸，从而使

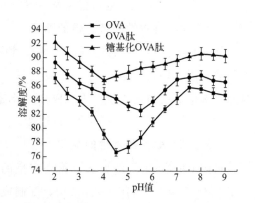

图 9-20 协同改性对 OVA 溶解度的影响

OVA 肽溶解度得到提高；OVA 肽经过糖基化反应后引入了多糖链，使得蛋白质的亲水基团数量明显增加，从而使其溶解度明显增加。OVA 肽的等电点较 OVA 向碱性方向移动，而糖基化 OVA 肽的等电点较 OVA 向酸性方向移动。这可能是葡聚糖的还原末端与 OVA 肽的自由氨基进行反应，使得 OVA 肽所带正电荷减少，负电荷增加，从而导致糖基化 OVA 肽的等电点向酸性方向移动。

9.3.3.2 乳化性分析

OVA、OVA 肽、糖基化 OVA 肽的乳化性，如图 9-21 所示。

由图 9-21 可知，OVA 肽与糖基化 OVA 肽的乳化活性和乳化稳定性较 OVA 都有明显提高。其中，OVA 肽、糖基化 OVA 肽较 OVA 的乳化活性指数分别提高了 28.88 m^2/g、51.20 m^2/g。OVA 肽、糖基化 OVA 肽的乳化稳定性较 OVA 分别提高了 25.20％、38.14％。结果表明，酶解糖基化协同改性可明显提高 OVA 的乳化性且效果较单一酶解改性要好。这些结果可能是由于酶解使得 OVA

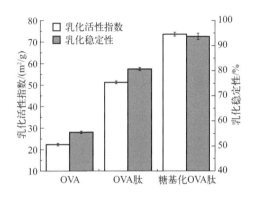

图 9-21 协同改性对 OVA 乳化性的影响

分子结构疏散，OVA 内部的疏水基团暴露，使得亲水基团伸展到水相中，疏水基团与油滴结合，形成稳定蛋白膜[19]；糖基化反应后，多糖链吸附在蛋白膜上，使其厚度增加；另外，OVA 肽经过糖基化反应后形成了多聚物，产生了一定数量的支链基团，使得 OVA 肽分子间的排斥力增大，阻碍了油滴的聚集行为[20]。

9.3.3.3 起泡性及泡沫稳定性

从图 9-22 中可以看出，OVA 肽和糖基化 OVA 肽的起泡性及泡沫稳定性较 OVA 都有明显提高。OVA 肽和糖基化 OVA 肽的起泡性较 OVA 分别提高了 68％、121％；OVA 肽和糖基化 OVA 肽的泡沫稳定性较 OVA 分别提高了 24.0％、31.6％。与黄群等[21]采用酶法改性 OVA 相比，酶解糖基化协同改性 OVA 的起泡性明显

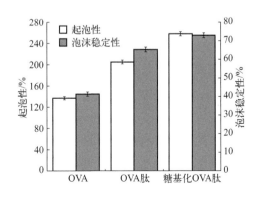

图 9-22 协同改性对 OVA 起泡性的影响

提高。得到这些结果的原因可能是酶解使 OVA 分子展开，藏于分子内部的疏水基团暴露，导致界面张力减弱，起泡力增强[22]。另外，蛋白质的溶解度与起泡性能呈正相关，OVA 肽和糖基化 OVA 肽的溶解度都有所提高，从而使得 OVA 肽和糖基化 OVA 肽的起泡性提高。同时，葡聚糖接入到 OVA 肽上，引入了亲水羟基，使得分子间的作用力增强，蛋白质膜的厚度和硬度增加，从而糖基化 OVA 肽的泡沫稳定性增强。

9.3.3.4　持水性、持油性、表面疏水性和浊度分析

OVA、OVA 肽、糖基化 OVA 肽的持水性、持油性、表面疏水性和浊度，结果如表 9-13 所示。

表 9-13　协同改性对 OVA 功能性质的影响

样品	持水性/（g/g）	持油性/（g/g）	表面疏水性/%	浊度
OVA	2.29±0.02[a]	3.23±0.03[c]	79.88±0.42[c]	0.43±0.01[c]
OVA 肽	3.94±0.03[b]	2.18±0.02[b]	75.83±0.47[b]	0.27±0.01[b]
糖基化 OVA 肽	4.64±0.03[c]	1.72±0.02[a]	55.98±0.35[a]	0.16±0.01[a]

注：结果以平均值±标准差表示，同列字母不同表示差异显著（$P < 0.05$）。

由表 9-13 可以看出，OVA 肽、糖基化 OVA 肽的持水性较 OVA 分别提高了 1.65 g/g、2.35 g/g。原因可能是酶解使蛋白质分子断裂，形成小分子肽链，从而使其结合水的能力增强，持水性增强[23]；糖基化反应引入了多糖链使 OVA 肽的结构更加致密均一，其亲水基团的数量明显增加，从而使其持水性增强。

与持水性相反，OVA 肽和糖基化 OVA 肽的持油性较 OVA 分别降低了 1.05 g/g、1.52 g/g。原因可能是蛋白质的持油性与表面疏水性有关，表面疏水基团减少，与油结合机会少。

由表 9-13 可知，OVA 肽较 OVA 的表面疏水性明显减小了 4.05%（$P < 0.05$），糖基化 OVA 肽较 OVA 的表面疏水性减小了 23.90%。原因可能是，复合酶酶解得到的 OVA 肽的溶解度升高，表面疏水性相应降低[24]；糖基化 OVA 肽是由于 OVA 肽与糖发生接枝反应，引入了亲水基团，溶解度升高，表面疏水性减小。

浊度的大小可反映出溶液中悬浮粒子的大小和数量，溶液中颗粒越大、数量越多，浊度越大。从表 9-13 可以看出，OVA、OVA 肽、糖基化 OVA 肽的浊度大小呈现下降趋势且差异显著（$P < 0.05$）。这可能因为 OVA 肽是由 OVA 经酶解得到了分子量较小的多肽或者氨基酸，OVA 肽能与水形成氢键，使其溶解度较

OVA升高浊度下降[25]；由于亲水性的糖链接枝到OVA肽，使得糖基化OVA肽的溶解度较OVA、OVA肽都有明显的升高，相应的浊度明显减小[26]。

9.3.3.5 色差值分析

OVA、OVA肽、糖基化OVA肽的颜色差别，如表9-14所示。

表9-14 协同改性对OVA色泽的影响

样品	L^*	a^*	b^*
OVA	98.49±2.12[c]	0.29±0.01[a]	27.31±0.31[b]
OVA肽	84.64±1.05[b]	1.94±0.04[b]	23.56±0.24[a]
糖基化OVA肽	72.15±1.01[a]	2.02±0.16[b]	28.42±0.67[c]

注：结果以平均值±标准差表示，同列字母不同表示差异显著（$P<0.05$）。

由表9-14可以看出，OVA肽、糖基化OVA肽相对于OVA，色泽发生了明显变化。从L^*值可以看出，OVA的明度最高，糖基化OVA肽色泽最暗。这可能因为OVA肽在进行糖基化反应时发生褐变反应，生成深色物质，使其颜色变暗。从a^*值可以看出，OVA肽、糖基化OVA肽在$P<0.05$水平下差异不显著，OVA肽与糖基化OVA肽的红度接近，色泽较OVA均较红。从b^*值可以看出，糖基化OVA肽的黄度最高，OVA肽的黄度最低，这说明酶解使其黄度变低。

9.3.3.6 热稳定性分析

差示扫描量热法是一种研究蛋白质热稳定性的非常有效的方法。图9-23为OVA、OVA肽、糖基化OVA肽的DSC热变性温度变化曲线。

由图9-23可以看出，三者的DSC热变性温度曲线均出现了明显的放热峰。与OVA相比，OVA肽和糖基化OVA肽的热变性温度曲线的波峰均向右迁移且热变性温度有所提高。OVA肽的热变性温度较OVA升高了7.49℃，这是因为酶解使得OVA球状结构遭到破坏，埋藏在分子内部的疏水基被释放出来，从而使其热稳定性提高。糖基化OVA肽的热变性温度较OVA升高了17.50℃，金婷等[18]采用

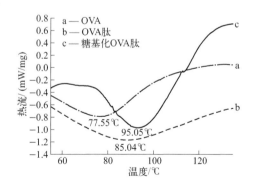

图9-23 差示扫描量热分析曲线图

麦芽糊精对 OVA 进行美拉德反应，结果热变性温度仅升高了 5.6℃。这是因为 OVA 肽与葡聚糖 T6 发生糖基化反应使得 OVA 肽与糖之间的相互作用增强，热稳定性提高。

9.3.4 小结

本节研究了酶解糖基化协同改性对 OVA 功能性质的影响，通过对 OVA、OVA 肽、糖基化 OVA 肽的功能性质进行对比分析，得出以下结论。

溶解度测定结果显示，在不同 pH 值条件下，OVA 肽和糖基化 OVA 肽的溶解度较 OVA 有明显的提高。

乳化性和乳化稳定性测定结果显示，相对于 OVA，OVA 肽、糖基化 OVA 肽的乳化活性指数分别提高了 28.88 m^2/g、51.20 m^2/g，乳化稳定性分别提高了 25.20%、38.14%。

起泡性和泡沫稳定性测定结果显示，相对于 OVA，OVA 肽和糖基化 OVA 肽的起泡性较 OVA 分别提高了 68%、121%，泡沫稳定性分别提高了 24.0%、31.6%。

持水（油）性、表面疏水性、浊度测定结果显示，相对于 OVA，OVA 肽、糖基化 OVA 肽的持水性分别提高了 1.65 g/g、2.35 g/g，持油性分别降低了 1.05 g/g、1.52 g/g，表面疏水性分别降低了 4.05%、23.90%，浊度大小也明显下降。

对 OVA、OVA 肽、糖基化 OVA 肽粉末进行色差分析。相对于 OVA，OVA 肽、糖基化 OVA 肽明度变低，红度变高；OVA 肽的黄度变低；糖基化 OVA 肽黄度变高。

通过差示扫描量热法测定蛋白质的热稳定性结果显示，相对于 OVA，OVA 肽、糖基化 OVA 肽的热变性温度分别升高了 7.49℃、17.50℃。

9.4 协同改性对卵白蛋白结构的影响

经过酶解糖基化协同改性后，OVA 的功能性质发生了明显变化，而这些与其结构变化是有密切联系的。为了更加深入地了解 OVA 相关功能性质变化的机理，本节通过 SDS-PAGE 凝胶电泳分析经协同改性后 OVA 分子量分布的变化；通过测定化学作用力分析经协同改性后 OVA 的离子键、氢键、疏水相互作用、二硫键的变化；采用紫外光谱、红外光谱、荧光光谱研究 OVA 经协同改性后二级和三级结构的变化；采用扫描电镜观察经协同改性后 OVA 微观结构的变化。综上分析，以期得出酶解糖基化协同改性对 OVA 结构的影响。

9.4.1 材料与设备

9.4.1.1 材料与试剂

表 9-15　试验材料与试剂

材料与试剂	级别	生产厂家
尿素	AR	上海山浦化工有限公司
溴化钾	光谱纯	上海一研生物有限公司

9.4.1.2 仪器与设备

表 9-16　试验仪器与设备

仪器与设备	型号	生产厂家
紫外-可见分光光度计	UV2600 型	日本 Shimadzu 公司
傅里叶红外光谱仪	VERTEX70 型	德国 Brucker 公司
荧光分光光度计	Cary eclipse 型	美国 Aglient 公司
扫描电镜	EM-30Plus 型	韩国 COXEM 公司

9.4.2 处理方法

9.4.2.1 SDS-PAGE 凝胶电泳测定

电泳开始时采用 80 V 电压，当溴酚蓝离开浓缩胶时，将电压加大至 110 V。染色液染色 $1 \sim 2$ h，脱色液脱色 4 h。

9.4.2.2 化学作用力的测定

参考林伟静[27]的方法并稍作修改测定样品的化学作用力，准确称取 1 g OVA、OVA 肽和糖基化 OVA 肽，分别加入 10 mL 的 0.05 mol/L NaCl（SA）、0.6 mol/L NaCl（SB）、0.6 mol/L NaCl＋1.5 mol/L 尿素（SC）、0.6 mol/L NaCl＋8 mol/L 尿素（SD）、0.6 mol/L NaCl＋8 mol/L 尿素＋1.5 mol/L β-巯基乙醇（SE），10000 r/min 均质 1 min 后于 4℃ 条件下静置 2 h，然后 10000 r/min 冷冻离心 10 min，取上清液。采用 9.1.3.1 节得到的标准曲线计算上清液中蛋白质含量。

离子键含量＝溶解于 SB 的蛋白质含量－溶解于 SA 的蛋白质含量

氢键含量＝溶解于 SC 的蛋白质含量－溶解于 SB 的蛋白质含量

疏水相互作用含量＝溶解于 SD 的蛋白质含量－溶解于 SC 的蛋白质含量－二硫键含量＝溶解于 SE 的蛋白质含量－溶解于 SD 的蛋白质含量

9.4.2.3 紫外吸收光谱（UV）分析

将待测样品溶于 pH 值 7.4 Tris-HCl 缓冲液中配制成浓度为 0.1 mg/mL 的蛋白质溶液，以 Tris-HCl 缓冲液为空白对照，采用紫外线进行扫描，速率 10 nm/s，波长范围 200～400 nm。

9.4.2.4 傅里叶变换红外（FT-IR）分析

准确称取 1 mg 冷冻干燥后的待测样品，加入 100 mg 溴化钾，置于玛瑙研钵中混合并研磨至粉末状，在 10～15 MPa 下于样品槽中压制成薄片，1 min 后将样品取出，放入样品室，采用红外光谱仪在 400～4000 cm^{-1} 波长区间对样品进行扫描，扫描 32 次。

9.4.2.5 荧光光谱分析

将待测样品溶于 pH＝7.4 Tris-HCl 缓冲液中配制成浓度为 1 mg/mL 的蛋白溶液，在激发波长为 295 nm，激发和发射单色器的带宽均为 5 nm，扫描范围 300～450 nm 的条件下，测定待测样品的荧光发射光谱。

9.4.2.6 扫描电镜（SEM）分析

分别将 OVA、OVA 肽和糖基化 OVA 肽进行喷金处理，再将样品置于扫描电子显微镜下观察样品的微观结构。

9.4.3 性能分析

9.4.3.1 SDS-PAGE 凝胶分析

图 9-24 为 OVA、OVA 肽、糖基化 OVA 肽的电泳图。

由图 9-24 可知，1 号泳道大部分条带出现在 44.5 kDa 处，即为 OVA。2 号泳道的电泳条带相对于 OVA 来说，出现明显下移，且条带分散，说明蛋白质分子在酶解作用下被降解为小分子肽，使其分子量明显减小，其分子量分布在 14.3～29 kDa。3、4 号泳道均为糖基化 OVA 肽，其条带相对于 OVA 肽明显上移至

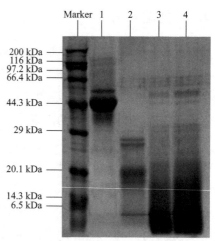

图 9-24 改性前后 OVA SDS-PAGE 电泳图

Marker—标准蛋白质；1—OVA；2—OVA 肽；

3 与 4—糖基化 OVA 肽平行样

45.0～97.2 kDa，这表明葡聚糖连接到 OVA 肽上使其分子量增大[28]。

9.4.3.2 化学作用力分析

不同改性处理对 OVA 化学作用力即离子键、氢键、疏水相互作用、二硫键的影响如表 9-17 所示。相对于 OVA，OVA 肽、糖基化 OVA 肽的离子键含量明显减少（$P<0.05$），这是因为酶解和糖基化改性使得离子键发生了断裂，导致 OVA 肽和糖基化 OVA 肽的离子键含量较 OVA 分别下降 6.63%、12.08%。氢键的稳定性弱于离子键，经酶解处理后的 OVA 即 OVA 肽的氢键发生断裂使其含量较 OVA 明显减少 17.29%（$P<0.05$）；糖基化 OVA 肽的氢键含量较 OVA 肽增加了 6.07%，原因可能是 OVA 肽与葡聚糖发生糖基化反应后，引入了多羟基，这些羟基与水形成氢键，从而使得氢键含量增加。OVA 肽、糖基化 OVA 肽的疏水相互作用含量较 OVA 分别减少 4.35%、6.20%，这可能是酶解使蛋白质分子量变小，亲水基团增多，溶解性升高，疏水相互作用减弱；另外，OVA 肽与葡聚糖之间的羰氨缩合破坏了蛋白质分子的疏水性相互作用，最终导致 OVA 肽、糖基化 OVA 肽的疏水相互作用含量较 OVA 明显减少（$P<0.05$）。相对于 OVA，OVA 肽和糖基化 OVA 肽的二硫键含量均明显减少（$P<0.05$），这可能因为酶解和糖基化改性破坏了半胱氨酸残基，使二硫键的形成受阻[29]。

表 9-17 协同改性对 OVA 化学作用力的影响

化学作用力	OVA/%	OVA 肽/%	糖基化 OVA 肽/%
离子键	21.56±1.47[c]	14.93±0.85[b]	9.48±0.43[a]
氢键	36.07±2.34[c]	18.78±1.35[a]	24.85±1.12[b]
疏水相互作用	22.18±1.43[c]	17.83±1.17[b]	15.98±1.24[a]
二硫键	16.53±0.86[c]	10.18±0.52[b]	7.37±0.34[a]

注：结果以平均值±标准差表示，同列字母不同表示差异显著（$P<0.05$）。

9.4.3.3 紫外吸收光谱分析

图 9-25 为 OVA、OVA 肽、糖基化 OVA 肽的紫外吸收光谱图。

由图 9-25 可以看出，OVA、OVA 肽、糖基化 OVA 肽在 280 nm 附近处都有强烈的吸收峰，并且 OVA 肽相对于 OVA 发生了红移，糖基化 OVA 肽相对于 OVA、OVA 肽均发生了蓝移。这说明酶解使得 OVA 的色氨酸（Trp）、酪氨酸（Tyr）残基暴露在 OVA 分子的表面，从而导致 OVA 肽紫外吸光度增加。由于葡聚糖与 OVA 肽接枝，糖基化 OVA 肽分子量较 OVA 肽明显增大，从而导致空间

障碍效应较为明显，也可能是因为糖
基化反应引入了糖的活性还原末端进
而引入了—C ＝O，最终导致糖基化
OVA 肽相对于 OVA 肽发生了蓝移，
且吸收峰明显增强。

9.4.3.4　傅里叶红外光谱分析

OVA、OVA 肽、糖基化 OVA
肽的红外吸收光谱图，如图 9-26
所示。

由图 9-26 可知，OVA、OVA 肽
及糖基化 OVA 肽的红外吸收光谱
图存在一定的差异，说明三者的结构
有一定不同。OVA 肽和糖基化 OVA
肽在 $3700 \sim 3200 \ cm^{-1}$ 处的吸收峰变
强，原因可能是酶解后的 OVA 肽中
N—H 伸缩振动与氢键形成了缔合体
所导致的；OVA 肽再与葡聚糖经过糖
基化反应，此时葡聚糖与 OVA 肽以
共价键的方式结合导致其吸收峰增强。
$1700 \sim 1600 \ cm^{-1}$ 为酰胺Ⅰ带，三者

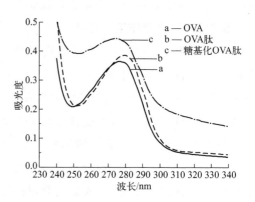

图 9-25　紫外吸收光谱分析

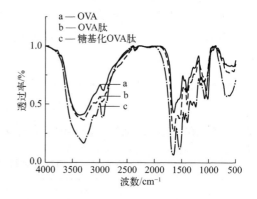

图 9-26　红外吸收光谱图分析

在此波数范围内均出现了特征吸收，
OVA 在酰胺Ⅰ带处的峰位于 $1645.63 \ cm^{-1}$，OVA 肽和糖基化 OVA 肽分别蓝移
至 $1647.21 \ cm^{-1}$ 和 $1651.10 \ cm^{-1}$ 处，酰胺Ⅰ为 C ＝O 的伸缩振动或 N—H 之间
的氢键，这可能是由于酶解使 OVA 肽链断裂，OVA 肽中的—NH 与葡聚糖上的
羰基反应，影响了 C ＝O 的伸缩振动，从而使酰胺Ⅰ带处的峰发生了位移[30]。
$1330 \sim 1220 \ cm^{-1}$ 为酰胺Ⅲ带，糖基化 OVA 肽在此处的吸收峰明显增强，这是因
为 OVA 肽与葡聚糖反应，OVA 肽的氨基与葡聚糖 T6 的羰基以共价键形式相连
引起了羟基的变形振动[31]，这说明蛋白质与糖发生了接枝反应。

9.4.3.5　荧光光谱分析

酶解糖基化协同改性使蛋白质的结构发生改变，从而使得芳香族氨基酸残基
的位置和微环境发生变化，而芳香族氨基酸残基可吸收紫外入射光发射荧光，因
此可利用荧光光谱来研究蛋白质结构的变化。图 9-27 为 OVA、OVA 肽、糖基化

OVA 肽的荧光光谱图。

从图 9-27 可以看出，相对于 OVA，OVA 肽和糖基化 OVA 肽的荧光强度均有所降低；最大吸收峰位置也发生了改变，OVA 的最大吸收峰在 340 nm 处，OVA 肽的最大吸收峰红移至 345 nm 处，糖基化 OVA 肽的最大吸收峰红移至 361 nm 处。原因可能是：荧光强度与表面疏水性呈正相关，酶解改变了 OVA 的空间构象，使其氢键更加稳定，表面疏水性降低，OVA 肽荧光强度减弱；糖基化 OVA 肽是因

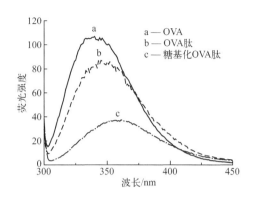

图 9-27　荧光光谱分析

为糖的接入，使其亲水集团增多，表面疏水性降低；另外，葡聚糖连接到蛋白质分子上对发射荧光的色氨酸产生了屏蔽作用，最终造成糖基化 OVA 肽的荧光强度较 OVA 和 OVA 肽均有明显的减弱[32]，这与表面疏水性的变化一致。

9.4.3.6　扫描电镜分析

分别将 OVA、OVA 肽及糖基化 OVA 肽置于扫描电镜下，放大同样倍数，结果如图 9-28 所示。由图中可以看出 OVA 为典型的球蛋白，表面光滑，呈颗粒状，排列紧密，表面有明显的孔洞和不规则的凹陷。酶解之后，表面不规则的凹陷消失，相对于 OVA 颗粒变小，分子间的聚集程度加深，成簇状，排列更紧密。经过酶解和糖基化处理后，体系的微观结构发生明显变化，球状完全变成片状结构，排列紧密，表面有不规则的凸起或凹陷，分子间的交联程度较好。这说明酶解和糖基化协同改性使其微观结构发生明显变化。

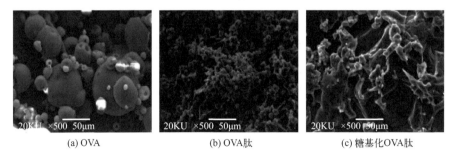

(a) OVA　　　　　　　(b) OVA 肽　　　　　　(c) 糖基化OVA 肽

图 9-28　改性前后 OVA 的 SEM 图

9.4.4 小结

本节研究了酶解糖基化协同改性对 OVA 结构的影响，通过对 OVA、OVA 肽、糖基化 OVA 肽的结构变化进行对比分析，得出以下结论：

① SDS-PAGE 凝胶电泳显示，OVA 肽的电泳条带相对于 OVA 的出现明显下移，且条带分散；糖基化 OVA 肽的电泳条带相对于 OVA 肽明显上移至 45.0～97.2 kDa。结果表明酶解糖基化协同改性使蛋白质的分子量发生明显的变化。

② 通过化学作用力分析发现，OVA 肽和糖基化 OVA 肽的离子键含量较 OVA 分别下降 6.63％、12.08％；OVA 肽的氢键含量较 OVA 明显减少 17.29％，糖基化 OVA 肽的氢键含量较 OVA 肽增加了 6.07％；OVA 肽、糖基化 OVA 肽的疏水相互作用含量较 OVA 分别减少 4.35％、6.20％；因为酶解和糖基化改性破坏了半胱氨酸残基，使得 OVA 肽和糖基化 OVA 肽的二硫键含量较 OVA 均明显减少。

③ 紫外光谱显示，在 280 nm 附近处，OVA 肽相对于 OVA 发生了红移，糖基化 OVA 肽相对于 OVA、OVA 肽均发生了蓝移。OVA 肽、糖基化 OVA 肽的最大吸收峰较 OVA 均有明显的增强。

④ 红外光谱显示，OVA 肽和糖基化 OVA 肽在 3700～3200 cm^{-1} 处的吸收峰较 OVA 变强；OVA 肽和糖基化 OVA 肽在 1700～1600 cm^{-1} 酰胺Ⅰ带处较 OVA 分别蓝移至 1647.21 cm^{-1} 和 1651.10 cm^{-1} 处；糖基化 OVA 肽在 1330～1220 cm^{-1} 酰胺Ⅲ带处的吸收峰明显增强。

⑤ 荧光光谱显示，相对于 OVA，OVA 肽和糖基化 OVA 肽的荧光强度均有所降低，这与表面疏水性结果相同；OVA、OVA 肽和糖基化 OVA 肽最大吸收峰位置也发生了改变，OVA 的最大吸收峰在 340 nm 处，OVA 肽的最大吸收峰红移至 345 nm 处，糖基化 OVA 肽的最大吸收峰红移至 361 nm 处。

⑥ 扫描电镜结果显示，OVA 表面光滑，成颗粒状，排列紧密，表面有明显的孔洞和不规则的凹陷。酶解得到 OVA 肽表面不规则的凹陷消失，相对于 OVA 颗粒变小，分子间的聚集程度加深，成簇状，排列更紧密。酶解糖基化协同改性得到的糖基化 OVA 肽为片状结构，排列紧密，表面有不规则的凸起或凹陷，分子间的交联程度较好。

参考文献

[1] 杨乐．乳酸菌对发酵香肠中蛋白水解的作用机制研究[D]. 呼和浩特：内蒙古农业大学，2023.

[2] 刘海梅，陈静，安孝宇，等．牡蛎酶解工艺参数优化及其产物分析与评价[J]. 食品科学，2017，38（14）：240-244.

[3] 姚玉雪，谢萱，闫世长，等．酶解时间对大豆分离蛋白结构及功能性质的影响[J]. 食品与生物技术学报，2024，43（06）：135-143.

[4] 李自会．鸡肉风味基料的酶解制备及其呈味机理研究[D]. 郑州：河南工业大学，2023.

[5] 徐康．复合酶酶解豆粕蛋白工艺条件研究[D]. 南昌：南昌大学，2022.

[6] 赵宇辉．水酶法同步分离花生油和蛋白过程中乳液体系特性及破乳机制研究[D]. 郑州：河南工业大学，2023.

[7] 刘松，李祝，周礼红，等．响应面法优化黑曲霉产纤维素酶的发酵条件[J]. 食品科学，2013，34（17）：225-229.

[8] 徐雪晗，张慧君，李萍，等．玉米醇溶蛋白糖基化产物对 DHA 微胶囊氧化稳定性的影响[J]. 食品科学，2024，45（12）：68-77.

[9] 张蓓，郭晓娜，朱科学，等．燕麦蛋白糖基化改性研究[J]. 中国粮油学报，2016，31（06）：41-46.

[10] 李小月．基于美拉德反应对麻花品质改善的研究[D]. 广州：华南理工大学，2017.

[11] 张蓓．燕麦蛋白质糖基化改性及乳化性研究[D]. 无锡：江南大学，2015.

[12] 孙金晶．基于界面特征解析糖对蛋清蛋白泡沫性能的影响规律和作用机制[D]. 无锡：江南大学，2022.

[13] 张亚婷．大豆蛋白酶解/糖基化接枝复合改性制备微胶囊壁材的研究[D]. 无锡：江南大学，2015.

[14] 巨倩．大豆 7S 球蛋白亚基结构与功能特性研究[D]. 杨凌：西北农林科技大学，2023.

[15] 赵丹．糖基化豌豆分离蛋白的制备及用于纳米乳液稳定与植脂奶油脂肪替代的研究[D]. 雅安：四川农业大学，2023.

[16] Cheng Y，Tang W，Xu Z，et al. Structure and functional properties of rice protein-dextran conjugates prepared by the Maillard reaction[J]. International Journal of Food Science & Technology，2018，53（2）：372-380.

[17] Chelh I，Gatellier P，Santé Lhoutellier V. Technical note：A simplified procedure for myofibril hydrophobicity determination[J]. Meat Science，2006，74（4）：681-683.

[18] 金婷，毕海丹，冯晓慧，等．Maillard 反应对卵白蛋白稳定性的影响[J]. 食品工业科技，2015，36（03）：123-127.

[19] 韩竹涛．物理方法辅助酶法提取高温豆粕蛋白及对其特性的影响[D]. 长春：吉林大学，2023.

[20] 崔冰．卵白蛋白-CMC 复合体系相行为及糖基化改性研究[D]. 武汉：华中农业大学，2012.

[21] 黄群，杨万根，金永国，等．酶法改善卵白蛋白起泡性[J]. 食品科学，2014，35（23）：171-175.

[22] 谢莹珊．TGase 交联桑叶蛋白制备高内相 Pickering 乳液及其负载姜黄素的研究[D]. 南昌：南昌大学，2024.

[23] 吴文锦．魔芋葡甘聚糖酶解产物对草鱼肌原纤维蛋白冷冻保护作用的机制[D]. 武汉：华中农业大学，2023.

［24］ Zhang H, Li Q, Claver P I, et al. Effect of cysteine on structural, rheological properties and solubility of wheat gluten by enzymatic hydrolysis[J]. International Journal of Food Science & Technology, 2010, 45（10）: 2155-2161.

［25］ Dan Z, Srinivasan D, A J L. Physicochemical and emulsifying properties of whey protein isolate （WPI）-dextran conjugates produced in aqueous solution [J]. Journal of agricultural and food chemistry, 2010, 58（5）: 2988-2994.

［26］ Zhang X, Qi J, Li K, et al. Characterization of soy β-conglycinin - dextran conjugate prepared by Maillard reaction in crowded liquid system[J]. Food Research International, 2012, 49（2）: 648-654.

［27］ 林伟静. 糖基化改性对花生蛋白膜性能的影响及其作用机理研究[D]. 北京: 中国农业科学院, 2015.

［28］ 洪青源. 乳清分离蛋白-葡聚糖接枝物的制备及功能特性研究[D]. 芜湖: 安徽工程大学, 2023.

［29］ Alriksson B, Cavka A, Jönsson J L. Improving the fermentability of enzymatic hydrolysates of lignocellulose through chemical in-situ detoxification with reducing agents[J]. Bioresource Technology, 2010, 102（2）: 1254-1263.

［30］ Poulsen A N, Eskildsen E C, Akkerman M, et al. Predicting hydrolysis of whey protein by mid-infrared spectroscopy[J]. International Dairy Journal, 2016, 6144-6150.

［31］ Miller M L, Bourassa W M, Smith J R. FTIR spectroscopic imaging of protein aggregation in living cells[J]. BBA - Biomembranes, 2013, 1828（10）: 2339-2346.

［32］ 胡欣. TGase 介导壳寡糖糖基化卵清蛋白的制备及其稳定的姜黄素乳液凝胶性能研究[D]. 扬州: 扬州大学, 2023.

第四篇

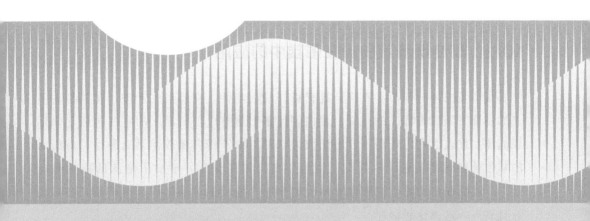

改性修饰蛋清蛋白粉和
卵白蛋白粉的应用技术

10　改性修饰蛋清蛋白粉的应用技术

10.1　改性蛋清蛋白粉在蛋糕中的应用

　　蛋清蛋白是一种亲水胶体,具有良好的起泡性,在糕点生产中,尤其是在西点的装饰方面具有特殊的意义。蛋白经过强烈搅打,可将混入的空气包围起来形成泡沫,在表面张力作用下,泡沫成为球形。由于蛋白质胶体具有黏性,将加入的其他辅料附着在泡沫的周围,使泡体变得浓厚坚实,增加了泡沫的机械稳定性[1]。制品在焙烤时,泡沫内气体受热膨胀,增大了产品体积,使产品疏松多孔并且具有一定弹性和韧性[2]。

10.1.1　材料与方法

10.1.1.1　材料与试剂

　　蛋糕专用粉、白糖粉、蛋清蛋白粉、食盐、泡打粉、奶粉、玉米淀粉、乳化剂、植脂末、香精,均为食品级。

10.1.1.2　仪器与设备

　　衡新 ACS 系列电子秤,B20-G 型立式食品搅拌机,GL-6A 型远红外线食品烘炉,SMS 质构仪,JMTY 型面包体积测定仪,BRABENDER 粉质仪。

10.1.2　处理方法

10.1.2.1　粉质实验

　　蛋糕专用粉中添加蛋清蛋白粉量分别为 10%、15%、20%、25%、30%(以面粉量计)。按照 GB/T 14614—2019《粮油检验　小麦粉面团流变学特性测试粉质仪法》进行操作。

10.1.2.2 pH值对蛋清蛋白粉起泡性能的影响

将 6 g 蛋清蛋白粉加入 300 mL 蒸馏水中，用磁力搅拌器中速搅拌 2～4 min，同时用盐酸溶液和氢氧化钠溶液调节蛋白质溶液的酸度依次为 pH 值 3、5、7、9，然后将各个点的蛋白质溶液在均质捣碎机（转速 10000～20000 r/min）中搅打 1 min，将泡沫迅速倒入量筒，测其体积，并记录 30 min 渗出液体后泡沫的体积[3]。

蛋清起泡能力＝泡沫中气体的体积/泡沫中液体的体积×100%

泡沫稳定性＝30 min 后的泡沫体积/泡沫的初体积×100%

10.1.2.3 烘焙实验

蛋糕基本配方：面粉 220 g、糖粉 230 g、蛋白粉（10%、15%、20%、25%、30%）、植脂末 10 g、奶粉 20 g、淀粉 10 g、乳化剂 3 g、泡打粉 3 g、食盐、塔塔粉少许。

蛋糕烘焙工艺：蛋白粉、糖粉、水→搅拌溶糖→加入乳化剂、泡打粉、塔塔粉等→快速搅打→加入面粉等调糊→入模→烘烤→冷却→脱模→成品。

10.1.2.4 感官评定

按照 SB/T 10142—93《蛋糕用小麦粉》进行。蛋糕烤好后，室温放置 1 h，由 10 位经过评价训练的人员组成品尝评分小组。评价根据蛋糕感官评定标准进行相关评价，取其平均值即为样品最终评分。蛋糕的品质评分项目及分数分配如下：总分 100 分，其中比容 30 分，芯部结构 20 分，口感 25 分，外观 25 分。

10.1.2.5 质构分析

质构仪参数设定为：测试前速度 2.0 mm/s、测试速度 1.0 mm/s、测试后速度 1.0 mm/s、扭曲张力 60%、数据获取速度 250 pps。

10.1.3 性能分析

10.1.3.1 不同蛋清蛋白粉添加量对面团粉质特性的影响

由表 10-1 可知，随着改性蛋清蛋白粉添加量的增加，面团吸水率逐渐增加。这可能是由于蛋清蛋白粉是由纯鲜鸡蛋清经喷雾干燥精制而成，其本身就具有很好地吸收还原能力，故其会影响面团的吸水率。同时可以发现糖基化改性的蛋清蛋白粉的添加极大地影响了面团的稳定时间。蛋糕用小麦粉的面团稳定时间一般在 1.5 min 左右，所以面团稳定时间过长会严重影响蛋糕的品质[4]。由此可知，用改性蛋清蛋白粉制作蛋糕的工艺中，不宜将两者直接混在一起。

表 10-1　不同蛋清蛋白粉添加量对面团粉质特性的影响

添加量/%	0	10	15	20	25	30
吸水率/% （校正至 500 FU）	51.5	52.1	53.2	54.7	56.1	58.3
形成时间/min	2	1.7	1.5	2.1	1.9	1.8
稳定时间/min	1.7	11.0	6.9	9.8	7.5	7.9

10.1.3.2　蛋清蛋白粉在不同 pH 值条件下的起泡性能

图 10-1 和图 10-2 反映了不同 pH 值对蛋清蛋白粉起泡性能的影响。由图 10-1 可知，随着 pH 值增加，改性蛋清蛋白粉发泡能力呈现先增强后减弱的趋势，并且在 pH 值为 5 时其起泡能力达到最大值。由图 10-2 可知，泡沫稳定性与发泡能力有着相似的变化趋势。因此 pH 值为 5 左右时，改性蛋清蛋白粉起泡性能最好。

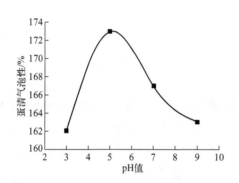 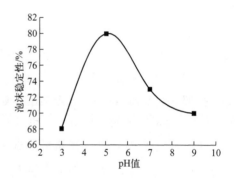

图 10-1　不同 pH 值对改性蛋清起泡能力的影响　　图 10-2　不同 pH 值对泡沫稳定性的影响

10.1.3.3　糖基化蛋清蛋白粉添加量对蛋糕感官评定总分的影响

从表 10-2 可以很直观地看出在糖基化蛋清蛋白粉添加量为 25% 时蛋糕感官评分最高，品质最好。

表 10-2　糖基化蛋清蛋白粉添加量对蛋糕感官评定总分的影响

不同添加量	10%	15%	20%	25%	30%
感官评分	70	79	83	95	86

10.1.3.4　糖基化蛋清蛋白粉不同添加量对蛋糕品质的影响

实验表明硬度值和咀嚼性与蛋糕品质呈负相关；弹性和回复性与蛋糕品质成正相关，即这两个指标数值越大，蛋糕吃起来越柔软爽口不粘牙。由表 10-3 综合三者感官评定，糖基化蛋清蛋白粉的最适添加量为 25%。

表 10-3　糖基化蛋清蛋白粉不同添加量与蛋糕质构参数的关系

添加量	硬度	弹性	黏聚性	咀嚼性	回复性
10%	5432.463	0.842	0.576	2633.531	0.208
15%	2610.533	0.826	0.664	1733.528	0.251
20%	3902.211	0.851	0.664	2204.319	0.259
25%	2734.996	0.867	0.694	1669.772	0.281
30%	2771.438	0.881	0.695	1674.134	0.283

10.1.4　小结

① 本实验进一步确定了蛋清蛋白粉最佳起泡性能为 pH 值在 5.0 左右，这将有助于烘焙人员通过添加适当辅料（如塔塔粉）调节 pH 值，使预混合粉蛋糕品质达到最佳。

② 本实验通过蛋糕感官评定和质构分析，初步得出蛋糕预混合粉蛋清蛋白粉添加量为 25% 左右。

③ 通过 SPSS 软件相关性分析。进一步确定了蛋糕感官和质构参数间的关系。即硬度值和咀嚼性与蛋糕品质呈负相关，弹性、回复性和黏聚性与蛋糕品质成正相关。

10.2　改性蛋清蛋白粉在鱼糜制品中的应用

蛋清蛋白粉是以鸡蛋为原料，经拣蛋、洗蛋、消毒、喷淋、吹干、打蛋、分离、过滤、均质、巴氏杀菌、脱糖、喷雾干燥等十多道工序制成的干蛋制品。蛋清蛋白粉可通过加水的方法还原为蛋清液。蛋清蛋白粉具有营养价值高，稳定性好，便于生产、储运等优点，是蛋清液的理想替代品。此外，它还具有多种功能性质（如凝胶性、起泡性、乳化性等），其中凝胶性多用于鱼糜、肉制品中。蛋清在食品工业起着重要作用，它可以通过形成凝胶来提高食品的稠度和质地。糖基化反应是改善蛋白质功能性质的一种有效方法，它涉及糖、氨基酸以及蛋白质的浓缩，并发展成一个复杂的网络结构产物[5]。

10.2.1　材料与方法

10.2.1.1　材料与试剂

新鲜鸡蛋（蕴康土鸡蛋）、马铃薯淀粉、蔗糖、食盐均为市购；红娘鱼冷冻鱼糜购自浙江兴业集团有限公司；刺槐豆胶和瓜尔豆胶购自杭州金菌克生物科技有限公司；六偏磷酸钠、焦磷酸钠（均为食品级）购自徐州天嘉食用化工有限公司；氯化钠、尿素、十二烷基硫酸钠（sodium dodecyl sulfate，SDS）、β-巯基乙醇均为国产分析纯。

10.2.1.2　仪器与设备

表 10-4　仪器与设备

仪器与设备	生产厂家
HYJD 超纯水器	杭州永洁达洁净科技有限公司
YP3001N 型电子天平	上海精科仪器有限公司
ALLEGRA64R 型冷冻离心机	德国 Beckman 制造
TA.XTPlus 食品物性测定仪	英国 Stable System 公司
YC-5 斩拌机	上海烨昌食品机械有限公司
XHF.DY 型高速分散机	宁波新芝生物科技股份有限公司
85-2 型恒温磁力搅拌器	上海司乐仪器有限公司
HH-4 数显恒温水浴锅	上海江星仪器有限公司
DYY-6C 型电泳仪	北京市六一仪器厂
Color Quest XE 色差仪	美国 Hunter Lab 公司

10.2.2　制备方法

10.2.2.1　糖基化产物的制备

新鲜蛋清与纯水按质量比 1：1 混合，磁力搅拌 10 min 后纱布过滤，边搅拌边加入 3% 刺槐豆胶与瓜尔豆胶的复配胶至混合均匀，转移到烧杯中，将烧杯密封置于 55℃ 水浴锅中分别加热 0 h、4 h、8 h、12 h、16 h、20 h、24 h 后，取出迅速冷却，得到糖基化复合物。

10.2.2.2　接枝度的测定

采用改进后的邻苯二甲醛法测定蛋白质的接枝度以评定其糖基化程度。配制试剂一：将 40 mg 的邻苯二甲醛溶解在 1 mL 甲醇中，再加入 3 mL 纯水，混匀置于棕色瓶中备用；试剂二：2.5 mL 质量分数 20％的 SDS 溶液，25 mL 浓度为 0.1 mol/L 的硼砂及 100 μL β-巯基乙醇混合，纯水定容至 50 mL[6]。

分别取 0.3 mL 试剂一与 3.7 mL 试剂二于试管中混匀，加入样品液 200 μL，混匀后于 35℃反应 2 min，于波长 340 nm 处测吸光度，以纯水代替样品液为空白，二者之差为自由氨基的净吸光度。赖氨酸作标准曲线，根据净吸光度计算样品中自由氨基的含量 C。每组实验重复 3 次，取平均值。接枝度为各样品中自由氨基含量的相对百分比，按公式（10-1）计算：

$$接枝度 = \frac{C_0 - C_1}{C_0} \times 100\%$$ （10-1）

式中，C_0 为未反应时样品自由氨基总质量浓度，μg/mL；C_1 为反应 t 时刻样品自由氨基的质量浓度，μg/mL。

10.2.2.3　SDS-聚丙烯酰胺凝胶电泳（SDS-PAGE）分析

使用 5％浓缩胶，12％分离胶。样品溶解液为 0.01 mol/L pH 值 8.0 Tris-HCl 缓冲液，内含 2％SDS、10％甘油、0.02％溴酚蓝（非还原 SDS-PAGE 不含 β-巯基乙醇，还原 SDS-PAGE 含 5％ β-巯基乙醇），将样品溶于样品溶解液中调成蛋白质量浓度为 2 mg/mL[7]。在沸水浴中加热 5min 后冰浴冷却，直接电泳进样，上样量为 15 μL，浓缩胶中电压为 80 V，进入分离胶之后将其增至 120 V。考马斯亮蓝 R-250 染色，10％甲醇和 7.5％乙酸脱色至条带清晰，并进行扫描成像分析。

10.2.2.4　鱼糜凝胶的制备

将冷冻鱼糜放置 4℃冰箱解冻 12 h，取一定量置于斩拌机中空擂，再添加食盐、蔗糖、马铃薯淀粉等继续斩拌，然后分别添加质量分数 3％的新鲜蛋清、蛋清与胶复合物、糖基化鱼糜凝胶增强剂，手动擂溃均匀后灌入蛋白质肠衣中，两段式加热（40℃/60 min，90℃/130 min），结束后立即置于冰水中冷却，并于 4℃冷藏过夜，待测各指标[8]。

10.2.2.5　鱼糜凝胶凝胶强度的测定

将鱼糜凝胶从 4℃冰箱中取出，室温条件下平衡 30 min，样品高度为 30 mm，用 TA-XTPlus 食品物性测定仪测定样品的破断强度和凹陷深度，两者乘积即为样品的凝胶强度。测试参数：P5S 球形探头，测试前、中、后速率分别为 1.0 mm/s、1.1 mm/s、1.0 mm/s，位移 15 mm，触发力 5 g，数据采集速率 400 脉冲数/s。每组实验重复 6 次，结果以平均值计[9]。

10.2.2.6　鱼糜凝胶全质构的测定

样品高度为 20 mm，用 TA-XTPlus 食品物性测定仪测定样品的硬度、弹性、凝聚性、胶黏性、咀嚼性、回复力等指标。测试参数为：TPA 模式，P36R 圆柱形探头，测试前、中、后速率分别为 5.0 mm/s、1.0 mm/s、1.0 mm/s，压缩比为 50%，触发力为 10 g，数据采集速率 400 脉冲数/s[10]。每组实验重复 6 次，结果以平均值计。

10.2.2.7 鱼糜凝胶白度的测定

参考于海涛的方法，将鱼肠切成 5 mm 厚圆片，室温条件下用色差仪测定样品的 L^*、a^*、b^* 值。每组实验重复 3 次，取平均值。样品的白度按式（10-2）计算：

$$W = 100 - \sqrt{(100 - L^*)^2 + a^{*2} + b^{*2}} \qquad (10\text{-}2)$$

式中，W 为白度；L^* 为样品的亮度；a^* 为样品的红绿值；b^* 为样品的黄蓝值。

10.2.2.8 鱼糜凝胶持水力的测定

取约 5 g 凝胶样本放入直径 30 mm 的离心管中，4℃、1000g 离心 15 min，除去离心出的水分，测定离心前后凝胶的质量[11]。按公式（10-3）计算持水力：

$$持水力 = \frac{m_2 - m_0}{m_1 - m_0} \times 100\% \qquad (10\text{-}3)$$

式中，m_0 为离心管质量，g；m_1 为离心前离心管和凝胶质量，g；m_2 为离心后离心管和凝胶质量，g。

10.2.2.9 鱼糜凝胶化学作用力的测定

取制得的鱼糜凝胶样品 2 g，分别与 10 mL 的 0.05 mol/L NaCl（SA）、0.6 mol/L NaCl（SB）、0.6 mol/L NaCl＋1.5 mol/L 尿素（SC）、0.6 mol/L NaCl＋8 mol/L 尿素（SD）、0.6 mol/L NaCl＋8 mol/L 尿素＋0.05 mol/L β-巯基乙醇（SE）混合均质后 4℃冰箱放置 1 h，1000g 离心 15 min，用考马斯亮蓝法测定上清液中蛋白质含量。鱼糜凝胶中离子键的贡献以溶解于 SB 与 SA 溶液中的蛋白质含量差表示；氢键的贡献以溶解于 SC 与 SB 溶液中的蛋白质含量差表示；疏水键的贡献以溶解于 SD 与 SC 溶液中的蛋白质含量差表示；二硫键的贡献以溶解于 SE 与 SD 溶液中的蛋白质含量差表示[12]。

10.2.2.10 数据统计分析

采用 SPSS 19.0 软件中的单因素方差分析法对实验结果进行分析，$P < 0.05$，差异显著，使用 Origin 8.6 软件绘制图表，结果以 $\bar{x} \pm s$ 表示。

10.2.3 结果与分析

10.2.3.1 反应时间对凝胶增强剂接枝度的影响

在糖基化反应过程中，蛋白质的游离氨基基团会与糖类物质或者糖降解产物发生接枝反应，使得游离氨基减少，故糖基化反应的进行程度可通过测定游离氨基的变化得到较好的显示。由图 10-3 可知，随着反应时间的延长，接枝度呈现逐渐升高的趋势，反应 12 h 时接枝度为（23.37±1.62）%，继续反应对接枝度的影响较小，可能是因为过长的时间使得凝胶增强剂形成蛋白膜，

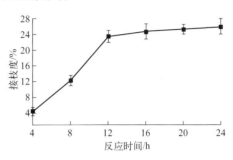

图 10-3 不同反应时间凝胶
增强剂接枝度的变化

且时间越长形成的蛋白膜厚度和韧性越强，膜内水分蒸干，影响了糖基化反应的进程[13]。因此后续糖基化产物制备的时间选择湿热法加热 12 h。

10.2.3.2 糖基化凝胶增强分析：ISDS-PAGE 分析

由图 10-4 可以看出，凝胶增强剂中的 a、c、d 条带比未反应的位置有轻微上移，即分子质量稍增大，泳道 7、8 未在上方出现 a 条带可能是因为该物质分子质量太大未进入分离胶。随着糖基化反应时间延长，条带 e 的颜色越来越浅，表明蛋白质分子向上迁移形成聚集体，由于不含 β-巯基乙醇未破坏二硫键，说明是由其他的共价键导致一些聚集体的形成[14]。由图（b）可以看出，蛋白质 f、g、i 均由清晰逐渐变得模糊或消失，可能是蛋白质 f、g、i 均发生分子间交联形成了分子质

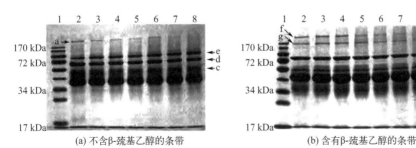

(a) 不含β-巯基乙醇的条带　　　(b) 含有β-巯基乙醇的条带

图 10-4 糖基化凝胶增强剂的 ISDS-PAGE 图谱

泳道 1 为标准分子质量蛋白质，泳道 2~8 分别为糖基化反应
0 h、4 h、8 h、12 h、16 h、20 h、24 h 的接枝产物

量更大的蛋白质聚集体，同时，β-巯基乙醇能够破坏二硫键，说明糖基化反应过程中蛋白质聚集体的形成一部分也是由于二硫键导致的。

10.2.3.3 糖基化凝胶增强剂对鱼糜制品凝胶强度的影响

如图 10-5 所示，新鲜蛋清、未糖基化改性凝胶增强剂与糖基化改性凝胶增强剂都可提高红娘鱼鱼糜的凝胶强度，选取糖基化反应时间为 4 h、12 h、20 h 的凝胶增强剂，等比例添加到鱼糜中，随着凝胶增强剂糖基化反应时间的延长，鱼糜凝胶的凝胶强度呈先增大后减小的趋势，当反应时间为 12 h 时，凝胶强度最高，未添加凝胶增强剂的鱼糜制品凝胶强度为（229.30＋10.49）g·cm；添加 3％新鲜蛋清的鱼糜制品凝胶强度增至（296.01±12.72）g·cm；添加 3％未糖基化改性凝胶增强剂的鱼糜制品凝胶强度为（358.93±16.63）g·cm，明显好于添加 3％的普通新鲜蛋清；而当添加 3％糖基化改性 12 h 后的凝胶增强剂，鱼糜制品的凝胶强度高达（375.7±10.47）g·cm，与未添加凝胶增强剂的鱼糜制品相比，凝胶强度提高 64％，较添加 3％新鲜蛋清的鱼糜凝胶强度提高了 26.9％，与添加未发生糖基化反应的凝胶增强剂的鱼糜制品相比，凝胶强度提高 4.7％。

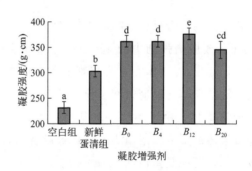

图 10-5 凝胶增强剂对鱼糜凝胶凝胶强度的影响

不同小写字母表示差异显著（$P<0.05$），图 10-6、图 10-7 同；B_0、B_4、B_{12}、B_{20} 分别为
糖基化反应 0 h、4 h、12 h、20 h 的凝胶增强剂组，下同

新鲜蛋清能够提高鱼糜制品的凝胶强度归因于两方面，一方面鱼糜制品制作过程中经过两段加热（40℃/90℃），当处于 50～70℃ 的温度带时鱼糜发生凝胶劣化，由肌原纤维蛋白中内源性热稳定蛋白酶诱导从而降解肌球蛋白，蛋清中含有半胱氨酸蛋白酶、卵母细胞球蛋白与卵巨球蛋白能够特异性作用于肌原纤维蛋白中的半胱氨酸蛋白酶、丝氨酸蛋白酶与天冬氨酸蛋白酶，从而抑制肌球蛋白降解；另一方面，在蛋清中卵白蛋白和卵转铁蛋白共占总蛋白质的 70％，两者对蛋清凝

胶性能起主要作用，卵转铁蛋白是蛋清中最易受热变性的蛋白质，变性温度在 $60\sim65℃$。卵白蛋白是蛋清中唯一的含有自由巯基的蛋白质，也已证明它在蛋清的热诱导凝胶形成过程中起着非常重要的作用，其温度在 $80℃$ 左右能够促进蛋清胶凝。添加刺槐豆胶和瓜尔豆胶复配胶之后会提高卵转铁蛋白的变性温度，故蛋清蛋白质在 $55℃$ 条件下主要与凝胶发生糖基化反应，并有效提高蛋清本身的功能特性以及对肌原纤维蛋白的黏合性从而对鱼糜制品的凝胶强度进行改善[15]。综上可知，糖基化改性凝胶增强剂对鱼糜凝胶强度的改善效果要优于新鲜蛋清，并且是通过对蛋白酶进行抑制和黏合作用的凝胶强化。

10.2.3.4　糖基化凝胶增强剂对鱼糜制品全质构的影响

从表 10-5 可以看出，新鲜蛋清和凝胶增强剂的加入，使红娘鱼鱼糜凝胶的形成能力增强，硬度、胶黏性、咀嚼性和回复性都显著增加（$P<0.05$）。添加新鲜蛋清的鱼糜凝胶硬度、胶黏性和咀嚼性明显大于空白组鱼糜凝胶，这是由于鱼糜和蛋清在物理上相互交融后，由于蛋清蛋白质在鱼糜中起到黏合剂的作用，红娘鱼鱼糜更好地黏合在一起，使结构更加致密[16]。添加糖基化反应 12 h 的凝胶增强剂硬度、胶黏性、咀嚼性和回复性明显大于添加相同含量新鲜蛋清的鱼糜凝胶，这是可能是由于凝胶增强剂经糖基化反应之后本身的凝胶性增大。黏合效果增强，同时填充了凝胶蛋白网络结构的空隙，形成更致密的凝胶网络结构。

表 10-5　凝胶增强剂对鱼糜凝胶质构特性的影响

处理组	硬度/g	黏度/(g/s)	弹性	内聚性	胶黏性	咀嚼性	回复性/mm
空白组	4994.24±25.65[L]	−70.99±13.97[c]	0.878±0.003[a]	0.644±0.002[l]	3249.22±43.13[d]	2866.83±60.61[l]	0.279±0.001[a]
新鲜蛋清	5570.06±42.42[b]	−111.29±24.93[b]	0.866±0.002[a]	0.674±0.001[bc]	3689.51±55.30[b]	3202.89±31.05[b]	0.312±0.003[c]
B_0	5785.72±20.58[c]	−169.19±30.46[a]	0.870±0.004[a]	0.679±0.003[cd]	3891.69±25.63[d]	3307.95±19.03[cd]	0.313±0.003[c]
B_4	5781.39±29.97[c]	−167.65±13.43[a]	0.877±0.001[a]	0.677±0.001[d]	3835.48±17.09[c]	3244.06±48.67[bc]	0.316±0.001[cd]
B_{12}	5876.70±30.58[d]	−184.02±10.06[a]	0.893±0.001[b]	0.682±0.001[d]	3892.67±25.22[d]	3372.67±19.24[d]	0.319±0.001[d]
B_{20}	5629.85±32.32[b]	−162.56±9.93[a]	0.870±0.001[a]	0.668±0.005[b]	3739.25±19.66[b]	3228.73±31.57[bc]	0.303±0.002[b]

注：同列不同小写字母表示差异显著（$P<0.05$），下同。

10.2.3.5　糖基化凝胶增强剂对鱼糜制品白度的影响

从表 10-6 可知，凝胶增强剂对鱼糜亮度（L^* 值）的影响是最大的，亮度的变化是影响白度的重要因素。随着凝胶增强剂的添加，鱼糜凝胶 L^* 值呈先上升后下降趋势，a^* 值和 b^* 值无明显变化规律，鱼糜凝胶白度值是随 L^*、a^* 值和 b^* 值的变化而变化，白度值呈上升趋势。蛋清蛋白质可以提高鱼糜凝胶的白度，与刺槐豆胶和瓜尔豆胶经糖基化改性后，本身凝胶增强剂的白度会提高，肉眼可观察，从而影响鱼糜凝胶的色泽，糖基化反应 20 h 之后，鱼糜凝胶白度降低，这可能是由于在后期鱼糜制备过程中，凝胶增强剂与鱼肉蛋白质发生非酶促褐变反应造成的。

表 10-6　凝胶增强剂对鱼糜凝胶白度的影响

处理组	L^*	a^*	b^*	白度
空白组	74.33±0.29[a]	−2.63±0.05[b]	2.84±0.02[a]	74.04±0.27[a]
新鲜蛋清	75.07±0.11[b]	−2.75±0.03[a]	2.79±0.04[a]	74.76±0.13[b]
B_0	76.39±0.09[d]	−2.48±0.04[c]	3.20±0.03[b]	76.05±0.104[d]
B_4	76.43±0.22[d]	−2.56±0.04[c]	3.20±0.04[b]	76.08±0.224[d]
B_{12}	76.69±0.24[d]	−2.53±0.05[c]	3.16±0.05[b]	76.34±0.194[d]
B_{20}	75.82±0.18[c]	−2.62±0.08[b]	2.95±0.11[a]	75.50±0.19[c]

10.2.3.6　糖基化凝胶增强剂对鱼糜制品持水力的影响

由图 10-6 可知，新鲜蛋清与凝胶增强剂都可提高鱼糜凝胶的持水性，且添加糖基化改性凝胶增强剂持水力不断增强，这一方面是由于未与蛋清反应的刺槐豆胶和瓜尔豆胶有一定的吸水能力，添加到鱼糜中吸水形成致密的凝胶结构；另一方面是凝胶增强剂作为黏合剂使鱼糜凝胶更紧实，更好地锁住水分，提高鱼糜凝胶的持水性。而糖基化反应 20 h 后的凝胶增强剂显著降低了鱼糜凝胶的持水力（$P<0.05$），可能是由于过长时间的加热，蛋清与刺槐豆胶和瓜尔豆胶形成部分凝结块而非凝胶，这取决于鱼糜中自由水的含量和加热过程中蛋清蛋白质展开和聚集的相对速度[17]。随着持水率

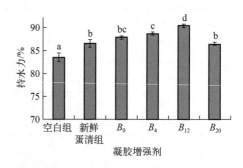

图 10-6　凝胶增强剂对鱼糜凝胶持水力的影响

的不断增高，鱼糜凝胶的保水性在增强，口感也会得到改善，因此鱼糜持水性与鱼糜凝胶质构特性的结果有着一致性。

10.2.3.7 糖基化凝胶增强剂对鱼糜制品化学作用力的影响

在鱼糜凝胶体系中，维持凝胶三维网络结构的蛋白质分子间相互作用力主要有离子键、氢键、疏水相互作用、二硫键和非二硫共价键等。如图 10-7 所示，在所有鱼糜凝胶样品中，疏水相互作用值是最高的，这表明在鱼糜凝胶中，疏水相互作用起重要作用。研究表明，冷冻鱼糜中含大量离子键，要使其形成鱼糜凝胶，需添加盐离子打破这些离子键，分散蛋白质，最终使经过热处理的凝胶具有弹性结构。因此，离子键在鱼糜凝胶形成过程中呈下降趋势。鱼糜凝胶中氢键的存在对于体系结合水的稳定性有着重要作用，且可在鱼糜制品冷却过程中增加其凝胶强度。Gomez-Guillen 等研究表明，在鱼糜凝胶形成过程中，疏水相互作用和二硫键的贡献更重要。添加糖基化凝胶增强剂后鱼糜凝胶的疏水相互作用和二硫键含量较空白样品显著增加（$P<0.05$），这是由于在 40℃保温阶段建立的凝胶网络在 90℃加热阶段会发生热收缩，释放水分并在凝胶网络中不均匀分散，故高温会导致疏水相互作用显著下降，当加入凝胶增强剂后可有效地锁住水分，促进蛋白之间的聚集和交联，从而促使其形成稳定凝胶三维网络结构[18]。疏水相互作用的提高与其表观凝胶强度、硬度、持水性等特性的提高相符，也进一步验证了疏水相互作用在高温条件下维持鱼糜肠空间网络结构及其表观体现的质构上所发挥的作用。蛋清蛋白质是倾向于形成具有通过二硫键广泛交联的热稳定性凝胶，在凝胶增强剂糖基化反应阶段，有一部分蛋白质聚集体是通过二硫键作用实现的，肌原纤维蛋白和蛋清蛋白质在 90℃高温条件下相互作用形成凝胶基质，可能是通过二硫键或者其他共价键与大部分肌球蛋白相互作用。

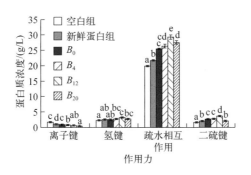

图 10-7 凝胶增强剂对鱼糜凝胶化学作用力的影响

10.2.4 小结

蛋清蛋白粉与刺槐豆胶和瓜尔豆胶复配物随着糖基化反应时间的延长（0~24 h），接枝度逐渐增大。通过 SDS-PAGE 分析，证实蛋清蛋白质经湿法改性生成接枝共聚物，并且是通过二硫键和其他共价键与糖分子发生接枝反应，后期实验可进一步深入研究糖基化反应对蛋清蛋白质功能特性的影响机制[19]。红娘鱼鱼糜中添加糖基化凝胶增强剂可以提高鱼糜的凝胶特性，根据鱼糜凝胶的质构特性、白度、持水性和化学作用力，添加糖基化反应 12 h 的凝胶增强剂对鱼糜凝胶品质影响最好[20]。糖基化凝胶增强剂对鱼糜凝胶性能的改良可能是通过蛋清蛋白质作为黏合剂使用，同时糖基化后提高了黏合效果，使得鱼糜更好地黏合在一起，为进一步改善鱼糜制品的凝胶特性、提高鱼糜制品商品价值、充分开发利用我国鱼糜资源提供理论依据。

◆ 参考文献 ◆

[1] 程进霞，李景军．蛋清蛋白修饰改性方法研究进展[J]．陕西理工大学学报（自然科学版），2023，39（03）：62-68．

[2] 樊睿．卡拉胶和黄原胶对蛋清凝胶硬度和持水力的影响及高凝胶特性蛋清蛋白粉的应用研究[D]．雅安：四川农业大学，2023．

[3] 刘尚丞，张思原．蛋清蛋白粉的加工特性及改性研究进展[J]．中国家禽，2022，44（06）：100-106．

[4] 闫文芳，李文钊，代任任，等．改性蛋清蛋白粉对面条品质的影响[J]．食品科学，2021，42（22）：70-76．

[5] 刘丽莉．一种酶解和糖基化协同改性制备功能性蛋清蛋白粉的工艺方法[P]．河南：河南科技大学，2021．

[6] 蔡杰，张倩，雷苗，等．蛋清蛋白粉凝胶特性改性研究进展[J]．食品工业科技，2016，37（13）：395-399．

[7] 刘丽莉，功能性专用蛋清蛋白粉的高值化开发及其产业化应用法[P]．河南：河南科技大学，2021．

[8] 唐婷婷．小分子肽改善蛋清蛋白粉起泡性能及改性蛋清蛋白粉在天使蛋糕中的应用[D]．南昌：江西农业大学，2022．

[9] 张根生，李琪，黄昕钰，等．蛋清蛋白凝胶改性及其在肉制品加工中的应用[J]．食品与机械，2023，39（04）：198-204．

[10] 吴永艳，王恰，段文珊，等．物理改性在蛋清蛋白功能特性改善中的应用[J]．食品与机械，2021，37（03）：195-200．

[11] 曾添．卵清蛋白对蓝圆鲹鱼糜凝胶特性的影响[D]．厦门：集美大学，2022．

[12] 邹凯，王玲，王晨帆，等．蛋清蛋白凝胶性能的影响因素分析[J]．粮食科技与经济，2012，37（02）：

57-60.

［13］ 高素华，张光先，琚红梅，等．涤纶表面接枝蛋清蛋白改性及其服用性能研究［J］．丝绸，2010，
（10）：5-8.

［14］ Au C, Acevedo N C, Horner, H. T., & Wang, T.（2015）. Determination of the gelation mechanism of freeze-thawed hen egg yolk. Journal of Agricultural and Food Chemistry, 63, 46.

［15］ Razi S M, Fahim H, Amirabadi S, et al. An overview of the functional properties of egg white proteins and their application in the food industry[J]. Food Hydrocolloids, 2023, 135: 108183.

［16］ 魏晨．木糖糖基化改性对卵白蛋白功能特性的影响[D]．长春：吉林大学，2019.

［17］ 陈蕾．酚酸与卵白蛋白的相互作用及改性卵白蛋白在构建运载体中的应用[D]．南昌：南昌大学，2022.

［18］ 闫雨洁，董明英，陶加明，等．超声辅助糖基化改性卵白蛋白乳化性能的研究[J]．中国调味品，2021，
46（07）：27-32.

［19］ 袁旦．卵白蛋白的糖基化改性及其对陈皮油纳米乳液的稳定机理[D]．武汉：武汉轻工大学，2017.

［20］ 刘丽莉，李玉，梁严予，等．卵白蛋白肽的磷酸化改性工艺优化[J]．河南科技大学学报（自然科学版），2017，38（03）：69-73+ 7-8.

11　改性卵白蛋白粉的应用

11.1　改性卵白蛋白粉在 3D 打印中的应用

蛋清蛋白（OVA）是一种具有多种功能特性的食品成分，例如起泡，乳化，热定型凝胶化和结合黏附[1]。因此，OVA 在许多食品中用作功能成分，例如蛋白甜饼、慕斯和烘焙食品。OVA 是用于开发各种 3D 结构的有前途的食品材料，因为它可以形成热诱导的可食用凝胶[2]，这有利于进一步的热处理。

尽管已经提供了许多有关 3D 打印的报告，但基于 OVA 的最佳配方尚未发布。在之前的研究中，我们了解了 OVA 的功能特性及其对 3D 混合打印系统的影响。目前的工作旨在探索一种用于 3D 打印的混合系统的新配方。将各种材料（例如明胶、玉米淀粉和蔗糖）添加到混合物中，以创建具有一定黏度的打印混合物系统，从而提高 OVA 对 3D 打印的适用性。通过响应面法（RSM）优化了混合物配方，配方参数为 OVA，明胶、玉米淀粉和蔗糖，感官评分为指标。这项研究还旨在分析感官评估得分与印刷系统黏度之间的关系。将优化配方的流变学和摩擦学行为与其他配方进行比较。

11.1.1　材料与方法

11.1.1.1　材料与设计

蛋白质浓度为 80% 的蛋清蛋白粉从澳大利亚所有食品系统公司获得（昆士兰州，布里斯班，澳大利亚）；食用牛明胶（水华强度 250）购自 GELITA 澳大利亚有限公司（昆士兰州，布里斯班，澳大利亚）；玉米淀粉和蔗糖购自 Coles（科尔斯）超市（昆士兰州，布里斯班，澳大利亚）。

11.1.1.2 仪器与设备

研究了混合物的 3D 打印过程（昆山 PORIMY 3D 打印公司，江苏省，中国），3D 打印系统主要由三个部分组成，一个机械平台、一个电气和软件组件以及挤出机和冷却系统[3]。图 11-1 显示了喷嘴尺寸以及带有电子进料斗，挤出机和冷却系统的完整 3D 打印机。

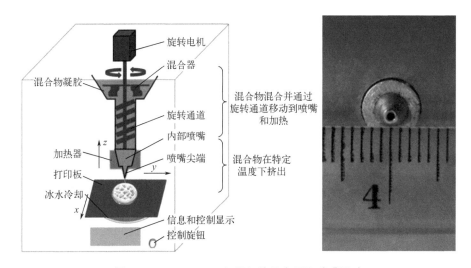

图 11-1　PORIMY 3D 打印机的示意图和喷嘴尺寸

在整个测试中，以下打印参数保持不变，以确保能够打印复杂的 3D 对象：喷嘴直径大小为 1.0 mm，移动速度为 70 mm/s，挤出速率为 0.004 cm^3/s，喷嘴高度为 3.0 mm，在 40℃下打印，没有强制气流。

11.1.2　处理方法

11.1.2.1　印刷配方的实验设计与优化

最初分析了改变单个因素对感官评价的影响，以确定变量添加量的初步范围。配方材料的添加量设定如下：明胶（10 g），玉米淀粉（20 g），蔗糖（10 g），OVA（15 g）和去离子水（250 mL）。可变参数如下：明胶（即 7 g、9 g、11 g、13 g、15 g 和 17 g），玉米淀粉（即 14 g、16 g、18 g、20 g、22 g 和 24 g），蔗糖（即 6 g、8 g、10 g、12 g、14 g 和 16 g）和 OVA（即 9 g、11 g、13 g、15 g、17 g 和 19 g）。然后，通过 RSM 优化配方参数。准备了一个中央复合设计（CCD），在五个水平上具有四个自变量，以确定独立变量对响应的组合影响。表 11-1 给出了本书中研究的变量的范围和水平。根据初步实验的结果选择自变量及其水平。黏度和感官评估是因变量。在单因素实验的基础上，通过使用 CCD 四因素五水平设计优化配方条件，总共生成了 36 个实验运行（即 16 个阶乘点，8 个轴向点和 12 个中心点）。如表 11-2 所示。在设计中心总共进行了 12 次重复（处理 25～36），以估计平方的纯误差和。通过多重回归对来自 CCD 的数据进行了解释，以拟合以下二阶多项式方程：

$$Y = \beta_0 + \sum_{i=1}^{4} \beta_i X_i + \sum_{i=1}^{4} \beta_{ii} X_i^2 + \sum_{i=4}^{3} \sum_{j=i+1}^{4} \beta_{ij} X_i X_j \tag{11-1}$$

式中，Y 是因变量（感官评分）；β_0 是一个常数；β_i，β_{ii} 和 β_{ij} 是回归系数；X_i 和 X_j 是自变量的水平。方差分析采用 Design-Expert 8.05b 进行估算。计算了结合 RSA 的回归方程的拟合度和显著性检验，并建立了回归模型。根据响应面方法和等高线，分析了各个因素和相互作用函数对感觉评估的影响，并确认了优化的 3D 打印配方。$P < 0.01$ 表示差异具有统计学意义。数据重复三次确定，并对结果取平均值。

11.1.2.2　复杂印刷系统的准备

用于 3D 打印的材料配方的成分包括不同浓度的牛明胶、玉米淀粉、蔗糖和溶于 250 mL 去离子水的 OVA。表 11-1 给出了 3D 打印 OVA 混合物系统的组成配方。将 OVA 粉末在水浴（55℃，5 min）条件下溶于 50.0 mL 去离子水中，并使用 T-25 数字式 Ultra-Turrax 均质机（德国 IKA）在 7000～8000 r/min 下搅拌以制备上述不同浓度（pH = 6.5）。将牛明胶、玉米淀粉和蔗糖粉在水浴（80℃，10 min）条件下用去离子水溶解，通过混合器（JJ-1A 数字电动混合器，中国常州仪器厂）以 450 r/min 的转速搅拌，随后混合并在水浴中加热（100℃，20 min 和 300 r/min）。将不同的混合物系统在 55℃下冷却 5 min。然后，加入上述 OVA 溶液并搅拌（55℃，10 min，400 r/min）以制备印刷复合物混合物系统。在打印之前，将打印系统的温度在 40℃下保持 20 min。这些印刷混合物系统用于所有分析。

11.1.2.3　感官评分

由 30 位训练有素的小组成员（15 位女性和 15 位男性，年龄 25～30 岁，健康且耐乳糖）对在微波炉中加热 3 min（Panasonic NNDS592BQPQ，微波炉）的 3D 打印的物体进行感官评估。在进行感官评估之前，使用相关的 3D 打印产品对面板进行培训，以使他们熟悉评级方法，每种属性的术语以及感官特征。根据先前描述的方法，样品用三位数字编码，并指示专家通过使用从"1 ＝非常不喜欢"到"7 ＝非常喜欢"的七点享乐量表来评估外观，风味，味道，质地和总体可接受性得分。基于相同的参数权重，总的感官评分等于五个评分的总和。评估人员随机评估了编码的 3D 打印样本。在品尝每个样品之前，他们用冷的过滤过的自来水进行口腔清洁，产品在日光照射下和在感官实验室的隔离棚中进行表征。

11.1.2.4　不同配方的黏度与感官评估之间的关系

使用具有不锈钢板（直径 60 mm）的 AR-G2 流变仪（AR-1000，Co. TA，美国）测试所有制剂的黏度[4]。对于从牛顿流体到浓稠乳液的各种食品，在剪切速率为 50 s^{-1} 时，黏度和感官知觉之间存在密切关系[5]。考虑到 3D 打印对象的外观、纹理和总体可接受性分数主要受黏度影响，因此选择感官分数作为这三个分数的总和。表 11-2 显示了所有 3D 打印系统在 50 s^{-1} 的剪切速率下的黏度（η_{50}）和感官评分。

11.1.2.5　印刷混合物系统的扫描电子显微镜（SEM）

使用 Ultra Plus 扫描电子显微镜（Zeiss，Oberkochen，德国）观察印刷混合物系统的形态特征[6]。将干燥的印刷混合物样品安装在厚度为 2～3 mm 的导电树脂上。通过拍摄三个不同的图像，观察结果的放大倍率为×800。

11.1.2.6　统计分析

使用 SPSS 22.0 软件（SPSS，美国伊利诺伊州芝加哥），通过单向方差分析与 Tukey 的真实显著差异来分析各组之间的差异。

11.1.3　性能分析

11.1.3.1　优化 3D 打印配方

（1）单因素实验结果分析

图 11-2 显示了不同配方材料添加量对 3D 打印产品的感官评估的影响。随着明胶和玉米淀粉添加量的增加，感官评分显著增加，并分别在 13 g 和 18 g 达到峰值。此后，分数没有显著降低［图 11-2（a）、（b）］。因此，分别选择 13 g 和 18 g 作为明胶和玉米淀粉的添加量以进行进一步的实验。图 11-2（c）显示，随着蔗糖添加量的增加，在 6～8 g 之间，感官评分增加。之后，随着添加量的增加，分数逐渐降低。因此，8 g 蔗糖足以获得最大的感官评分。图 11-2（d）说明，当添加的 OVA 的量从 9 g 变为 13 g 时，对 3D 打印产品的感官评估从 21.15 显著提高到 33.40，当添加的 OVA 超过 13 g 时，其感官评价略有提高。尽管得分在添加量为 15 g 时也很高，但是增加 OVA 的添加量也增加了工业材料加工的成本。因此，13～15 g 被认为是适合材料配方的量。根据单参数研究，将 11～15 g 明胶，16～20 g 玉米淀粉，6～10 g 蔗糖和 11～15 g OVA 的添加量用于 RSM 实验。

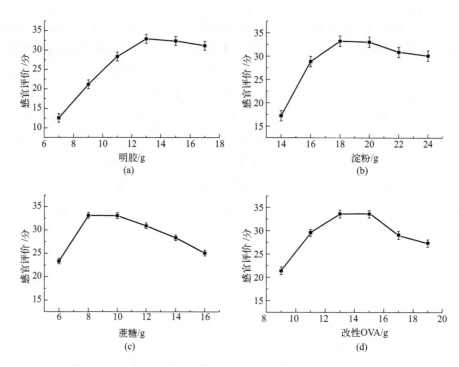

图 11-2　明胶 (a)、淀粉 (b)、蔗糖 (c) 和改性 OVA (d) 对 3D 打印食品感官的影响

（2）响应面优化试验结果分析

基于单因素试验，设计矩阵及相应的 REM 试验结果见表 11-1～表 11-3，二次模型的方差分析见表 11-4，结果表明，该模型具有高度显著性和可靠性。

表 11-1　响应面设计中使用的自变量水平

变量	符号	编码等级				
		−2	−1	0	1	2
明胶/g	X_1	11	12	13	14	15
玉米淀粉/g	X_2	16	17	18	19	20
蔗糖/g	X_3	6	7	8	9	10
蛋清蛋白质/g	X_4	11	12	13	14	15

表 11-2　中心复合设计 (CCD) 矩阵和试验数据的响应面分析

序号	X_1：明胶 /g	X_2：淀粉 /g	X_3：蔗糖 /g	X_4：OVA /g	黏度（η_{50}）/ (Pa·s)	Y：感官 /分
1	−1	−1	−1	−1	0.483 ± 0.008	12.35 ± 0.73

续表

序号	X_1：明胶 /g	X_2：淀粉 /g	X_3：蔗糖 /g	X_4：OVA /g	黏度（η_{50}） /（Pa·s）	Y：感官 /分
2	−1	−1	−1	1	0.587 ± 0.013	18.45 ± 0.89
3	−1	−1	1	−1	0.857 ± 0.017	17.70 ± 1.04
4	−1	−1	1	1	0.959 ± 0.014	26.05 ± 1.08
5	−1	1	−1	−1	0.937 ± 0.016	17.95 ± 0.97
6	−1	1	−1	1	0.977 ± 0.021	20.75 ± 0.95
7	−1	1	1	−1	1.112 ± 0.016	23.25 ± 0.99
8	−1	1	1	1	1.693 ± 0.026	26.70 ± 1.06
9	1	−1	−1	−1	0.952 ± 0.014	12.70 ± 0.77
10	1	−1	−1	1	1.721 ± 0.023	23.10 ± 1.11
11	1	−1	−1	−1	1.885 ± 0.015	19.45 ± 0.97
12	1	−1	1	1	1.619 ± 0.019	31.35 ± 1.42
13	1	1	−1	−1	1.586 ± 0.025	17.40 ± 1.12
14	1	1	−1	1	1.379 ± 0.030	24.85 ± 1.27
15	1	1	1	−1	1.558 ± 0.028	23.80 ± 1.12
16	1	1	1	1	1.371 ± 0.040	32.25 ± 1.34
17	−2	0	0	0	1.083 ± 0.012	21.85 ± 1.19
18	2	0	0	0	1.375 ± 0.038	34.15 ± 1.62
19	0	−2	0	0	0.753 ± 0.011	15.20 ± 1.08
20	0	2	0	0	1.320 ± 0.018	30.05 ± 1.86
21	0	0	−2	0	0.896 ± 0.014	17.40 ± 1.07
22	0	0	2	0	1.814 ± 0.016	22.55 ± 1.25
23	0	0	0	−2	0.795 ± 0.012	15.55 ± 0.93
24	0	0	0	2	2.058 ± 0.017	20.35 ± 1.15
25	0	0	0	0	1.291 ± 0.015	30.00 ± 1.61
26	0	0	0	0	1.339 ± 0.016	30.35 ± 1.57
27	0	0	0	0	1.327 ± 0.017	30.30 ± 1.59
28	0	0	0	0	1.339 ± 0.016	30.35 ± 1.52
29	0	0	0	0	1.320 ± 0.017	30.05 ± 1.59
30	0	0	0	0	1.331 ± 0.018	30.30 ± 1.64
31	0	0	0	0	1.386 ± 0.017	30.15 ± 1.61

续表

序号	X_1：明胶 /g	X_2：淀粉 /g	X_3：蔗糖 /g	X_4：OVA /g	黏度（η_{50}） / (Pa·s)	Y：感官 /分
32	0	0	0	0	1.385 ± 0.018	30.30 ± 1.55
33	0	0	0	0	1.391 ± 0.016	29.90 ± 1.58
34	0	0	0	0	1.395 ± 0.018	28.90 ± 1.59
35	0	0	0	0	1.368 ± 0.017	30.55 ± 1.63
36	0	0	0	0	1.393 ± 0.017	29.85 ± 1.48

表 11-3 3D 打印样品的感官评估得分

试验序号	外观	风味	口味	组织	总体可接受度
1	2.51 ± 0.21	1.56 ± 0.14	3.35 ± 0.24	2.36 ± 0.20	2.57 ± 0.22
2	3.75 ± 0.26	3.22 ± 0.19	3.98 ± 0.23	3.58 ± 0.25	3.92 ± 0.24
3	3.59 ± 0.27	3.78 ± 0.27	3.25 ± 0.27	3.46 ± 0.26	3.62 ± 0.47
4	5.37 ± 0.35	4.23 ± 0.26	6.04 ± 0.35	5.20 ± 0.36	5.21 ± 0.33
5	3.52 ± 0.19	3.5 ± 0.31	3.78 ± 0.29	3.54 ± 0.31	3.61 ± 0.24
6	4.19 ± 0.21	4.56 ± 0.21	3.68 ± 0.26	4.15 ± 0.24	4.17 ± 0.27
7	4.69 ± 0.42	4.03 ± 0.32	5.12 ± 0.31	4.61 ± 0.37	4.80 ± 0.28
8	5.31 ± 0.36	5.65 ± 0.38	4.94 ± 0.35	5.42 ± 0.33	5.38 ± 0.32
9	2.49 ± 0.14	2.63 ± 0.22	2.48 ± 0.26	2.59 ± 0.16	2.51 ± 0.24
10	4.68 ± 0.33	4.33 ± 0.23	4.82 ± 0.32	4.59 ± 0.29	4.68 ± 0.32
11	3.91 ± 0.15	3.07 ± 0.15	4.46 ± 0.27	3.87 ± 0.19	4.14 ± 0.31
12	6.28 ± 0.39	6.65 ± 0.39	5.84 ± 0.27	6.31 ± 0.42	6.27 ± 0.35
13	3.42 ± 0.36	3.02 ± 0.32	3.97 ± 0.26	3.45 ± 0.37	3.54 ± 0.27
14	4.99 ± 0.35	4.21 ± 0.31	5.57 ± 0.35	4.98 ± 0.32	5.10 ± 0.31
15	4.77 ± 0.37	5.23 ± 0.32	4.38 ± 0.27	4.75 ± 0.35	4.67 ± 0.35
16	6.42 ± 0.41	6.02 ± 0.38	6.78 ± 0.39	6.53 ± 0.39	6.50 ± 0.42
17	4.41 ± 0.31	3.78 ± 0.28	4.69 ± 0.30	4.45 ± 0.32	4.52 ± 0.33
18	6.92 ± 0.34	5.89 ± 0.31	7.57 ± 0.34	6.84 ± 0.42	6.93 ± 0.35
19	3.02 ± 0.21	3.24 ± 0.23	2.89 ± 0.13	3.08 ± 0.30	2.97 ± 0.29
20	6.03 ± 0.36	5.98 ± 0.24	6.06 ± 0.47	6.00 ± 0.37	5.98 ± 0.36
21	3.47 ± 0.22	3.78 ± 0.25	3.13 ± 0.24	3.49 ± 0.23	3.53 ± 0.21
22	4.55 ± 0.31	4.76 ± 0.28	4.23 ± 0.32	4.50 ± 0.32	4.51 ± 0.31

续表

试验序号	外观	风味	口味	组织	总体可接受度
23	3.15 ± 0.23	3.45 ± 0.25	2.72 ± 0.24	3.12 ± 0.26	3.11 ± 0.25
24	4.05 ± 0.31	3.56 ± 0.23	4.57 ± 0.25	4.09 ± 0.21	4.08 ± 0.26
25	6.01 ± 0.49	5.83 ± 0.36	6.19 ± 0.39	5.98 ± 0.37	5.99 ± 0.37
26	6.05 ± 0.46	6.57 ± 0.32	5.58 ± 0.38	6.06 ± 0.41	6.09 ± 0.38
27	6.07 ± 0.44	5.61 ± 0.36	6.45 ± 0.42	6.08 ± 0.45	6.09 ± 0.42
28	6.04 ± 0.45	5.83 ± 0.32	6.43 ± 0.39	6.01 ± 0.42	6.04 ± 0.39
29	6.02 ± 0.39	6.37 ± 0.31	5.67 ± 0.33	6.02 ± 0.38	5.97 ± 0.39
30	5.98 ± 0.35	5.32 ± 0.23	6.95 ± 0.41	6.03 ± 0.40	6.02 ± 0.38
31	6.03 ± 0.42	6.32 ± 0.31	5.76 ± 0.34	6.01 ± 0.39	6.03 ± 0.41
32	6.02 ± 0.40	5.98 ± 0.34	6.22 ± 0.35	6.03 ± 0.42	6.05 ± 0.40
33	6.01 ± 0.45	5.65 ± 0.36	6.22 ± 0.42	6.02 ± 0.43	6.00 ± 0.43
34	5.69 ± 0.44	5.42 ± 0.35	6.12 ± 0.45	5.81 ± 0.41	5.86 ± 0.39
35	6.06 ± 0.38	6.24 ± 0.37	6.11 ± 0.37	6.03 ± 0.39	6.11 ± 0.38
36	5.98 ± 0.41	5.44 ± 0.35	6.35 ± 0.42	6.01 ± 0.40	6.07 ± 0.38

表 11-4 感官评分的方差分析表

变异来源	平方和	自由度	均方	F 值	P 值	显著性
X_1	290.51	1	290.51	888.89	<0.0001	
X_2	284.97	1	284.97	871.93	<0.0001	
X_3	54.30	1	54.30	166.15	<0.0001	
X_4	40.82	1	40.82	124.90	<0.0001	
$X_1 X_2$	1.82	1	1.82	5.58	0.0279	
$X_1 X_3$	13.32	1	13.32	40.76	<0.0001	
$X_1 X_4$	19.14	1	19.14	58.57	<0.0001	
$X_2 X_3$	0.53	1	0.53	1.61	0.2186	
$X_2 X_4$	1.32	1	1.32	4.05	0.0573	
$X_3 X_4$	0.36	1	0.36	1.10	0.3059	
X_1^2	10.93	1	10.93	33.44	<0.0001	
X_2^2	118.97	1	118.97	364.00	<0.0001	
X_3^2	214.76	1	214.76	657.12	<0.0001	

续表

变异来源	平方和	自由度	均方	F 值	P 值	显著性
$X_4{}^2$	306.90	1	306.90	939.03	<0.0001	
回归	1358.65	14	97.05	296.94	<0.0001	显著
剩余	6.86	21	0.33			
失拟	4.86	10	0.49	2.67	0.0611	不显著
误差	2.00	11	0.18			
R^2	0.9950					
CV	2.32					

基于单因素检验，表 11-2 和表 11-3 给出了设计矩阵和 RSM 实验的相应结果。通过对实验数据进行多元回归分析，通过二次多项式方程获得了预测响应模型。二次模型的方差分析（表 11-4）结果表明该模型非常有效且可靠。表 11-2 中显示了总共 36 次运行以优化当前 CCD 中的四个变量，表 11-3 中列出了 3D 打印样品的详细感官评估得分。在式（11-2）中示出了基于对结果的统计分析的二次模型，其中，感官得分（Y）被表示为实际值，并且变量以编码因子的形式表示。

$$Y = 30.08 + 3.48X_1 + 3.45X_2 + 1.50X_3 + 1.30X_4 - 0.91X_1X_3 + 1.09X_1X_4 + 0.18X_2X_3 + 0.29X_2X_4 - 0.15X_3X_4 - 0.58X_1{}^2 - 1.93X_2{}^2 - 2.59X_3{}^2 - 3.10X_4{}^2$$

$$(11\text{-}2)$$

式中，X_1，X_2，X_3 和 X_4 分别是明胶，玉米淀粉，蔗糖和 OVA 添加量的编码变量。

通过 ANOVA 评估的采用该模型的适用性，每个参数的回归系数以及参数之间的相互作用如表 11-4 所示。统计结果表明该模型非常重要，适合预测 3D 打印产品的感官评分响应。对于模型中的每一项，较小的 P 值（$P < 0.01$）和较大的 F 值都将对感觉评估产生重大影响。较高的 R^2（0.9950）表明回归模型具有统计学意义，并且只有 0.5% 的总变异没有被模型解释。但是，误差分析的结果表明，在 95% 的置信水平下，缺乏拟合检验（$P > 0.05$）并不明显。感官评分（Y）的简化二阶多项式方程根据实际因素表示如下：

$$Y = 30.08 + 3.48X_1 + 3.45X_2 + 1.50X_3 + 1.30X_4 - 0.91X_1X_3 + 1.09X_1X_4 - 0.58X_1{}^2 - 1.93X_2{}^2 - 2.59X_3{}^2 - 3.10X_4{}^2$$

总体而言，方差分析表明该模型适用于在实验因素范围内模拟 3D 打印材料配方的优化。同时，相对较低的变异系数值（$CV = 2.23$）表示较高的精确度和高度可靠的实验值。因此，该模型足以在实验变量范围内进行预测。此外，模型的 P 值很低（<0.0001），表明模型项很重要[7]。

11.1.3.2 响应面交互作用分析

图 11-3（a）显示了明胶（X_1）和蔗糖（X_3）对感官评分的综合作用的 3D 图形表面和轮廓图。这些图表示响应是两个因素的函数，另一个变量在中间水平（测试范围的中心值）保持恒定。曲折的表面和椭圆形的轮廓图显示了这两个因素之间的强相互作用。感官评分最初通过增加明胶和蔗糖的添加量而增加，但随后降低。该结果表明凝胶化（X_1）和蔗糖（X_3）对感官评分的影响是显著的，并且与表 11-4 中的结果很好地吻合。随着明胶的量从 13 g 增加到 15 g，蔗糖从 7 g 增加到 9 g，感官评分增加。

图 11-3（c）显示了明胶（X_1）和改性 OVA（HGOVA，X_4）对感官评分的相互作用。由表面指示的最大预测值限制在轮廓图中的最小椭圆中。等高线图中的最小椭圆表示自变量之间的完美相互作用。随着 HGOVA 的增加，最高达 12 g

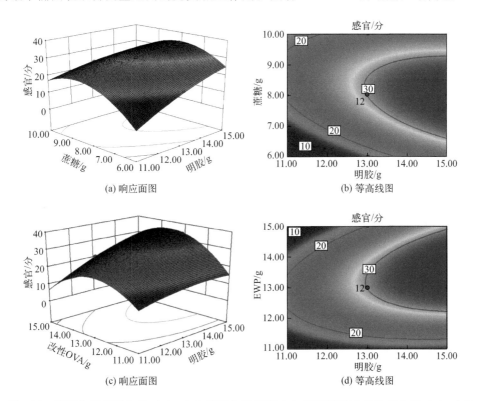

(a) 响应面图

(b) 等高线图

(c) 响应面图

(d) 等高线图

图 11-3 明胶和蔗糖添加量（a）、（b）和添加明胶和 OVA 对感官评分的交互作用（c）、（d）

时，感官评分容易增加，而高添加量时，感官评分则略有下降。通过增加明胶的添加量来增加感官评分。这种现象很可能是由于添加大量明胶时黏度的提高，而糊化会增加 3D 打印系统的黏度[8]。在明胶和 HGOVA 的添加量中观察到二次效应。在图 11-3（b）中，明胶和 HGOVA 的最大添加量分别为约 15 g 和 15 g。当HGOVA 的添加量在 12～14 g 之间以及明胶的添加量在 14～15 g 之间时，可以获得较高的感官评分。

在多组分系统中，蛋白质，碳水化合物和水的变化会影响 3D 打印过程中食品材料的熔化行为和增塑。增塑降低了诸如淀粉，蛋白质和碳水化合物等食物聚合物的玻璃化转变温度[9]；因此，它们成为黏性的可打印材料。感官评分的最大预测响应值为 34.45，这是在以下最佳配方条件下达到的：明胶 14.27 g，玉米淀粉19.72 g，蔗糖 8.02 g 和 OVA 12.98 g。通过在最佳条件下进行三次实验来验证模型。感官评价得分的平均值为 34.47 ± 1.02，黏度为 (1.374 ± 0.015) Pa·s。预测值和实验值之间的良好一致性验证了 RSM 技术用于优化过程的可靠性。

11.1.3.3 黏度与感官评价的关系

表 11-2 和表 11-3 展示了 CCD 的 36 个测试样品的流变性质和感官属性之间的关系。对于从牛顿流体到浓稠乳液的许多食品，振荡频率为 50 s^{-1} 的黏度与感官密切相关[10]。在 50 rad/s 的频率下通过振荡小变形实验获得了与复数黏度的良好相关性[11]。

在图 11-4 中，当黏度从 0.483 Pa·s 增加到 1.375 Pa·s 时，黏度与感官评价的相关系数为 15.2012（$R^2=0.9457$），二者呈显著正相关。当黏度大于 1.375 Pa·s时，黏度与感官评价呈负相关，相关系数为 -10.1914（$R^2=0.9509$）。这一结果表明，黏度是 3D 打印的一个重要参数[12,13]。图 11-5 显示了不同黏度的 3D 打印混合物配方的不同几何形状。这些结果表明低黏度或高黏度混合体系都不适用于打印。

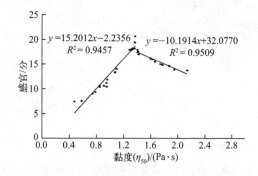

图 11-4　感官评分与黏度之间的相关性

(a) 0.483 Pa·s (试验1)　(b) 0.587 Pa·s (试验2)　(c) 0.753 Pa·s (试验19) (d) 1.374 Pa·s (试验OF，最佳)

(e) 1.814 Pa·s (试验22)　(f) 1.885 Pa·s (试验11)　(g) 2.058 Pa·s (试验24)

图 11-5　不同黏度对食品 3D 打印样品形状的影响

11.1.3.4　打印食品的扫描电镜分析

图 11-6 显示不同打印原料在整个混合系统中具有不均匀的分布。三种不同黏度配方的微观结构有所不同。当不同的原料，如明胶，协同改性 OVA，玉米淀粉，加入这三个配方，这些原料混合在一起，形成复杂的 3D 打印系统。打印过程中，明胶冷诱导凝胶主要有利于打印产品的成型[14]。在打印后加热过程中，主要利用协同改性 OVA 热凝胶性和玉米淀粉的热糊化性，这些使打印出的产品具有良好的保形性能。但由于 3D 打印物体内部结构复杂，扫描电镜显示三种配方的微观结构并没有显著差异。

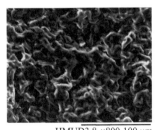 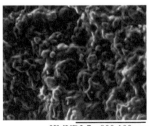 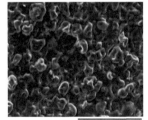

HMUD3.8 ×800 100 μm　　HMUD3.7 ×800 100 μm　　HMUD4.3 ×800 100 μm
(a) 最佳配方，黏度1.374 Pa·s　(b) 试验1，黏度0.483 Pa·s　(c) 试验24，黏度2.058 Pa·s

图 11-6　打印混合体系的 SEM 图

11.1.4　小结

① 以产品的感官特性（TPA）和黏度为指标，根据 3D 打印机的特性（热定型或冷定型），通过单因素和正交旋转试验设计确定适宜于 3D 打印的功能食品的最佳原辅料配方：明胶（14.27 g）、玉米淀粉（19.72 g）、蔗糖（8.02 g）、协同改性 OVA（12.98 g）为原料，在 250 mL 总去离子水中进行 3D 混合打印，最大感官评分为 34.47 分，黏度为 1.374 Pa·s。

② 三种不同黏度配方的微观结构有所不同，但由于 3D 打印物体内部结构复杂，SEM 图显示三种配方的微观结构并没有显著差异。

11.2　改性卵白蛋白对 3D 打印的影响和打印条件的优化

3D 食品打印非常复杂。优化 3D 打印工艺，探索适合打印的新食品材料或配方是 3D 食品打印领域的潜在趋势和挑战[15]。改变食品的配方可以大大影响混合体系的印刷适性和最终产品的形状稳定性[16]。一个 3D 打印材料需要流变性能，使其通过打印筒挤出和快速稳定后沉积，以保证挤出线的形状[17]。这些要求意味着，具有剪切变稀特性和强大的屈服应力行为的水凝胶材料是 3D 食品打印的有吸引力的候选材料[18]。

本书旨在探索一种新的 3D 印刷电子可湿性粉剂混合体系的配方。各种材料，如明胶，玉米淀粉和蔗糖，可以添加到创建新的打印混合系统，以提高 3D 打印的适用性。研究了改性卵白蛋白（HGOVA）对混合体系的流变性、摩擦性、织构和结构的影响。此外，评价了不同参数，包括喷嘴直径大小，喷嘴运动速度和挤出速度对挤出行为的影响，以优化印刷工艺。这项全面的研究为开发具有增强的印刷性和物理稳定性的 3D 打印物体构造带来了新的见解。

11.2.1　材料和方法

11.2.1.1　材料与试剂

HGOVA：第 10 章制备的协同改性的 OVA；可食用明胶（明胶强度为 250，pH＝5.3）：购自澳大利亚 Pty Ltd（昆士兰，布里斯班，澳大利亚）；玉米淀粉和蔗糖从 Coles 超市（昆士兰，布里斯班，澳大利亚）购买。

11.2.1.2　仪器与设备

本书采用 3D 打印技术机（昆山普瑞美 3D 打印技术有限公司）；设备构造参考

11.1节的内容。

11.2.2 处理方法

11.2.2.1 3D打印混合体系的制备

3D打印物料配方组成包括：明胶15.0g，玉米淀粉21.0g，蔗糖9.0g，不同浓度（0，1.0%，3.0%，5.0%，7.0%）的HGOVA和水，印刷混合物总量为300g。HGOVA和水混合物体系的组成见表11-5。

表11-5 3D打印HGOVA混合系统的组成 单位：g

成分	对照组	1%OVA	3%OVA	5%OVA	7%OVA
水	255.0	252.0	246.0	240.0	234.0
明胶	15.0	15.0	15.0	15.0	15.0
淀粉	21.0	21.0	21.0	21.0	21.0
蔗糖	9.0	9.0	9.0	9.0	9.0
HGOVA	0.0	3.0	9.0	15.0	21.0

称取不同量的HGOVA在50.0g水中（55℃，5min）溶解，7000～8000r/min搅拌，制备上述不同浓度（pH=6.5）的HGOVA溶液。将牛明胶、玉米淀粉和糖粉分别与剩余的去离子水分别在80℃、10min、450r/min的水浴中溶解，然后在100℃、20min和300r/min的水浴中混合加热。混合系统在55℃下冷却5min。然后加入上述不同的HGOVA溶液，搅拌（55℃，10min，400r/min）制备打印混合体系。打印前，将混合打印系统的温度保持在40℃，20min。

11.2.2.2 HGOVA添加对打印混合体系性能的影响

① 流变特性的测定。所有的流变测量是用AR-G2流变仪与不锈钢板。为了测定稳态剪切黏度，在40℃下将剪切速率从0.1s^{-1}提高到500s^{-1}，保持10min。扫描温度为30～95℃，扫描速率为5℃/min，剪切速率为50s^{-1}[19]。采用小振幅振荡频率扫描模型表征动态黏弹性特性。频率在40℃时由0.1rad/s振荡至100rad/s，所有测量均在确定的线性黏弹性区域内进行，并在0.5%应变下进行。记录弹性模量（G'）和损耗模量（G''），数据为三个重复试验数据的平均值。

② 摩擦特性的测定[20]。通过在3M Transpore胶带1527-2的粗糙塑料表面上的平板摩擦流变仪上的环（美国TA仪器公司），在探索混合流变仪上对三种不同的配方（即试验OF，试验1和试验24）进行了摩擦学测量。使用胶带1527-2对人类舌头的疏水性粗糙表面进行建模。将该带切成正方形，然后将其放置并牢固

地压在平板的顶部。每次测量后，更换胶带，用去离子水清洗探头，并用实验室擦拭布干燥。

温度扫描测试[21]是在 20～90℃下以 5℃/min 的扫描速率和 5 rad/s 的剪切速率进行的。摩擦学测量在 40℃下进行 10 min。嘴内力在 0.01～10 N 之间，因此我们使用 2 N 的法向力表示在口腔处理过程中施加到样品的中等法向力。在进行每次测量之前，将样品以 0.01 rad/s 的速度预剪切 1 min，并平衡 2 min。在 0.01～30 rad/s 的转速下每 10 组记录 10 个点的结果，并记录所得的摩擦系数。每个样品准备三份。

③ 粒度分布测定[22]。采用英国 Malvern Mastersizer 2000 对各印刷混合系统的粒度分布进行了研究。结合了蛋清蛋白质（1.354）和水（1.330）的折射率，由于 HGOVA 为规则球形形状，选择了一个球形模型。用体积加权平均值 $D[4,3]$ 表达粒度分布。

④ 质构的测定[23]。取 15 mL 每个打印混合体系转移到小塑料杯（2.0 cm 高，3.0 cm 直径，平底），并在 4℃ 存放过夜，然后进行 TPA 测量。采用直径 12.7 mm 的圆柱形测量探针（$P/0.5r$）在 Ta.tx2 质构分析仪室温条件下测量质构特性。样本受到两个周期的压缩。在两个压缩周期之间允许经过 5 s 的时间。试验设定为：试验前速度为 1 mm/s；试验速度为 2 mm/s；试验后速度为 2 mm/s；距离为 5 mm；时间为 5 s；触发力为 5 g。每种样本重复实验五次。

11.2.2.3　打印混合系统的显微结构图像

用光学显微镜研究了打印混合系统的显微图像。在室温条件下，大约 50 μL 打印混合液放置在玻璃片上。在样品上放一个盖板，以确保样品和盖板之间没有气隙或气泡，所有观测的放大倍数为 100 倍[24]。

11.2.2.4　打印参数的优化

考察了几个打印参数对 3D 打印物体的打印效果影响，包括喷嘴直径、移动速度和挤出速度。所有测试的印刷参数均保持不变，喷嘴高度为 3.0 mm，印刷温度为 40℃。通过测试不同浓度（0，1.0%，3.0%，5.0%，7.0%）的 HGOVA 的 3D 打印混合体系的几何形状，确定了 HGOVA 的添加量。样品使用不同的喷嘴直径大小（1.0 mm，1.5 mm 和 2.5 mm）挤压到一个抛光不锈钢板。喷嘴移动速度分别为 50 mm/s、60 mm/s、70 mm/s、80 mm/s。同时，利用线性试验分析了挤压过程对挤压形状的影响。在不同挤出速率（0.003 cm³/s，0.004 cm³/s，0.005 cm³/s，0.006 cm³/s，0.007 cm³/s）下挤出 HGOVA 混合料的效果，测定了挤出量与生产线直径的关系。测试样本被切成一定长度并称重。

11.2.2.5 统计学分析

统计学分析采用 SPSS 软件 22.0 进行单向多重比较。

11.2.3 性能分析

11.2.3.1 协同改性 OVA 添加量对打印体系的流变特性的影响

混合体系的表观黏度曲线如图 11-7（a）所示，黏度随着剪切速率的增加而显著降低。这种行为表明，混合体系是一个假塑性、剪切稀化流体。此外，随着 OVA 浓度的增加，黏度增大，有助于系统在印刷后保持其形状[25]。在 $50s^{-1}$ 时，不加 OVA 的混合体系黏度为 0.18 Pa·s，加入 7.0% OVA 的混合体系黏度达到 0.74 Pa·s，黏度明显增加。图 11-7（b）表明，高温（60℃）增加了混合体系的黏度。这些影响可能是由于混合体系中存在明胶和 OVA，这些蛋白质在 60～80℃ 范围内开始变性，变性扩展了蛋白质的结构，从而导致蛋白质黏度的增加。另外，与图 11-7（a）所示的结果一样，OVA 的加入提高了混合体系的黏度值。

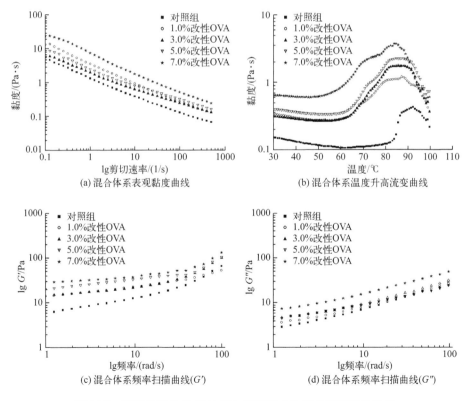

图 11-7 不同协同改性 OVA 添加量对混合体系的流变特性影响

在线性黏弹性区域［图 11-7（c）和（d）］储能模量（G'）大于损耗模量（G''）。这一结果表明，混合体系可以形成弹性凝胶或凝胶状结构。G' 和 G'' 随着振荡频率的函数逐渐增加。因为在混合体系中加入 HGOVA 产生了附加的分子间和分子内力，从而增强了混合料体系的弹性组分，降低了体系的流动性。然而，这可能会对 3D 打印产生不利影响。混合体系 G' 和 G'' 增加会阻碍混合物从喷嘴中流出。

11.2.3.2 不同协同改性 OVA 添加量对打印体系摩擦特性的影响

3D 打印混合体系在 2N 力作用下的摩擦曲线如图 11-8（a）所示，其中 5 种不同改性 OVA 浓度的打印混合体系的摩擦曲线呈"黏着-滑动"型。在低速时，随着速度的增加，阻尼系数减小。然而，在高速（100000 $\mu m/s$）时，摩擦系数反而会增加。Hanon 等人[26]也发现高黏度样品的摩擦系数值较低。

图 11-8（b）显示了摩擦特性随温度的变化关系。随着温度从 20℃ 升高到 60℃，摩擦系数逐渐增加，当温度达到 60℃ 时开始下降，这种现象可能是由于混合体系达到了凝胶状态，随着温度的升高，在大约 60℃ 时转变为半固态，然而，当温度达到 70℃ 时，混合体系恢复为凝胶状态，两表面之间的样品被挤压出来，导致摩擦系数下降[27]。

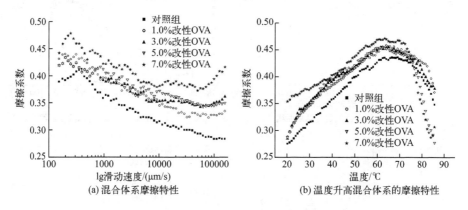

图 11-8 不同改性 OVA 添加量对混合体系摩擦性的影响

11.2.3.3 粒度分布

图 11-9 显示加入改性 OVA 的混合体系的平均粒径均大于对照组的平均粒径，且随着打印体系的平均粒径的增加而增加。体积加权平均分布的粒径随改性 OVA 的加入而增大。

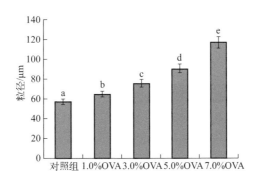

图 11-9　不同协同改性 OVA 添加量的混合体系的体积加权平均直径

11.2.3.4　质构分析

如表 11-6 所示，打印混合体系凝胶的硬度先增加，然后随着协同改性 OVA
含量的增加而降低。凝胶硬度在 5.0% 时达到最大值，205.889 g。共混体系的硬
度受改性 OVA 添加量的影响显著（$P<0.05$）。混合体系的黏附性由 -9.50 显著
提高到 -6.93。弹性和凝聚性随水平的增加而变化不明显（$P>0.05$）。咀嚼性和
弹性也随着 OVA 的添加而增加[28]。因此，添加协同改性 OVA 改变了打印混合体
系的质构特性。

表 11-6　不同改性 OVA 添加量的混合打印体系的质构分析

实验组	硬度/g	黏性/（g•s）	弹性	黏聚性	咀嚼性	回复性
0	73.70 ± 11.22^{f}	-9.50 ± 2.52^{c}	0.93 ± 0.006^{c}	0.73 ± 0.003^{d}	49.93 ± 10.13^{f}	0.39 ± 0.01^{e}
1.0% OVA	102.86 ± 14.70^{e}	-8.80 ± 1.33^{b}	0.96 ± 0.004^{ab}	0.74 ± 0.002^{c}	60.69 ± 12.32^{e}	0.44 ± 0.02^{d}
2.0% OVA	136.02 ± 16.31^{d}	-8.66 ± 2.31^{b}	0.96 ± 0.005^{ab}	0.74 ± 0.003^{c}	101.64 ± 15.43^{d}	0.57 ± 0.02^{b}
3.0% OVA	167.66 ± 17.72^{c}	-7.53 ± 3.71^{a}	0.96 ± 0.006^{a}	0.75 ± 0.005^{c}	121.93 ± 16.24^{c}	0.55 ± 0.01^{c}
5.0% OVA	205.89 ± 21.53^{a}	-7.35 ± 3.83^{a}	0.96 ± 0.008^{a}	0.76 ± 0.004^{b}	124.60 ± 17.52^{b}	0.55 ± 0.01^{c}
7.0% OVA	179.85 ± 19.61^{b}	-6.93 ± 3.94^{a}	0.95 ± 0.007^{b}	0.78 ± 0.003^{a}	149.72 ± 18.91^{a}	0.59 ± 0.01^{a}

11.2.3.5　印刷系统的显微成像和显微结构

图 11-10 表明协同改性 OVA 分子在整个稳定的混合物体系中具有不均匀分

布，对照组和混合样品表现出的质构变化可归因于印刷体系的制备温度（45℃）低于其蛋白质的变性温度（70℃以上）。OVA 可以形成热诱导凝胶，并具有良好的保形性能，在打印食品后期加热过程中起到稳定 3D 打印产品形状的作用。

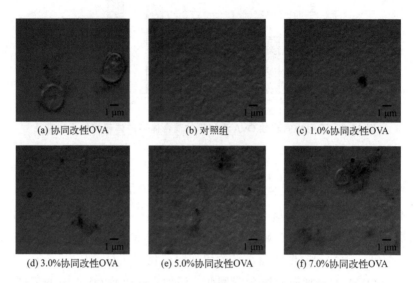

图 11-10　不同添加量改性 OVA 的混合打印体系的显微图（100×）

11.2.3.6　3D 打印参数的优化

（1）协同改性 OVA 添加量的确定

如图 11-11（a）和（b）所示，含有 1.0% 或 3.0%HGOVA 的样品黏度低，液体直接流动，不能保持印刷形状。图 11-11（c）含有 5.0%HGOVA 的样品，可顺利挤压，表面纹理最好，与目标几何形状匹配良好，此外样品在印刷后没有发生压缩变形。7.0%HGOVA 的样品黏度最高，打印流动性最差，样品表现出固态行为和流动性差，导致大量的印刷断线［图 11-11（d）］。因此，最佳的改性OVA 浓度为 5.0%。

（2）喷嘴直径尺寸的测定

不同喷嘴直径对打印食品的几何图形的影响如图 11-12 所示。随着喷嘴尺寸的增大，最终 3D 打印形状的尺寸分辨率和表面质量变差。随着喷嘴尺寸的增大，挤出压力降低。最佳喷嘴直径为 1.0 mm［图 11-12（a）］。

（3）喷嘴移动速度的确定

图 11-13 研究了喷嘴速度对打印过程的影响。过高的喷嘴速度（80 mm/s 和 90 mm/s）会导致挤出产品的拖曳。这种影响导致了挤出浆料丝的断裂［图 11-13

(a) 1.0%　　　　　　　　　　　　　(b) 3.0%

(c) 5.0%　　　　　　　　　　　　　(d) 7.0%

图 11-11　研究了添加改性 OVA 的 3D 打印样品的几何形状

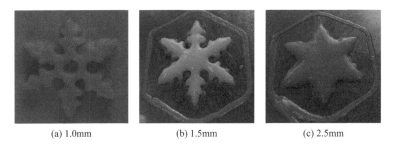

(a) 1.0mm　　　　　　(b) 1.5mm　　　　　　(c) 2.5mm

图 11-12　不同喷嘴直径大小的 OVA 打印样品的几何形状

（c）和（d）］。然而，在较低的移动速度下，混合体系中会出现流动不稳定，形成不能保持印刷形状的打印层［图 11-13（a）］。因此，选择 70 mm/s 的喷嘴速度是最合适的［图 11-13（b）］。

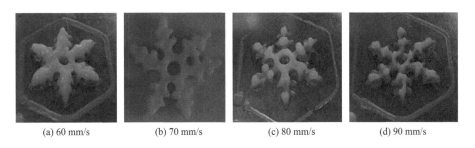

(a) 60 mm/s　　　　(b) 70 mm/s　　　　(c) 80 mm/s　　　　(d) 90 mm/s

图 11-13　不同喷嘴运动速度下打印试样的几何形状

（4）挤出速率的确定

通过线性试验确定了最佳挤出速率。图 11-14（a）显示含有 5.0％HGOVA 的混合物系统的挤出率和印刷系统直径是线性相关的。在高挤压速率（0.006 cm³/s 和 0.007 cm³/s）时，印刷样品的直径大于喷嘴的直径（2.5 mm），说明高挤压速率增加了挤压压力和直径。然而，在最低的挤出速率（0.003 cm³/s），HGOVA 打印体系不能保持连续出样。根据图 11-14（b）所示的关系，可以确定挤出速率为 0.0038 cm³/s，从而得到直径为 1.0 mm 的打印挤出物。因此，挤出速率选择 0.004 cm³/s 为最佳。

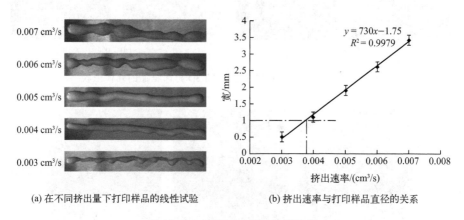

(a) 在不同挤出量下打印样品的线性试验　　(b) 挤出速率与打印样品直径的关系

图 11-14　线性试验优化挤出速率

11.2.4　小结

① 协同改性的 OVA 对混合打印体系（HGOVA＋淀粉＋明胶＋糖）的流变性能、摩擦性能、颗粒性能及微观结构等都产生显著性的影响。

② 5.0％（质量）协同改性 OVA 混合体系是用于 3D 打印的理想体系。在凝胶试样中加入一定浓度的改性 OVA 可以提高凝胶试样的硬度和弹性。这些性能的改善有利于印刷材料从喷嘴中及时流出，并提高印刷材料的黏度，有助于在印刷过程中保持印刷材料的形状。

③ 确定了 3D 打印的最佳参数：喷嘴直径 1.0 mm，喷嘴移动速度 70 mm/s，挤出速度 0.004 cm³/s。

◆ **参考文献** ◆

[1] 张译文，顾春晔，刘雪玲，等．卵清蛋白-羧甲基魔芋葡甘聚糖复合物稳定的姜黄素 Pickering 乳液及其肠道递送性能[J]. 食品研究与开发，2024，45（16）：41-48.

[2] 刘芙蓉，王雨生，李鹏，等．热诱导温度与 pH 值对乳清浓缩蛋白凝胶结构和性质的影响[J]. 食品科学，2022，43（20）：125-134.

[3] Su W L，Woo H K，Jin H P. Ready-to-use granule-based food ink system for three-dimensional food printing[J]. Journal of Food Engineering，2022.

[4] 李鸣，冯蕾，李大婧．3D 打印技术在果蔬食品中的应用及研究进展[J]. 江苏农业科学，2023，51（02）：20-27.

[5] Carolina A C，Takenobu K A I，Da L A S，et al. Viscosity of liquid and semisolid materials: Establishing correlations between instrumental analyses and sensory characteristics. [J]. Journal of texture studies，2018，49（6）：569-577.

[6] 卢照，魏慧欣，陈霞，等．透射电子显微镜样品的制备方法及技术综述[J]. 科学技术与工程，2023，23（19）：8039-8049.

[7] 童强，姜宇，佟垚，等．食品 3D 打印中的食品材料特性与应用研究进展[J]. 食品与机械，2023，39（07）：1-5+ 19.

[8] 朱莹莹，仵华君，朱嘉文，等．基于淀粉原料的食品 3D 打印研究进展[J]. 食品科学，2024，45（03）：257-265.

[9] 曹非凡．白姑鱼糜 3D 打印适应性以及射频热凝胶技术研究[D]. 上海：上海海洋大学，2022.

[10] Zhu S，Stieger A M，Goot D V J A，et al. Extrusion-based 3D printing of food pastes: Correlating rheological properties with printing behaviour[J]. Innovative Food Science and Emerging Technologies，2019，58：102214.

[11] 蔡丽莎．酪蛋白-麦芽糊精美拉德反应产物的制备及其在番茄红素乳液中的研究[D]. 雅安：四川农业大学，2021.

[12] 敬思群，李梁．食品科学实验技术[M]. 北京：中国轻工业出版社：2020.

[13] 李鑫，张爽，许月明，等．3D 打印技术在肉类加工中应用的研究进展[J]. 武汉轻工大学学报，2022，41（04）：24-30+ 52.

[14] 阮美茸，刘振彬，哈思宇，等．κ-卡拉胶在共溶质场中的凝胶形成机制及在 3D 打印中的应用进展[J/OL]. 食品工业科技，1-14 [2024-10-09].

[15] 童强，佟垚，吴豪，等．3D 打印技术在食品领域中的研究进展[J/OL]. 食品与发酵工业，2024-10-09：1-12.

[16] 李鸣，冯蕾，李大婧．3D 打印技术在果蔬食品中的应用及研究进展[J]. 江苏农业科学，2023，51（02）：20-27.

[17] 李佩锡，周德志，杨长明，等．生物 3D 打印研究进展：动物、植物及微生物细胞的增材制造[J]. 机械工程学报，2023，59（19）：237-252.

[18] 姜雨淋．基于丝素蛋白水凝胶的挤出 3D 打印生物墨水的研究[D]. 苏州：苏州大学，2022.

[19] Uzma S，Jan I，Da C. Tailoring the rheological properties of high protein suspension by thermal-mechanical treatment[J]. Food Hydrocolloids, 2023, 142.

[20] 王子宇，王智颖，罗港，等 . 高压均质处理对橙汁流变特性的影响[J]. 食品与发酵工业，2021, 47 （10）: 22-29.

[21] 胡露丹，杜杰，彭林，等 . 明胶基乳液的流变学特性及其对煎炸食品的应用[J]. 食品科学，2022, 43 （16）: 114-121.

[22] 樊雪静，刘红玉，迟玉杰 . 加热对大豆分离蛋白寡糖复合溶液性质的影响[J]. 食品工业科技，2017, 38 （17）: 38-44.

[23] 陈月清，牛坡 . 热风干燥下不同品种猕猴桃果干感官评价与质构特性的相关性分析[J]. 食品工业科技，2024, 45（17）: 273-281.

[24] Silva A F，Vitória B N，Martelli T M，et al. Bigels as potential inks for extrusion-based 3d food printing: Effect of oleogel fraction on physical characterization and printability[J]. Food Hydrocolloids, 2023, 144.

[25] 黄煜钦，孙钦秀，刘阳，等 . 交联淀粉对虾肉糜 3D 打印效果的影响及机制[J]. 广东海洋大学学报，2023, 43（02）: 77-86.

[26] Hanon Muammel M, Marczis Róbert, Zsidai László . Impact of 3D-printing structure on the tribological properties of polymers[J]. Industrial Lubrication and Tribology, 2020, ahead-of-print （ahead-of-print）: 811-818.

[27] 陈驰，唐善虎，李思宁，等 . 微波加热及 NaCl 添加量对牦牛肉糜凝胶特性和保水性的影响[J]. 食品科学，2016, 37（21）: 67-72.

[28] 郝梦，毛书灿，汪兰，等 . 食品中动物蛋白形成皮克林乳液的研究进展[J]. 中国食品学报，2023, 23 （06）: 420-430.

12 蛋清凝胶多孔结构的构建及其蔗糖释放特性

凝胶是一种常用的食品微结构控制模型[1]。可食用凝胶的三维网络结构含有大量的生物大分子水[2]，其结构多样性会给产品带来不同的质构特性。为了扩展蛋清蛋白粉凝胶的可能性，可结合交联剂 TGase[3]，构建蛋清凝胶的多孔结构，诱导蛋白分子间形成共价交联，从而使蛋清蛋白质形成有序的网络结构[4]。

通过控制食品的结构，来达到增强甜味释放的效果，可以降低食品的安全风险。因此，本章以超声预处理联合喷雾干燥蛋清蛋白粉为主要原料，采用高速均质结合 TGase 交联的方法构建蛋清凝胶的多孔结构，以制备质构各异的可食凝胶并对其微结构进行分析，为拓展蛋清凝胶的加工性能提供理论依据。

12.1 材料与设备

12.1.1 材料与试剂

表 12-1 材料与试剂

材料与试剂	规格	生产厂家
新鲜鸡蛋	市售	
蒽酮	AR	国药集团化学试剂有限公司
乙酸乙酯	AR	天津市德恩化学试剂有限公司
浓硫酸	AR	天津市德恩化学试剂有限公司

12.1.2 仪器与设备

表 12-2 仪器与设备

仪器与设备	型号	生产厂家
数控超声波清洗器	KQ-500DE 型	昆山市超声仪器有限公司
喷雾干燥机	SP-1500 型	上海顺仪实验设备有限公司
食品物性分析仪	SMS TA. XT Epress Enhanced	英国 SMS 公司
电子扫描显微镜（SEM）	TM3030Plus 型	日本岛津公司
正置荧光显微镜	Leica DM2500	徕卡显微系统贸易有限公司
低场核磁共振成像分析仪	MINI20-015V-I 型	上海纽迈电子科技有限公司

12.2 制备方法

12.2.1 蛋清蛋白粉的制备

① 超声处理蛋清液：蛋清液质量分数为 30％，固定超声时间为 20 min，超声功率设定为 200 W，得到超声处理后的蛋清液，所得蛋清液置于 4℃冰箱冷藏备用。

② 喷雾干燥制备蛋清蛋白粉：使用喷雾干燥机对经过超声预处理的蛋清液进行干燥处理，得到的蛋清蛋白粉置于 4℃干燥环境中保存。

超声预处理蛋清液→喷雾干燥→过筛→置于 4℃干燥环境中保存。

12.2.2 蛋清多孔凝胶的制备

加入蒸馏水将制备的蛋清蛋白粉配制成质量浓度为 8％的蛋清溶液，搅拌 3 h，放置在 4℃冰箱中静置过夜，使蛋清蛋白粉充分液化。随后，调节溶液的 pH 值至 7，将样品溶液置于 80℃下的水浴锅中加热 45 min，使蛋清蛋白质充分变性；冷却至室温后，分别加入一定量的蔗糖（0％、2％、4％、6％和 8％）和 10％的蛋清蛋白 TGase（100 U/g），然后立即用均质机在 30000 r/min 下对其均质 2 min，放置 37℃保温 4 h 成胶，最后放置冰箱 4℃冷藏保存。

12.2.3 荧光显微镜观察

采用正置荧光显微镜，在荧光模式下观测不同凝胶的气孔分布情况。

12.2.4 扫描电镜观察

将制得的凝胶切成大小规则的薄片，参考代晓凝等[5]的方法，用扫描电镜观察凝胶样品。

12.2.5 凝胶质构性能的测定

参考周婷婷等[6]将制备的凝胶取出，在室温下放置 20 min 后，采用 TPA 模式，P/0.5 的探头测定凝胶硬度（g）。测试速度设为：测前 5 mm/s，测中 2 mm/s，测后 2 mm/s；触发力设为：3 g；距离：15 mm；指标：硬度（Hardness），g。

12.2.6 凝胶失水率的测定

参考李媛媛等[7]测定方法。将一定质量且大小均等的凝胶，离心 10 min 后取出，水分吸干后，称重，计算公式为：

$$凝胶的持水性 = (W_0 - W_1)/W_0 \times 100\%$$（12-1）

式中，W_0 为离心前凝胶质量，g；W_1 为离心后凝胶质量，g。

12.2.7 蔗糖释放浓度的测定

参考唐倩等[8]的方法，用蒽酮法来测定蔗糖释放浓度，所得方程为：

$$Y = 0.02757 + 0.02224X$$（12-2）

式中，Y 为吸光值；X 为浓度，$\mu g/mL$；$R^2 = 0.997$。

吸取 5 μL 样品离心后的清液，稀释 8000 倍，按照上述测定方法测定吸光值，将结果代入上述标准曲线中得到蔗糖浓度。

12.2.8 低场核磁共振分析

将制备的凝胶规则切割，根据 Su 等[9]的方法进行检测。

12.2.9 核磁共振成像

将制备的凝胶规则切割，采用自旋回波脉冲序列获得蛋清凝胶的质子密度图。

12.2.10 数据统计与分析

试验所涉及的测试均做 3 次重复试验，用 Origin 2018 软件作图，SPSS 软件进行显著性分析。

12.3 性能分析

12.3.1 凝胶多孔结构分析

图 12-1 是不同蔗糖添加量下蛋清多孔凝胶的正置荧光显微镜图，放大倍数均为 10 倍，深色区域是蓝光模式下蛋清凝胶，图中圆形和椭圆形是孔状结构。从图中可以看出，在无蔗糖添加的凝胶有较多边缘不清晰的孔状结构，且分布不均匀，而随着蔗糖逐渐添加，孔状结构逐渐清晰，分布逐渐均匀，其中在添加量为 4% 和 6% 时，凝胶结构更加均匀，孔洞分布更紧凑。这可能是由于高速均质产生的大量起泡结合 TGase 的快速交联作用下，起泡可以稳定存在，孔隙结构较均匀。而当蔗糖浓度为 8% 时，孔洞结构分离明显，随着聚集体尺寸的增加，蔗糖和聚集体之间发生分离，这表明蔗糖的添加有利于规则蛋白凝胶网络结构的形成，且其添加量对凝胶结构产生的影响不同[10]。因此，可通过控制蔗糖的添加量来达到调节凝胶的结构的目的。

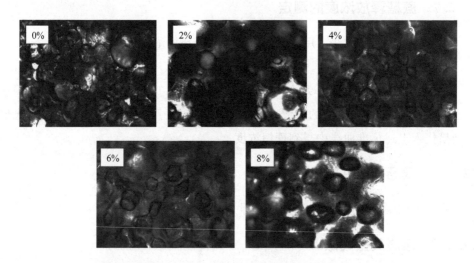

图 12-1　不同蔗糖添加量下蛋清多孔凝胶正置荧光显微镜图（×10 倍镜荧光模式）

12.3.2 凝胶内部微观结构分析

扫描电镜可以反映凝胶的内部微观结构。如图 12-2 所示，不同的蔗糖添加量下蛋清多孔凝胶内部微观结构图，放大倍数为 600 倍。从图中可以看出，随着蔗糖添加量增加，凝胶结构的孔洞分布规则程度有所下降，孔状大小不一，且结构更加致密，而在 4% 蔗糖添加量时，蛋清多孔凝胶表现出的结构相对最为致密。这可

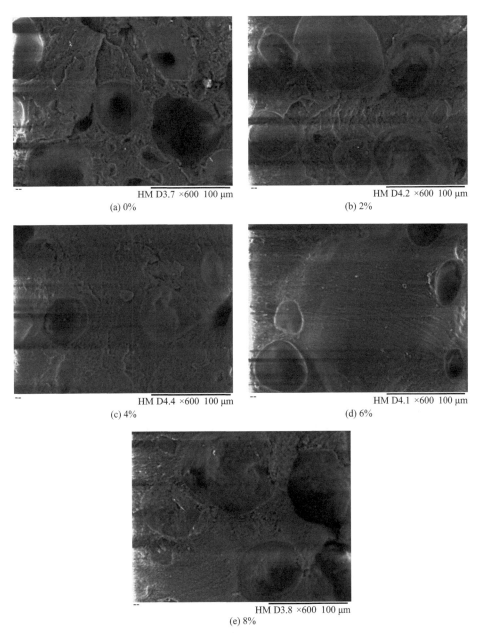

图 12-2　蔗糖对蛋清多孔凝胶内部微观结构影响（×600）

能是因为蔗糖的加入使凝胶内部聚集行为增加，结合 TGase 的快速交联作用，使凝胶内部结构逐渐致密。当蔗糖浓度为 8％时，观察到凝胶中的网络结构塌陷，并且网络变得粗糙，这表明蔗糖浓度过大时，会破坏凝胶网络的结构，粗糙多孔凝胶网络的持水能力明显较差。这些结构与图 12-1 所示多孔结构结合可以得出，凝胶的多孔结构影响了蛋清凝胶的硬度、弹性和韧性，从而影响蔗糖的释放浓度，且 4％蔗糖添加量下的多孔凝胶表现出最为致密的凝胶多孔结构。

12.3.3　多孔凝胶质构特性及失水率分析

蛋清蛋白质的变性程度以及多孔结构影响其凝胶的质构特性及其失水率[11]。表 12-3 为不同蔗糖添加量对蛋清多孔凝胶特性及失水率的影响。可以看出，加入蔗糖后蛋清多孔凝胶的凝胶硬度、弹性、咀嚼性均明显增大（$P<0.05$），凝胶硬度是凝胶最重要的特性之一，其增加可能是由于总巯基含量的增加，以及二硫键的交联作用，蔗糖浓度的增加导致蛋白质氢键作用加剧，分子间缔合程度增强，促进凝胶更加致密的网络结构形成。这说明蔗糖会影响凝胶网络结构的形成，进而影响其质构特性。其中，2％添加量下的多孔凝胶的硬度最大，比对照组增加了 34.67％（$P<0.05$）；添加量为 8％时，弹性和咀嚼性表现最好，分别比对照组增加了 58.19％、63.86％（$P<0.05$）。

蛋白质凝胶占据大分子自由溶液和多孔结构之间的中间位置，形成具有柔性壁的多孔胶体，因此，凝胶的失水率取决于凝胶网络的毛细作用[3,12]。而随着蔗糖添加量的增加，凝胶失水率逐渐升高，其中蔗糖添加量为 8％，失水率最高，较对照组增加了 54.43％（$P<0.05$）。这可能是因为蔗糖的加入，影响蛋清蛋白质形成有序的网络结构，使其凝胶失水率增加，说明蛋白质的规则网络结构更有利于水的物理截留。

表 12-3　不同蔗糖添加量下蛋清多孔凝胶特性及失水率分析

蔗糖添加量	凝胶硬度/g	弹性	咀嚼性	失水率/%
0%	688.989±12.882[d]	0.751±0.058[e]	204.224±13.184[e]	11.740±2.829[d]
2%	927.876±14.229[a]	0.820±0.065[d]	252.395±15.320[c]	13.847±1.683[c]
4%	797.837±22.894[c]	0.908±0.091[b]	253.013±4.934[b]	15.667±0.413[b]
6%	870.971±18.220[b]	0.901±0.068[c]	251.238±8.318[d]	15.667±1.179[b]
8%	681.436±23.294[e]	1.188±0.069[a]	334.642±20.529[a]	18.130±1.853[a]

注：同列肩标字母不同表示差异显著（$P<0.05$）。

12.3.4　多孔凝胶蔗糖释放浓度

凝胶的多孔结构包括微孔的数量和大小会影响其失水率，进而影响凝胶的蔗糖释放。图 12-3 是不同蔗糖添加量对蛋清多孔凝胶蔗糖释放浓度的影响。如图所示，随着蔗糖的增加，蛋清多孔凝胶的蔗糖释放浓度随之增加。这可能是由于蔗糖浓度的增大使蛋清凝胶网络结构变得疏水多孔。结合之前对凝胶内部结构的分析表明，凝胶的结构对蔗糖的释放浓度有很大的影响，凝胶的有序多孔结构可以增加蔗糖的释放量，增加甜味感知，可通过增减蔗糖的添加量来对凝胶结构的进行调控[13]。

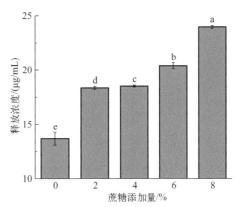

图 12-3　不同蔗糖添加量对蛋清多孔凝胶蔗糖释放浓度的影响

字母不同表示差异显著（$P<0.05$）

12.3.5　多孔凝胶的低场核磁共振分析

通过使用 NMR 质子自旋-自旋弛豫时间（T_2），研究了水在食物系统中的迁移率和分布。同样，我们推断凝胶系统的水分子分布也可以用核磁共振 T_2 弛豫测量来表征。在 NMR 中，当水分子的扩散运动受限时，其相关时间会缩小，对应的弛豫时间（T_2）也会缩短，反之 T_2 会增长[14,15]。因此，结合水的 T_2 小于自由水和束缚水，而自由水的 T_2 则大于束缚水[16]。由图 12-4 可知，可以观察到每个样品的峰个数。出现在 1～10 ms 之间的小峰，可能代表着凝胶的结合水（T_{2b}），弛豫时间 $T_2>10$ ms 的成分被认为是蛋白质凝胶外部环境中存在的水分。而在 <10 ms 时，蔗糖的添加量对结合水的分布影响不大，而在 $T_2>10$ ms 时样品随着蔗糖含量的增加，峰的分布由 3 个逐渐减少为 1 个，最后一个峰代表自由水（T_{22}），其分布逐渐向右偏移。从局部磁场均匀性的角度来看，蔗糖多孔凝胶中固定水的固有 T_2 弛豫时间比束缚水在凝胶过程中的固有 T_2 弛豫时间要长。随着蔗糖添加量的增加，多孔凝胶的束缚水的含量降低，这表明蔗糖会导致蛋清凝胶中一定程度的束缚水向自由水转移，影响其束缚水的能力。

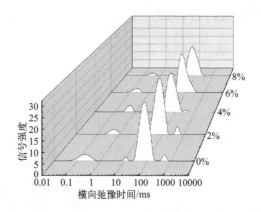

图 12-4　蛋清多孔凝胶横向弛豫时间 T_2 变化的三维瀑布图

12.3.6　多孔凝胶的核磁共振成像分析

MRI 具有无创、无损、准确和高分辨率等优点，在食品研究中具有非常大的潜力[17,18]。图 12-5 为不同蔗糖浓度下蛋清多孔凝胶的质子密度图像。在目前的研究中，质子主要来自水分子。因此，质子密度图像可以直观地看到水在空间中的样品分布，如果给定区域内有更多的氢质子，那么质子密度图就会更亮，伪彩色图像也会更红[19]。如图 12-5 所示，从伪彩色图片中可以看出，蔗糖添加量为 0% 时凝胶样品的氢质子含量较其他的多，这也说明无蔗糖时凝胶的持水能力相对较

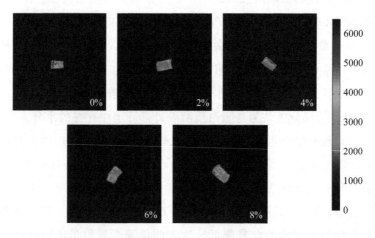

图 12-5　不同蔗糖浓度下蛋清多孔凝胶的质子密度图像

高，失水率较低。而随着蔗糖添加量的增加，样品的氢质子含量逐渐降低，这说明其失水率正逐渐增加，而其中4%蔗糖添加量时，样品的氢质子含量相较于其他蔗糖含量有升高的现象。可以看出，蔗糖的添加增强了样品内部水分子向外迁移，从而增大了失水率。

12.4 本章小结

本章以超声预处理联合喷雾干燥蛋清蛋白粉为主要原料，结合 TGase 的交联作用构建蛋清蛋白凝胶的多孔结构并对其微结构进行表征。得出以下结论：

① 微观结构结果显示，随着蔗糖逐渐添加，凝胶孔状结构逐渐清晰，规则程度有所下降，结构更加致密，孔状结构大小不一，其中在添加量为 4% 和 6% 时，凝胶结构更加均匀，孔洞分布更紧凑。

② 凝胶特性分析得出，加入蔗糖后蛋清多孔凝胶的凝胶硬度、弹性、咀嚼性均明显增大（$P<0.05$），而蔗糖含量增加时，凝胶失水率逐渐升高（$P<0.05$）。其中，2% 蔗糖添加量下的多孔凝胶的硬度最大，比对照组增加了 34.67%；蔗糖添加量为 8% 时，弹性和咀嚼性表现最好，分别比对照组增加了 58.19%、63.86%，失水率最高，较对照组增加了 54.43%。

③ 多孔凝胶水分分布分析表明，蔗糖的添加量对水分分布的影响不大，T_2 峰没有明显的向左偏；而随着蔗糖添加量的增加，多孔凝胶的束缚水的含量降低，样品的氢质子含量逐渐降低，这说明其失水率正逐渐增加，而其中 4% 蔗糖添加量时，样品的氢质子含量相较于其他蔗糖含量有升高的现象。

◆ 参考文献 ◆

［1］ Cui Y, Yang F, Wang C S, et al. 3D Printing windows and rheological properties for normal maize starch/sodium alginate composite gels[J]. Food Hydrocolloids, 2024, 146（PA）.

［2］ 冯倩，曲映红，施文正．转谷氨酰胺酶对食品蛋白特性的影响[J]．食品与发酵工业，2021，47（12）：262-268.

［3］ 赵艳丽．超声-TGase 交联对乳清蛋白基酸致冷凝胶特性的影响及凝胶缓释效果研究[D]．吉林：吉林大学，2022.

［4］ 吴红梅，郭净芳，刘丽莉，等．超声辅助喷雾干燥对蛋清蛋白热聚集及凝胶特性的影响[J]．食品研究与开发，2023，44（12）：11-16.

［5］ 代晓凝, 刘丽莉, 陈珂, 等. 不同干燥方式对蛋清蛋白粉蛋白质凝胶特性及结构的影响[J]. 食品与发酵工业, 2019, 45（19）: 112-118.

［6］ 周婷婷, 宫金华, 杨雯, 等. 肉桂油对蛋清蛋白/可得然胶凝胶理化特性及释放肉桂醛性能的影响[J]. 食品科学技术学报, 2023, 41（04）: 82-93.

［7］ 李媛媛, 刘丽莉, 杨晓盼, 等. 超声功率对蛋清蛋白粉聚集行为的影响[J]. 河南科技大学学报（自然科学版）, 2021, 42（4）: 83-90, 96.

［8］ 唐倩, 肖华西, 魏宇君, 等. 谷氨酰胺酶催化交联大米蛋白对大米淀粉理化特性的影响[J]. 中国食品学报, 2023, 23（08）: 94-104.

［9］ Su K, Liu L L, Pan X, et al. Effect of Microwave Vacuum Freeze-Drying Power on Emulsifying and Structure Properties of Egg White Protein[J]. Foods, 2023, 12（9）: 1-7.

［10］ 邓利玲, 钟耕, 刘丹, 等. 基于磷酸酯化魔芋葡甘聚糖的热可逆凝胶性能[J]. 食品与发酵工业, 2024, 50（3）: 188-196.

［11］ 靳紫梦, 赵青山, 陈泳政, 等. 超声波处理对大豆蛋白乳液凝胶特性及运载槲皮素性能的影响[J]. 精细化工, 2022, 39（5）: 963-971.

［12］ 黄晓霞, 游云, 刘巧瑜, 等. 添加不同外源物质对鲣鱼肉肠凝胶特性与失水率的影响[J]. 肉类工业, 2022（12）: 14-22.

［13］ 安玥琦, 张学振, 尤娟, 等. 滋味物质在不同交联度鱼糜凝胶中的释放动力学分析[J]. 农业工程学报, 2022, 38（11）: 335-343.

［14］ 孙旭, 姜东, 徐莉, 等. 银杏白果干燥过程中水分分布及迁移的变化[J]. 南京林业大学学报（自然科学版）, 2019, 43（06）: 188-192.

［15］ 刘慈坤. 基于鱼糜颗粒基皮克林乳液调控乳化鱼糜凝胶的冻融稳定性研究[D]. 无锡: 江南大学, 2023.

［16］ 闫紫玮, 郭瑞阳, 王小雪, 等. 玉米醇溶蛋白/果胶稳定的肉桂精油皮克林乳液制备工艺的优化[J]. 中国食品学报, 2023, 23（03）: 260-270.

［17］ 任爱清, 蔡文, 韩春阳, 等. LF-NMR 结合 MRI 分析热泵干燥过程中黑木耳水分迁移[J]. 食品研究与开发, 2023, 44（10）: 10-16.

［18］ Ezeanaka, Melvinac., Nsor-Atindana, et al. Online Low-field Nuclear Magnetic Resonance（LF-NMR）and Magnetic Resonance Imaging（MRI）for Food Quality Optimization in Food Processing[J]. Food and bioprocess technology, 2019, 12（9）: 1435-1451.

［19］ 马骏骅, 陆益钡, 王燕, 等. 不同冷冻温度对汤圆粉团品质的影响[J]. 食品工业科技, 2023, 44（23）: 29-36.